Blackout

Karl Friedrich Schäfer

Blackout

Ursachen und Folgen von Stromausfällen

Springer Vieweg

Karl Friedrich Schäfer
Universität Wuppertal
Wuppertal, Deutschland

ISBN 978-3-658-43331-4 ISBN 978-3-658-43332-1 (eBook)
https://doi.org/10.1007/978-3-658-43332-1

Die Deutsche Nationalbibliothek verzeichnet diese Publikation in der Deutschen Nationalbibliografie; detaillierte bibliografische Daten sind im Internet über http://dnb.d-nb.de abrufbar.

Planung/Lektorat: Reinhard Dapper
Springer Vieweg ist ein Imprint der eingetragenen Gesellschaft Springer Fachmedien Wiesbaden GmbH und ist ein Teil von Springer Nature.
Die Anschrift der Gesellschaft ist: Abraham-Lincoln-Str. 46, 65189 Wiesbaden, Germany

Das Papier dieses Produkts ist recyclebar.

Für Elisabeth

„Schweden, Norwegen und Finnland im Norden, Italien und die Schweiz im Süden sind weg“, erklärte der Operator, dem Jochen Pewalski gerade über die Schulter sah und der erst seit einem halben Jahr im Team war. „Ebenso Teile der Nachbarstaaten Dänemark, Frankreich, Österreich, Slowenien, Kroatien und Serbien. Tennet meldet ein paar Ausfälle, 50Hertz und TransnetBW stehen komplett auf Gelb. Die Polen, Tschechen und Ungarn auch.“

(Marc Elsberg, Blackout)

Vorwort

Man sitzt gemütlich zuhause auf dem Sofa, schaut Fernsehen oder surft im Internet und zack, plötzlich ist alles dunkel. Auch das gewohnte Brummen des Kühlschranks in der Küche ist verstummt. Eine Situation, die sicher viele schon einmal erlebt haben. Sehr beunruhigt war dabei aber kaum jemand, denn bisher war der Strom ja immer wieder schnell zurückgekommen und das Leben ging ganz normal weiter. Wahrscheinlich hat sich aber jeder schon einmal die Frage gestellt, was wohl passiert, wenn der Strom, der ja eigentlich immer aus der Steckdose kommt, einmal für längere Zeit ausbleibt. So richtig vorstellen, wie sich das tägliche Leben ohne Strom verändert und was alles abhängig von der Verfügbarkeit elektrischer Energie ist, können sich aber wohl nur die wenigsten. Dabei hängt die moderne Gesellschaft mehr denn je, nicht zuletzt aufgrund der zunehmenden Digitalisierung, von einer zuverlässigen Stromversorgung ab. Mit dem Internet of Things (IoT) wird die Verletzlichkeit der Infrastrukturen bei Stromausfällen nochmals erhöht und reicht weit in den privaten Bereich (Smart Home) hinein.

Größere Stromausfälle aufgrund von Naturereignissen, technischen Störungen oder Anschlägen können trotz einer Stromversorgung auf hohem Zuverlässigkeitsniveau auch in Deutschland und Europa nicht ausgeschlossen werden, auch wenn die Ereigniswahrscheinlichkeit eines solches Ereignisses gering ist. Ein länger andauernder und großräumiger Ausfall der Stromversorgung (Blackout) hätte allerdings gravierende ökonomische sowie politisch-gesellschaftliche Auswirkungen, die die öffentliche Sicherheit gefährden und die Versorgung der Bevölkerung mit jeglichen Gütern des Grundbedarfs, wie Trinkwasser, Heizwärme oder Kälte, medizinische Leistungen, Nahrungsmittel- und Geldtransfer, empfindlich einschränken würden. Ein Ereignis wie ein Blackout wird auch als „Schwarzer Schwan" bezeichnet, da er nicht vorhersehbar, sehr unwahrscheinlich, aber im Ernstfall extrem fatal ist.

Dieses Buch gibt zunächst einen Überblick, welche kritischen Infrastrukturen direkt und indirekt abhängig von der Verfügbarkeit elektrischer Energie sind. Anschließend werden der grundsätzliche Aufbau und die prinzipielle Struktur des elektrischen Energiesystems beschrieben. Besondere Bedeutung in diesem komplexen System haben die Übertragungsnetze, die für die Gewährleistung der Systemsicherheit und damit maßgeblich für die Verfügbarkeit von Strom verantwortlich sind. Die wesentlichen Aufgaben der Systemführung von Übertragungsnetzen zur Netzführung und Einhaltung der Systembilanz werden beschrieben.

Blackouts können sich als Folge sehr unterschiedlicher Ursachen entwickeln. Die wesentlichen Vorgänge, die zu einem Blackout führen können, werden in diesem Buch beschrieben.

Anhand von Blackouts, die sich in den letzten Jahren ereignet haben, werden die Ursachen, der Ablauf und die Auswirkungen der jeweiligen Ereignisse beleuchtet.

Die Folgen von Blackouts in den verschiedenen Bereichen der kritischen Infrastrukturen werden eingehend beschrieben.

Anhand eines exemplarischen Ablaufs werden die zeitlich gestaffelten Ereignisse skizziert, die aufgrund eines Blackouts auftreten können.

Der Systemführung von Übertragungsnetzen stehen eine Reihe von Maßnahmen zur Verfügung, mit denen Blackouts vermieden werden können. Hierzu gehört auch die Einbindung der nationalen Übertragungsnetze in die europäische Verbundsystemführung und die Sicherheitszentren. Sie leisten einen entscheidenden Beitrag zur Vermeidung und ggf. zur Behebung von Blackouts.

In einem abschließenden Kapitel werden die Instrumente und Möglichkeiten aufgezeigt, mit denen das elektrische Energiesystem nach einem Blackout wieder aufgebaut werden kann.

Ich möchte mit diesem Buch auch zur Versachlichung der Diskussion um unsere Energieversorgung beitragen, denn mit Meinungen werden zwar evtl. Mehrheiten generiert, aber nur mit Fakten findet man Lösungen.

Den Kollegen, die dafür sorgen, dass der Strom auch tatsächlich (fast) immer aus der Steckdose kommt, möchte ich ausdrücklich für ihre Arbeit danken.

Herrn Reinhard Dapper und dem Springer-Vieweg-Verlag danke ich für die vielseitige Unterstützung dieses Buchprojektes.

Mein besonderer Dank gilt meiner Frau Elisabeth für die Geduld und das Verständnis, die sie mir während der Entstehung dieses Buches entgegengebracht hat.

Formaler Hinweis

Der Autor hat nach bestem Wissen versucht, alle Rechte Dritter für Grafiken und Bilder einzuholen. Sollte ein Quellennachweis nicht korrekt oder unvollständig sein, ist dies nicht beabsichtigt. Bilder, Grafiken und Texte stammen aus eigenen Aufnahmen oder öffentlich zugänglichen Quellen. Die Texte und Bilder sind nur dann für Veröffentlichungen freigegeben, wenn dies zuvor schriftlich vom Autor bestätigt wurde.

Wuppertal
im Sommer 2023

Karl Friedrich Schäfer

Inhaltsverzeichnis

Abkürzungsverzeichnis

AC	Alternating Current (Wechselstrom)
ACE	Area Control Error
APG	Austrian Power Grid AG
AMZ	Abhängiger Maximalstromzeitschutz
ASB	Arbeiter-Samariter-Bund
BBK	Bundesamt für Bevölkerungsschutz und Katastrophenhilfe
BDEW	Bundesverband der Energie- und Wasserwirtschaft
BMI	Bundesministerium des Innern
BMLV	Bundesministerium für Landesverteidigung (Österreich)
BMWK	Bundesministerium für Wirtschaft und Klimaschutz
BNetzA	Bundesnetzagentur
BOS	Behörden und Organisationen mit Sicherheitsaufgaben
BRT	Brazil Standard Time
BSI	Bundesamt für Sicherheit in der Informationstechnik
CE	Central Europe
CERC	Central Electricity Regulatory Commission
CIGRE	Conseil International des Grands Réseaux Électriques
DC	Direct Current (Gleichstrom)
DIN EN	DIN-Norm Europäische Norm (DIN – Deutsches Institut für Normung e.V.)
DLRG	Deutsche Lebens-Rettungs-Gesellschaft
DRK	Deutsches Rotes Kreuz
DSO	Distribution System Operator
EAS	European Awareness System
EE	Erneuerbare Energien
EEG	Erneuerbare-Energien-Gesetz
EEX	European Energy Exchange
EMP	Elektromagnetischer Puls
EnLAG	Energieleitungsausbaugesetz
Entso-E	European Network of Transmission System Operators for Electricity

EnWG	Energiewirtschaftsgesetz
EPEX SPOT	European Power Exchange
EST	Eastern Standard Time
EU	Europäische Union
FLM	Freileitungsmonitoring
FNN	Forum Netztechnik/Netzbetrieb im VDE
FWT	Fernwirktechnik
GIL	Gasisolierter Rohrleiter
GKK	Gleichstrom-Kurz-Kupplung
GMLZ	Gemeinsame Melde- und Lagezentrum von Bund und Ländern
GRTN	Gestore della Rete di Trasmissione Nazionale
HEO	Höhere Entscheidungs- und Optimierungsfunktionen
HGÜ	Hochspannungs-Gleichstrom-Übertragung
HS	Hochspannung
HöS	Höchstspannung
IEA	Internationale Energy Agentur
IEC	International Electrotechnical Commission
IKT	Informations- und Kommunikationstechnologien
IoT	Internet of Things
IPS/UPS	Integrated Power System/Unified Power System of Russia
IST	Indian Standard Time
IVÖV	Informationsverbund der öffentlichen Verwaltung
JVA	Justizvollzugsanstalt
JUH	Johanniter-Unfall-Hilfe
KI	Künstliche Intelligenz
KWK	Kraft-Wärme-Kopplung
Kritis	Kritische Infrastrukturen
LKdo	Landeskommando
LSTM	Long-Short-Term-Memories
MEZ	Mitteleuropäische Zeit
MIV	Motorisierte Individualverkehr
MHD	Malteser Hilfsdienst
MRL	Minutenreserveleistung
MS	Mittelspannung
NdB	Netze des Bundes
NEA	Netzersatzanlagen
NLS	Netzleitsystem
NORDEL	Verbundsystem der skandinavischen Staaten
NS	Niederspannung
NSA	Notstromaggregate
NZK	Netzzustandskorrektur

ÖPNV	Öffentlicher Personennahverkehr
OS	Oberspannung
PE	Polyethylen
PE-X	Vernetztes Polyethylen
PRL	Primärregelleistung
RG	Regionalgruppe der Entso-E
RSC	Regional Security Coordinators
RZF	Regelzonenführer
SatWaS	Satellitengestützte Warnsystem
SAIDI	System Average Interruption Duration Index
SDL	Systemdienstleistungen
SCADA	Supervisory Control and Data Acquisition
SF	Schaltfeld
SK	Stromkreis
SKB	Streitkräftebasis
SKUKdo	Streitkräfteunterstützungskommando
SRL	Sekundärregelleistung
SSch	Sammelschiene
THW	Bundesanstalt Technisches Hilfswerk
TSO	Transmission System Operator
UAS	unbemannte Luftfahrzeugsysteme
UCTE	Union for the Coordination of Transmission of Electricity (Teil der Entso-E)
UFR	Unterfrequenzrelais
UMZ	Unabhängiger Maximalstromzeitschutz
ÜNB	Übertragungsnetzbetreiber
US	Unterspannung
USV	Unterbrechungsfreie Stromversorgung
VDE	Verband der Elektrotechnik Elektronik Informationstechnik e. V.
VNB	Verteilnetzbetreiber
ZMZ	Zivil-Militärische Zusammenarbeit

1 Der Strom kommt aus der Steckdose, oder?

Der Strom kommt aus der Steckdose. Das sagt sich so leicht daher und wird von den meisten Menschen für selbstverständlich gehalten. Dabei verbirgt sich dahinter in Wirklichkeit eine sehr komplexe technische und wirtschaftliche Struktur, die wir Energieversorgungssystem nennen. An die ständige Verfügbarkeit der Ressource Strom haben wir uns so gewöhnt, dass wir gar nicht mehr die Abhängigkeit unseres täglichen Lebens von diesem „Stoff" wahrnehmen. Wir können uns nur schwer vorstellen, wie unser Leben ohne Strom aussehen würde (Abb. 1.1).

Eine sichere Versorgung mit elektrischer Energie ist für den Betrieb der meisten Prozesse in unserer hochtechnisierten Gesellschaft im öffentlichen, privaten und industriellen Bereich sowie für das reibungslose Funktionieren fast aller kritischen Infrastrukturen (Kritis) in den Sektoren Gesundheit, Wasserversorgung und Abfallentsorgung, Informations- und Telekommunikationstechnik, Transport und Verkehr unverzichtbar. Diese Infrastrukturen stellen die kontinuierliche Versorgung der Bevölkerung mit (lebens)notwendigen Gütern und Dienstleistungen sicher. Von elementarer Bedeutung sind sie zudem für die Standortqualität und Wettbewerbsfähigkeit einer Volkswirtschaft im globalisierten Weltmarkt. Zu den kritischen Infrastrukturen gehören nach der Verordnung zur Bestimmung kritischer Infrastrukturen (BSI-KritisV) [1] die Bereiche

- Energie: Elektrizität, Gas, Mineralöl, Fernwärme (§ 2 BSI-KritisV)
- Wasser: Öffentliche Wasserversorgung, öffentliche Abwasserbeseitigung (§ 3 BSI-KritisV)
- Ernährung: Ernährungswirtschaft, Lebensmittelhandel (§ 4 BSI-KritisV)
- Informationstechnik und Telekommunikation (§ 5 BSI-KritisV)

K. F. Schäfer, *Blackout*, https://doi.org/10.1007/978-3-658-43332-1_1

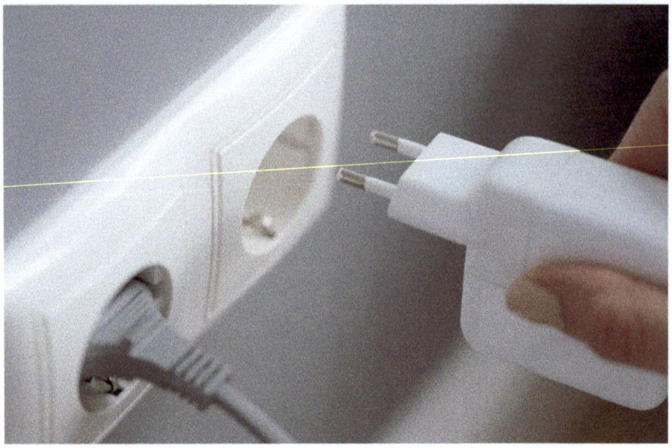

Abb. 1.1 Der Strom kommt aus der Steckdose. (Quelle: Colourbox)

- Gesundheit: Medizinische Versorgung, Arzneimittel und Impfstoffe, Labore (§ 6 BSI-KritisV)
- Finanz- und Versicherungswesen: Kreditinstitute, Börsen, Versicherungen, Finanzdienstleister (§ 7 BSI-KritisV)
- Transport und Verkehr: Luftfahrt, Seeschifffahrt, Binnenschifffahrt, Schienenverkehr, Straßenverkehr, Logistik (§ 8 BSI-KritisV)

Zusätzlich rechnet das Bundesamt für Bevölkerungsschutz und Katastrophenhilfe (BBK) folgende kritische Infrastrukturen hinzu [2]:

- Staat und Verwaltung: Regierung und Verwaltung, Parlament, Justizeinrichtungen, Notfall-/Rettungswesen einschließlich Katastrophenschutz
- Medien und Kultur: Rundfunk (Fernsehen und Radio), gedruckte und elektronische Presse, Kulturgut und symbolträchtige Bauwerke

Mit dem im Mai 2021 verabschiedeten IT-Sicherheitsgesetz 2.0 [3] und den damit verbundenen Änderungen des BSI-Gesetzes [4] werden auch die Bereiche

- Siedlungsabfallentsorgung
- Unternehmen von besonderem öffentlichem Interesse (z. B. Nahrungsmittel-, Rüstungs- oder Chemieunternehmen)

zur erweiterten kritischen Infrastruktur gezählt [5–7].

Die elektrische Energie wird eingesetzt, um Wärme und Licht zu erzeugen, Motoren anzutreiben und Informationen zu übermitteln. Sie ist damit die Basis für alle Bereiche der Daseinsvorsorge und unabdingbar für praktisch alle technischen und organisatorischen Prozesse (Abb. 1.2).

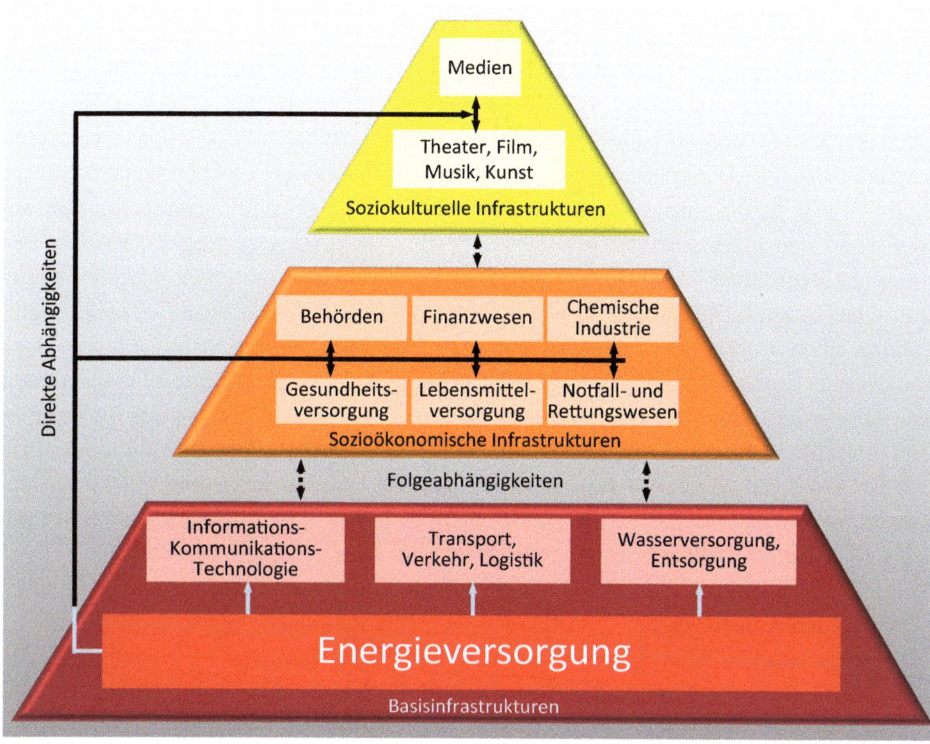

Abb. 1.2 Infrastrukturen der Daseinsvorsorge

Die verschiedenen Sektoren der kritischen Infrastruktur sind mehr oder weniger eng miteinander verflochten und voneinander abhängig. Aufgrund ihrer hohen internen Komplexität sowie wegen zahlreicher wechselseitiger Abhängigkeiten und Interdependenzen müssen die kritischen Infrastrukturen aufwendig und teilweise global informationell vernetzt sowie auf verschiedenen Stufen kontrolliert und gesteuert werden. Ihre komplexe Konfiguration ist systembedingt häufig nicht sehr resilient. Bereits kurze Unterbrechungen oder die Störung von kleinen Komponenten gefährden die Interaktionen des gesamten Systems und stören die Prozessabläufe. Dies bedeutet allerdings auch, dass sich mit immer geringeren Mitteln immer komplexere und folgenschwerere Störungen des Systems herbeiführen lassen. Funktionsausfälle als Teil von sogenannten Natur- oder menschengemachten Katastrophen können aufgrund ihrer internen Komplexität sowie ihrer physischen oder logischen Vernetzung mit weiteren Systemen das gesellschaftliche System insgesamt kollabieren lassen. Die Informationsgesellschaft ist in einer solchen Situation ihrer technisch basierten Möglichkeiten beraubt, Daten zu generieren, zu bearbeiten, zu speichern und zu kommunizieren, Wissen zu beschaffen und anzuwenden. Die

Kommunikation verstummt, Mobilität, Energiezufuhr, Produktion und Konsum fallen auf ein quasi archaisches Niveau zurück [8, 9].

Bereits ein Stromausfall von nur wenigen Tagen hätte katastrophale Auswirkungen auf die Wirtschaft sowie auf die öffentliche Ordnung [10]. Die von Marc Elsberg in seinem Buch „Blackout – Morgen ist es zu spät“ [11] zwar romanhaft überzeichnete, aber nicht völlig unrealistische Darstellung eines großräumigen Ausfalls der elektrischen Energieversorgung in Europa für nur wenige Wochen verdeutlicht die extreme Abhängigkeit unserer Gesellschaft von einer sicheren und ausreichenden Energieversorgung [8, 9]. Wie real eine solche Bedrohung ist, haben die dramatischen Überschwemmungen und die dadurch verursachte Unterbrechung der Energieversorgung im Ahrtal im Sommer 2021 gezeigt.

Durch einen großräumigen Stromausfall (Blackout) wäre bereits nach wenigen Tagen die flächendeckende und bedarfsgerechte Versorgung der Bevölkerung mit lebensnotwendigen Gütern und Dienstleistungen nicht mehr sichergestellt, und es würde zu dramatischen Auswirkungen auf unsere Gesellschaft und die öffentliche Sicherheit kommen. Ein Blackout löst zeitnah eine „Kettenreaktion“ in allen anderen Infrastruktursektoren und damit Versorgungsleistungen aus. Unser gewohntes Leben kommt abrupt zum Stillstand. Nichts funktioniert mehr wie gewohnt und es wird länger dauern, bis wieder eine Normalität hergestellt werden kann [12]. Ein Blackout bedeutet einen gesellschaftlichen und systemischen Kontrollverlust.

Die terroristischen Anschläge in New York und Washington am 11. September 2001, in Madrid (2004) oder London (2005) haben die Verletzlichkeit (Vulnerabilität) offener Gesellschaften nachdrücklich gezeigt. Die kritischen Infrastrukturen sind aber auch durch Naturkatastrophen, besonders schwere Unglücksfälle, Betriebsstörungen oder Systemfehler gefährdet. Abhängigkeit und Verletzbarkeit sind auch in Deutschland in der Folge von Naturkatastrophen und technischen Störungen in den letzten Jahren mehrfach offenkundig geworden (z. B. Elbe- und Oderhochwasser 2002/2005, Stromausfall Münsterland 2005 und in Teilen Europas 2006, Sturm Kyrill 2007, Vulkanaktivitäten auf Island 2010, Hochwasser im Ahrtal 2021). Die dabei aufgetretenen Versorgungsengpässe, Störungen der öffentlichen Sicherheit und chaotischen Zustände im Luft-, Straßen- und Schienenverkehr haben einen Eindruck von den Gefährdungslagen moderner Gesellschaften gegeben. Auch weitere Risiken und Gefahren wie Epidemien und Pandemien, Terroranschläge oder Angriffe mit chemischen, biologischen, radiologischen und nuklearen Agenzien zeigen, wie gefährdet hochentwickelte und technisierte Nationen sind [8, 9].

Aufgrund der nahezu vollständigen Durchdringung der Lebens- und Arbeitswelt mit elektrisch betriebenen Geräten sowie elektronischen Steuer- und Regelsystemen und wegen der großen Abhängigkeit praktisch aller kritischen Infrastrukturen von einer störungsfreien Stromversorgung wird ein großflächiger und längerfristiger Stromausfall (Blackout) massive Funktions- und Versorgungsstörungen, wirtschaftliche Schäden und eine erhebliche Gefährdung der öffentlichen Sicherheit und Ordnung zur Folge haben [9, 13–15].

Ein Blackout wäre ein Paradebeispiel für kaskadierende Schadenswirkungen [16]. Sektorspezifische und sektorübergreifende Folgen kämen einer Katastrophe gleich oder zumindest nahe. Ein Stromausfall stellt eine Verbundkatastrophe dar, weil die Versorgung mit Elektrizität starke Interdependenzen mit anderen lebenswichtigen Infrastrukturen aufweist. Nahezu alle Sektoren und Lebensbereiche wären so tiefgreifend durch einen Blackout betroffen, dass Sicherheit und Versorgung der Bevölkerung wahrscheinlich nicht mehr zu gewährleisten sind [17]. Eine nationale Katastrophe wäre ein langandauernder Stromausfall aber auch deshalb, weil weder die Bevölkerung noch die Unternehmen, noch der Staat hinreichend hierauf vorbereitet sind – so das Diktum des „Grünbuchs" [8, 17].

Gerade weil in den meisten fortgeschrittenen Staaten die Stromversorgung relativ zuverlässig über lange Zeiträume funktioniert („der Strom kommt aus der Steckdose") und nahezu alle technischen Systeme und sozialen Handlungen auf dieser relativen Verlässlichkeit aufbauen, steigt die Verletzbarkeit. Dieses „Verletzlichkeitsparadox" bedeutet, dass sich jede Störung von Produktion, Vertrieb und Konsum der Versorgungsleistungen umso stärker auswirkt, wenn Versorgungsleistungen zunehmend weniger störanfällig organisiert werden [18, 19]. Nach wie vor gilt, was bereits 1994 eine niederländische Studie herausgearbeitet hat. Bürger, Unternehmen und öffentliche Instanzen begreifen einen Stromausfall nicht als ernsthaftes Risiko, obwohl sich ein solcher Vorfall bereits innerhalb der ersten 24 h zu einer katastrophenähnlichen Situation auswachsen kann [9, 18, 20].

In modernen, arbeitsteiligen und hochtechnisierten Gesellschaften erfolgt die Versorgung der Bevölkerung mit notwendigen Gütern und Dienstleistungen durch ein hochentwickeltes, eng verflochtenes Netzwerk kritischer Infrastrukturen. Dazu zählen u. a. Informationstechnik und Telekommunikation, Transport und Verkehr, Energieversorgung oder das Gesundheitswesen. Diese sind aufgrund ihrer internen Komplexität sowie der großen Abhängigkeit voneinander hochgradig verletzbar. Terroristische Anschläge, Naturkatastrophen oder besonders schwere Unglücksfälle haben nicht erst im zurückliegenden Jahrzehnt offenkundig gemacht, welche weitreichenden Folgen die Beeinträchtigung oder der Ausfall kritischer Infrastrukturen für das gesellschaftliche System insgesamt haben können [8].

Aufgrund der nahezu vollständigen Durchdringung der Lebens- und Arbeitswelt mit elektrisch betriebenen Geräten würden sich die Folgen eines langandauernden und großflächigen Stromausfalls zu einer Schadenslage von besonderer Qualität summieren. Betroffen wären alle kritischen Infrastrukturen, und ein Kollaps der gesamten Gesellschaft wäre kaum zu verhindern. Trotz dieses Gefahren- und Katastrophenpotenzials ist ein diesbezügliches gesellschaftliches Risikobewusstsein nur in Ansätzen vorhanden [8].

Als Ursachen für einen langandauernden und regional übergreifenden Stromausfall kommen u. a. technisches und menschliches Versagen, kriminelle oder terroristische Aktionen, Epidemien, Pandemien oder Extremwetterereignisse infrage. Vielfach wird erwartet, dass künftig die Ausfallwahrscheinlichkeit größer wird, u. a. deshalb, weil die Gefahr terroristischer Angriffe und klimabedingter Extremwetterereignisse als Ursachen eines Netzzusammenbruchs zunehmen werden [9].

Aufgrund der Erfahrungen mit in der Vergangenheit stattgefundenen, nationalen und internationalen Stromausfällen sind erhebliche Schäden zu erwarten. Bisherige Stromausfälle dauerten meist nur einige Tage, einige verursachten jedoch schon dabei geschätzte Kosten von mehreren Mrd. US-Dollar. Für den Fall eines mehrwöchigen Stromausfalls sind Schäden zu erwarten, die um Größenordnungen höher liegen.

Die verschiedenen Sektoren kritischer Infrastrukturen sind umfassend von einer kontinuierlichen Stromversorgung abhängig. Unterstellt man das Szenario eines mindestens zweiwöchigen und auf das Gebiet mehrerer Bundesländer übergreifenden Stromausfalls, kämen die Folgen einer Katastrophe nahe [8].

An die technische Qualität, die Zuverlässigkeit, die Resilienz, die Wirtschaftlichkeit sowie die Umweltverträglichkeit der elektrischen Energieversorgung werden daher sehr hohe Anforderungen gestellt, damit der Strom auch tatsächlich und immer aus der Steckdose kommt.

Literatur

1. Bundesministerium der Justiz, Verordnung zur Bestimmung Kritischer Infrastrukturen nach dem BSI-Gesetz, Berlin: BGBl. I S. 958, 2016.
2. Bundesamt für Bevölkerungsschutz und Katastrophenhilfe, „Kritische Infrastrukturen," [Online]. Available: https://www.bbk.bund.de/DE/Themen/Kritische-Infrastrukturen/kritische-infrastrukturen_node.html. [Zugriff am 17.3.2023].
3. Deutscher Bundestag, Zweites Gesetz zur Erhöhung der Sicherheit informationstechnischer Systeme (IT-Sicherheitsgesetz 2.0), Berlin, 2021.
4. Deutscher Bundestag, Gesetz über das Bundesamt für Sicherheit in der Informationstechnik, Berlin: BGBl. I S. 1982, 23. Juni 2021.
5. Bundesamt für Sicherheit in der Informationstechnik (BSI), „Unternehmen im besonderen öffentlichen Interesse (UBI)," [Online]. Available: https://www.bsi.bund.de/DE/Themen/KRITIS-und-regulierte-Unternehmen/Weitere_regulierte_Unternehmen/UBI/ubi_node.html. [Zugriff am 17.3.2023].
6. J. Kuhn, „IT-Sicherheitsgesetz 2.0 - Streit um die „Lex Huawei"," [Online]. Available: https://www.deutschlandfunk.de/it-sicherheitsgesetz-2-0-streit-um-die-lex-huawei-100.html. [Zugriff am 17.3.2023].
7. G. Güttich, „Unternehmen im besonderen öffentlichen Interesse," [Online]. Available: https://www.security-insider.de/unternehmen-im-besonderen-oeffentlichen-interesse-a-1014004/. [Zugriff am 17.3.2023].
8. T. Petermann, H. Bradtke, A. Lüllmann, M. Poetzsch und U. Riehm, Was bei einem Blackout geschieht: Folgen eines langandauernden und großflächigen Stromausfalls, edition sigman, 2. Aufl., Nomos Verlag, 2013.
9. Büro für Technikfolgen-Abschätzung beim Deutschen Bundestag, Gefährdung und Verletzbarkeit moderner Gesellschaften – am Beispiel eines großräumigen Ausfalls der Stromversorgung, Berlin, 2010.
10. K. F. Schäfer, Systemführung, Wiesbaden: Springer Vieweg, 2022.
11. M. Elsberg, BLACKOUT - Morgen ist es zu spät, Blanvalet Taschenbuch Verlag, 2013.
12. H. Saurugg, „Blackout - Nichts geht mehr," *Truppendienst,* Wien, 2012.

13. H. Saurugg, Blackout - Eine nationale Herausforderung bereits vor der Krise, Wien: Hochschule für Management Budapest, 2012.
14. Bundesministerium des Innern, „Nationale Strategie zum Schutz Kritischer Infrastrukturen (KRITIS-Strategie),“ Berlin, 2009.
15. Gesamtverband der Versicherer (GDV), „Blackout: Vom drohenden Kollaps der Gesellschaft,“ 31.1.2022. [Online]. Available: https://www.gdv.de/gdv/themen/schaden-unfall/blackout-vom-drohenden-kollaps-der-gesellschaft-82420. [Zugriff am 2.4.2023].
16. C. Unger, „Ist Deutschland auf Katastrophen vorbereitet?,“ in *Katastrophenrecht: Grundlagen und Perspektiven*, Baden-Baden, Nomos, pp. 89-103, 2008.
17. G. Reichenbach, Risiken und Herausforderungen für die Öffentliche Sicherheit in Deutschland. Szenarien und Leitfragen. Grünbuch des Zukunftsforums Öffentliche Sicherheit, Berlin: ProPress Verlagsgesellschaft mbH, 2008.
18. I. Steetskamp, Stromausfall. Die Verletzlichkeit der Gesellschaft; Die Folgen von Störungen der Elektrizitätsversorgung, Den Haag: Rathenau-Institut, 1994.
19. Bundesministerium des Innern, Nationale Strategie zum Schutz Kritischer Infrastrukturen, Berlin, 2009.
20. W. Blaschke, „Auswirkungen eines längerdauernden großflächigen Stromausfalls auf kritische Infrastrukturen, mit Berücksichtigung der Stromeigenerzeugung der ÖBB,“ Master-Thesis, Universität Wien, 2017.

Elektrische Energieversorgungssysteme 2

2.1 Definition und Aufgabe

Als elektrisches Energieversorgungssystem wird die Gesamtheit aller Anlagen zur Umwandlung von und nach elektrischer Energie, zur Übertragung sowie zur Speicherung bezeichnet (Abb. 2.1). Es handelt sich dabei um ein hochkomplexes System, das aus vielen einzelnen Komponenten aufgebaut ist und geografisch weit ausgedehnt ist. In dem Abschlussbericht zur Großstörung in der Türkei im Jahr 2015 wird es mit dem Zitat „A large electric power system is the most complex existing man-made machine" treffend beschrieben [1].

Die zentrale Aufgabe eines elektrischen Energieversorgungssystems ist es, die Nachfrage nach elektrischer Energie zu jedem Zeitpunkt und in beliebiger Höhe zu bedienen. Es muss diese Energieversorgungsaufgabe unter komplexen technischen, ökonomischen und ökologischen Randbedingungen lösen. An die Zuverlässigkeit und die Resilienz des Systems werden sehr hohe Anforderungen gestellt.

Die wesentlichen Bereiche eines elektrisches Energieversorgungssystem sind die Erzeuger und die Verbraucher, die elektrische Energie in das System einspeisen bzw. aus dem System beziehen, das Energieversorgungsnetz, das die Erzeuger mit den Verbrauchern verbindet, sowie die Systemführung, die u. a. für den Betrieb und die Systemsicherheit zuständig ist.

K. F. Schäfer, *Blackout*, https://doi.org/10.1007/978-3-658-43332-1_2

Abb. 2.1 Bereiche eines elektrischen Energieversorgungssystems

2.2 Verbraucher und Erzeuger elektrischer Energie

2.2.1 Verbraucher

Als elektrische Verbraucher werden elektrische Bauelemente oder Elektrogeräte, Elektroanlagen oder ganze Produktionsstätten bezeichnet, die elektrische Energie aus dem Netz beziehen. Hierzu gehören beispielsweise technische Geräte wie Backöfen, Lampen oder Elektromotoren. Im physikalischen Sinne wird die elektrische Energie dabei allerdings nicht verbraucht. Die elektrischen Verbraucher wandeln die bezogene Energie nur in eine andere Energieform um, um damit ihren bestimmungsgemäßen Zweck zu erfüllen. So wandelt ein Backofen die elektrische Energie in thermische Energie um, während eine Lampe die elektrische Energie in Licht umsetzt, und ein Elektromotor die elektrische Energie in mechanische Energie überführt. In einem industriellen Elektroofen wird die elektrische Energie mit einem Lichtbogen in thermische Energie umgewandelt und zur Stahlherstellung genutzt (Abb. 2.2). Elektrische Verbraucher werden auch als elektrische Last oder schlicht als Verbraucher oder Last bezeichnet.

Abb. 2.2 Stahlproduktion im Elektroofen. (Quelle: RWE)

Auch natürliche Personen, private Haushalte, Gewerbe- und Handelsbetriebe sowie Industrieunternehmen werden im Zusammenhang mit der elektrischen Energieversorgung als Verbraucher bezeichnet.

Unterteilt nach den erzeugten Energieformen können elektrische Verbraucher unter anderem sein:

- Licht: Leuchtmittel, Lasergeräte
- Schall: Geräte der Unterhaltungselektronik, elektrische Musikinstrumente, Sirenen
- Wärme: Elektroherde, Backöfen, Nachtspeicheröfen, Induktionsheizungen, Lichtbogenöfen, Aluminium- und Glasschmelzen
- Kälte: Kühlschränke, Gefrierschränke
- Strahlung: Mikrowellenherde, Sendeanlagen, Röntgen-, Plasma- und Ultraviolettquellen, Infrarotheizungen
- mechanische Energie: Elektromotoren, elektrisch angetriebene Maschinen, Elektrofahrzeuge, elektrische Pumpen, Kräne, Handgeräte
- chemische Energie: Elektrolyseanlagen, Akkumulatoren beim Laden
- andere Formen elektrischer Energie: Transformatoren, Netzteile, Stromrichter, Messwandler
- mehrere dieser Energieformen in der Informationsverarbeitung und Kommunikationstechnik (IKT): TV-Geräte, Computer, Telefone, Router

Die 2022 in Deutschland von den Verbrauchern eingesetzte elektrische Energie von insgesamt 491 TWh wird zu 44 % in der Industrie (inkl. Bergbau und verarbeitendem Gewerbe), zu 28 % im Gewerbe (inkl. Handel und Dienstleistungen), zu 26 % in den privaten Haushalten und zu 3 % im Bereich Verkehr verwendet (Abb. 2.3) [2].

Die Verbrauchergruppen private Haushalte, Gewerbe- und Handelsbetriebe sowie Industrieunternehmen haben jeweils einen charakteristischen Verlauf des elektrischen

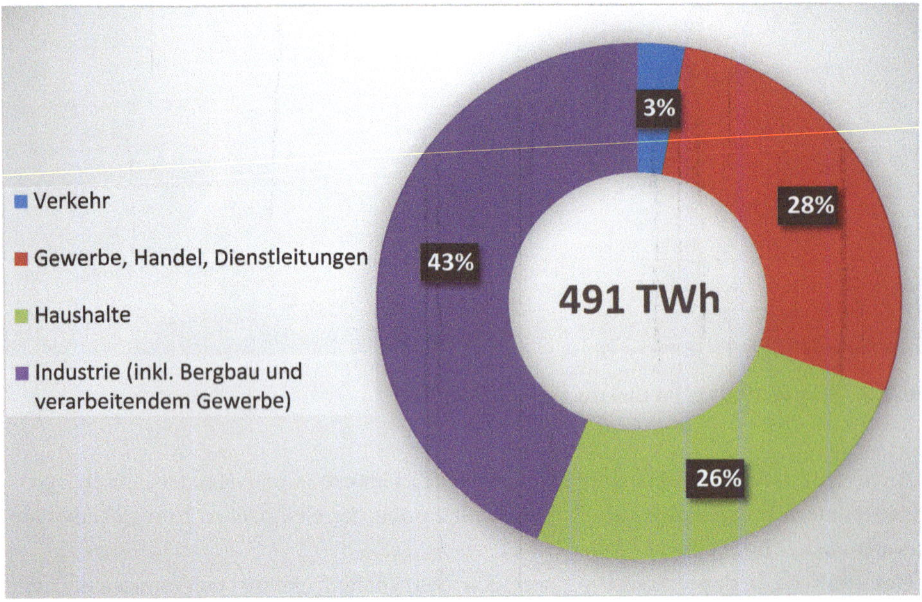

Abb. 2.3 Anteil der Kundengruppen am Nettostromverbrauch in Deutschland. (Quelle: BDEW)

Leistungsbedarfs (Lastganglinie). Mit Ganglinie wird der zeitliche Verlauf der Leistung über einen bestimmten Zeitraum (z. B. ein Tag, eine Woche oder ein Jahr) bezeichnet. Abb. 2.4 zeigt exemplarisch die typischen Lastganglinien für einige Gewerbe- und Industriebetriebe.

In den privaten Haushalten wird die insgesamt verwendete elektrische Energie von durchschnittlich etwa 3000 kWh je Haushalt zu 30 % für das Kochen, Trocknen, Bügeln und für sonstige Prozesswärmeanwendungen im Haushalt, zu 23 % für Kühl- und Gefriergeräte und sonstige Prozesskälte, zu 17 % für IKT-Anwendungen, zu 12 % für die Warmwasserbereitung, zu 8 % für die Beleuchtung, zu 7 % für die Heizung und zu 3 % für mechanische Haushaltsgeräte eingesetzt (Abb. 2.5).

Für die gesamte Verbraucherleistung in Deutschland ergibt sich aufgrund der Nachfrage nach elektrischer Energie die in Abb. 2.6 dargestellte Lastganglinie eines Jahres. Gut ist die charakteristische Abfolge des Wochenrhythmus‘ zu erkennen, mit einem deutlichen Rückgang der Lasten an den Wochenenden sowie an den Feiertagen. So kann in der Jahreslastganglinie auch ohne die Zeitachse leicht das Oster- und das Pfingstwochenende sowie der Zeitraum zwischen Weihnachten und Neujahr identifiziert werden. Erwartungsgemäß ist die elektrische Verbraucherlast im Winter aufgrund von Heizung und Beleuchtung gegenüber den anderen Jahreszeiten deutlich höher. Die bereitzuhaltende Erzeugerleistung muss daher mindestens der maximal auftretenden Last zuzüglich Reserven für Ausfälle, Wartungsarbeiten etc. entsprechen. Die maximale Last beträgt

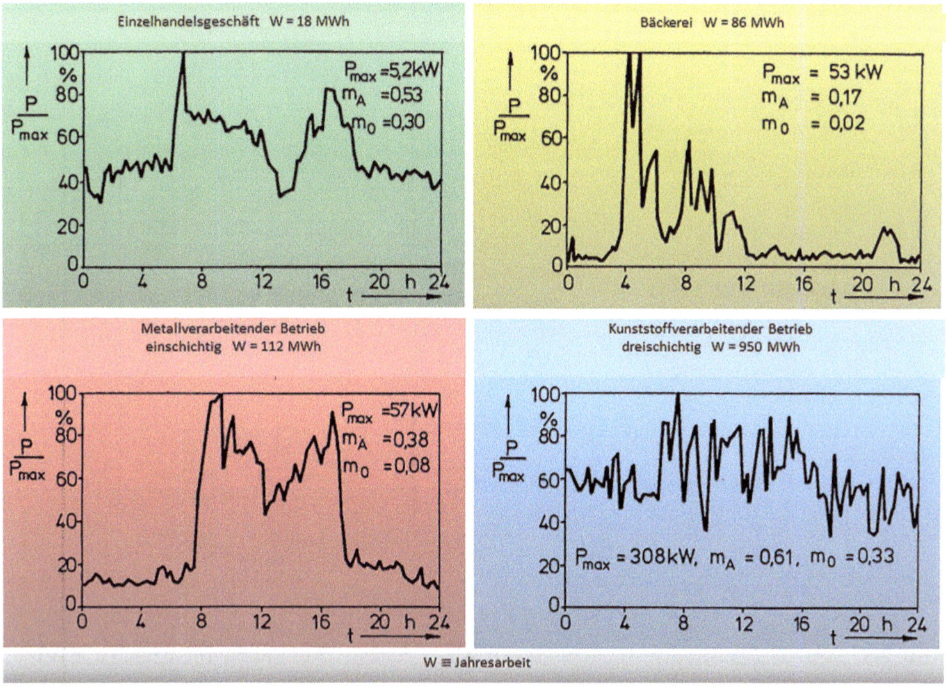

Abb. 2.4 Lastganglinien von Gewerbe- und Industriebetrieben

knapp 80 GW und das Lastminimum (Grundlast) liegt bei etwa 30 GW, d. h. auch bei Dunkelheit und Windstille muss mindestens eine Erzeugerleistung in dieser Höhe verfügbar sein. In der Abbildung ist aufgrund der Darstellung eines ganzen Jahres und der damit verbundenen geringen Auflösung die untertägige Schwankung der Last nicht erkennbar.

Entsprechend den Zielen der Energiewende werden Verbrauchergruppen, die ihre Energie bisher aus fossilen Energiequellen bezogen haben, ihren Energiebedarf künftig mit elektrischer Energie decken. Hierzu gehören beispielsweise die PKW und die Wohnungsheizungen, die in der Zukunft als Elektroautos bzw. mit Wärmepumpen betrieben werden.

Wie genau sich der Energiebedarf in diesen Bereichen und mit welchem Zeithorizont entwickeln wird, hängt von vielen Randbedingungen und politischen Vorgaben ab und kann daher aktuell nicht exakt vorherbestimmt werden. Die folgende grobe Abschätzung soll daher nur die Größenordnung der Herausforderung aufzeigen, vor der die Betreiber der Energieversorgungssysteme stehen.

- **Elektroautos**
  In 2023 waren in Deutschland 44,99 Mio. PKW angemeldet, die mit Benzin- oder Dieselkraftstoff betrieben wurden [3]. Unter der Voraussetzung, dass der gesamte

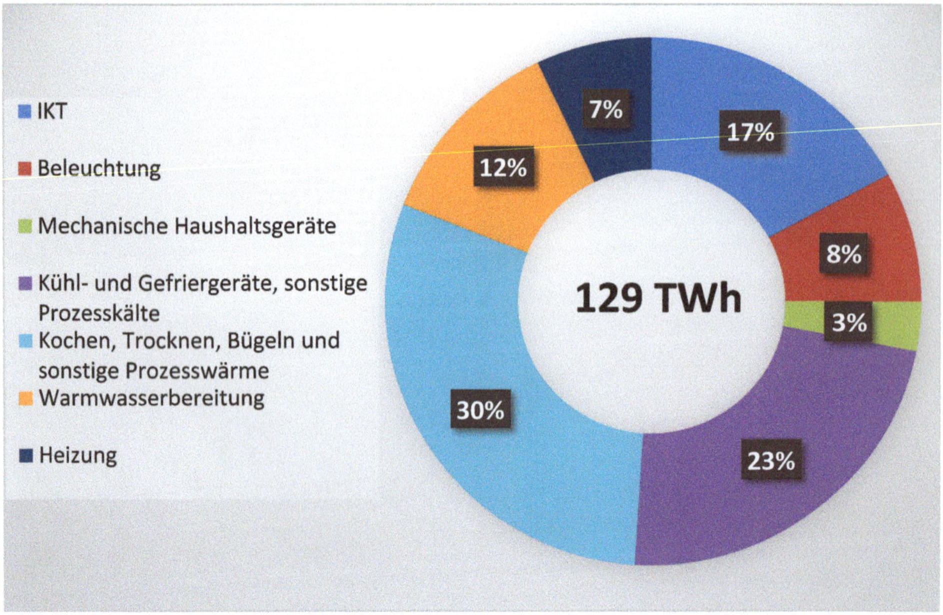

Abb. 2.5 Struktur des Stromverbrauches im Haushalt. (Quelle: AG Energiebilanzen, BDEW)

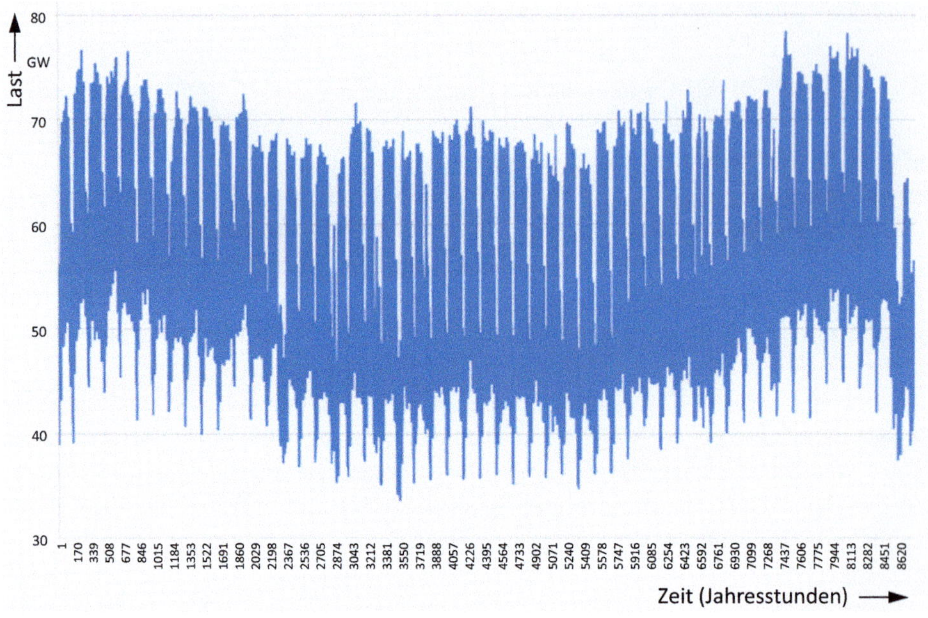

Abb. 2.6 Jahreslastganglinie Deutschland. (Quelle: UCTE)

Fahrzeugbestand auf Elektroautos gewechselt wird, ergibt sich daraus ein zusätzlicher Bedarf an elektrischer Energie von 137 TWh/a für den Betrieb der PKW. Dabei wird eine durchschnittliche Fahrleistung von 15.000 km pro Jahr und ein spezifischer Verbrauch von 20 kWh/100 km angenommen. In dieser Rechnung ist der Umstieg von LKW, Bussen und Arbeitsmaschinen (Bagger etc.) auf einen elektrobasierten Antrieb nicht berücksichtigt.

- **Wärmepumpen**
  In Deutschland werden aktuell ca. 32 Mio. Wohnungen mit Öl oder Gas beheizt [4]. Die durchschnittliche Wohnungsgröße beträgt 92 m^2 [5]. Eine Wärmepumpe hat einen spezifischen elektrischen Energieverbrauch von 27 bis 42 kWh/m^2 im Jahr[6]. Daraus ergibt sich ein zusätzlicher elektrischer Gesamtbedarf für Wärmepumpen von 79,49 bis 123,65 TWh/a, falls die bisherigen Öl- und Gasheizungen in Deutschland auf Wärmepumpen umgestellt würden. Zusätzlich entsteht noch ein weiterer Bedarf an elektrischer Energie für die Warmwasserbereitung, die bisher durch Öl- und Gasheizungen bereitgestellt wurden. Ebenfalls nicht berücksichtigt ist der Heizungsbedarf für öffentliche Gebäude, sowie Gebäude des Gewerbes und der Industrie.

Hinzu kommt eine weitere Erhöhung des Bedarfs an elektrischer Energie beispielsweise durch die Umstellung industrieller Prozesse von Gas auf Strom (z. B. für Erwärmungsprozesse). Die Übertragungsnetzbetreiber in Deutschland erwarten daraus bis 2045 insgesamt einen Anstieg des jährlichen Stromverbrauchs auf über 1100 TWh [7]. Dies würde eine Verdoppelung gegenüber dem aktuellen Bedarf an elektrischer Energie bedeuten. Entsprechend wird sich durch die erhebliche Erhöhung der Verbraucherleistung auch die Belastung der elektrischen Energieversorgungsnetze weiter erhöhen, falls nicht rechtzeitig ein ausreichender Ausbau realisiert wird [8].

2.2.2 Erzeuger

Als elektrischer Erzeuger wird eine energietechnische Anlage bezeichnet, die elektrische Energie aus einer anderen Energieform umwandelt. Diese Anlagen werden häufig auch als Kraftwerk, Stromerzeugungsanlage oder einfach als Erzeuger bezeichnet. Im Zusammenhang mit elektrizitätswirtschaftlichen Prozessen gelten auch die Betreiber von Kraftwerksanlagen als Erzeuger.

Als Prosument oder Prosumer werden private Haushalte mit Photovoltaikanlagen oder einzelnen Windkraftanlagen bezeichnet, da sie zugleich Produzent und Konsument sind.

Anlagen, die elektrische Energie aus erneuerbaren Energiequellen generieren, wie beispielsweise Photovoltaikanlagen, Windkraftanlagen oder Biomasseanlagen, werden oftmals unter dem Begriff regenerative Erzeuger zusammengefasst.

Erzeugungsanlagen unterscheiden sich hinsichtlich ihrer Verfügbarkeit (verbrauchsorientiert oder dargebotsabhängig), ihrer Flexibilität (Anfahrzeit, Mindeststillstandzeit,

Leistungsänderungsgeschwindigkeit), der eingesetzten Primärenergie (z. B. Kohle, Gas, Sonne, Wind), ihrem CO_2-Ausstoß, ihrer Verteilungsstruktur (zentral, dezentral) und ihrer Kostenstruktur. Um die Nachfrage nach elektrischer Energie zu jedem Zeitpunkt entsprechend der Lastganglinie wirtschaftlich und ökologisch optimal decken zu können, werden verschiedene Typen von Erzeugungsanlagen kombiniert. Dazu gehören auch Pumpspeicher und gegebenenfalls andere Speichertechnologien. Die Gesamtheit des so entstandenen Kraftwerkparks wird auch als Strommix bezeichnet [9].

Disponible, verbrauchsorientierte Erzeugungsanlagen sind Kraftwerke, deren Einsatz in Abhängigkeit von Bedarf oder Strompreisen vorgegeben werden kann. Dies ist typischerweise bei der konventionellen Erzeugung aus fossilen Energieträgern wie Kohle und Gas (Abb. 2.7) sowie bei Kernkraftwerken der Fall, ebenso bei verschiedenen erneuerbaren Energien wie z. B. bei Biomasse- und Geothermiekraftwerken. Dagegen ist die Energieproduktion aus sogenannter fluktuierender Erzeugung, wie etwa bei Windkraft- und Solaranlagen (Abb. 2.8), dargebotsabhängig. Die Menge an elektrischer Energie, die aus solchen Anlagen erzeugt wird, ist unmittelbar von den jeweils aktuellen Wind- und Sonneneinstrahlungsverhältnissen abhängig. Einige Erzeugungsarten nehmen hier eine Mittelstellung ein. Dazu gehören wärmegeführte Kraft-Wärme-Kopplungs-(KWK)-Anlagen, die ebenfalls bedarfsgerecht produzieren können, deren Fahrplan aber in der Regel vom Wärmebedarf eines Fernwärmenetzes bestimmt ist, Müllverbrennungsanlagen und Industriekraftwerke, die oftmals prozessabhängig produzieren, sowie Laufwasserkraftwerke, die in gewissem Umfang von dem verfügbaren Dargebot des Fließgewässers abhängig sind [10].

Waren in Deutschland bisher die verbrauchsorientiert einspeisenden thermischen Kraftwerke die Basis der elektrischen Energieversorgung, so gewinnt der volatile, dargebotsabhängige, von der Nachfrage unabhängige Anteil der Erzeugung vor allem aus Windkraft- und Photovoltaik(PV)-Anlagen zunehmend an Bedeutung (Abb. 2.9) [2]. Dies lässt sich auch indirekt an der Anzahl und der Größe der elektrischen Energieerzeugungsanlagen ablesen. So sind in Deutschland knapp einhundert Kraftwerke mit einer Leistung von jeweils 100 MW oder mehr und über 1,7 Mio. Anlagen mit weniger als 100 MW installiert. Die insgesamt installierte Erzeugungsleistung ist aktuell mehr als zweieinhalbmal so hoch wie die maximal auftretende Lastspitze. Dies ist zum Teil dadurch begründet, dass auch im Fall der Nichtverfügbarkeit von Kraftwerken (Revision, Windstille, Dunkelheit etc.) immer noch genügend Leistung zur vollständigen Lastdeckung vorhanden sein muss. Die Differenz zwischen der Last und dem Anteil der fluktuierenden Einspeisung aus dargebotsabhängigen Erzeugern (PV- und Windkraftanlagen) wird als Residuallast bezeichnet. Im deutschen Netz können innerhalb eines Tages die Residuallastwerte um bis zu 70 GW pendeln.

Die verschiedenen Energieträger im Strommix sind sehr unterschiedlich grundlastfähig. Beispielsweise erreichen Windenergieanlagen etwa 7500 bis 8000 Betriebsstunden im Jahr. Mit Betriebsstunden werden die Zeiten bezeichnet, in denen eine Anlage betrieben

Abb. 2.7 Gaskraftwerk Irsching. (Quelle: Uniper)

Abb. 2.8 Photovoltaik- und Windkraftanlagen. (Quelle: Pixabay/E. Westendarp)

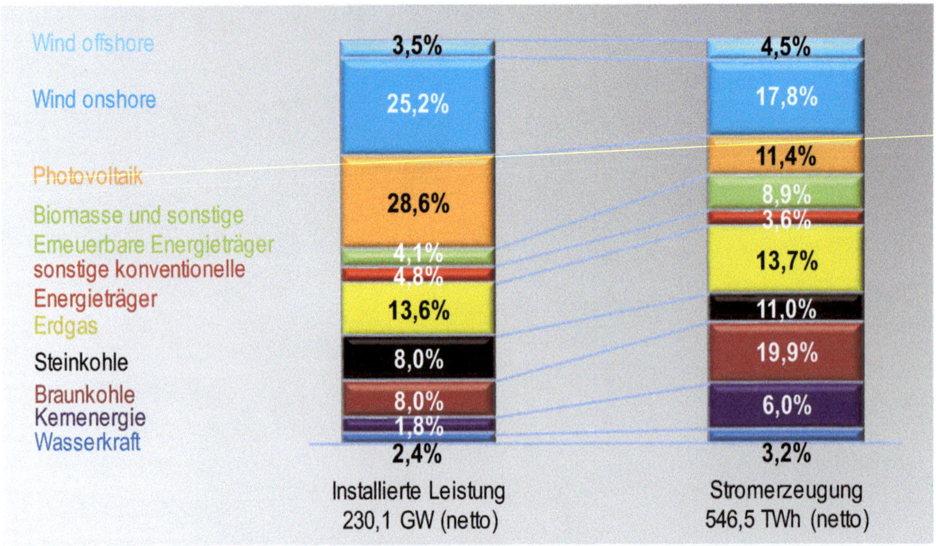

Abb. 2.9 Installierte Kraftwerksleistung und Nettostromerzeugung in Deutschland aufgeteilt nach Energieträgern im Jahr 2022. (Quelle: BDEW)

worden ist und an denen sie Strom ins Netz einspeist. In der Regel schließen die Betriebsstunden auch Zeiten von Teillastbetrieb ein. Abhängig von verschiedenen Faktoren wie z. B. Standortgüte (onshore, offshore) und Anlagenauslegung betragen beispielsweise die Volllaststunden von Windkraftanlagen nur etwa zwischen 1400 und 3500 h. Je höher die Anzahl der Vollaststunden eines Energieträgers ist, desto eher ist er für die Deckung der Grundlast geeignet. Die Volllaststunden sind ein rechnerisch ermitteltes Maß zur Beschreibung der Ausnutzung einer Stromerzeugungsanlage. Der Wert der Volllaststunden ergibt sich, indem man die erzeugte Jahresenergiemenge durch die Maximalleistung der jeweiligen Anlage bzw. des jeweiligen Energieträgers teilt. Der Jahresnutzungsgrad ist der prozentuale Anteil der theoretisch maximalen Energieerzeugung. In Tab. 2.1 sind die Volllaststunden und der Jahresnutzungsgrad für die Energieträger des deutschen Strommix‘ im Jahr 2022 angegeben.

Entsprechend den politischen Beschlüssen auch im Zusammenhang mit der Energiewende wurden die letzten Kernkraftwerke in Deutschland im Frühjahr 2023 abgeschaltet. Der Deutsche Bundestag und Bundesrat haben beschlossen, bis spätestens 2038 aus der Kohleverstromung auszusteigen. Die dadurch ausgefallene Kraftwerksleistung sowie die in diesen Anlagen produzierte elektrische Energie müssen dann durch die verbliebenen bzw. zusätzlich errichteten Gaskraftwerke oder konsequenterweise durch die auf erneuerbaren Energien basierenden Erzeugungsanlagen ersetzt werden. Zusätzlich muss der durch Elektroautos und Wärmepumpen erforderliche Mehrverbrauch (siehe Abschn. 2.2.1) aus

Tab. 2.1 Volllaststunden der Energieträger im deutschen Strommix

Energieträger	Volllaststunden	Jahresnutzungsgrad
Wind offshore	3054	34,9 %
Wind onshore	1658	18,9 %
Photovoltaik	947	10,8 %
Biomasse und sonstige erneuerbare Energieträger	4804	54,8 %
sonstige konventionelle Energieträger	1781	20,3 %
Erdgas	2393	27,3 %
Steinkohle	3266	37,3 %
Braunkohle	5908	67,4 %
Kernenergie	7917	90,4 %
Wasserkraft	3167	36,1 %

diesen Anlagen gedeckt werden. Die Übertragungsnetzbetreiber in Deutschland erwarten bis 2045 einen Anstieg der installierten Leistung aus erneuerbaren Energien auf über 640 GW [7]. Dies entspricht dem Fünffachen der in 2022 installierten Leistung.

2.3 Energieversorgungsnetze

2.3.1 Aufgabe und Struktur

Elektrische Energieversorgungsnetze sind geographisch weit ausgedehnte Netzwerke. Sie werden gebildet aus den elektrischen Stromleitungen wie Freileitungen und Erdkabeln und den dazugehörigen Einrichtungen wie Schaltanlagen und Umspannwerken mit Transformatoren. Die elektrischen Energieversorgungsnetze umfassen üblicherweise mehrere Spannungsebenen, damit die Netzverluste bei der Übertragung und der Verteilung der elektrischen Energie insgesamt möglichst gering bleiben. Aufgrund ihrer Ausdehnung, der Anzahl von Einzelkomponenten sowie der physikalischen Vorgänge sind elektrische Energieversorgungsnetze komplexe technische Systeme. Die Sicherstellung eines störungsfreien Betriebs ist eine große Herausforderung für die Systemführung dieser Netze.

Die elektrischen Netze sind die zentralen Komponenten der Energieversorgungssysteme. Sie stellen die Verbindung zwischen den Verbrauchern elektrischer Energie (Lasten) und den Einspeisern (Erzeuger, wie z. B. thermische Kraftwerke, Windkraft- und Photovoltaikanlagen) her [11].

Zur allgemeinen elektrischen Energieversorgung werden in Deutschland öffentliche elektrische Netze mit Drehstrom in vier unterschiedlichen Spannungsebenen und einer Nennfrequenz von 50 Hz betrieben. Andere Stromarten als Drehstrom werden aktuell nur für Sonderfälle eingesetzt. Beispiele hierfür sind die Bahnstromnetze, die in Deutschland Wechselstrom mit einer Frequenz von 16,7 Hz verwenden, sowie Straßenbahnen oder längere Kabelverbindungen, die mit Gleichstrom betrieben werden. Gleichstromleitungen werden auch für die Kupplung asynchron verbundener Netze, die Anbindung von Inseln und offshore Windparks an das Energieversorgungsnetz auf dem Festland sowie für das geplante Overlay-Netz (siehe Abschn. 2.3.6) eingesetzt.

Das öffentliche Energieversorgungsnetz wird in sieben Funktionsebenen unterteilt. Dies sind die vier Spannungsebenen sowie die drei Transformierungsebenen zwischen den einzelnen Spannungsebenen. Bei den Spannungsebenen werden die Übertragungsnetze der Höchstspannungsebene (HöS, Nennspannung $U_n > 125\,\mathrm{kV}$. und die Verteilnetze der Hochspannungsebene (HS, $60\,\mathrm{kV} \leqslant U_n \leqslant 125\,\mathrm{kV}$), der Mittelspannungsebene (MS, $1\,\mathrm{kV} < U_n < 60\,\mathrm{kV}$) und der Niederspannungsebene (NS, $U_n \leqslant 1\,\mathrm{kV}$) unterschieden [12]. Abb. 2.10 zeigt die Funktionsebenen der öffentlichen elektrischen Energieversorgungsnetze in Deutschland [9].

Bislang erfolgt der Wirkleistungstransport üblicherweise aus Richtung der Netzebene mit der höheren Nennspannung (überlagerte Spannungsebene) in Richtung der Netzebene mit der geringeren Nennspannung (unterlagerte Spannungsebene). Bedingt durch die Veränderungen aufgrund der Energiewende kann sich bei hohen Einspeiseleistungen in der Niederspannungsebene (z. B. durch Photovoltaikanlagen) diese Leistungsflussrichtung allerdings auch umkehren. In Deutschland sind für die Netze in den verschiedenen Spannungsebenen ca. 900 Energieversorgungsunternehmen tätig. Hierzu gehören Stadtwerke, regionale Netzbetreiber sowie die Übertragungsnetzbetreiber. Abb. 2.11 zeigt exemplarisch die Versorgungsgebiete der in der Niederspannungsebene in Deutschland tätigen Verteilnetzbetreiber. Zusätzlich sind in diesem Bild die Regelzonen der vier deutschen Übertragungsnetzbetreiber gekennzeichnet.

Die Übertragungsnetze spielen eine zentrale Rolle beim Auftreten eines Blackouts sowie bei der Wiederherstellung eines normalen Systemzustands. Die Systemführung dieser Netze ist verantwortlich für die Gewährleistung des gesamten elektrischen Systembetriebs, der Systemsicherheit, der Systembilanz, der Netzstabilität etc. [13].

2.3.2 Übertragungsnetze

2.3.2.1 Übertragungsnetze in Deutschland

Die Übertragungsnetze der Höchstspannungsebene sind das Rückgrat einer elektrischen Energieversorgungssystems. Ihre Aufgabe besteht darin, die elektrische Energie mit möglichst geringen Verlusten über große Entfernungen hinweg zu transportieren. An das Übertragungsnetz sind die leistungsstarken Einspeiser (konventionelle Kraftwerke, Offshore-Windparks), große Einzelverbraucher (Industrieparks, Fabrikationsanlagen mit hoher Last) und die Verteilnetze der Hochspannungsebene angeschlossen.

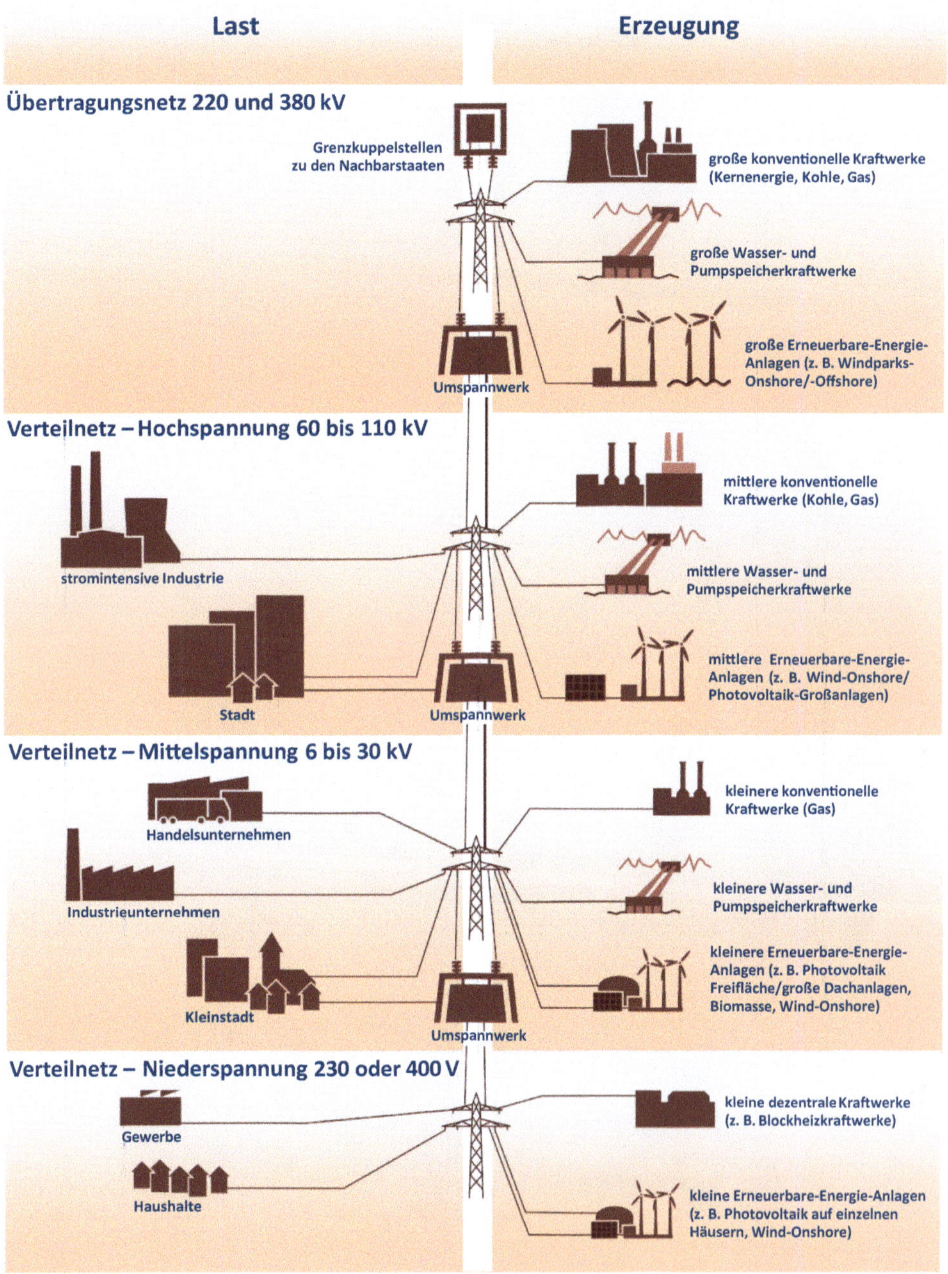

Abb. 2.10 Funktionsebenen der öffentlichen Elektrizitätsversorgung. (Quelle: BMWK)

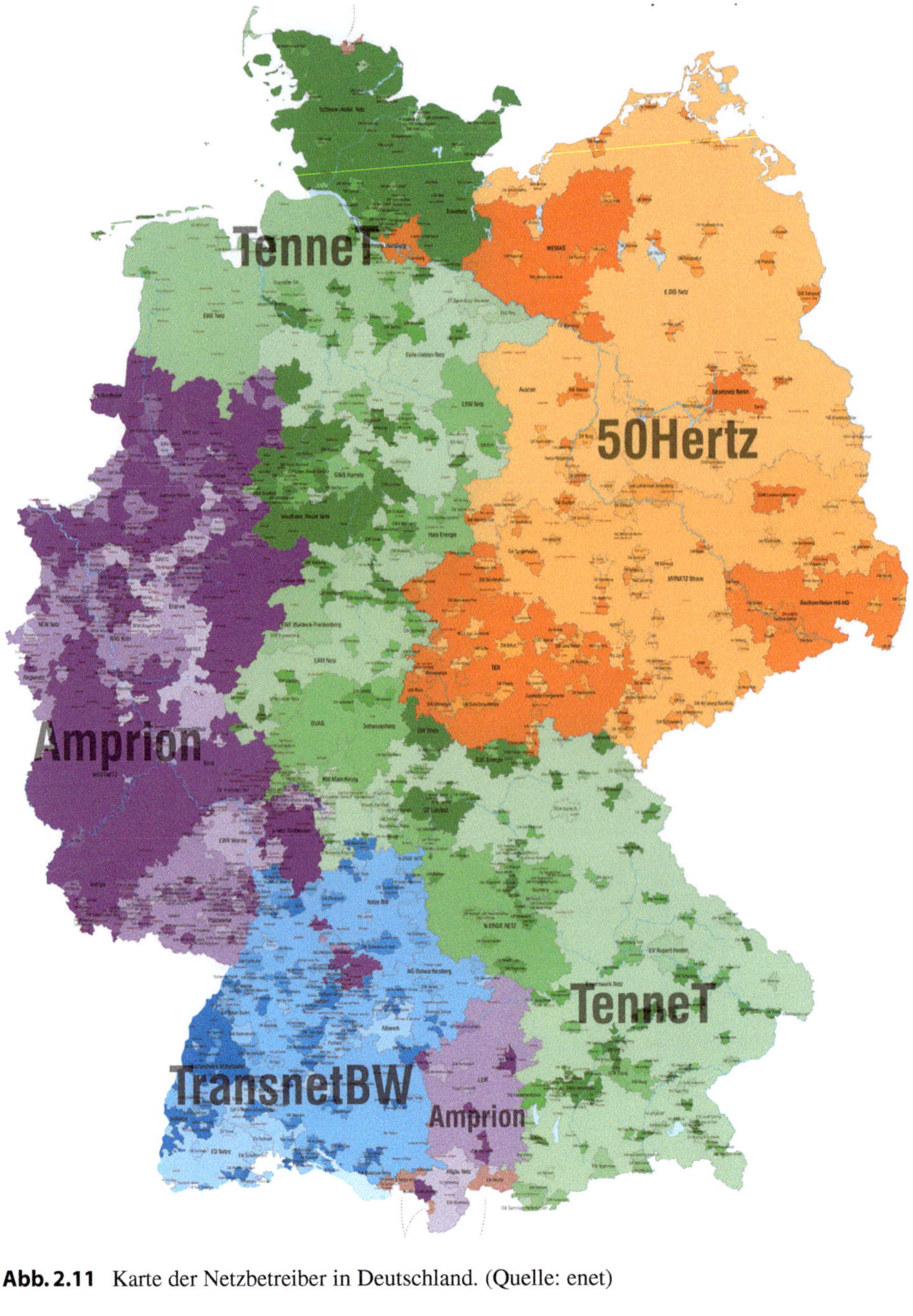

Abb. 2.11 Karte der Netzbetreiber in Deutschland. (Quelle: enet)

Die Gewährleistung einer zuverlässigen Stromversorgung ist ein gesellschaftlicher Auftrag, der in § 11 des Energiewirtschaftsgesetzes (EnWG) [14] verankert ist. Danach sind die Übertragungsnetzbetreiber gehalten, in Deutschland ein sicheres, zuverlässiges und leistungsfähiges Energieversorgungsnetz diskriminierungsfrei zu betreiben, zu warten und bedarfsgerecht zu optimieren, zu verstärken und auszubauen. Sie sind damit u. a. für den zuverlässigen und sicheren Betrieb des Übertragungsnetzes, für einen stabilen und störungsfreien überregionalen Stromaustausch sowie für den unmittelbaren Ausgleich von Erzeugungs- und Verbrauchsleistung innerhalb ihrer jeweiligen Regelzone verantwortlich [9, 15, 16]. Die Leistungsfähigkeit der Übertragungsnetze ist entscheidend bei der Vermeidung von Blackouts sowie für die Wiederherstellung der Energieversorgung nach Großstörungen.

Interessant in diesem Zusammenhang ist, dass die Übertragungsnetzbetreiber zwar den gesetzlichen Auftrag haben, die Systemsicherheit des Übertragungsnetzes zu gewährleisten, dies jedoch nicht zwingend gleichbedeutend mit der vollständigen Versorgung aller Verbraucher ist. Sollte es die Erhaltung der Systemsicherheit erfordern, können sogar Verbraucher gezielt abgeschaltet werden (siehe Abschn. 2.9.1 und 6.2).

Für die Höchstspannungsnetze ist die Energiewende eine große Herausforderung, da beispielsweise der aus Windkraftanlagen gewonnene Strom in etlichen Regionen Deutschlands die dort vorhandenen Netzkapazitäten deutlich übersteigt. Diese Energie wird oftmals weit entfernt von Verbrauchsschwerpunkten produziert und muss entsprechend verteilt werden. Gleiches gilt auch für die aus Photovoltaik- oder Biomasseanlagen erzeugte elektrische Energie. Der Anteil des aus erneuerbaren Energien gewonnenen Stroms wird in Zukunft noch größer werden. Dadurch wird auch der Ausbaubedarf der Stromnetze in den kommenden Jahren stark ansteigen. Eine wesentliche Aufgabe der Übertragungsnetzbetreiber wird daher sein, die deutsche Energieinfrastruktur mit effizienten und umweltschonenden Übertragungstechnologien zukunftsfähig zu machen [17].

Die Vorhaltung eines leistungsfähigen und zuverlässigen Übertragungsnetzes ist die Voraussetzung für die Erfüllung der Aufgaben der Systemführung. Bei allen Planungen zum Netzausbau sowie für die strategischen Vorgaben für die Instandhaltung und Erneuerung der Betriebsmittel sind die Netzzuverlässigkeit und ökologische Aspekte die entscheidenden Kriterien. Neben diesem strategischen Anlagenmanagement ist eine leistungsfähige Systemführung erforderlich, um jederzeit einen sicheren Netzbetrieb zu gewährleisten. Mit ihrer Arbeit leisten die Übertragungsnetzbetreiber (ÜNB) einen wesentlichen Beitrag, damit die Stromversorgung auch zukünftig den Zielen der Versorgungssicherheit, der Wirtschaftlichkeit und des Klimaschutzes gleichermaßen dient. Die ÜNB sind zentrale Akteure bei der Integration von Strom aus erneuerbaren Energien in die deutsche Energieinfrastruktur [18].

Die erfolgreiche Entwicklung hin zu einer modernen und zukunftsfähigen Energieinfrastruktur durch die ÜNB kann nur als gesamtgesellschaftliches Projekt mit weitreichender Unterstützung von Politik, Wirtschaft, Wissenschaft und Bürgern gelingen, um auch die erforderliche gesellschaftliche Akzeptanz zu erlangen. Die Übertragungsnetzbetreiber tragen auf diesem Weg eine besondere Verantwortung. Während des Planungsprozesses soll bspw. durch entsprechende Bürgerinformations- und Bürgerkonsultationsveranstaltungen größtmögliche Transparenz, Information und Beteiligung gewährleistet werden.

Abb. 2.12 zeigt die vereinfachte Struktur des deutschen Übertragungsnetzes. Zu beachten ist, dass in dieser Abbildung nur die wichtigsten Leitungsverbindungen dargestellt sind. Es fehlen etliche Nebenstrecken. Das Übertragungsnetz stellt weitmaschige Verbindungen von großen Stationen mit leistungsstarken Leitungen zwischen den Kraftwerksstandorten und den Lastzentren, dies sind Regionen mit hoher Lastdichte (z. B. das Rhein-Main-Gebiet), her.

In der Vergangenheit wurden die großen Kraftwerke überwiegend in der Nähe der Lastzentren errichtet, um die elektrische Energie möglichst lastnah zu erzeugen. Im Höchstspannungsnetz betrug dadurch die mittlere Transportentfernung bei der Energieübertragung zu den Lastzentren bisher ca. 60 km [82]. Diese Distanz wird sich durch die Veränderungen der Energiewende deutlich vergrößern. Die Lage der großen Lastzentren im Westen und im Süden Deutschlands bleibt grundsätzlich unverändert. Durch die Abschaltung der verbrauchsnahen thermischen Kraftwerke und durch die zunehmende Einspeisung der im Wesentlichen in Nord- und Ostdeutschland platzierten Windkraftwerke wird sich die mittlere Transportentfernung auf bis zu 300 km erhöhen [19]. Dies bedeutet eine erhebliche Änderung im Betrieb des Übertragungsnetzes, da dadurch die großräumigen Leistungstransporte deutlich ansteigen und die Netzbelastung erhöht wird.

Das deutsche Übertragungsnetz ist ca. 35.000 km lang und wird in zwei Spannungsstufen mit Nennspannungen von 220 bzw. 380 kV betrieben. Diese beiden Netzebenen sind galvanisch gekoppelt, da die 220/380-kV-Netzkuppeltransformatoren in der Regel als Spartransformatoren ausgeführt sind. Das deutsche Übertragungsnetz ist über Kuppelleitungen mit den Übertragungsnetzen der Nachbarländer verbunden.

Das deutsche Übertragungsnetz bildet einen in vier Regelzonen unterteilten Regelblock (Abb. 2.11). Als Regelzone wird ein geographisch festgelegter Verbund von Höchstspannungsnetzen bezeichnet, dessen Stabilität von dem für die jeweilige Regelzone zuständigen Übertragungsnetzbetreiber (Transmission System Operator, TSO) organisiert wird. Verantwortlich für jeweils eine der vier deutschen Regelzonen sind die Übertragungsnetzbetreiber 50Hertz Transmission GmbH (Berlin), Amprion GmbH (Dortmund), TransnetBW GmbH (Stuttgart) und TenneT TSO GmbH (Bayreuth). Die Abgrenzung zwischen den einzelnen Regelzonen ist ausschließlich rechtlich und unternehmerisch definiert. Die Regelzonen sind technisch nicht isoliert, sondern über Kuppelleitungen miteinander verbunden. Über diese findet ein permanenter Energieaustausch zwischen den Regelzonen statt [11].

Die Leitungen des Übertragungsnetzes sind überwiegend als Freileitungen ausgeführt. Der Anteil der Kabelstrecken beträgt nur ca. 2000 km. Bei den Kabelstrecken handelt es sich hauptsächlich um die Anbindungen der Offshore-Windparks an die

Übertragungsnetze von Amprion, TenneT TSO und 50Hertz Transmission. Die Verbindung der Leitungen erfolgt im deutschen Übertragungsnetz in 435 Schaltanlagen. In der Höchstspannungsebene werden ca. 1100 Transformatoren betrieben [20]. Die Höchstspannungsnetze bilden eine zusammenhängende Netzstruktur (Topologie) und weisen einen sehr hohen Vermaschungsgrad auf. Dadurch existiert zu praktisch jedem Netzzweig eine alternative Leitungsverbindung. Der Ausfall eines Netzzweiges führt demnach auch nicht unmittelbar zu einer Nichtversorgung von Kunden. Der Netzbetrieb wird durch diese Netzstruktur allerdings sehr aufwendig, der Netzschutz muss entsprechend komplex aufgebaut sein [13].

- **50Hertz Transmission GmbH**
  Im Netzgebiet von 50Hertz Transmission (50Hertz) [https://www.50hertz.com] sind mehr als 40 Prozent der deutschen Windenergieleistung installiert. Das Unternehmen ist damit verantwortlich für eine der größten Stromexportregionen Europas.

  Bei 50Hertz sind an acht Standorten rund 1600 Mitarbeiter beschäftigt. Das Netzgebiet von 50Hertz erstreckt sich mit 109.702 km^2 über die Bundesländer Berlin, Brandenburg, Hamburg, Mecklenburg-Vorpommern, Sachsen, Sachsen-Anhalt und Thüringen und versorgt 18 Millionen Menschen mit Strom.

  Vom Transmission Control Centre (TCC) in Neuenhagen bei Berlin aus wird das 10.490 km (Kabelanteil 6 %) lange Höchstspannungsnetz gesteuert und überwacht. 50Hertz ist verantwortlich für den Netzanschluss der deutschen Windparks in der Ostsee [18].
- **Amprion GmbH**
  Die Amprion GmbH [https://www.amprion.net] betreibt in einem 79.200 km^2 großen Netzgebiet, das von Niedersachsen bis zum Saarland und weiter bis an die Grenze zu Österreich und der Schweiz reicht, mit ca. 11.000 km das längste Höchstspannungsnetz Deutschlands. Amprion versorgt mit seinen rund 2300 Mitarbeitern 29 Millionen Einwohner mit Energie.

  Amprion übernimmt als Regelblockführer mit ihrer zentralen Leitstelle („Systemführung“) in Brauweiler bei Köln (Abb. 2.13) eine nationale, regelzonenübergreifende Rolle im Bereich des internationalen Stromtransports. Amprion koordiniert die Stromflüsse zwischen den vier deutschen Regelzonen und zu den benachbarten Übertragungsnetzen im Ausland. Amprion unterhält Kuppelleitungen zu neun ausländischen Übertragungsnetzbetreibern. Innerhalb des europäischen Verbundes der Übertragungsnetzbetreiber Entso-E koordiniert Amprion den Verbundbetrieb für den nördlichen Teil des europäischen Übertragungsnetzes (Regional Group Continental Europe North, RG CE North) [18].

  Als Tochterunternehmen organisiert die Amprion Offshore GmbH die Netzanbindungssysteme der Offshore-Windparks in der Nordsee, für die Amprion entsprechend dem EnWG zuständig ist.
- **TenneT TSO GmbH**

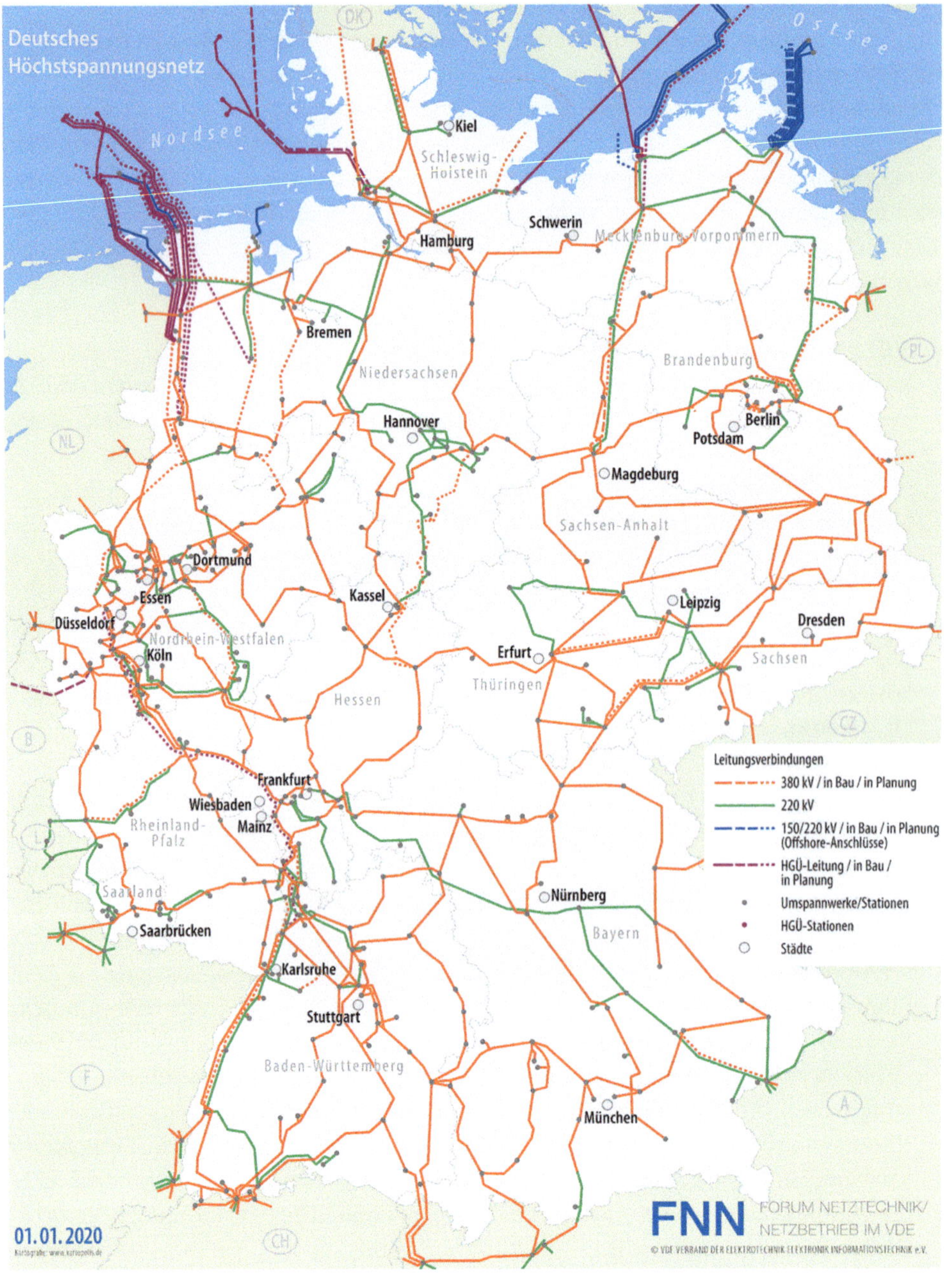

Abb. 2.12 Deutsches Höchstspannungsnetz. (Quelle: VDE Verband der Elektrotechnik Elektronik Informationstechnik e. V., Forum Netztechnik/Netzbetrieb im VDE (FNN)

Abb. 2.13 Netzwarte der Amprion GmbH in Brauweiler. (Quelle: Amprion)

Zur Versorgung von mehr als 20 Millionen Einwohnern mit elektrischer Energie betreibt die TenneT TSO GmbH [https://www.tennet.eu] auf einem Netzgebiet von 140.000 km^2, das von Schleswig-Holstein, über Niedersachsen und Hessen bis nach Bayern reicht, ein 10.700 km langes Höchstspannungsnetz. Die TenneT TSO hat rund 1700 Mitarbeiter. Die Stromnetze der Tennet TSO werden in den beiden Schaltleitungen Lehrte bei Hannover und Dachau, nahe München überwacht und gesteuert.

Die TenneT Offshore GmbH befasst sich als Schwesterunternehmen mit allen Belangen der Anschlussleitungen auf See, während die TenneT TSO die Übertragung auf dem Land sichert [18].

- **TransnetBW GmbH**
  Mit rund 1270 Mitarbeitern betreibt die TransnetBW GmbH [https://www.transnetbw.de] ein 3200 km langes Höchstspannungsnetz, das sich in Baden-Württemberg über ein Netzgebiet von über 34.600 km^2 erstreckt. TransnetBW ist für die Energieversorgung von mehr als 11 Mio. Menschen verantwortlich. Das Übertragungsnetz der TransnetBW ist über zahlreiche Kuppelstellen in das nationale und europäische Verbundnetz integriert. An den Regelzonengrenzen ist es direkt mit den Netzen innerhalb Deutschlands sowie mit Frankreich, Österreich und der Schweiz verbunden und spielt damit eine wesentliche Rolle im europäischen Stromtransport. Die Hauptschaltleitung der TransnetBW in Wendlingen, nahe Stuttgart ist eine der modernsten Leitstellen Europas [18].

2.3.2.2 Europäische Verbundnetze

Das deutsche Übertragungsnetz ist über zahlreiche Kuppelleitungen in das kontinentaleuropäische Verbundnetz (ehemals UCTE) (Abb. 2.14) eingebunden und wird mit diesem frequenzsynchron betrieben. Mit Ausnahme von zwei 750-kV-Leitungen von der Ukraine nach Polen bzw. nach Ungarn ist 380 kV z. Z. die höchste im kontinentaleuropäischen Verbundnetz auftretende Nennspannung.

Neben dem kontinentaleuropäischen Verbundnetz existieren in Europa weitere Verbundsysteme, deren Mitglieder jeweils untereinander frequenzsynchron verbunden sind. Abb. 2.15 zeigt die in Regionalgruppen (RG) strukturierten und im Verband der Entso-E organisierten, europäischen Übertragungsnetze [16, 21]. Die Stromkreislänge dieser Netze beträgt insgesamt 423.717 km (Tab. 2.2, Stand 2017). Außer in Deutschland, Großbritannien und Österreich gibt es in Europa jeweils nur einen Übertragungsnetzbetreiber pro Land. Die Übertragungsnetze in Island und auf Zypern sind nicht mit dem übrigen europäischen Netz verbunden. Diese Netze werden als Inselnetze betrieben. Frequenzsynchrone Verbindungen gibt es zwischen dem kontinentaleuropäischen Verbundnetz und dem türkischen sowie dem marokkanischen Übertragungsnetz.

Die Regionalgruppen innerhalb Entso-E sind nicht in Form eines einzigen gesamteuropäischen Verbundsystems unmittelbar miteinander verbunden. Die einzelnen Teilsysteme wie die kontinentaleuropäische oder die skandinavische (ehemals NORDEL) Regionalgruppe können ebenso wie das russische Verbundnetz IPS/UPS aus technischen

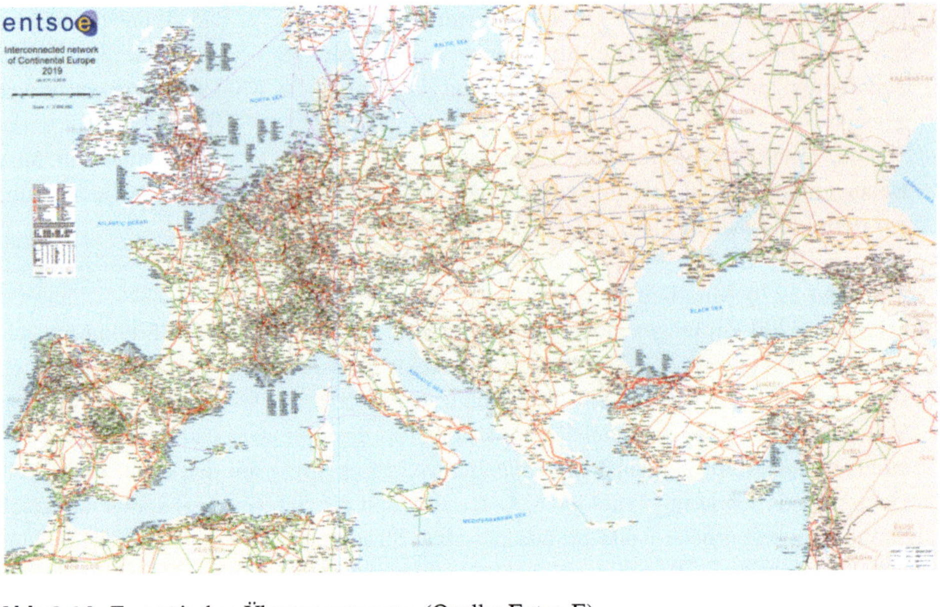

Abb. 2.14 Europäisches Übertragungsnetz. (Quelle: Entso-E)

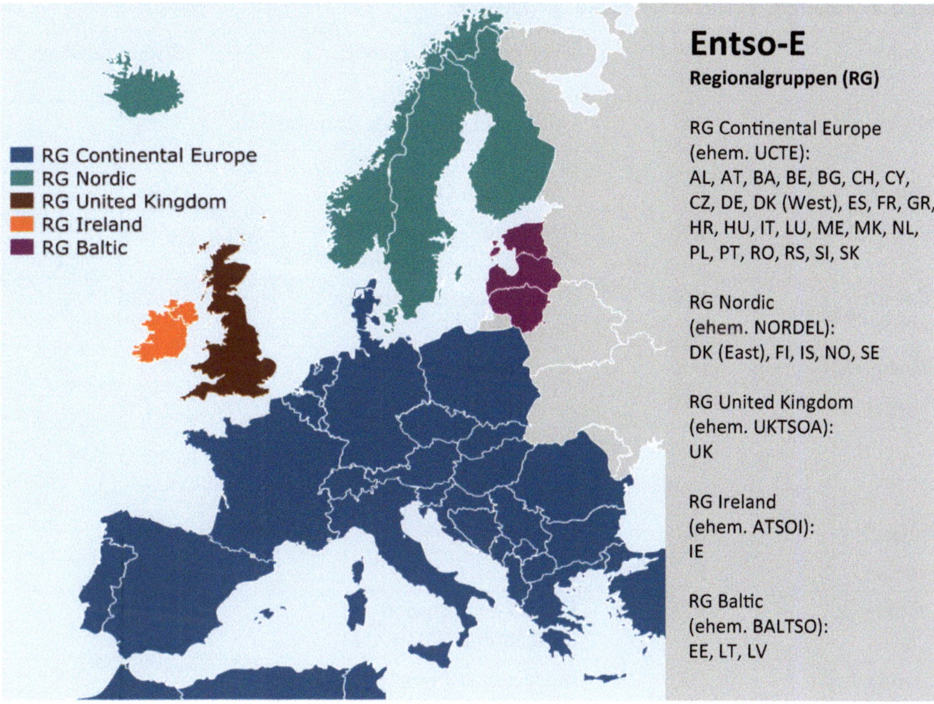

Abb. 2.15 Regionalgruppen der Entso-E. (Quelle: Entso-E)

Gründen nicht frequenzsynchron, sondern müssen asynchron zusammengeschaltet werden. Zwischen den einzelnen asynchron verbundenen Regionalgruppen bestehen Gleichstromkupplungen, sogenannte Interkonnektoren in Form von Frequenz entkoppelnden Kurzkupplungen (GKK) oder Hochspannungs-Gleichstrom-Übertragungen (HGÜ) [13].

Für den internationalen Stromhandel im europäischen Strommarkt werden ausreichende Transitkapazitäten benötigt. Die grenzüberschreitenden Kuppelleitungen (Grenzkuppelstellen) ermöglichen den Übertragungsnetzbetreibern auf internationaler Ebene, Strom von einem nationalen Netz in das andere zu transferieren. Die maximale Übertragungsfähigkeit der Kuppelleitungen zwischen den Regelzonen definiert die für die physikalischen Stromlieferungen verfügbaren Transitkapazitäten. Da diese nur in begrenzter Höhe zur Verfügung stehen, wird hierdurch eine obere Grenze für die bilanziellen Stromhandelsgeschäfte vorgegeben.

Der Ausbau der grenzüberschreitenden Transitkapazitäten sowie der Aufbau neuer Grenzkuppelstellen ist eine der dringlichsten Aufgaben der Übertragungsnetzbetreiber, um den stetig ansteigenden internationalen Stromhandel zu ermöglichen. Ist die Transitkapazität zu klein, kann die an der Börse gehandelte Energiemenge nicht tatsächlich geliefert

Tab. 2.2 Übertragungsnetze innerhalb der Entso-E

Land	Abkürzung	Übertragungsnetzbetreiber	Stromkreislänge in km
Albanien	AL	Operatori i Sistemit te Transmetimit (OST)	3336
Belgien	BE	Elia System Operator	5345
Bosnien-Herzegowina	BA	Nezavisni Operator Sustava u Bosni i Hercegovini (NOS BiH)	6338
Bulgarien	BG	Electroenergien Sistemen Operator (ESO)	15.236
Dänemark	DK	Energinet.dk	5491
Deutschland	DE	Amprion TenneT TSO TransnetBW 50Hertz Transmission	35.199
Estland	EE	Elering	5306
Finnland	FI	Fingrid	14.398
Frankreich	FR	Réseau de Transport d'Electricité (RTE)	50.207
Griechenland	GR	Independent Power Transmission Operator (ADMIE/IPTO)	17.168
Irland	IE	EirGrid	7116
Island	IS	Landsnet	2992
Italien	IT	Terna – Rete Elettrica Nazionale	68.041
Kroatien	HR	Hrvatski Operator Prijenosnog Sustava (HOPS)	7305
Lettland	LV	Augstsprieguma TÏkls (AST)	5251
Litauen	LT	Litgrid	7003
Luxemburg	LU	Creos Luxembourg	130
Mazedonien	MK	Macedonian Transmission System Operator (MEPSO)	2122
Montenegro	ME	Crnogorski Elektroprenosni Sistem (CGES)	835
Niederlande	NL	TenneT	8594
Norwegen	NO	Statnett	12.302
Österreich	AT	Austrian Power Grid (APG) Vorarlberger Übertragungsnetz (VÜN)	6965

(Fortsetzung)

Tab. 2.2 (Fortsetzung)

Land	Abkürzung	Übertragungsnetzbetreiber	Stromkreislänge in km
Polen	PL	Polskie Sieci Elektroenergetyczne (PSE)	14.550
Portugal	PT	Rede Eléctrica Nacional (REN)	8908
Rumänien	RO	Transelectrica	9888
Schweden	SE	Svenska kraftnät	15.482
Schweiz	CH	Swissgrid	6543
Serbien	RS	Elektromreža Srbije (EMS)	3869
Slowakei	SK	Slovenská Elektrizačná Prenosová Sústava (SEPS)	2465
Slowenien	SI	Sistemski Operater Prenosnega Elektroenergetskega Omrežja (ELES)	2893
Spanien	ES	Red Eléctrica (REE)	40.635
Tschechien	CZ	Česká Energetická Přenosová Soustava (ČEPS)	5728
Ungarn	HU	Magyar Villamosenergia-ipari Átviteli Rendszerirányító Zártkörűen Működő Részvénytársaság (MAVIR)	4645
Vereinigtes Königreich	UK	National Grid Electricity Transmission System Operator for Northern Ireland (SONI) Scottish Hydro Electric Transmission (SSE) Scottish Power Transmission	20.695
Zypern	CY	Cyprus TSO	973

(Quelle: Entso-E)

werden. Es kommt dann durch die Differenz (Unscheduled Flows) zwischen kontrahierter (Scheduled Flows) und tatsächlich physikalisch übertragener elektrischer Energie zu Marktverzerrungen.

Aufgrund zu geringer Transitkapazitäten kann es durch die physikalische Leistungsflussverteilung entsprechend den Kirchhoff´schen Gesetzen zu ungewollten Leistungsflüssen in anderen Netzen kommen. Ein Sonderfall der Unscheduled Flows sind Loop Flows (Ringflüsse). Bei diesem Phänomen fließt die elektrische Energie aus einem Land in ein anderes Land und von dort an anderer Stelle wieder zurück ins Ursprungsland. Die innerhalb eines Landes produzierte elektrische Energie wird zwar im gleichen Land verbraucht, wird aber teilweise über ausländische Leitungen geführt und reduziert damit in Flussrichtung die Übertragungskapazitäten, die dem Stromhandel zur Verfügung stehen. Für

Länder wie Belgien, die zur Deckung ihrer Last auf Importe angewiesen sind, könnte eine Beschränkung des grenzüberschreitenden Stromhandels im Extremfall zu Knappheitssituationen führen. Loop Flows schränken die Importmöglichkeiten eines Landes allerdings nicht zwingend ein. Fließen Loop Flows etwa von Norddeutschland über die Niederlande, Belgien und Frankreich nach Süddeutschland, begegnen sie aufgrund belgischer Importe aus Frankreich häufig gegenläufigen Leistungsflüssen. Dadurch, dass sich diese Leistungsflüsse teilweise gegenseitig ausgleichen, erhöhen sie die Importkapazitäten von Belgien aus Frankreich.

Wie stark das deutsche Übertragungsnetz in das kontinentaleuropäische Netz eingebunden ist, zeigt die Abb. 2.16. Es sind die mit den Nachbarländern ausgetauschten Mengen an elektrischer Energie für das Jahr 2022 angegeben. Dabei wird deutlich, dass mit einigen Ländern ein intensiver gegenseitiger Stromhandel mit Lieferung und Bezug in etwa gleichgroßem Umfang stattfindet (z. B. Niederlande, Tschechien). Aus anderen Ländern wird überwiegend elektrische Energie importiert (z. B. Dänemark) oder es wird überwiegend elektrische Energie exportiert (z. B. Frankreich, Österreich, Polen, Schweiz). In den Exportmengen nach Österreich und in die Schweiz sind in nicht unerheblichem Umfang auch die Anteile der Transitleistungen nach Italien enthalten, die durch das österreichische und schweizerische Übertragungsnetz fließen.

Betrachtet man die Entwicklung des jährlich saldierten physikalischen Stromaustauschs von Deutschland mit seinen Nachbarländern (Abb. 2.17), so fällt auf, dass der summarische Export seit etwa zwanzig Jahren deutlich ansteigt. Während der Import elektrischer

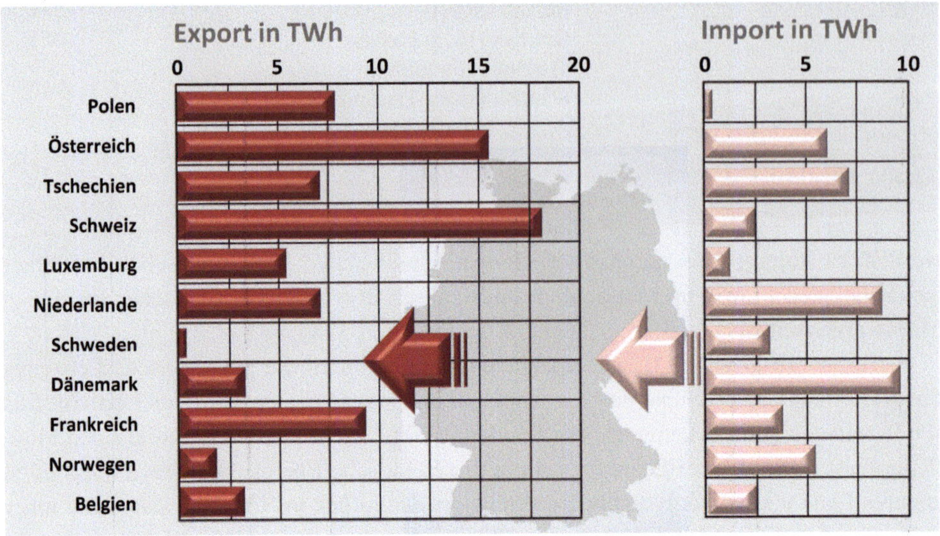

Abb. 2.16 Physikalische Stromflüsse von Deutschland ins Ausland bzw. ins Inland in 2022. (Quelle: BDEW)

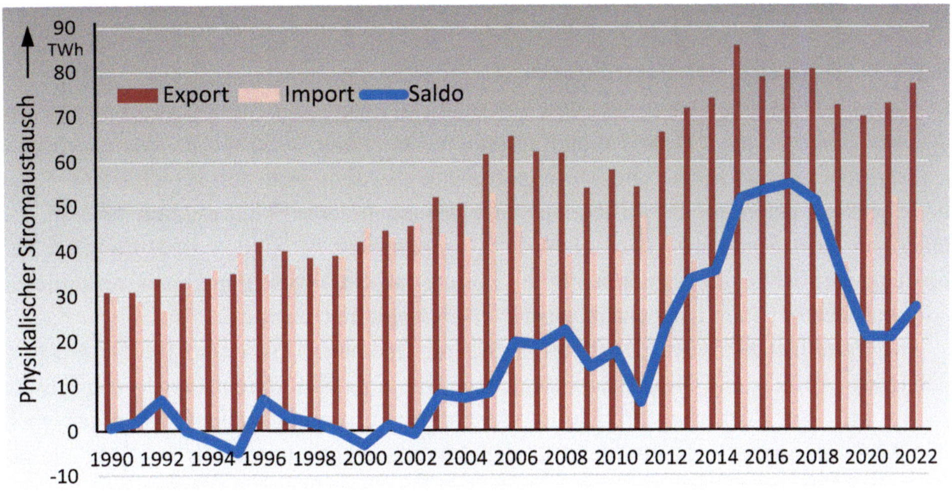

Abb. 2.17 Physikalischer Stromaustausch Deutschlands mit seinen Nachbarländern. (Quelle: BDEW)

Energie auf relativ gleichbleibendem Niveau bleibt, wird zunehmend mehr elektrische Energie exportiert. Dieser Anstieg ist damit zu erklären, dass durch den Ausbau dargebotsabhängiger Energieerzeugungsanlagen (z. B. Photovoltaik, Windkraftanlagen) auch immer mehr überschüssige bzw. nicht mehr im deutschen Markt platzierbare Energie vorhanden ist, die dann notgedrungen und häufig zu niedrigen Preisen ins Ausland abgegeben werden muss. Bei dem geplanten Anstieg der Einspeisung aus erneuerbaren Energien wird dieser Exportüberschuss künftig noch weiter ansteigen. Andererseits steigen durch die Abschaltung der Kohle- und Atomkraftwerke die Menge der aus dem Ausland importierten elektrischen Energie.

Der intensive Austausch von elektrischer Energie zeigt, wie eng das deutsche Übertragungsnetz mit den Netzen der übrigen Länder des kontinentaleuropäischen Verbundsystems verknüpft ist. Dies bedeutet, dass in einem im deutschen Netz auftretenden Störungsfall die übrigen Verbundpartner Unterstützung leisten können, und umgekehrt die deutschen Energieversorgungsunternehmen natürlich auch Hilfe leisten, falls ein anderer Verbundpartner Unterstützung benötigt. Allerdings bleibt eine Störung in einer Regelzone nicht an der jeweiligen Grenze stehen, sondern beeinflusst alle anderen Mitglieder des Verbundsystems mehr oder weniger schwer. So wird auch ein Blackout nicht notwendigerweise nur auf eine Regelzone begrenzt bleiben.

2.3.3 Verteilnetze

2.3.3.1 Aufgabe der Verteilnetze

Im Gegensatz zu den überregional und international agierenden Übertragungsnetzen sind die Verteilnetze zur regionalen und örtlichen Verteilung elektrischer Energie an die Endverbraucher zuständig. Die Verteilnetze untergliedern sich auf verschiedene Spannungsebenen unterhalb der Höchstspannungsebene in eine Vielzahl von Netzen, die innerhalb einer Spannungsebene nicht direkt miteinander verbunden sind. Einzelne Verbindungsmöglichkeiten existieren, um im Störungsfall eine Versorgung eines Verteilnetzes oder von Teilen davon aus benachbarten Netzen wiederherzustellen.

Die Verteilnetzbetreiber (Distribution System Operator, DSO) sind für die Netze in der Hoch-, Mittel- und Niederspannungsebene mit einer Stromkreislänge von insgesamt ca. 1,8 Mio. km zuständig [20]. Die Bandbreite der Versorgungsgebiete der in der Hoch- und Mittelspannung in Deutschland tätigen Verteilnetzbetreiber reicht von sehr kleinen (z. B. nur kleinere Ortschaften umfassende) bis hin zu flächen- und leistungsmäßig sehr großen Netzgebieten, die nahezu die Größe eines ganzen Bundeslandes haben können. Zu den größten Verteilnetzbetreibern gehören die Stadtwerke Berlin, Hamburg und München, sowie die Regionalnetzbetreiber Avacon, EWE, Mitnetz und Westnetz.

Mit dem Begriff Verteilnetz wird die in diesen Netzebenen bisher gültige Energieflussrichtung von den höheren hin zu den niedrigeren Spannungsebenen beschrieben. Zunehmend werden jedoch auch in den unteren Spannungsebenen Erzeugungsanlagen (z. B. Photovoltaik in der Niederspannungsebene) in beträchtlichem Umfang installiert und betrieben. Dadurch treten immer öfter Energieflüsse als Rückspeisungen in die höheren Spannungsebenen auf. Der gebräuchliche Begriff Verteilnetz wird allerdings auch weiterhin für diesen Bereich der Energieversorgungsnetze verwendet.

2.3.3.2 Hochspannungsnetze

Die Verteilnetze der Hochspannungsebene mit einer Nennspannung $U_{\mathrm{n}} = 110\,\mathrm{kV}$ bestehen aus einzelnen, galvanisch getrennten Netzgruppen. Diese Netzgruppen umfassen jeweils eine Region oder eine Großstadt. Die Hochspannungsnetze werden überwiegend vermascht betrieben. In dieser Spannungsebene speisen kleine und mittelgroße Kraftwerksblöcke (bis ca. 300 MW) sowie große Windparks und Photovoltaikanlagen ein. Die Großindustrie betreibt ebenfalls eigene Netze in dieser Spannungsebene zur Versorgung der Betriebsanlagen (z. B. Chemieparks) und einzelner Großverbraucher (z. B. Lichtbogenöfen). Aus der Hochspannungsebene werden die unterlagerten Mittelspannungsnetze versorgt.

Die Stromkreislänge der Hochspannungsebene beträgt ca. 95.000 km in ca. 100 Netzen [9]. Die eingesetzten Betriebsmittel sind in der Hochspannungsebene außerhalb der Städte und in städtischen Randbereichen überwiegend Freileitungen mit einer Länge bis etwa 100 km, im innerstädtischen Bereich meist Kabel. In der Hochspannungsebene werden ca. 7500 Transformatoren betrieben [23]. Versorgt wird eine Netzgruppe in der Regel aus mehreren Einspeisepunkten, die sich gegenseitig Reserve stellen und aus Gründen der Versorgungszuverlässigkeit räumlich auseinander liegen [13].

2.3.3.3 Mittelspannungsnetze

Die Verteilnetze der Mittelspannungsebene werden in der Regel mit Nennspannungen von $U_\mathrm{n} = 10\,\mathrm{kV}$ oder 20 kV, in seltenen Fällen auch mit 30 kV betrieben. Sie bestehen aus einzelnen, galvanisch getrennten Netzbezirken. Die Mittelspannungsnetze erstrecken sich über Stadtbezirke, Ortschaften oder Industriebetriebe. Die Leitungsstrecken liegen im Bereich von einigen hundert Metern bis zu 30 km in ländlichen Bereichen. Die Mittelspannungsnetze sind überwiegend mit offen betriebenen Ringstrukturen aufgebaut. Aus der Mittelspannungsebene werden die Ortsnetzstationen, an denen die Niederspannungsnetze angeschlossen sind, und größere Gebäudekomplexe versorgt. An die Mittelspannungsebene sind ebenfalls mittelgroße Industrieunternehmen und große Einzelverbraucher (z. B. Motoren) angeschlossen. Ein Großteil der Leistung aus regenerativen Energien (Windkraft- und Biomasseanlagen) wird in dieser Ebene eingespeist.

Die Leistungstransformatoren zwischen den Mittel- und Hochspannungsnetzen haben meist eine Leistung zwischen 20 MVA und 60 MVA.

Die Stromkreislänge der Mittelspannungsebene beträgt ca. 520.000 km in ca. 4500 Netzen [22]. In den ländlichen Bereichen der Mittelspannungsnetze werden überwiegend Freileitungen, in den Städten und Ortschaften dagegen meist Kabel eingesetzt. In der Mittelspannungsebene werden ca. 560.000 Transformatoren betrieben.

2.3.3.4 Niederspannungsnetze

Die Verteilnetze der Niederspannungsebene bilden die öffentliche Versorgung der Haushalte, Handwerksbetriebe, öffentlicher Einrichtungen und Dienstleistungsbetriebe. Die sogenannten Ortsnetze dehnen sich über kleinere Ortschaften, in Straßenzügen oder Gebäudekomplexen aus. Die Nennspannung der Niederspannungsnetze beträgt $U_\mathrm{n} = 0,4\,\mathrm{kV}$. Die Bemessungsleistungen einzelner Ortsnetztransformatoren sind typischerweise 250, 400, 630 oder 1000 kVA. Mit Netzen dieser Spannungsebene ist auch die innerbetriebliche Versorgung von größeren Industriebetrieben (hier auch mit $U_\mathrm{n} = 660\,\mathrm{V}$ oder 1 kV) aufgebaut. In der Niederspannungsebene ist die überwiegende Anzahl der Photovoltaikanlagen angeschlossen [22].

Die Stromkreislänge der Niederspannungsebene beträgt ca. 1.193.000 km in ca. 500.000 Netzen [22]. In den Niederspannungsnetzen finden sich nur noch in abgelegenen Bereichen Freileitungen, ansonsten werden ausschließlich Kabel eingesetzt. Die Längen der einzelnen Leitungen sind typischerweise kleiner als ein Kilometer.

Die Niederspannungsnetze sind in galvanisch getrennten Gruppen und überwiegend als Strahlennetze aufgebaut. Damit ist ein einfacher, schutztechnisch mit geringem Aufwand zu betreibender Netzbetrieb gegeben. Allerdings ist im Fehlerfall unmittelbar mit Versorgungsunterbrechungen zu rechnen, die erst von Monteuren vor Ort durch ggf. verfügbare Umschaltungen behoben werden können. Da die Nichtversorgung in diesen

Fällen aufgrund der geringen Netzgröße immer nur eine vergleichsweise geringe Anzahl von Kunden betrifft, ist dies für die Niederspannungsnetze der beste Kompromiss aus Aufwand und Verfügbarkeit [13].

2.3.3.5 Vernetzte Systeme und Smart Grids

Die elektrische Energie wird zunehmend in relativ kleinen Anlagen wie z. B. Photovoltaikanlagen auf Privathäusern oder einzelnen Windrädern, erzeugt. Mehr als 95 % der erneuerbaren Erzeugungsleistung sind direkt an das Verteilnetz angeschlossen. Hinzu kommen künftig Rückspeisungen aus Elektroautos, die elektrische Energie aus ihrem Akku ins Netz zurückspeisen. Die elektrische Energie dieser in die Hundertausende gehenden kleinen und hauptsächlich regenerativen Anlagen wird in die Verteilnetze eingespeist und effizient an die Vielzahl unterschiedlicher Verbraucher in den Bereichen Industrie, Gewerbe, Handel, Verwaltung, Verkehr und private Haushalte verteilt (Abschn. 2.2.1).

Damit werden die Verteilnetze zum zentralen Bereich der Energieversorgungssysteme. Aufgrund der kleinteiligen und komplexen Struktur sind smarte Lösungen für den Ausgleich zwischen Einspeisung und Verbrauch erforderlich. Diese komplexen Aufgaben können nur intelligente und reaktionsfähige Verteilnetze erledigen. Sie bestehen zunehmend aus selbstlernenden und selbststeuernden Geräten. Die Verteilnetze werden „intelligent" und entwickeln sich zunehmend zu sogenannten „Smart Grids". Die Komponenten des Energieversorgungssystems werden dadurch aber auch immer mehr informationstechnisch vernetzt. Allerdings birgt diese enge Verzahnung zwischen Internet und elektrischem Verteilnetz eine erhöhte Gefahr von Cyberattacken (siehe Abschn. 3.5.2) [24].

2.3.4 Netzkomponenten

2.3.4.1 Betriebsmittel

Das elektrische Energieversorgungsnetz setzt sich aus einer Vielzahl von Komponenten zusammen. Die Betriebsmittel, die direkt für den Transport und die Verteilung der elektrischen Energie genutzt werden, werden auch unter dem Begriff Primärtechnik zusammengefasst. Jede dieser Komponenten besteht wiederum aus vielen einzelnen Bestandteilen. So ist beispielsweise eine Freileitung aus Leiterseilen, Erdseil, Masten, Isolatoren, Montageelementen (Klemmen), Schwingungsdämpfern, Abstandhaltern bei Bündelleitern etc. aufgebaut [11].

2.3.4.2 Leitungen und Transformatoren

In elektrischen Energieversorgungsnetzen bilden die Leitungen (Freileitungen, Kabel, Sammelschienenkupplungen) und die Transformatoren die impedanzbehafteten Zweigverbindungen zwischen den Knoten des Netzes. Damit ist ihre primäre Aufgabe die

Übertragung der elektrischen Energie von Knoten zu Knoten. Gleichzeitig sind sie aufgrund ihrer elektrischen Eigenschaften wichtige Instrumente für die Systemführung, um den Leistungsfluss im Netz gezielt zu beeinflussen. Dies kann durch eine entsprechende Zusammenschaltung der Betriebsmittel (Topologieänderung) erreicht werden. Aufgrund der dadurch veränderten Netzimpedanzen wird sich auch eine andere Leistungsflussverteilung einstellen. Transformatoren bieten zusätzlich die Möglichkeit, über verstellbare bzw. regelbare Stufenschalter den Leistungsfluss im Netz zu verändern.

2.3.4.2.1 Leitungen

Leitung ist der Oberbegriff für die Betriebsmittel Freileitungen und Kabel. Sie sind die am häufigsten im elektrischen Netz vorkommenden Komponenten.

Im weitesten Sinn gehören auch Sammelschienen-Kupplungen zu den Leitungen, da sie ebenfalls galvanische Verbindungen zwischen zwei Knoten des Netzes herstellen. Allerdings haben Sammelschienen-Kupplungen nur eine sehr geringe Impedanz. Ihre Wirkung im Netz ist daher ausschließlich topologisch.

2.3.4.2.1.1 Freileitungen

In der Höchstspannungsebene sind Freileitungen der häufigste Leitungstyp. Sie ermöglichen eine wirtschaftliche und verlustarme Energieübertragung über weite Strecken und sind seit Langem Stand der Technik. In Deutschland wurden Freileitungen seit Ende des 19. Jahrhunderts zunächst in der Mittelspannungsebene eingesetzt. Die Hochspannungsebene mit einer Nennspannung von 110 kV nahm im Jahr 1910, die 220-kV-Ebene im Jahr 1922 und die 380-kV-Ebene im Jahr 1957 ihren jeweiligen Betrieb mit Freileitungen auf.

Üblicherweise werden Freileitungen mit Stahlfachwerkmasten errichtet. Je nach Funktion im Leitungsverlauf wird hier zwischen Tragmasten, Abspannmasten, Winkelabspannmasten und Endmasten unterschieden. Die blanken, stromführenden Leiter werden oberirdisch über Isolatoren aus Glas, Porzellan oder Kunststoff an den Masten aufgehängt.

Für die Leiter werden blanke Drähte oder Seile verwendet. Dazu werden Aluminiumdrähte um einen Stahlkern zu einem Seil gelegt. Die Stahlseele übernimmt die mechanische Zugspannung der Leiterseile. Die Stromleitung erfolgt aufgrund des geringeren elektrischen Widerstands und bei höheren Spannungen zusätzlich aufgrund des dann wirksamen sogenannten Skineffekts praktisch ausschließlich in den Aluminiumadern. In der Höchstspannungsebene werden die Leiter zur Reduzierung der Randfeldstärke meist aus zwei oder vier einzelnen Leiterseilen zusammengefügten Bündelleitern gebildet.

Als Isolationsmedium bzw. als Dielektrikum auf der freien Strecke wirkt hier die atmosphärische Luft. Die Isolationseigenschaften sind daher von den Umgebungsparametern der Freileitung wie beispielsweise Luftdruck, Feuchtigkeit, Temperatur und Verschmutzungspartikel abhängig. Durch die ständige Erneuerung der umgebenden Luft besteht bei diesem Isoliermedium quasi ein Selbstheilungseffekt, z. B. nach einem Überschlag oder einem Blitzeinschlag. Die Isolationsfestigkeit des Dielektrikums ist nach sehr kurzer Zeit wieder vollständig hergestellt. Die in den Leiterseilen entstehende Wärme kann gut über die umgebende Luft abgeführt werden. Freileitungsleitungen können daher auch in einem begrenzten Umfang (zeitlich, leistungsmäßig) über ihre Bemessungsbelastung hinaus betrieben werden.

In Abhängigkeit von der Leiterspannung muss ein Sicherheitsabstand nicht nur zum Boden, sondern auch zu Gebäuden, Bäumen etc. und zu anderen Leitern eingehalten werden. Bei einer Nennspannung von 110 kV beträgt der einzuhaltende Abstand abhängig von den Umständen des Einzelfalls zwischen drei und elf Metern. Bei einer Nennspannung von 380 kV sind zwischen fünf und dreizehn Meter Sicherheitsabstand einzuhalten [25]. Die Leiterseile müssen so angebracht sein, dass sie auch bei starkem Wind nicht zusammenschlagen oder sich zu nahekommen können, da dies sonst zu einem (Lichtbogen-) Kurzschluss führen könnte.

Bei höherer Strombelastung und entsprechenden Umgebungsbedingungen erwärmen sich die Leiter. Bei Belastung mit der Bemessungsleistung werden Leitertemperaturen von ca. 80 °C, bei Hochtemperaturseilen auch bis zu 150 °C erreicht. Die Erwärmung führt zu einer Ausdehnung des Leitermaterials und somit zu einem stärkeren Durchhängen der Leitung. Die mit einer Leitung maximal übertragbare Leistung wird durch den erforderlichen Mindestabstand zwischen dem tiefsten Punkt des Leiterseils und dem Boden begrenzt. Unter Umständen muss die Leitung durch entsprechende Maßnahmen der Systemführung entlastet werden. Beispielsweise kann im Rahmen des Freileitungsmonitorings (FLM) die maximale Belastung der überwachten Leitungen der aktuellen Umgebungstemperatur und den Windverhältnissen angepasst werden, um die verfügbaren Übertragungskapazitäten maximal ausnutzen zu können. Dies bedeutet beispielsweise, dass bei gegenüber den Normbedingungen (35 °C und 0,6 m/s) geringeren Temperaturen oder höheren Windgeschwindigkeiten die Leiter stärker belastet werden können, ohne dass der zulässige Durchhang überschritten wird, da das Leiterseil besser gekühlt wird.

Ein entscheidender Vorteil von Freileitungen ist, dass sie leicht zu warten sind. Bei Ausfällen und Beschädigungen lassen sich Freileitungen im Gegensatz zu den in der Erde verlegten Kabeln in der Regel vergleichsweise schnell reparieren und wieder in Betrieb nehmen. Die mittlere Aus-Dauer bei Freileitungsschäden beträgt im deutschen Übertragungsnetz weniger als fünf Stunden [12]. Allerdings sind Freileitungen kaum geschützt, über weite Strecken frei zugänglich und damit leicht für Sabotageaktionen erreichbar.

In Abb. 2.18 ist ein Mehrsystemwinkelabspannmast im Höchstspannungsnetz mit jeweils zwei 220- und 380-kV-Leitungen abgebildet. Die 220-kV-Leitungen sind mit Zweier-Bündelleitern und die 380-kV-Leitungen sind mit Vierer-Bündelleitern zur Reduzierung der Randfeldstärke beseilt.

Abb. 2.18 Freileitungsmast im Übertragungsnetz. (Quelle: K. F. Schäfer)

2.3.4.2.1.2 Erdkabel

Kabel sind Leitungen mit einem durchgehend mit Feststoff isolierten Leiter, die meist unterirdisch verlegt werden (Erdkabel). Als Isolation (Dielektrikum) kommen sehr unterschiedliche Materialien wie ölgetränktes Papier oder Kunststoffe wie Polyethylen (PE) oder vernetztes Polyethylen (PE-X) zum Einsatz (Abb. 2.19).

Gegenüber Freileitungen haben Erdkabel den Vorteil, dass sie im Landschaftsbild praktisch nicht sichtbar sind und deshalb von der Bevölkerung eher akzeptiert werden. Allerdings muss die Kabeltrasse unbebaut und zugänglich bleiben, um im Störungsfall möglichst schnell Reparaturarbeiten durchführen zu können. Bedingt durch die gegenüber Freileitungen deutlich schwierigere Fehlerortung, durch die in der Regel erforderlichen Erdarbeiten sowie durch die komplexe Kabeltechnik (Isolation, Muffen) kann die Reparatur eines defekten Kabels durchaus einige Tage beanspruchen [12]. Gegenüber atmosphärischen Störungen wie Blitzeinschläge, Hagel und Sturm sind Kabel weitgehend unempfindlich.

Andererseits sind Erdkabel in den höheren Spannungsebenen um ein Mehrfaches teurer als Freileitungen mit vergleichbarer Übertragungsleistung. Im Übertragungsnetz ist der Anteil von Kabeln aus Wirtschaftlichkeitsgründen und aufgrund der erforderlichen großen Leitungslängen nur sehr gering. Dies beschränkt ihren Einsatz meist auf besonders

Abb. 2.19 Einphasiges Kabel für das Höchstspannungsnetz. (Quelle: Nexans)

sensible Gebiete. Auch ist die Verlegung von Erdkabeln nicht ohne Beeinträchtigungen der Landschaft möglich. Beim Bau von Kabelstrecken entstehen massive Eingriffe in den Erdboden und im Betrieb wird das Erdreich um das Kabel ausgetrocknet. Bei längeren Kabelstrecken sind zugängliche Muffenbauwerke zur Verbindung der einzelnen Teilstrecken erforderlich.

Aufgrund ihres geometrischen Aufbaus und des Feststoffdielektrikums haben Kabel eine gegenüber Freileitungen deutlich größere elektrische Kapazität. Dies kann den Einsatz von Kompensationsanlagen zur Deckung der Kabelblindleistungsverluste erfordern. Aufgrund der längenabhängigen kapazitiven Ladeströme können Kabel ohne weitere zusätzliche Maßnahmen nur bis zu einer bestimmten Länge eingesetzt werden, da sonst die Ladeströme die maximal zulässigen Betriebsströme übersteigen würden und das Kabel u. U. dadurch beschädigt werden könnte. Im deutschen Höchstspannungsnetz sind aus diesen Gründen bisher nur auf einigen kurzen Abschnitten die Leitungen als Kabel ausgeführt. Aufgrund massiver Widerstände aus der Bevölkerung werden durch entsprechende politische Vorgaben umfangreiche Abschnitte des geplanten Overlay-Netzes aufwendig als Kabelstrecken ausgeführt [26].

Bei mit Gleichstrom betriebenen Kabelsystemen (z. B. Anbindung von offshore Windparks) besteht keine Längenbegrenzung, da hier keine Leitungskapazitäten wirksam sind.

2.3.4.2.2 Transformatoren

In Energieversorgungsnetzen werden Transformatoren für die Leistungsübertragung (Leistungstransformatoren) zwischen Netzen mit in der Regel unterschiedlichen Nennspannungen bzw. zur Leistungsflusssteuerung innerhalb einer Nennspannungsebene eingesetzt.

Abb. 2.20 Leistungstransformator. (Quelle: Amprion / P. Schroeder)

Die Leistungstransformatoren sind meist als Dreiphasenwechselstrom-Transformatoren ausgeführt. Abb. 2.20 zeigt einen solchen Transformator mit einer Bemessungsleistung von 350 MVA und einem Spannungsübersetzungsverhältnis von 380/110 kV. Bei größeren Leistungen werden auch drei separate einphasige Transformatoren zu einer sogenannten Transformatorbank zusammengeschaltet, die dann wie ein Dreiphasenwechselstrom(Drehstrom)-Transformator arbeitet.

Ein Maschinentransformator ist Teil eines Kraftwerks und transformiert die Generatorspannung (z. B. 27 kV) auf die Spannung des Netzes (z. B. 380 kV), in das das Kraftwerk seine Leistung einspeist. Maschinentransformatoren befinden sich in der Regel im Außenbereich der Kraftwerksanlage.

Im Übertragungsnetz werden in der Regel nur Transformatoren mit veränderbarem Übersetzungsverhältnis (Regeltransformatoren, Stelltransformatoren) eingesetzt. Mit ihrer Hilfe ist es möglich, die Spannungen und die Leistungsverteilung im Netz gezielt zu beeinflussen.

Stelltransformatoren werden beispielsweise als Maschinentransformatoren zwischen Generator und Netz sowie als Netzkuppeltransformatoren zwischen zwei Netzspannungsebenen eingesetzt.

Transformatoren sind in einem elektrischen Energieversorgungsnetz besonders sensible Komponenten, da sie im Störungsfall (z. B. durch terroristische Angriffe) nur mit erheblichem Aufwand zu ersetzen sind. Dies gilt insbesondere für die Transformatoren in der Höchstspannungsebene, da diese Geräte aufgrund ihres hohen Gewichts aufwendige Transporte erfordern und in der Regel auch Sonderanfertigungen sind, die nicht auf Lager verfügbar sind. Der Ausfall auch nur relativ weniger Netzkuppeltransformatoren im Übertragungsnetz würde das gesamte System über einen längeren Zeitraum erheblich gefährden. Ähnliches gilt für die Maschinentransformatoren in größeren Kraftwerksanlagen.

2.3.4.3 Schaltanlagen

In einer Schaltanlage werden die ankommenden und abgehenden Netzelemente (Abzweige) des Netzes (Leitungen, Transformatoren, Einspeisungen, Abgänge und Kupplungen) über Schaltgeräte (Leistungsschalter, Trennschalter) bedarfsgerecht ein- oder ausgeschaltet und ggf. miteinander verknüpft. Die Vielzahl der Zweigelemente und die großen Leitungsquerschnitte erfordern einen entsprechend großen Anschlussraum. Die Zweigelemente werden daher an Sammelschienen zusammengeschaltet. Diese bilden somit die Knoten des elektrischen Energieversorgungsnetzes, in denen die eigentliche Stromverteilung und das Zusammenfassen von Lasten bzw. Verbrauchern erfolgt. Schaltanlagen werden in Abhängigkeit der zur Verfügung stehenden Fläche als Freiluftanlagen (Abb. 2.21) oder als gasisolierte Anlagen ausgeführt. Wesentliche Komponenten einer Schaltanlage sind Sammelschienen, Leitungsportale, Leistungsschalter, Trennschalter, Spannungs- und Stromwandler, Ableiter, Erdungstrennschalter, Überspannungsableiter sowie Hilfseinrichtungen (Schutz- und Sicherungseinrichtungen etc.) [27, 28].

Durch die flexible Verschaltung der Leitungen lässt sich der Leistungsfluss im Höchstspannungsnetz gezielt beeinflussen. Mit geeigneten, durch das Betriebspersonal durchgeführten Topologieänderungen können beispielsweise Engpässe oder einzelne Überlastungen effektiv behoben werden. Aufgrund ihrer weitreichenden Auswirkungen können durch die Topologieänderungen aber auch unbeabsichtigte Nebeneffekte (neue Überlastungen und Engpässe) an anderen Stellen im Netz hervorgerufen werden. Vor der Durchführung von Topologiemaßnahmen muss daher ihre Zulässigkeit (z. B. durch geeignete Simulationsrechnungen [13]) überprüft werden. Hierzu gehört beispielsweise, dass beim Trennen von Sammelschienen die Winkel der Spannungen nicht unzulässig groß werden, da sonst die Sammelschienen nicht wieder zusammengeschaltet werden können.

Neben den betrieblich geplanten Schalthandlungen (z. B. das betriebsbedingte Freischalten und das Erden von Betriebsmitteln für Wartungsarbeiten) ermöglichen die Schaltanlagen durch geeignete, über den Netzschutz automatisiert durchgeführte Änderungen der Netztopologie, um bei Störungen fehlerhafte Netzelemente selektiv, d. h. beschränkt auf die Fehlerstelle, aus dem Netz herauszutrennen, damit das übrige Netz weiter betrieben werden kann.

Der in den höheren Spannungsebenen am häufigsten eingesetzte Schaltanlagentyp ist die Mehrfachsammelschienenanlage, die in der Regel über zwei oder drei Sammelschienen verfügt. Diese Anlagen sind zwar in ihrem Aufbau aufwendig, sie bieten dafür

Abb. 2.21 Freiluftschaltanlage im Übertragungsnetz. (Quelle: K. F. Schäfer)

allerdings auch ein hohes Maß an Kupplungsvariationen der angeschlossenen Betriebsmittel. Sie sind dadurch sehr zuverlässig und bieten eine hohe Sicherheit bei Arbeiten in der Anlage.

Da die Schalt- bzw. Umspannanlagen die Knotenpunkte eines elektrischen Energieversorgungsnetzes darstellen, ist deren Ausfall auch eine erhebliche Gefährdung der Systemsicherheit. Mit dem vollständigen Ausfall einer Schaltanlage wären alle an diese Anlagen angeschlossenen Leitungen und Transformatoren nicht mehr funktionsfähig [11].

2.3.4.4 Kompensationseinrichtungen

Im Übertragungsnetz ergeben sich bei stark belasteten, langen Hoch- und Höchstspannungsleitungen aufgrund ihrer induktiven Leitungsreaktanzen große Blindleistungsverluste mit entsprechend hohen Spannungsabfällen. Durch den Einsatz von im Netz verteilt eingebauten stellbaren Reihenkondensatoren (Serienkondensatoren) können die Blindleistungsverluste belastungsabhängig teilweise kompensiert und damit eine ausgeglichene Spannungsverteilung erreicht werden.

Für den Betrieb eines elektrischen Energieversorgungsnetzes wäre es ideal, wenn die Verbraucher in Summe immer genau die natürliche Leistung $\underline{S}_{\text{nat}}$ abnähmen. In diesem Fall träten im Netz näherungsweise keine Blindleistungsverluste auf. Da dies nicht dem realen Verbraucherverhalten entspricht, wird die natürliche Leistung der Verbraucherleistung durch eine Blindleistungskompensation der Leitung angepasst. Dies entspricht im Prinzip einem Verändern des komplexen Widerstandes $\underline{Z}$ der Leitung. Dazu werden am

Anfang bzw. am Ende einer Hochspannungsleitung entsprechende Spulen oder Kondensatoren (Querkompensation) eingebaut. In Hochspannungsnetzen werden in der Praxis allerdings fast ausschließlich an den Hochspannungstransformatoren über spezielle Wicklungen (Dreiwicklungstransformatoren) Kompensationsdrosseln zugeschaltet, um damit die Betriebskapazitäten der Hochspannungsleitung bei Bedarf entsprechend zu verringern.

2.3.5 Sekundärtechnik

Die Sekundärtechnik umfasst alle Geräte und technischen Anlagen, die nicht direkt dem Transport oder der Wandlung elektrischer Energie dienen. Sie stellen Funktionen bereit, die den Betrieb, die Überwachung und die Steuerung der Primärtechnik ermöglichen. Anlagen der Sekundärtechnik sind über alle Funktionsebenen des elektrischen Energieversorgungsnetzes verteilt. Die Sekundärtechnik gliedert sich in die Netzleittechnik, die Stationsleittechnik und die Feldleittechnik [29].

Auf der untersten, dem physikalischen Prozess am nächsten gelegenen Ebene, der Feldleitebene, werden grundlegende Funktionen realisiert. Wesentliche Bestandteile sind hier Messwandler und Schutzgeräte, die die Trennung im Fehlerfall realisieren. In unteren Spannungsebenen können auch einfache Sicherungen zur Sekundärtechnik zählen.

Auf der Stationsleitebene werden erweiterte Funktionen realisiert, wie etwa die Sammlung und Konzentration von Messwerten sowie die Kommunikation mit der Netzleitstelle. Hier werden auch Schutzfunktionen realisiert, die mehrere Felder einbeziehen. Zudem werden hier sogenannte Verriegelungen vorgenommen. Damit wird beispielsweise verhindert, dass ein Betriebsmittel zugeschaltet wird, das aktuell geerdet ist, wodurch ein Erdschluss oder Erdkurzschluss entstehen würde [29].

In der Netzleitebene werden vornehmlich übergeordnete Funktionen wahrgenommen. Hierzu zählt etwa die Sammlung von Daten, deren Aufbereitung und Visualisierung. Umgekehrt werden auch Befehle des Leitstellenpersonals geprüft und an die entsprechenden Funktionen in Stationsleitebene und Feldleitebene weitergegeben [29].

Im Einzelnen zählen die folgenden Funktionen zur Sekundärtechnik:

Feldleittechnik
Die lokale Steuerung der Schaltelemente erfolgt in den meisten Fällen über Feldleitgeräte. Die Geräte vereinen viele Funktionen wie z. B. Befehlsausgabe, Stellungsmeldung, Verriegelung, Überwachung und ggf. Schutzfunktionen.

Spannungsregelung
Der Spannungsregler passt über den Stufenschalter am Transformator, welcher zwischen mehreren Windungsverhältnissen schalten kann, die Netzspannung an die aktuelle Lastsituation automatisiert an.

Fernmessung
Die Fernmessung dient der Fernübertragung von Messwerten zu einer Netzleitstelle.

Fernwirktechnik
Unter Fernwirktechnik wird die Steuerung und Überwachung durch eine entfernte Netzleitstelle definiert. Hierbei werden Informationen wie Schaltbefehle, Schalterstellungsmeldungen, Warnmeldungen, Messwerte und Zählwerte übertragen.

Messtechnik
Zur Messtechnik werden die Spannungs- und Stromwandler, die eigentlichen Messgeräte sowie weitere Geräte zur Messwertverarbeitung (z. B. A/D-Wandler) gezählt.

Rundsteuertechnik
Die Rundsteuertechnik sendet über das vorhandene Stromversorgungsnetz Steuersignale, um mithilfe von zentralen Rundsteuersendern dezentrale Rundsteuerempfänger fernzusteuern. Die Rundsteuertechnik wird als einfache Form der PLC (Power Line Communication, Trägerfrequenzanlage) gesehen, über welche ein unidirektionaler Datenfluss mit sehr niedriger Datenrate als Broadcast stattfindet. Sie dient auch dem Aufbau eines intelligenten Stromnetzes (Smart Grid).

Netzschutztechnik
Der Netzschutz soll das Stromnetz vor Auswirkungen durch Fehler wie Kurzschlüsse und Erdschlüsse schützen. Durch Messungen der Ströme und/oder Spannungen können die Netzschutzgeräte den Fehlerfall vom Normalbetrieb unterscheiden. Im Fehlerfall können unterschiedliche Maßnahmen wie Auslösung (Trennung eines fehlerbehafteten Teiles vom restlichen Netz) und/oder Meldung eines Fehlers durchgeführt werden. Aufgrund ihrer Funktionsweise werden die Netzschutzgeräte außer den Sicherungen auch als Schutzrelais bezeichnet. Je nach technologischem Standard wird zwischen elektromechanischen, elektronischen und digitalen (rechnerbasierten) Netzschutzrelais unterschieden. In Tab. 2.3 sind die am häufigsten eingesetzten Netzschutztechnologien und ihre Funktionsweisen angegeben.

2.3.6 Netzausbau

Um den Anforderungen durch die Energiewende auch künftig zu entsprechen, müssen die Energieversorgungsnetze in allen Spannungsstufen erheblich ausgebaut werden. Zusätzlich zu dem in Deutschland bereits bestehenden Übertragungsnetz wird ein großräumiges Overlay-Netz mit den Abschnitten A-Nord, Ultranet, SuedLink und SuedOstLink errichtet. Die Leitungen dieses Netzes werden überwiegend als Gleichstromkabelverbindungen mit einer Nennspannung von 320 bis 525 kV ausgeführt. Das Overlay-Netz dient hauptsächlich dazu, die Energie der in der Nord- und Ostsee betriebenen offshore Windparks

Tab. 2.3 Netzschutztechnologien und ihre Funktionsweisen

Schutztechnologie	Funktion
Schmelzsicherung	Schmelzsicherungen sind einfache Schutzkomponenten, die in ihrer Abschaltleistung und Wiederverwendbarkeit nach Fehlerklärung stark eingeschränkt sind
Unabhängiger Maximalstromzeitschutz (UMZ)	Der Überstromzeitschutz (Maximalstromzeitschutz) detektiert über angeschlossene Stromwandler Fehler durch Überschreiten eines zuvor eingestellten Strombetrags. Mithilfe von Spannungswandlern kann außerdem die Richtung des Fehlerstroms detektiert werden
Abhängiger Maximalstromzeitschutz (AMZ)	Der abhängige Überstromzeitschutz unterscheidet sich vom unabhängigen Überstromzeitschutz dahingehend, dass die Auslösezeit abhängig vom tatsächlich fließenden Fehlerstrom ist
Distanzschutz	Der Distanzschutz benötigt zur Fehlerdetektion Strom und Spannung. Hierbei werden unterschiedliche Kriterien (Überstrom, spannungsabhängiger Überstrom, winkel- und spannungsabhängiger Überstrom oder Impedanz) zur Unterscheidung eines Fehlerfalls zum Normalbetrieb herangezogen. Weiterhin wird durch die Auswertung der Fehlerimpedanz die Entfernung des Fehlerortes ermittelt
Differentialschutz	Der Differentialschutz nutzt die Stromsumme nach dem Kirchhoff'schen Knotenpunktsatz um den Fehlerfall vom Normalbetrieb zu unterscheiden. Für dieses Prinzip werden alle in das Schutzobjekt ein- und ausfließenden Ströme gemessen und der Differentialstrom ermittelt. Schutzobjekte sind beispielsweise Leitungen, Transformatoren oder Sammelschienen

(Fortsetzung)

Tab. 2.3 (Fortsetzung)

Schutztechnologie	Funktion
Frequenzschutz	Beim Frequenzschutz wird durch die Messung und Auswertung der Netzfrequenz der Fehlerfall vom Normalbetrieb (z. B. Nennfrequenz) unterschieden. Eine Abweichung von der Nennfrequenz weist auf eine nicht ausgeglichene Leistungsbilanz im System hin. Beispielsweise werden Unterfrequenzrelais (UFR) eingesetzt, um beim Unterschreiten vorgegebener Frequenzwerte gezielt Lasten abzuschalten
Spannungsschutz	Beim Spannungsschutz wird durch die Messung und Auswertung der Netzspannung der Fehlerfall vom Normalbetrieb unterschieden. Beim Unter- bzw. Überschreiten von vorgegebene Spannungswerten löst dann das Unter- bzw. Überspannungsrelais aus

zu den im Westen und Süden Deutschlands gelegenen Lastzentren zu transportieren. Auch der Ausbau der Verbindungen zu den europäischen Nachbarnetzen wird immer wichtiger, denn die Energiewende ist zunehmend europäisch eingebettet. So wird etwa die Wasserkraft in Skandinavien und in den Alpenländern mit der Windkraft und der Photovoltaik in Deutschland verbunden [30, 31].

Bis 2023 wurden bereits alle deutschen Kernkraftwerke schrittweise außer Betrieb genommen und auch ein großer Teil der anderen konventionellen Kraftwerke (Kohlekraftwerke) soll bis spätestens 2038 stillgelegt werden. Dieser Wandel bedeutet auch massive Veränderungen für das Energieversorgungssystem. Die Netze werden durch die Einspeisungsverlagerungen erheblich anders belastet. Dafür wurden sie ursprünglich aber weder geplant noch gebaut. Insgesamt müssen allein im Übertragungsnetz in den nächsten Jahren über 13.000 km optimiert, verstärkt oder neu gebaut werden [32, 33].

Während früher der Strom quasi wie in einer Einbahnstraße vom Kraftwerk über die Übertragungsnetze und die Verteilnetze bis zum Verbraucher floss, müssen die Netze heute erhebliche Leistungsmengen auch in der entgegengesetzten Richtung bewältigen. Der Strom fließt nicht mehr nur von „oben nach unten", sondern auch von „unten nach oben" und von „links nach rechts". Der Ausbau des bereits bestehenden öffentlichen Drehstromnetz umfasst somit alle Spannungsebenen. Exemplarisch zeigt die Abb. 2.22 die bestehenden Engpassregionen im 110-kV-Verteilnetz. Es ist zu erkennen, dass insbesondere die Verteilnetze im Norden Deutschlands ausgebaut werden müssen, um die hohen Windeinspeiseleistungen aufnehmen und weiterverteilen zu können [34].

Um Erzeuger- und Verbraucherleistung aufeinander abzustimmen, muss das Stromnetz „intelligenter" beziehungsweise „smarter" werden [35]. Unter dem Schlagwort „Smart

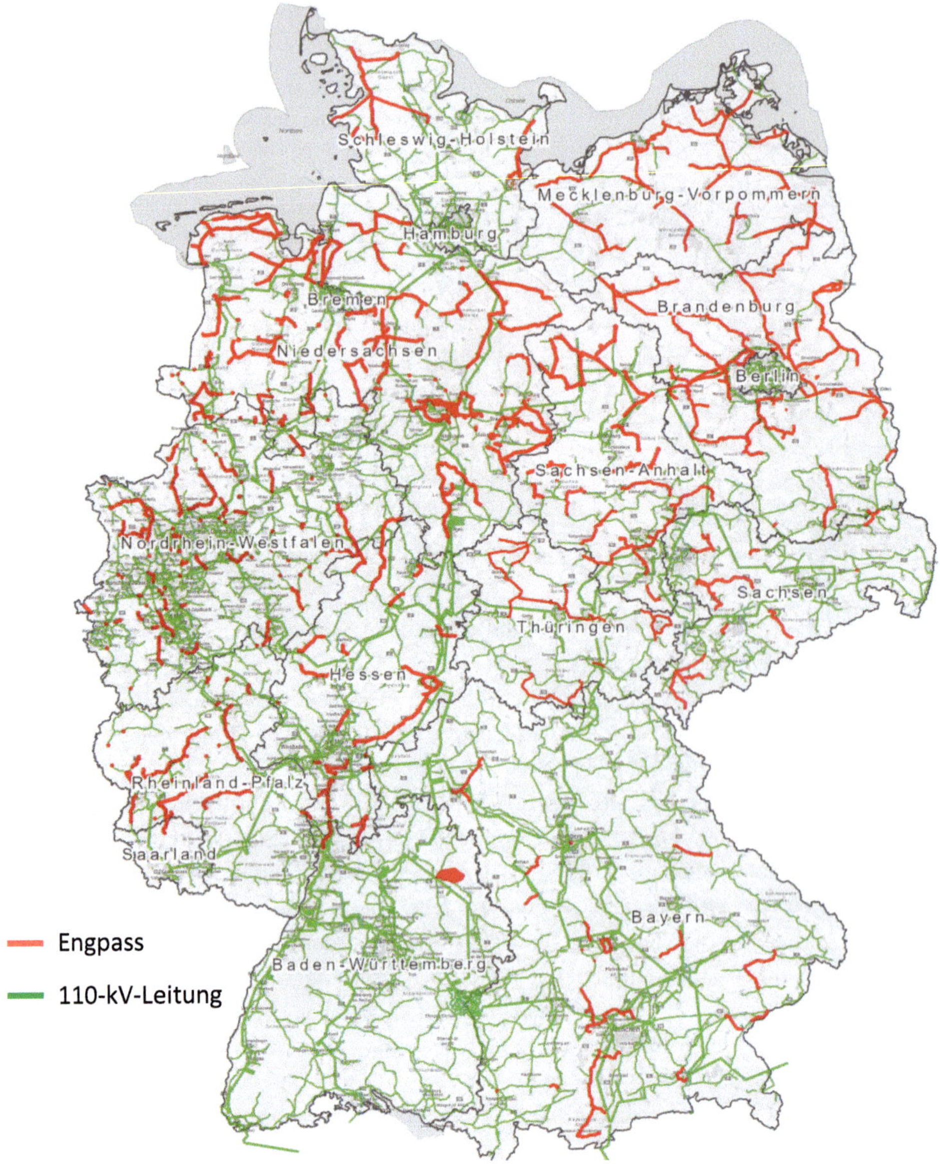

Abb. 2.22 Engpassregionen im 110-kV-Netz. (Quelle: BNetzA)

Grid“ wird darunter ganz generell verstanden, dass IKT-Komponenten und -Systeme im Energiesystem allgemein und im Betrieb der Netze eine immer bedeutendere Rolle übernehmen, um den Anforderungen gerecht zu werden, die der immer komplexer werdende Ausgleich von Stromangebot und -nachfrage stellt. Vor allem der Umbau der Verteilnetze zu Smart Grids wird als Reaktion bzw. Lösungsstrategie zur Bewältigung der zuvor genannten Herausforderungen verstanden [36, 37].

Der Ausbau der Netze ist von entscheidender Bedeutung für die Umsetzung der Energiewende. Verzögerungen beim Ausbau der Netze können zu erheblichen Engpasssituation führen, die im schlimmsten Fall bis zu einem Blackout eskalieren können (siehe Abschn. 3.6.3). Hier zeigt sich auch die in anderen Bereichen auftretende Ambivalenz bei der Akzeptanz von Maßnahmen durch die Bevölkerung. Einerseits besteht eine große Zustimmung zu den Zielen der Energiewende (z. B. Ausbau der regenerativen Energien), andererseits sehen sich die Energieversorgungsunternehmen oftmals mit erheblichen Widerständen bei den dafür erforderlichen Ausbaumaßnahmen konfrontiert (z. B. Neubau von Leitungen) [38]. Hier ist von allen Akteuren noch viel Überzeugungsarbeit mit Sachargumenten zu leisten, um die häufig bestehende „Wasch mich, aber mach mir den Pelz nicht nass“-Haltung aufzubrechen.

2.4 Systemführung

2.4.1 Aufgabenstellung

Entsprechend den Vorgaben des Energiewirtschaftsgesetzes [14] sind die Betreiber von Energieversorgungsnetzen nach § 11 verpflichtet, ein sicheres, zuverlässiges und leistungsfähiges Energieversorgungsnetz diskriminierungsfrei zu betreiben, zu warten und bedarfsgerecht zu optimieren, zu verstärken und auszubauen, soweit es wirtschaftlich zumutbar ist. Die Netzbetreiber tragen also in ihrem jeweiligen Zuständigkeitsbereich die Systemverantwortung dafür, für alle Marktteilnehmer einen transparenten und diskriminierungsfreien Netzzugang sowie jederzeit eine gesicherte Stromversorgung zu gewährleisten. Im Falle der Übertragungsnetzbetreiber entspricht dieser Zuständigkeitsbereich einer Regelzone [11]. Bei Gefährdung der Systemsicherheit ergreift der Netzbetreiber die erforderlichen Gegenmaßnahmen (z. B. Netzschaltungen, Eingriffe in den Erzeugungspark, bis hin zur Anweisung von Lastabschaltungen). Im Gegenzug sind die Marktteilnehmer zur Unterstützung der Maßnahmen gemäß den Vorgaben und der Führung des Netzbetreibers verpflichtet [39]. Diese weitreichenden Eingriffsoptionen für die Netzbetreiber auch in das Marktgeschehen sollen die Systemsicherheit der kritischen Infrastruktur „Energieversorgungssystem“ gewährleisten [11, 40].

Neben der Planung und Errichtung der Energieversorgungsnetze und der Koordinierung des diskriminierungsfreien Netzzugangs ist die Systemführung eine der wesentlichen Aufgaben der Betreiber von Energieversorgungsnetzen [11].

Die operativen Aufgaben der Systemführung ergeben sich aus den Betriebsregeln des kontinentaleuropäischen Übertragungsnetzes [41–43] sowie den Netz- und Systemregeln der deutschen Übertragungsnetzbetreiber [44]. Die wesentlichen rechtlichen Rahmenbedingungen für die Erfüllung dieser Aufgaben sind im Energiewirtschaftsgesetz (EnWG) [14] sowie dem Erneuerbare-Energien-Gesetz (EEG) [45] definiert. Danach muss die Systemführung das Übertragungsnetz überwachen, führen und steuern, um die Sicherheit des Systems insgesamt zu bewahren [44].

Die Hauptaufgaben der Systemführung lassen sich in die vier Funktionsbereiche Netzführung, Spannungshaltung, Frequenzhaltung und Wiederaufbau aufteilen [9, 44, 46]. Diese Aufgaben werden auch unter dem Begriff Systemdienstleistungen (SDL) zusammengefasst (Abb. 2.23) [47]. In der Realität lassen sich allerdings nicht alle Aufgaben dieser Funktionsbereiche scharf trennen. Hierzu gehört beispielsweise das Redispatch im Rahmen des Engpassmanagements [44]. Die notwendigen Redispatchmaßnahmen werden durch die Netzführung analysiert. Die erforderlichen Arbeitspunkte werden den Kraftwerken dagegen durch den Bereich Frequenzhaltung zugewiesen. Zur Sicherstellung eines reibungslosen Ablaufs der Systemführung ist daher eine enge Abstimmung zwischen den verschiedenen Arbeitsplätzen in der Netzleitstelle und eine gute Kommunikation zwischen den betriebsführenden Personen zwingend erforderlich [46, 48].

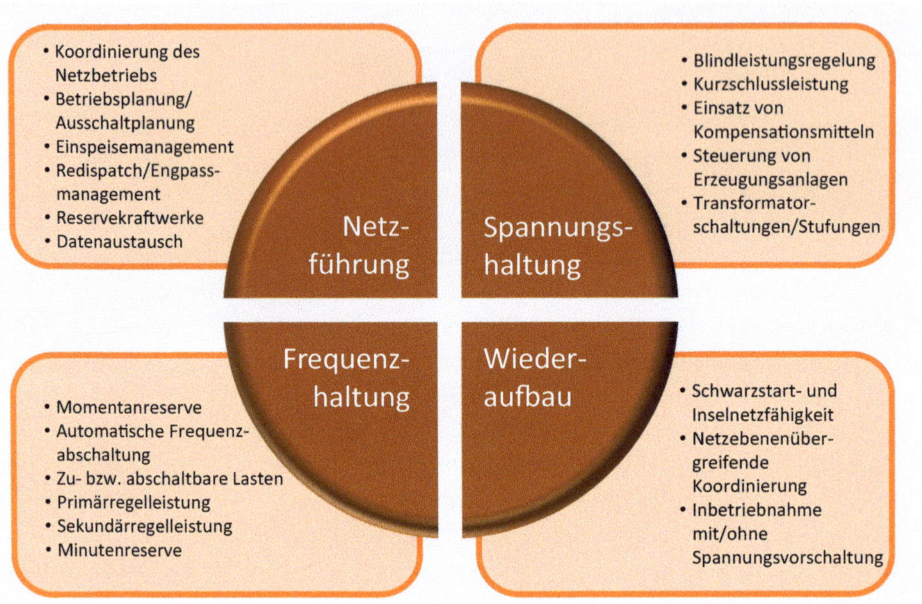

Abb. 2.23 Systemdienstleistungen

2.4.2 Funktionsbereich Netzführung

Mit dem Funktionsbereich Netzführung wird der eigentliche Betrieb des Übertragungsnetzes beschrieben. In der jeweils zuständigen Leitstelle werden rund um die Uhr der Zustand und die Auslastung des Übertragungsnetzes überwacht. Neben der Analyse, dem Monitoring und der Koordination des Stromflusses im Normalbetrieb fallen hier auch unplanmäßige Schalthandlungen zur Störungsbeseitigung an, um beispielsweise ausgefallene Netzelemente zu umgehen oder Leitungsüberlastungen und Netzengpässe zu vermeiden. Zu diesen Aufgaben gehören:

- Erstellung von Netzbetriebsprognosen
- Überwachung und Steuerung des Netzes
- Durchführung von Schaltmaßnahmen
- Gewährleistung der Netzsicherheit
- Störungserfassung und Behebung
- Internationale Koordination
- Engpassmanagement
- Anwendung § 13 EnWG bei Gefährdung der Netzsicherheit

Die Netzführung ist damit die operative Schlüsselfunktion sowohl für den normalen Systembetrieb als auch für die Abwehr systemgefährdender Betriebssituationen.

2.4.3 Funktionsbereich Frequenzhaltung

Der Funktionsbereich Frequenzhaltung umfasst die Sicherstellung des jederzeitigen Gleichgewichts zwischen Erzeugung und Verbrauch elektrischer Energie in einer Regelzone (Einhaltung der Systembilanz). Wird bezogen auf die jeweilige Nachfrage zu viel oder zu wenig Strom in das Netz eingespeist, kann es zu Abweichungen von der Nennfrequenz des Netzes von 50 Hz und damit zu einer Beeinträchtigung der Stromversorgung kommen. Um Schwankungen auszugleichen, setzen die Übertragungsnetzbetreiber z. B. Regelenergie ein oder schalten bestimmte Verbraucher (abschaltbare Lasten) ab. Im Einzelnen sind für die Einhaltung einer ausgeglichenen Systembilanz die folgenden Aufgaben erforderlich

- Fahrplanmanagement (Dispatching)
- Lastdeckung in der Regelzone
- Ausgleich der Netzverluste
- Leistungs-Frequenz-Regelung im Netzregelverbund
- Einsatz der Regelenergie
- Internationale Koordination

- Engpassmanagement
- EEG-Vermarktung Intraday
- Anwendung § 13 EnWG bei Gefährdung der Netzsicherheit

Gelingt es der Systemführung nicht, mit allen ihr zur Verfügung stehenden Mitteln die Systembilanz auszugleichen, droht eine Instabilität, die sich bis zum vollständigen Zusammenbruch des Gesamtsystems (Blackout) entwickeln kann [11].

2.4.4 Funktionsbereich Spannungshaltung

In elektrischen Energieversorgungsnetzen ist die elektrische Spannung ein wichtiger Betriebsparameter. Die Netzspannung ist für einen sicheren und wirtschaftlichen Netzbetrieb in relativ engen Grenzen konstant zu halten. Dies ist für Übertragungsnetzbetreiber auf der Höchst- und Hochspannungsebene wie für die Verteilungsnetzbetreiber auf der Mittel- und Niederspannungsebene eine Aufgabe im Rahmen der Systemdienstleistung und wird als Spannungshaltung bezeichnet. Beispielweise wird durch die sich stetig verändernde Einspeisungs- und Verbraucherleistung eine permanente Nachführung der Spannung erforderlich [49].

Eine ungenügende Spannungshaltung kann fatale Auswirkungen auf den Systemzustand haben. Durch Überspannungen kann es zu Überschlägen zwischen spannungsführenden Netzteilen und der Erde kommen. Die Belastungsgrenzen von Betriebsmitteln (Isolationsfestigkeit) können überschritten und die Geräte dadurch zerstört werden. Gleichzeitig muss die Spannung aber auch hoch genug sein, damit alle Verbraucher und Netzelemente ihre Funktion sicher erfüllen können und es nicht durch Unterspannungen zu Fehlfunktionen von Geräten kommen kann.

Insbesondere durch den dynamischen Zubau von regenerativen Erzeugungsanlagen und den dadurch bedingten wechselnden Betriebssituationen wird das in den Verteilnetzen verfügbare Spannungsband zunehmend ausgenutzt. In Abhängigkeit vom aktuellen Betriebsfall (z. B. Normalbetrieb oder Störungsfall) wird die Spannungshaltung in die Bereiche statische bzw. dynamische Spannungshaltung unterteilt [50]. Im Normalbetrieb gewährleistet die statische Spannungshaltung die Einhaltung des zulässigen Spannungsbandes. Dies ist die Voraussetzung für einen störungsfreien Betrieb der angeschlossenen elektrischen Geräte [51]. Im Störungsfall, z. B. bei Kurzschlüssen, ist durch die dynamische Spannungshaltung ein stabiler Weiterbetrieb des Systems möglich [52], falls ausreichende Kurzschlussleistung vorhanden ist. Dann kann die Netzstabilität auch bei Netzfehlern mit begrenzter Fehlerdauer (bis einige 100 ms) aufrechterhalten werden. Wesentlich ist, dass kurzzeitige fehlerbedingte Spannungseinbrüche oder -überhöhungen nicht zur Trennung bzw. Abschaltung von Erzeugungsanlagen führen (sog. „Durchfahren" von Netzfehlern) [53].

Eine mangelnde Spannungshaltung kann also zum Verlust von Betriebsmitteln (z. B. Spannungsbandverletzungen bei Leitungen) und von Erzeugungsanlagen führen. Damit besteht die Gefahr einer Instabilität für das gesamte Energieversorgungssystem.

2.4.5 Funktionsbereich Wiederaufbau

Während die drei vorgenannten Funktionsbereiche quasi den normalen Betrieb der Systemführung beschreiben, umfasst der Funktionsbereich Wiederaufbau die Aktivitäten, die im Anschluss von größeren Störungen ergriffen werden müssen. Wie umfänglich diese Arbeiten sind, hängt natürlich wesentlich vom Ausmaß der aufgetretenen Störung ab. Entscheidend dabei ist, welche Bereiche des Energieversorgungssystems von der Störung betroffen sind, welche Erzeugungseinheiten sich im Eigenbedarf halten konnten, welche schwarzstartfähigen Kraftwerke zur Verfügung stehen und ob eine Wiederinbetriebnahme von Netzbereichen mit oder ohne Spannungsvorschaltung möglich ist. Für den erfolgreichen Wiederaufbau des Energieversorgungssystems nach einem Blackout ist besonders die netzebenenübergreifende Koordination durch die Systemführung von großer Bedeutung (siehe Kap. 7).

2.5 Netzbetriebsführung

2.5.1 Überwachung und Steuerung des Netzes

Eine zentrale Aufgabe im Rahmen der Systemführung ist die Überwachung und Steuerung des Netzes. Dabei werden kontinuierlich die wesentlichen Parameter der Betriebsmittel erfasst und überprüft, ob diese innerhalb der vorgegebenen Grenzen liegen. Über- oder unterschreiten diese Größen die zulässigen Grenzen, so werden durch die Systemführungsingenieure in den Schaltleitungen geeignete Steuerungsmaßnahmen eingeleitet, um die Grenzwertverletzungen wieder zu beseitigen.

Die wichtigsten Betriebsgrößen, deren Einhaltung ständig überwacht wird, sind die Spannungen an den Netzknoten, die Ströme über die Netzzweige (Transformatoren, Freileitungen, Kabel) sowie bei Verbundnetzen der Area Control Error (ACE) (siehe Abschn. 2.6.2).

2.5.2 Einhaltung von Spannungsgrenzen

Die Spannungsbeträge U_k an allen N_K Netzknoten müssen innerhalb bestimmter minimaler und maximaler Grenzen ($U_{k,\min}$ bzw. $U_{k,\max}$) liegen. Diese werden in den Höchst- und Hochspannungsebenen zum einen durch die Überspannungs- und Isolationskoordination und zum anderen durch die Verbraucheranforderungen und die Spannungsstabilität des Netzes vorgegeben [28, 41, 44, 54].

$$U_{k,\min} \leqslant U_k \leqslant U_{k,\max} \quad k = 1, \dots, N_\mathrm{K} \tag{2.1}$$

In der betrieblichen Praxis werden für den Grundfall und für den (N-1)-Befund einer Ausfallvariantenrechnung unterschiedliche minimale und maximale Spannungsgrenzen verwendet. Ebenfalls werden für Common-Mode-Fehler (i. e. zeitgleicher Ausfall mehrerer Netzbetriebsmittel oder Erzeugungseinheiten aufgrund derselben Ursache), für unabhängige Mehrfachausfälle sowie für Sammelschienenausfälle, die nur eingeschränkt zu beherrschen sind, besondere Spannungsgrenzen definiert. Die zulässigen Spannungsbänder für die 380- und 220-kV-Ebene sind in Abb. 2.24 angegeben. Es wird dabei zwischen den Betriebsspannungsbändern und den Sollspannungsbändern unterschieden [11, 13].

Die Betriebsspannungsbänder (220 bis 245 kV) bzw. (390 bis 420 kV) entsprechen den betrieblich zulässigen Bereichen für die Knotenspannungen in der Grundfallbetrachtung. Um eine maximale Übertragungskapazität zu erreichen und um die Wirkleistungsverluste zu reduzieren, ist innerhalb des Betriebsspannungsbandes ein möglichst hoher Wert für die Knotenspannungen anzustreben. Daher werden für die beiden Spannungsebenen des Übertragungsnetzes die Sollspannungsbänder (230 bis 244 kV) bzw. (410 bis 419 kV)

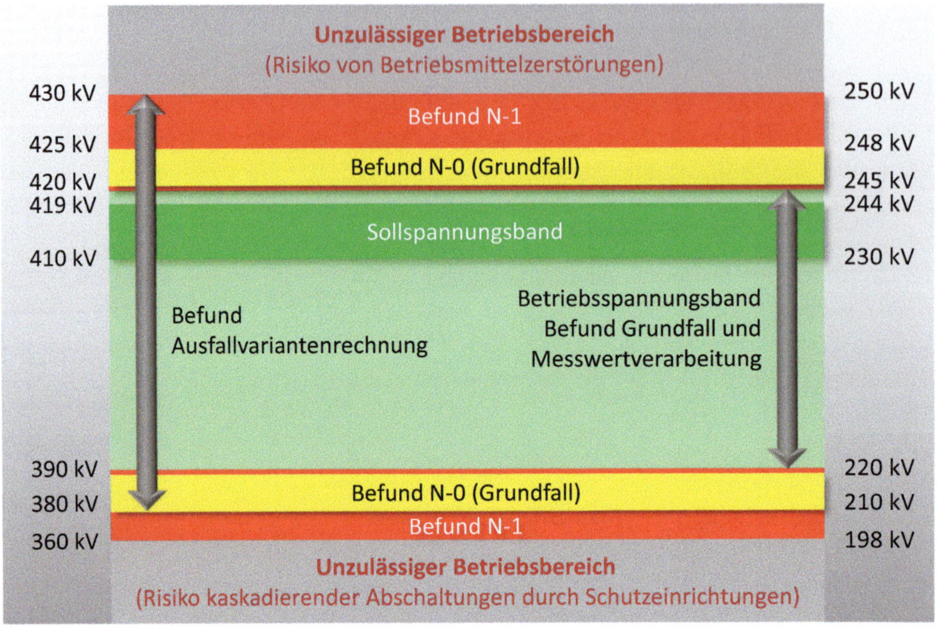

Abb. 2.24 Zulässige Spannungsbänder im Übertragungsnetz

festgelegt. Bei zu erwartenden Spannungsanstiegen kann vom Sollspannungsband nach unten abgewichen werden und von der Systemführung vorbereitend ein niedrigerer Spannungswert eingestellt werden. An den Verbundkuppelstellen sollte auf beiden Seiten der Verbundkuppelleitungen ein gemeinsamer Spannungssollwert abgestimmt werden, um die Blindleistungsflüsse auf den Verbundkuppelleitungen zu minimieren [55].

Im Nieder- und Mittelspannungsnetz sollen entsprechend DIN EN 50160 [56] die Knotenspannungsbeträge nicht mehr als ± 10 % von der Nennspannung U_{n} abweichen.

2.5.3 Einhaltung von Stromgrenzen

Ein Übertragungsnetz muss stets so betrieben werden, dass bei keinem der z Netzzweige (Freileitungen, Kabel, Netztransformatoren, Sammelschienenkupplungen etc.) die jeweils zulässigen Stromgrenzwerte überschritten werden [44, 54].

$$I_z \leqslant I_{z,\max} \tag{2.2}$$

Der maximal zulässige Stromwert $I_{z,\max}$(Engpassstrom) eines Betriebsmittels wird aus dem Minimum von thermisch zulässigem Grenzstrom und dem Einstellungswert der zugehörigen Schutzeinrichtung des Betriebsmittels gebildet. In der Regel ist der thermische Grenzstrom die bestimmende Größe.

Ebenfalls wie bei den Spannungsgrenzen gelten auch für die zulässigen maximalen bzw. minimalen Stromgrenzen unterschiedliche Werte für die Grundfall- bzw. für die (N-1)-Ausfall-Betrachtung (Abb. 2.25). Anhand der Stromgrenzwerte werden die entsprechenden Warn- und Alarmierungsgrenzen festgelegt. So wird die Systemführung bereits bei einer Auslastung eines Stromkreises von 90 % des Engpassstromes im Grundfall entsprechende Maßnahmen einleiten, um einer drohenden Überlastung entgegenzuwirken.

Bei der Betrachtung eines (N-1)-Falles müssen durch die Systemführung erst dann Maßnahmen nach § 13 EnWG [14] eingeleitet werden, falls eine Gefährdung vorliegt. Dies ist definitionsgemäß erst bei einer Stromkreisauslastung von mehr als 100 % des Engpassstromes gegeben. Bei einer Stromkreisauslastung von über 90 % des Engpassstromes wird unter Bewertung der Gesamtsituation zunächst nur eine (N-1)-Warnung ausgegeben, um die Systemführung auf einen möglicherweise gefährdeten Netzzustand hinzuweisen. In die Beurteilung der Netzsituation wird die Systemführung die voraussichtliche Entwicklung der Last, der Erzeugung, des Wetters etc. mit einbeziehen. Anhand dieser Faktoren kann dann abgeschätzt werden, ob sich die Netzsituation weiter verschlechtert oder kurzfristig eine Entlastung zu erwarten ist. In Abhängigkeit dieser Bewertung werden entweder entsprechende Maßnahmen eingeleitet oder es ist keine weitere Aktion erforderlich [11].

Bei einem Sammelschienenausfall kann der Engpassstrom auf bis zu 120 % des maximalen Stromgrenzwertes bei Stromkreisen und auf bis zu 150 % des maximalen

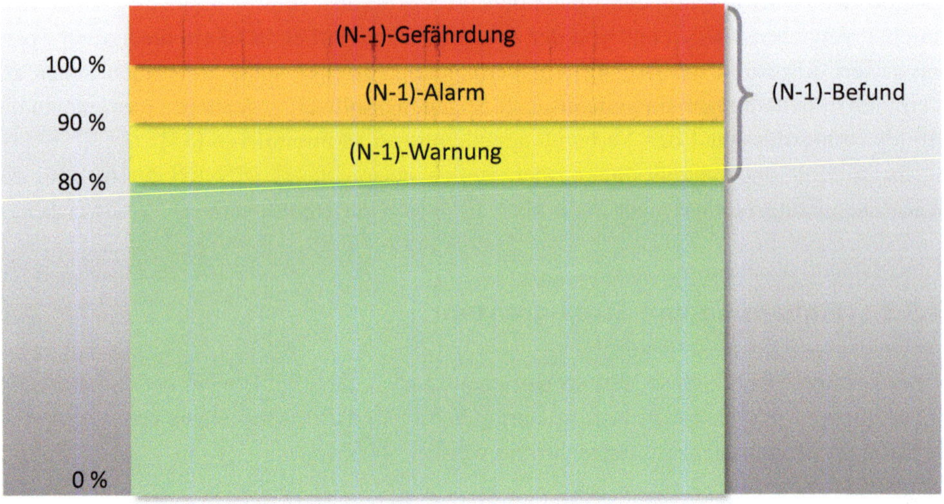

Abb. 2.25 Zulässige Spannungsbänder im Übertragungsnetz

Stromgrenzwertes bei Transformatoren angehoben werden, um dieser besonderen und vergleichsweise selten auftretenden Störungsart besondere Rechnung zu tragen.

Im Einzelfall sind zeitweilige Abweichungen vom Engpassstrom für einzelne Betriebsmittel möglich, falls deren spezifische Eigenschaften dies zulassen. Beispielsweise ist es betrieblich zulässig, bestimmte Transformatortypen dauerhaft über ihre Bemessungsleistung hinaus zu belasten. Eine systematische Anpassung des Engpassstroms auf veränderte Umgebungsbedingungen wird unter dem Begriff Freileitungsmonitoring realisiert. Dabei können bei höheren Windgeschwindigkeiten die betroffenen Stromkreise um bis zu 150 % des Leiterbemessungsstroms, der entsprechend den Normbedingungen nach DIN 50341 [57] bestimmt wird, belastet werden [13].

Die durch das Freileitungsmonitoring mögliche Erhöhung der Strombelastbarkeit von Freileitungen muss allerdings auch von allen Betriebsmitteln der betroffenen Stromkreise (Leiterseile und Armaturen, Schaltgeräte, Wandler, Schaltfeldbeseilungen etc.) entsprechend VDE-AR-N 4210-5 beherrscht werden können [58, 59].

2.5.4 Einhaltung der zulässigen Kurzschlussströme

Kurzschlüsse sind Fehler in elektrischen Anlagen, bei denen ein spannungsführender Leiter mit mindestens einem weiteren Leiter oder mit der Erde niederohmig verbunden wird. Ein dreipoliger Kurzschluss liegt vor, wenn alle drei Leiter miteinander kurzgeschlossen sind. Er ist die Kurzschlussart, bei der in der Regel die größten Kurzschlussströme auftreten. Zur Überprüfung, ob das Netz die bei einem Fehler (Kurzschluss) auftretenden Ströme unbeschadet überstehen kann, wird eine Kurzschlusssimulationsrechnung durchgeführt. Dazu wird an allen möglichen Fehlerstellen im Netzabbild ein Kurzschluss modelliert und mit einem geeigneten Rechenalgorithmus die in diesem Betriebsfall auftretenden Anfangskurzschlusswechselströme I_k'' bestimmt und mit vorgegebenen Grenzwerten verglichen. Als mögliche Fehlerstellen werden in der Regel alle Knoten i des Netzes modelliert.

Um ein sicheres Abschalten von Fehlern im Netz zu gewährleisten, darf der maximale Kurzschlussstrom der Leistungsschalter beim Auftreten von Kurzschlüssen nicht überschritten werden. Mithilfe der Kurzschlusssimulationsrechnung wird der für den simulierten Fehlerfall zu erwartende Ausschaltstrom $I_{a,i}$ an allen Fehlerstellen (Netzknoten) i ermittelt [13, 54, 60]. Es muss gelten.

$$I_{a,i} < I_{a,i,\max} \tag{2.3}$$

Nach DIN VDE 0102 [61] kann der Ausschaltstrom $I_{a,i}$ näherungsweise aus dem Anfangskurzschlusswechselstrom $I_{k,i}''$ mit dem sogenannten Abklingfaktor μ bestimmt werden.

$$I_{a,i} = \mu \cdot I_{k,i}'' \tag{2.4}$$

Der Faktor μ ist abhängig vom Verhältnis des anteiligen Anfangskurzschlusswechselstroms zum Bemessungsstrom des Generators bzw. des Motors sowie der Dauer bis zum Ausschalten des Kurzschlusses (Ausschaltzeit T_a).

Der maximal zulässige Ausschaltstrom $I_{a,i,\max}$ kann im gesamten Netz für eine Spannungsebene festgelegt oder individuell für Schwerpunktanlagen oder einzelne Leistungsschalter spezifiziert werden. Neben dem Kurzschlussstrom, der insgesamt durch den Kurzschluss an einem Netzknoten auftritt, sind auch Teilkurzschlussströme von Bedeutung, die über die Zweige am Kurzschlussknoten zum Kurzschlussort fließen. Der Grund liegt darin, dass die Belastung des einzelnen Leistungsschalters davon abhängt, an welchem exakten Ort einer Sammelschiene der Kurzschluss auftritt.

2.6 Einhaltung der Systembilanz

2.6.1 Aufgabenstellung

Neben der Netzführung ist die Einhaltung einer ausgeglichenen Systembilanz ein weiterer wichtiger Funktionsbereich der Systemführung. Die Systembilanz in einer Regelzone ist ausgeglichen, wenn das Leistungsgleichgewicht zwischen Erzeugung und Verbrauch (inkl. der Netzverluste) und unter Berücksichtigung des Austauschs mit anderen Regelzonen besteht. Der wichtigste Indikator für dieses Gleichgewicht ist die Netzfrequenz. Der Funktionsbereich Systembilanz wird daher auch als Frequenzhaltung bezeichnet und umfasst

Tab. 2.4 Wesentliche Teilaufgaben zur Einhaltung der Systembilanz [46]

Aufgabe
Leistungs-Frequenzregelung und Regelenergieeinsatz
Fahrplanmanagement
EEG-Bewirtschaftung
Engpassmanagement – marktbezogene Maßnahmen

entsprechend Tab. 2.4 verschiedene Teilaufgaben. Zum Ausgleich von Leistungsschwankungen kann die Systemführung unterschiedliche Werkzeuge wie z. B. Regelenergie einsetzen oder bestimmte Verbraucher abschalten.

2.6.2 Leistungs-Frequenz-Regelung und Regelenergieeinsatz

In einem elektrischen Energieversorgungssystem muss die Leistungsbilanz für jeden Zeitaugenblick ausgeglichen sein, d. h. entsprechend Gl. (2.5) muss die Erzeugerleistung P_E stets gleich der Summe aus der Verbraucherleistung (Last) P_L und der Verlustleistung des Netzes P_V sein.

$$P_E = P_L + P_V \tag{2.5}$$

Tatsächlich wird dieses Leistungsgleichgewicht jedoch durch verschiedene Einflussfaktoren ständig gestört. Auf der Erzeugerseite sind dies Ausfälle von Erzeugungseinheiten sowie Schwankungen der dargebotsabhängigen Einspeisungen erneuerbarer Energien wie Windenergie- und PV-Einspeisung. Auf der Lastseite stören beispielsweise Lastrauschen, Lastausfälle sowie Prognoseabweichungen der Marktteilnehmer das Leistungsgleichgewicht [46]. Änderungen der aus Erzeugersicht willkürlichen Verbraucherleistungen müssen daher immer vollständig und unverzögert von den Erzeugungseinheiten nachgeführt werden. Da dies aus technischen Gründen nicht immer vollumfänglich und ohne Zeitverzug erfolgen kann, wird sich zeitweise eine mehr oder minder große Leistungsdifferenz (Mismatch) ΔP zwischen Verbraucher- und Erzeugerleistung einstellen. Diese Leistungsdifferenz führt in frequenzsynchron betriebenen Verbundsystemen, in denen die Synchrongeneratoren in erster Näherung frequenzstarr miteinander gekoppelt sind, unmittelbar zu einer Abweichung von der definierten Sollfrequenz im gesamten System. In Abb. 2.26 wird dieser Zusammenhang am Beispiel einer „Leistungswaage" verdeutlicht [62].

Der Betrieb mit Nennfrequenz (z. B. $f_n = 50\,\text{Hz}$) ist damit ein leicht messbarer und im gesamten System verfügbarer Indikator für eine ausgeglichene Leistungsbilanz des Systems. Die Frequenz f in einem synchron betriebenen Netzgebiet muss daher in einer engen Bandbreite gehalten werden [41]:

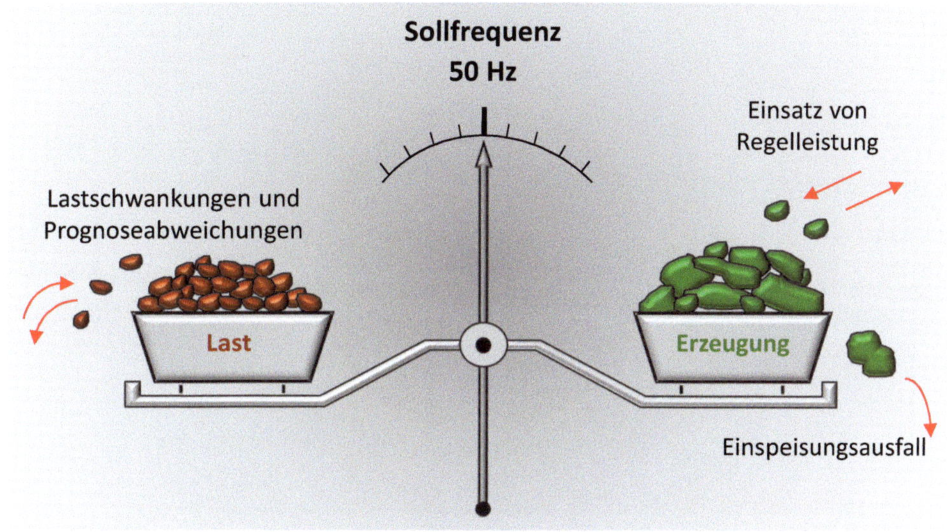

Abb. 2.26 Zulässige Spannungsbänder im Übertragungsnetz

$$f_{\mathrm{min}} \leqslant f \leqslant f_{\mathrm{max}} \tag{2.6}$$

Da es in einem Energieversorgungssystem zwangsläufig zu fortwährenden Leistungsänderungen aufgrund des willkürlichen Verbraucherverhaltens (z. B. Zu- und Abschaltung bzw. Änderung von Lasten) und durch volatile Einspeisungen (z. B. dargebotsabhängige Energiequellen wie beispielsweise Wind- und Solarkraftwerke) kommt, entsteht auch ständig ein Leistungsungleichgewicht zwischen Verbraucher- und Erzeugerleistung. Abb. 2.27 zeigt den zeitlichen Verlauf der Netzlast in Deutschland im Jahr 2020 sowie die im gleichen Zeitraum durch Onshore- und Offshore-Windkraftwerke eingespeiste Leistung [63].

Bei den im Netz auftretenden Leistungsänderungen wird zwischen Rauschen, Schwankungen, Rampen und Sprüngen unterschieden. Das Rauschen sind sehr häufige, mit sehr kleinen Amplituden auftretende Leistungsdifferenzen. Diese werden ohne weiteren Eingriff ausschließlich durch die kinetische Energie, die in den sehr großen Schwungmassen der Synchrongeneratoren des Verbundsystems enthalten ist, durch Abbremsen und Beschleunigen ausgeglichen. Die dadurch hervorgerufenen Frequenzabweichungen sind ebenfalls sehr klein und gleichen sich in der Regel über einen längeren Zeitraum wieder aus.

Im Gegensatz hierzu erfordern Schwankungen und Rampen (beispielsweise Last- oder Einspeisungsänderungen mittlerer Amplitude) sowie Sprünge (z. B. Kraftwerksausfälle (Abb. 2.28a)) oder ungeplante Zu- oder Abschaltungen von Lasten mit großer Amplitude) den Einsatz von im System vorzuhaltender Regelleistung, mit der das

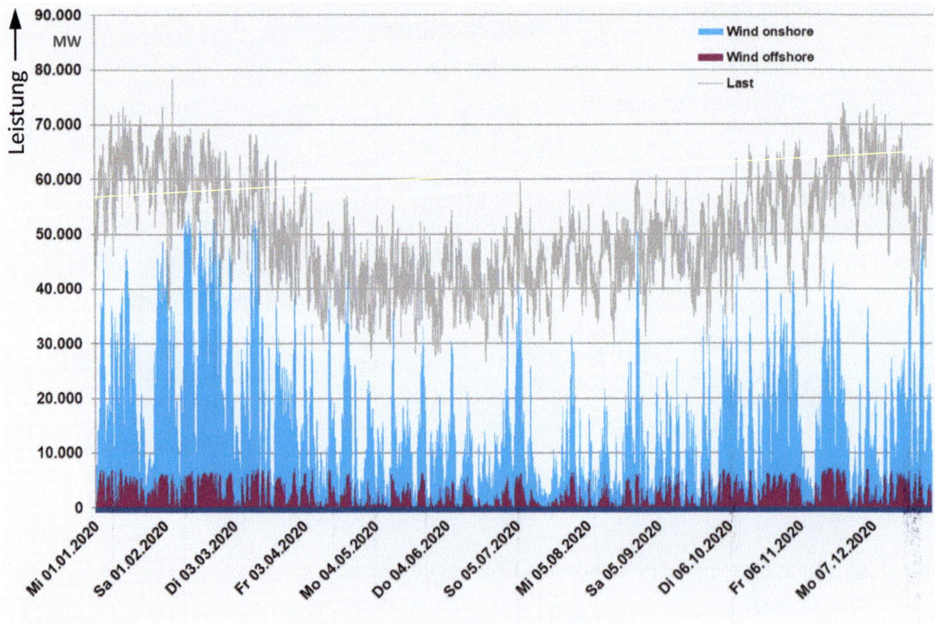

Abb. 2.27 Zulässige Spannungsbänder im Übertragungsnetz

Leistungsungleichgewicht wieder ausgeglichen werden kann. Dabei werden die drei Regelarten Primärregelleistung, Sekundärregelleistung und Minutenreserve unterschieden [41, 44, 64].

Bei der Primärregelung (Abb. 2.28b) beteiligt sich das gesamte Verbundsystem (z. B. das UCTE-Netz), um eine z. B. durch einen Kraftwerksausfall entstandene Leistungsdifferenz wieder auszugleichen. Es handelt sich dabei um eine reine Proportionalregelung. Entsprechend der an den einzelnen Kraftwerken einstellbare Statik wird solange Regelleistung abgerufen, bis wieder ein Leistungsgleichgewicht zwischen Einspeisung und Verbrauch besteht. In der Regel stellt sich aufgrund der Frequenzabhängigkeit der Lasten ein Leistungsgleichgewicht bei einer Frequenz f_∞ ein, die nicht der Soll- bzw. Nennfrequenz f_n entspricht [9, 11].

Die Sekundärreglung (Abb. 2.28c) wirkt nur in der Regelzone i (z. B. Österreich in Abb. 2.28), in der die Leistungsabweichung aufgetreten ist. Sie gleicht die nach Beendigung der Primärregelung noch weiter bestehende Frequenzabweichung Δf_∞ aus und führt die Übergabeleistungen auf den Kuppelleitungen zwischen den Regelzonen wieder auf die in den jeweiligen Austauschprogrammen festgelegten Werte zurück [11].

Innerhalb der Regionalgruppe Kontinentaleuropa (RG CE) ist jede Regelzone mit einem Sekundärregler ausgerüstet. Die Erbringung der Sekundärregelleistung (SRL) muss dem vom Leistungs-Frequenz-Regler generierten Soll-Signal so schnell und präzise wie möglich in Echtzeit folgen, um den Regelfehler (Area Control Error, ACE) bei Auftreten eines Leistungsungleichgewichts zügig auf null zurückzuführen. Andernfalls bleiben Ungleichgewichte in der Regelzone bestehen, führen zum ungewollten Austausch von Wirkleistung zwischen den Regelzonen sowie zu einer anhaltenden Frequenzabweichung [55, 65].

Der Area Control Error ist ein systemimmanenter Regelfehler, der von der zur Verfügung stehenden Reserve und der Aktivierungsgeschwindigkeit abhängig ist. Er bestimmt sich zu.

$$\mathrm{ACE} = (P_{\mathrm{m}} - P_{\ddot{\mathrm{U}}}) + K_{\mathrm{i}} \cdot (f_{\infty} - f_{\mathrm{n}}) \tag{2.7}$$

Dabei ist P_{m} die Summe der aktuell gemessenen Wirkleistungen auf den Kuppelleitungen in der Regelzone i, $P_{\ddot{\mathrm{U}}}$ die Summe der Übergabeleistungen (Austauschleistungen) der Regelzone i entsprechend dem vereinbarten Austauschprogramm mit allen benachbarten Regelzonen, die Differenz $\left(P_{\mathrm{m}} - P_{\ddot{\mathrm{U}}}\right)$ die Abweichung von der geplanten Austauschleistung.

$K_i = -\frac{\Delta P}{\Delta f}$ ist die Leistungszahl der Regelzone i. Dies ist ein Proportionalitätsfaktor zwischen der Frequenzänderung Δf und der Leistungsänderung ΔP der Einspeisungen in der Regelzone i. $(f_{\infty} - f_{\mathrm{n}})$ ist die Differenz zwischen der momentan gemessenen Systemfrequenz und der Sollfrequenz. Die Sollfrequenz ist in der Regel die Nennfrequenz des Netzes.

Der Area Control Error ist damit die verbleibende Leistungsdifferenz innerhalb einer Regelzone, basierend auf den Frequenzabweichungen und den grenzüberschreitenden Austauschleistungen. Der Area Control Error ist null, falls die Abweichung von der geplanten Austauschleistung $(\left(P_{\mathrm{m}} - P_{\ddot{\mathrm{U}}}\right))$ und die Frequenzdifferenz $(f_{\infty} - f_{\mathrm{n}})$ gleich null sind [66].

Die Minutenreserve, die auch als Tertiärregelung (Abb. 2.28d) bezeichnet wird, ist keine Regelung im eigentlichen Sinn. Sie beschreibt den manuellen Abruf von zusätzlicher Leistung aus bestimmten Kraftwerken, um die Sekundärregelung zu entlasten bzw. zu ersetzen [67, 68].

Abb. 2.29 zeigt in einer idealisierten Darstellung den Ablauf der Zeitbereiche, die bei den verschiedenen Regelvorgängen durchlaufen werden. Die Regelvorgänge sind in ihrem prinzipiellen Ablauf für Einspeisungsänderungen ($+P$) und für Laständerungen ($-P$) identisch. Im Anschluss an einen ersten, sehr kurzen Zeitabschnitt, in dem eine elektrische und eine mechanische Lastaufteilung erfolgt, werden entsprechend den geltenden Regeln des Verbandes der europäischen Übertragungsnetzbetreiber Entso-E [41] die drei Regelstufen der Primär-, Sekundär- und Tertiärregelung unterschieden [9, 10, 69]. An diese Regelstufen kann sich noch ein weiterer Regelmechanismus zum Ausgleich der Synchronzeit anschließen (Quartärregelung). Für die Primär-, die Sekundär- sowie die Tertiärregelung ist der bzw. sind die Übertragungsnetzbetreiber verantwortlich. Den Bilanzausgleich organisiert der Bilanzkreisverantwortliche.

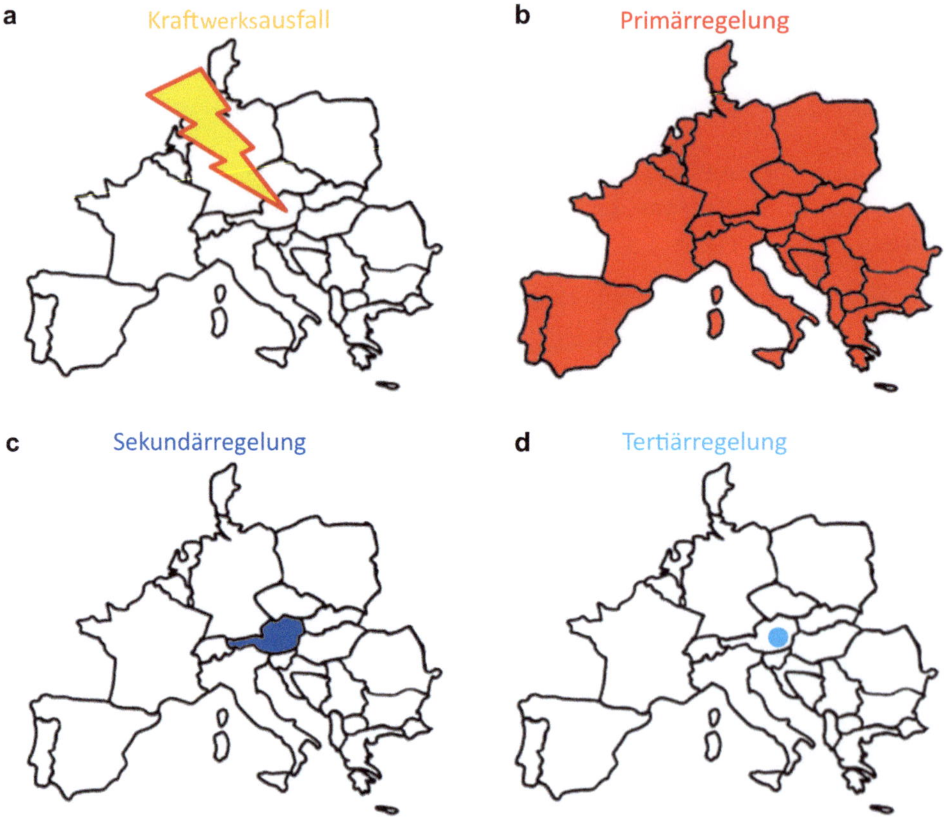

Abb. 2.28 Zulässige Spannungsbänder im Übertragungsnetz

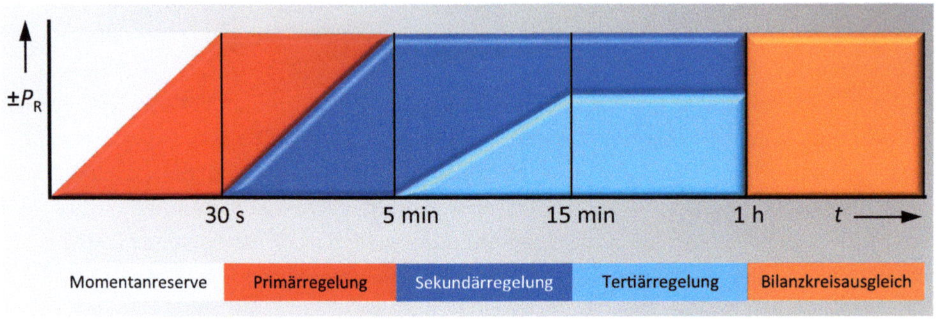

Abb. 2.29 Zulässige Spannungsbänder im Übertragungsnetz

2.7 Definition des Systemzustands

Die Analyse und Bewertung des aktuellen Betriebszustands des zu überwachenden Systems ist eine der wesentlichen Aufgaben der Betriebsführung eines elektrischen Energieversorgungssystems. Die Bewertung des Systemzustandes orientiert sich an der Einhaltung vorgegebener Grenzwerte betrieblicher Größen, die sich aus den technischen und physikalischen Parametern der Betriebsmittel definieren. Diese Bewertungskriterien gelten dabei sowohl für einen gegebenen Ausgangszustand (Grundfall), der dem aktuellen Systemzustand oder auch einem beliebigen Planungsfall entspricht, als auch für darauf aufsetzende Variantenuntersuchungen, bei denen Ausfälle von Betriebsmitteln (z. B. (N-1)-Fälle) oder Fehlerfälle (z. B. Kurzschlüsse) simuliert werden. Zur eindeutigen Definition der vorkommenden Betriebszustände wurde das Konzept der Sicherheitszustände [70–72] entwickelt. Mit diesem Konzept wird jeder Betriebszustand durch eine Kombination aus gültigen und nicht gültigen Kriterien definiert. Die Gültigkeit eines Kriteriums wird aus den Ergebnissen entsprechender Netzberechnungsverfahren wie Leistungsflussrechnung [13] und Kurzschlussstromberechnung [60] im Rahmen der Netzsicherheitsrechnung ermittelt. Darüber hinaus gibt es Zustände, in denen bestimmter Kriterien nicht relevant sind. Der aktuelle Ist-Zustand wird als Grundfall bezeichnet. Zur Zustandsbewertung eines elektrischen Energieversorgungssystems werden fünf Kriterien verwendet [11].

O Neben der Erfüllung aller anderen Kriterien ist der Netzbetrieb darüber hinaus auch wirtschaftlich optimal. Das Optimierungsziel kann minimale Verluste, minimale Ausgleichsleistung, minimale Frequenzabweichungen o. ä. sein.

V In dem betrachteten Betriebszustand werden alle Verbraucher vollständig mit der angeforderten Leistung versorgt. Das Kriterium **V** bewertet nur ungeplante Versorgungsunterbrechungen. Geplante Versorgungsunterbrechungen werden durch dieses Kriterium nicht erfasst. Die Systembilanz ist ausgeglichen. Es besteht ein Gleichgewicht zwischen Erzeugung und Verbrauch. Die Einhaltung einer ausgeglichenen Systembilanz wird für die Systemführung aufgrund der zunehmenden volatilen Einspeisung von Windkraft- und PV-Anlagen schwieriger.

G Im Grundfall werden alle betrieblichen Grenzen eingehalten. Beispiele für Betriebsmittelgrenzen sind minimale und maximale Spannungsbeträge an allen Netzknoten, maximale Ströme auf den Übertragungselementen. Die Beobachtbarkeit des Netzgebietes ist durch die Funktionsfähigkeit aller erforderlichen Informationssysteme gewährleistet.

Die beiden weiteren Kriterien bewerten das System hinsichtlich seiner Fähigkeit, Störungen zu überstehen (Resilienz). Störungen können dabei Ausfälle von Systemkomponenten oder auch Fehlerereignisse, wie Kurzschlüsse, sein. Dies wird mit entsprechenden Simulationsrechnungen überprüft.

A Die Ausfallsimulationsrechnung ist ohne Befund, d. h. bei allen untersuchten Ausfallvarianten ergeben sich keine Grenzwertverletzungen. Es stehen genügend Reserven zur Verfügung, um die (N-1)-Sicherheit zu gewährleisten.

K Die Kurzschlusssimulationsrechnung ist ohne Befund, d. h. bei allen untersuchten Kurzschlussfällen bleiben die Kurzschlussströme unter den vorgegebenen Grenzwerten.

Abb. 2.30 zeigt die aus diesen Kriterien abgeleiteten, möglichen Betriebszustände eines elektrischen Energieversorgungssystems. Die im jeweiligen Netzzustand nicht erfüllten Kriterien sind durchgestrichen. Die für den jeweiligen Netzzustand nicht relevanten Kriterien sind in der Schriftfarbe Weiß dargestellt.

Die Übergänge von einem Zustand zu einem anderen werden entweder durch Schalthandlungen, technische Störungen, Reparatur- oder Optimierungsmaßnahmen oder auch durch gewöhnliche Einspeisungs- oder Laständerungen verursacht. Im Normalbetrieb (Normal State) mit den Teilzuständen „optimal“, „sicher“ und „gefährdet“ (Alert

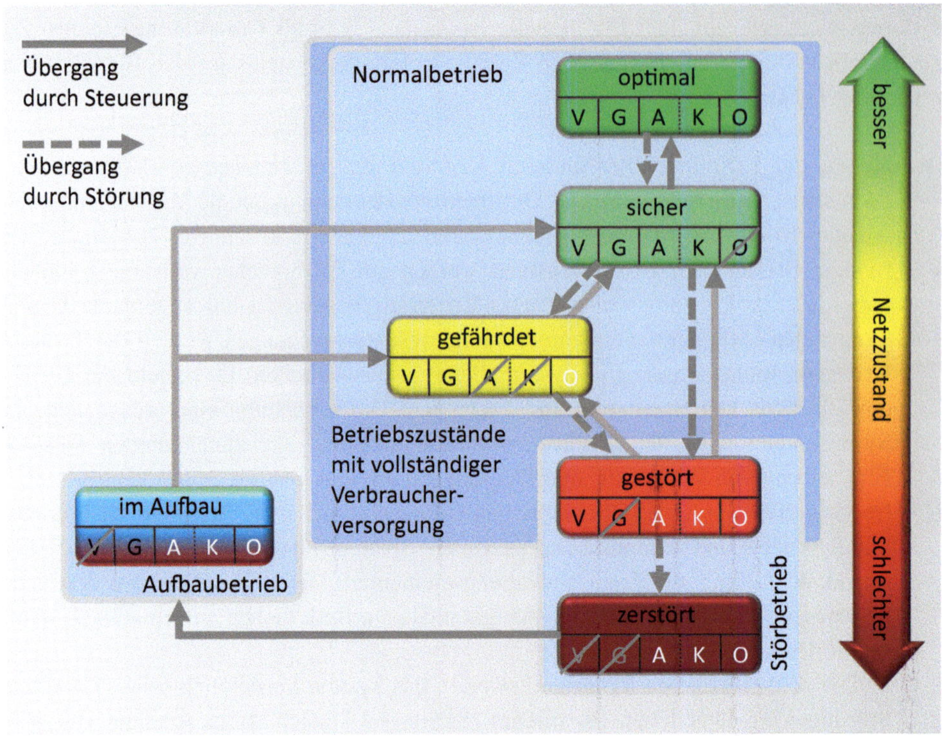

Abb. 2.30 Betriebszustände eines Energieversorgungssystems

State) sind aktuell alle Verbraucher vollständig versorgt und es werden alle betrieblichen Grenzen eingehalten. Im Störbetrieb wird im Teilzustand „gestört“ (Emergency State) die zulässige Betriebsgrenze mindestens eines Betriebsmittels verletzt. Im Teilzustand „zerstört“ (Blackout State) ist die Versorgung von Verbrauchern unterbrochen. Im Aufbaubetrieb (Restoration) können evtl. nicht alle Verbraucher vollständig versorgt werden.

Beispielsweise ist der Zustand „gestört“ dadurch gekennzeichnet, dass zwar noch alle Verbraucher versorgt, nicht aber alle betrieblichen Grenzen eingehalten sind, also z. B. ein Transformator o. ä. überlastet ist. Die Optimalität des Betriebs und der Befund von Ausfall- und Kurzschlusssimulationsrechnung ändern in diesem Fall nichts am Betriebszustand. Das Kriterium **O** ist in diesem Fall irrelevant. Es sei angemerkt, dass eine fortlaufende Ausfall- und Kurzschlusssimulationsrechnung bisher nur in Übertragungsnetzen, nicht aber in Verteilnetzen allgemein üblich ist. In diesem Fall kann der „gefährdete“ Betrieb, der sich durch die Ungültigkeit der Kriterien **A** oder **K** definiert, ggf. nicht erkannt werden. Ferner werden geplante Versorgungsunterbrechungen durch die Darstellung nicht erfasst, da sich das Kriterium **V** nur auf ungeplante Versorgungsunterbrechungen bezieht, d. h. es werden auch bei Ausfall eines Netzbetriebsmittels noch alle betrieblichen Grenzen eingehalten, sodass der sichere Betrieb gewährleistet ist [11].

Die von den Netzkunden erwartete hohe Zuverlässigkeit der elektrischen Energieversorgungsnetze lässt sich im Netzbetrieb nur gewährleisten, wenn genügend Redundanz vorhanden ist, da stochastische Ausfälle von Betriebsmitteln mit nachfolgenden Reparaturzeiten einkalkuliert werden müssen. Unter Ausfall wird dabei die Beendigung der Fähigkeit eines Betriebsmittels verstanden, eine geforderte Funktion zu erfüllen. Da es sich um stochastische Ereignisse handelt, ist eine quantitative Berechnung der Versorgungszuverlässigkeit nur mit probabilistischen Methoden möglich, die sich auf der Höchstspannungsebene aus verschiedenen Gründen noch nicht allgemein durchgesetzt haben. Seit Beginn des Ausbaus von vermaschten Verbundnetzen hat sich daher in der Praxis zur Beurteilung der notwendigen Redundanz ersatzweise das sogenannte (N − 1)-Kriterium bewährt [56].

Aus Sicht des Netzbetriebes gelten danach Energieversorgungsnetze als hinreichend zuverlässig, wenn sie den Ausfall eines beliebigen Betriebsmittels ohne störungsbedingte Folgeauslösung durch Überlastung der verbleibenden Netzelemente und ohne Inselnetzbildung verkraften. In der Hoch- und Höchstspannungsebene verursacht der Ausfall eines Betriebsmittels i. d. R. keine Versorgungsunterbrechung. Aufgrund ihrer nur sehr regionalen Wirksamkeit werden in den Verteilnetzen der Mittel- und Niederspannungsebene im Gegensatz zu den Hoch- und Höchstspannungsnetzen kurzzeitige Versorgungsunterbrechungen zugelassen. Diese Netze werden üblicherweise nach dem Kriterium „(N − 1)-sicher mit Umschaltreserve“ ausgelegt und betrieben. In einem Verteilnetz gilt daher das modifizierte (N − 1)-Kriterium, das erfüllt ist, falls das Netz nach Ausfall eines beliebigen Betriebsmittels ggf. nach erforderlicher Umschaltmaßnahme die Energieversorgung ohne Einschränkung fortsetzen kann.

Bei einer nur geringen Defizitleistung werden dabei auch Wiederversorgungszeiten für zumutbar erachtet, die beispielsweise in Mittelspannungsnetzen durchaus bis zu zwei Stunden betragen können. In Niederspannungsnetzen existiert häufig keine Option für Umschaltmaßnahmen und damit auch keine Redundanz. Hier muss bis zur Wiederversorgung u. U. solange gewartet werden bis die Reparatur abgeschlossen ist. Bei größeren oder länger andauernden Fehlern wird man hier eine Ersatzstromversorgungsanlage (Netzersatzanlage, NEA), wie beispielsweise ein Notstromaggregat (NSA) oder in speziellen Fällen Batterien einsetzen [11].

Dagegen wird in der Mittel- und Niederspannungsebene durch einen Betriebsmittelausfall regelmäßig die Versorgung kurzzeitig und lokal begrenzt unterbrochen. Durch relativ schnell durchzuführende Umschaltmaßnahmen (z. B. durch Schließen eines offenen Ringes) oder durch Reparatur können die Verbraucher in den meisten Fällen nach kurzer Zeit wieder versorgt werden.

Als Betriebsmittel werden dabei folgende Komponenten des Energiesystems verstanden:

- Stromkreis
- Fernübertragungsverbindung (z. B. HGÜ-Verbindung)
- HGÜ-Konverterstation
- Transformator
- Blindleistungskompensationsanlage
- Betriebsmittel zur Leistungsflusssteuerung
- Sammelschiene bzw. Sammelschienenabschnitt
- Erzeugungsanlage (inkl. Speicheranlage)

Alle Zustände, die vom Normalbetrieb abweichen, sind dem Stör- oder dem Aufbaubetrieb zuzuordnen. Im gefährdeten Betrieb und im Störbetrieb leitet der Übertragungsnetzbetreiber im Rahmen des Störungsmanagements die technisch erforderlichen Maßnahmen zur Verhinderung einer Gefährdungs- bzw. Störungsausweitung, zum effizienten Versorgungswiederaufbau und damit zur schnellst möglichen Wiederherstellung des Normalbetriebes ein. Entsprechend seiner Systemverantwortung stimmt sich der ÜNB mit den anderen Netzbetreibern (ÜNB/VNB) und Betreibern von Erzeugungseinheiten über einen geeigneten Maßnahmenkatalog für das Störungsmanagement ab. Ein wesentlicher Punkt zur Vorbereitung dieser Maßnahmen ist die Verfügbarkeit einer ausreichenden Menge an netzinselbetriebs- und schwarzstartfähigen Erzeugungseinheiten [44]. Bei größeren Störungen kann die Frequenz- und Spannungsstabilität des Gesamtsystems aufgrund von Abweichungen im Wirk- und/oder Blindleistungshaushalt stark beeinträchtigt werden und sogar zu Netzauftrennungen [73] führen.

Zentrale Aufgabe der Systemführung ist es, das Energieversorgungssystem in den Zuständen „sicher“ bzw. „optimal“ zu halten und es bei Abweichungen möglichst schnell wieder in diese Zustände zurückzuführen. Die Überführung vom „gefährdeten“

in den „sicheren" Zustand kann durch geeignete Schaltmaßnahmen bzw. durch kurativen Redispatch erreicht werden. Der Übergang vom „gestörten" in den „sicheren" bzw. „gefährdeten" Zustand kann durch geeignete Schaltmaßnahmen oder bei einer innovativen Betriebsführung durch kurative Maßnahmen erfolgen [11].

Ein vergleichbares Schema, mit dem Störungsereignisse in einem elektrischen Energieversorgungssystem bewertet werden, hat die Entso-E entwickelt [74]. Danach werden die Störungsereignisse entsprechend ihrer vermutlichen Auswirkung auf den Systemzustand in vier Stufen klassifiziert. In Abb. 2.31 ist die Priorität der einzelnen Störereignisse angegeben (#1 bis #27). Dabei kennzeichnet die #1 das Störereignis mit der höchsten Priorität und #27 das Störereignis mit der niedrigsten Priorität. Durch Störereignisse der Stufe 0 (noteworthy) verbleibt das System im sicheren Betriebszustand. Typischerweise bringen Störereignisse der Stufe 1 (significant) das System in den gefährdeten, Störereignisse der Stufe 2 (extensive) in den gestörten und Störereignisse der Stufe 3 (major) in den zerstörten Betriebszustand (Blackout) [74].

Scale 0 Noteworthy incident		**Scale 1** Significant incident		Scale 2 Extensive incident		Scale 3 Major incident	
Priority/Short definition (Criterion short code)		Priority/Short definition (Criterion short code)		Priority/Short definition (Criterion short code)		Priority/Short definition (Criterion short code)	
#20	Incidents on load (L0)	#11	Incidents on load (L1)	#2	Incidents on load (L2)	#1	Blackout (OB3)
#21	Incidents leading to frequency degradatation (F0)	#12	Incidents leading to frequency degradatation (F1)	#3	Incidents leading to frequency degradatation (F2)		
#22	Incidents on transmission network elements (T0)	#13	Incidents on transmission network elements (T1)	#4	Incidents on transmission network elements (T2)		
#23	Incidents on power generation facilities (G0)	#14	Incidents on power generation facilities (G1)	#5	Incidents on power generation facilities (G2)		
		#15	(N-1)-violation (ON1)	#6	(N-1)-violation (ON2)		
#24	Separation from the grid (RS0)	#16	Separation from the grid (RS1)	#7	Separation from the grid (RS2)		
#25	Violation of standards on voltage (OV0)	#17	Violation of standards on voltage (OV1)	#8	Violation of standards on voltage (OV2)		
#26	Reduction of reserve capacity (RRC0)	#18	Reduction of reserve capacity (RRC1)	#9	Reduction of reserve capacity (RRC2)		
#27	Loss of tools and facilities (LT0)	#19	Loss of tools and facilities (LT1)	#10	Loss of tools and facilities (LT2)		

Abb. 2.31 Entso-E Incident Classification Scale. (Quelle: Entso-E)

2.8 Schaltleitung

2.8.1 Aufgaben

Für die Umsetzung bzw. Ausführung der Systemführungsaufgaben stehen dem Betriebsführungspersonal zentrale Einrichtungen zur Verfügung. Wobei sich „zentral“ nicht auf die geografische Lage dieser Einrichtungen, sondern auf deren Bedeutung für den Netzbetrieb bezieht. Zu diesen Einrichtungen gehören beispielsweise Prozessrechenanlagen, Fernwirkanbindungen zur Übertragung von Daten aus dem Netz und von Schaltbefehlen an die im Netz verteilten Komponenten, Anzeigen zur Darstellung des Netzes und der für die Systemführung relevanten Informationen. Die Gesamtheit dieser Infrastruktur einschließlich der erforderlichen administrativen Einrichtungen wird als Leitstelle, Schaltleitung oder Control Center bezeichnet. Bei regional übergeordneter Funktion heißt diese „Gruppenschaltleitung“, bei systemführender Funktion „Hauptschaltleitung“. Der Begriff „Schalt“leitung leitet sich aus der, historisch betrachtet, hervorgehobenen Bedeutung von Schaltvorgängen in Schalt- und Umspannanlagen ab. Die Aufgaben moderner Schaltleitungen sind viel komplexer und umfassen heute weit mehr als nur den eigentlichen Schaltdienst (siehe Abschn. 2.4) [11].

Zu den Hauptaufgaben einer Schaltleitung zählt die operative Betriebsführung mit der Überwachung und Steuerung des elektrischen Übertragungs- bzw. Verteilnetzes. Zudem ist die Vermeidung von Verbraucherabschaltungen zu den Hauptaufgaben zu zählen. Die technische Voraussetzung zur Erfüllung dieser Aufgaben ist ein sogenanntes Netzleitsystem, das die Schaltleitung bidirektional mit dem Netz und seinen Komponenten verbindet [75, 76].

2.8.2 Aufbau

2.8.2.1 Gebäude

Da elektrische Energieversorgungsnetze grundsätzlich zu den kritischen Infrastrukturen zählen, deren Ausfall zu schwerwiegenden Auswirkungen auf die Gesellschaft führen kann, sind deren Betriebsführungszentren (i.e. Schaltleitungen) besonders sensible Komponenten dieses Gesamtsystems und daher besonders zu schützen. Die Gebäude der Schaltleitungen müssen daher die organisatorischen und technischen Anforderungen erfüllen und darüber hinaus auch einen ausreichenden Schutz gegen äußere Bedrohungen und Angriffe sicherstellen. Neben der reinen baulichen Festigkeit und den üblichen Schutzeinrichtungen (z. B. gegen Feuer- oder Wasserschäden) sind für den Schutz der Schaltleitungen entsprechende Sicherheitseinrichtungen wie Zaunanlagen, Zufahrtskontrollen, Zufahrtsperren, Personen- und Fahrzeugvereinzelungsanlagen und übliche Werkschutzfunktionen erforderlich.

Abb. 2.32 Gebäude der APG-Steuerzentrale am Umspannwerk Wien-Südost. (Quelle: Austrian Power Grid)

Die meisten Räume einer Schaltleitung unterscheiden sich nicht von normalen Büroarbeitsplätzen. Besondere Bereiche sind die gesondert abgeteilten und gesicherten Rechenanlagen und Fernwirkeinrichtungen innerhalb des Schaltleitungsgebäudes. Der beeindruckendste Bereich einer Schaltleitung ist allerdings die Netzwarte. Hier sind die Arbeitsplätze des diensttuenden Schaltpersonals (Systemführer). Die Netzwarte ist funktional das Zentrum der Schaltleitung. Abb. 2.32 zeigt das Wartengebäude des österreichischen Übertragungsnetzbetreibers APG.

2.8.2.2 Netzwarte

Optisch beherrschende Komponente in der Netzwarte ist in der Regel das sogenannte Rückmeldebild. Dies ist ein dynamisches Großbildprojektionssystem, mit dem sich von einer Übersicht des gesamten eigenen Netzes, der Netzumgebung, ausgewählte Stationen bis hin zu einzelnen Schaltfeldern alle betrieblich relevanten Informationen detailliert (z. B. welche Kraftwerke gerade ins Netz einspeisen und welche Leitungen sowie Umspannanlagen aktuell wieviel Strom übertragen) oder im Zusammenhang darstellen lassen.

Das Rückmeldebild ergänzt damit die selbstverständlich vorhandene Ausstattung der Systemführerarbeitsplätze mit Einzelmonitoren. Das Rückmeldebild bietet darüber hinaus auch eine gemeinsame Informationsplattform für die in der Netzwarte arbeitenden Personen bei gemeinschaftlich zu bewältigenden Aufgaben.

Entsprechend den Aufgaben der Systemführung sind in der Netzwarte separate Arbeitsplätze für die Netzführung, die Einhaltung der Systembilanz, die Betriebsplanung, sowie für die Bewirtschaftung der nach dem EEG eingespeisten Energiemengen (inkl. Handel dieser Energiemengen an der Energiebörse in Leipzig) eingerichtet, die im 24/7-Betrieb besetzt sind. Abb. 2.33 zeigt die Netzwarte der TransnetBW GmbH in Wendlingen. Zentral ist das 65 m^2 große Rückmeldebild zu erkennen. Davor sind von links nach rechts die Arbeitsplätze der Betriebsplanung für die nationale und internationale Koordination der Netzsicherheit, der Netzführung für die Einhaltung des (N-1)-Kriteriums und der Systembilanz für das Fahrplanmanagement sowie für die Leistungs-Frequenz-Regelung im deutschen Netzregelverbund angeordnet.

Exemplarisch werden auf dem Rückmeldebild in Abb. 2.33 verschiedene Teildarstellungen, die für die Systemführung von Bedeutung sind, angezeigt. Aktuell sind auf dem Rückmeldebild das Netzbild (1, „Weltbild"), das European Awareness System EAS (2, siehe Abschn. 6.3.2), die geografische Karte des Versorgungsgebiets der TransnetBW (3),

Abb. 2.33 Arbeitsplätze in der Netzwarte der TransnetBW GmbH. (Quelle: TransnetBW)

die Systembilanz (4), die Kraftwerkserzeugung (5), die Photovoltaik- und Winderzeugung (6a Vortagsprognose, 6b aktuelle Werte), Korrekturwerte aus dem internationalen Netzregelverbund (7), Lastverläufe (8), Regelbandgrenzen und Bedarf an Sekundärregelleistung (9) sowie die Frequenz, die Leistungsabweichung und der Netzregelfehler in der Regelzone (10) aufgeschaltet [77].

Natürlich können auch andere bzw. nur ein Teil dieser Bilder auf dem Rückmeldebild angezeigt werden. Ebenfalls können eine unterschiedliche Platzierung und Größe der angezeigten Teildarstellungen gewählt werden.

In den Zeiten, in denen üblicherweise das Netz weniger belastet ist und weniger geplante Prozesse stattfinden (z. B. Wartungsmaßnahmen), wie beispielsweise in der Nacht oder am Wochenende, sind nicht alle Arbeitsplätze separat besetzt. In diesen Zeiten werden die einzelnen Aufgaben in Personalunion übernommen (z. B. EEG-Bewirtschaftung gemeinsam mit der Betriebsplanung). Häufig werden in der Warte selbst oder in unmittelbarer Nähe Trainingsarbeitsplätze zur Schulung von Mitarbeitern oder zur Erfüllung von Sonderaufgaben eingerichtet. Von den Trainingsarbeitsplätzen kann aus Sicherheitsgründen in der Regel nur lesend auf die aktuellen Prozessinformationen zugegriffen werden.

2.8.2.3 Notwarte

Um auch in extremen Krisensituationen (z. B. Blackouts), in denen die reguläre Warte eventuell nicht zur Verfügung steht, wenigstens einen Notbetrieb der Systemführung aufrechterhalten zu können, haben einige Netzbetreiber Notwarten eingerichtet. Diese befinden sich in besonders gesicherten, autarken Einrichtungen auf dem Standort der regulären Netzwarte oder sind räumlich getrennt untergebracht (z. B. auf dem Gelände einer zum Netz gehörigen Umspannanlage). Diese Notwarten befinden sich üblicherweise im Stand-by-Betrieb und können jederzeit personell besetzt werden, um die Führung des Energieversorgungsnetzes zu übernehmen.

2.8.2.4 Netzleitsystem

Die technischen Voraussetzungen für die Systemführung werden durch die Einrichtungen des Netzleitsystems geschaffen, das die Mess-, Steuerungs- und Regelungstechnik des überwachten elektrischen Energieversorgungsnetzes umfasst.

Mit dem Netzleitsystem werden die für die Systemführung wesentlichen Prozessinformationen wie Zählwerte, Messwerte und Meldungen in die Schaltleitung übertragen. Dort werden diese Daten ausgewertet, weiterverarbeitet (z. B. mit einer Leistungsflussrechnung), bedienergerecht aufbereitet und dargestellt. In der Gegenrichtung werden über das Netzleitsystem Steuer- und Stellbefehle des Betriebspersonals an den Prozess ausgegeben. Netzleittechnik ist daher im Wesentlichen Kommunikationstechnik, da es sich bei der Systemführung um einen räumlich weit verteilten Prozess handelt. Parallel zu der Entwicklung der Informationstechnologie in der Bürokommunikation hat sich auch die Kommunikationstechnik in der Netzleittechnik von analog geprägter Technik hin zur Digitaltechnik entwickelt. Allerdings bestehen für die Netzleittechnik erhebliche höhere Anforderungen an die Zuverlässigkeit und insbesondere an die EMV-Festigkeit der Geräte, so dass in der Regel keine Standardkomponenten aus der Büro-IT verwendet werden können. Häufig sind die Anlagen eines Energieversorgungssystems in Gebieten platziert, die weit von den Anschlussstellen an öffentliche Kommunikationsnetze entfernt sind. Dies hat zur Entwicklung spezieller „Fernwirksysteme" geführt.

Die in den aktuellen Netzleitsystemen eingesetzte Rechnertechnik dient primär der Netzsteuerung und Netzüberwachung. Zusätzlich können damit auch beliebige Netzzustände und Netzfehler simuliert und analysiert werden. Diese Rechnertechnik wird auch für das Training und die Schulung des Betriebspersonals, sowie für die Ermittlung und Einstellung optimaler Netzzustände eingesetzt.

Wesentlich wird die Funktionalität einer Netzleitstelle durch die auf den Rechnersystemen installierte Anwendersoftware definiert. Üblicherweise wird die Anwendersoftware in die Funktionen SCADA (Supervisory Control and Data Acquisition) und HEO (Höhere Entscheidungs- und Optimierungsfunktionen) gegliedert.

Die Überwachung und Steuerung des Netzes erfolgt in der Regel über geeignete Visualisierungssysteme. Zentral in der Netzwarte ist das große Rückmeldebild. Die Wartenarbeitsplätze sind normalerweise mit einem Arbeitsplatzrechner und mit mehreren Monitoren ausgestattet.

Der Gestaltung der Schnittstelle zwischen dem Wartenpersonal und dem Netzleitsystem, dem sogenannten Mensch-Maschine-Interface (MMI), kommt sehr große Bedeutung zu, um das Personal in geeigneter Weise zu unterstützen [11].

2.9 Großstörungen

2.9.1 Definition

Die meisten in elektrischen Energieversorgungsnetzen auftretenden Störungen sind lokale Fehler, die in der Regel zu keinen oder nur zu kurzzeitigen und begrenzten Versorgungsunterbrechungen führen. Häufiger Auslöser dieser Störungen sind in urbanen Räumen Grabungsarbeiten durch Bagger oder Tiere, die an einem Transformator einen Kurzschluss verursachen. Zunehmend an Bedeutung gewinnen auch Extremwetterereignisse.

Großräumige und länger andauernde Störungen treten dagegen nur selten auf. Um eine solche Großstörung handelt es sich, wenn die Spannungsversorgung des gesamten Übertragungsnetzes eines Netzbetreibers oder großer Netzbereiche benachbarter Übertragungsnetzbetreiber gestört ist. Je nach Umfang und Dauer einer solchen Störung unterscheidet man zwischen Strommangellage, Netzwischer, Brownout und Blackout. Die Auswirkungen solcher Großstörungen können sehr gravierend sein [78].

Für die Systemführung von Übertragungsnetzen ist die Koordination und die Durchführung des Wiederaufbaus des Systems nach einer Großstörung die anspruchsvollste

Herausforderung. Großstörungen kommen in Europa zwar recht selten vor, fordern jedoch vom Betriebspersonal ein Höchstmaß an Erfahrung und Geschick. Aufgrund ihrer geringen Ereignishäufigkeit kann es sein, dass Mitarbeiter der Systemführung nie in ihrem Arbeitsleben damit konfrontiert werden. Dennoch muss stets mit einer entsprechenden Störung gerechnet werden und das Personal entsprechend ausgebildet sein, um darauf angemessen reagieren zu können [11, 78–83].

Auch wenn die Wahrscheinlichkeit des Eintretens einer Großstörung vergleichsweise gering ist, muss die Systemführung jederzeit damit rechnen, mit solch einer extremen Betriebssituation konfrontiert zu werden. Daher sind neben dem Vorhalten einer geeigneten technischen Ausstattung des Netzes (z. B. Schwarzstartfähigkeit von ausgewählten Kraftwerken) auch organisatorische (z. B. Erarbeitung eines Großstörungskonzepts) und personelle Vorbereitungen zu treffen (z. B. Durchführung von Wiederaufbautrainings) [11].

Es ist zu beobachten, dass als Folge der Umgestaltung des Energieversorgungssystems im Rahmen der Energiewende die Häufigkeit von kritischen Netzzuständen ansteigt und damit die Wahrscheinlichkeit einer daraus resultierenden Großstörung zunimmt.

2.9.1.1 Strommangellage

Eine Strommangellage liegt dann vor, wenn die Nachfrage nach elektrischer Energie das zur Verfügung stehende Angebot übersteigt, d. h. die Systembilanz ist nicht ausgeglichen und kann auch nicht durch die Energiewirtschaft aus eigener Kraft überwunden werden. Diese Mangellage kann beispielsweise eintreten, wenn die Wasserstände in Flüssen niedrig sind und dadurch die Stromproduktion der thermischen Kraftwerke und der Laufwasserkraftwerke eingeschränkt ist, die Erzeugung aus regenerativen Energiequellen zu gering ist (z. B. während einer Dunkelflaute) und das Defizit nicht durch zusätzliche Importe gedeckt werden kann oder die Übertragungskapazitäten zu gering sind. Abb. 2.34 zeigt die Stromerzeugung und den Stromverbrauch in Deutschland in der letzten Januarwoche 2023. Die Einspeisung aus Solar- und Windkraftanlagen konnte in diesem Zeitraum nur einen geringen Teil der Last decken. Der überwiegende Teil der erforderlichen Leistung wurde durch die noch in Betrieb befindlichen konventionellen Kraftwerke erbracht [84].

In einer Strommangellage ist Strom zwar verfügbar, aber einfach in zu geringer Menge. Die uneingeschränkte und ununterbrochene Versorgung mit elektrischer Energie kann für einen Großteil der Endverbraucher nicht mehr sichergestellt werden. Eine Strommangellage kann sich über mehrere Tage, Wochen oder sogar Monate erstrecken und es kommt dadurch zu Versorgungseinschränkungen. Durch abwechselndes Zu- und Abschalten verschiedener Verbraucher wird versucht, die Auswirkungen der Strommangellage möglichst gering zu halten.

Die folgenden Faktoren tragen wesentlich zur Entstehung, Entwicklung und zu den Auswirkungen von Strommangellagen bei [84].

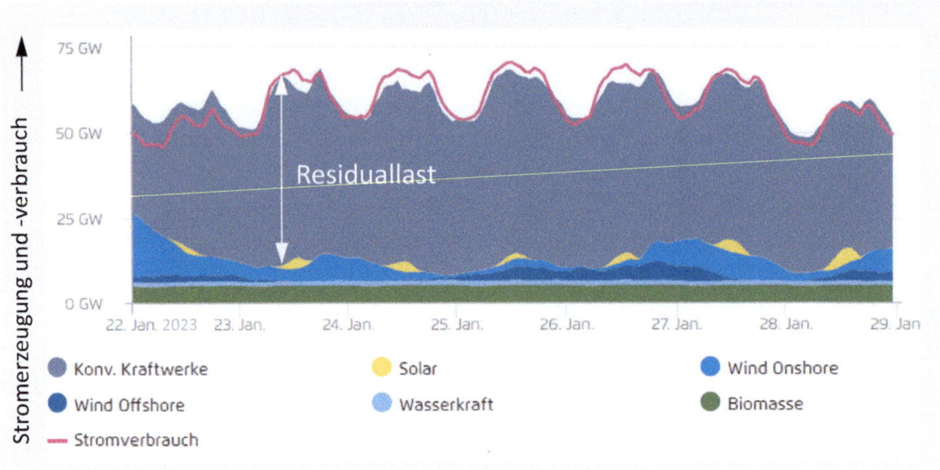

Abb. 2.34 Dunkelflaute Ende Januar 2023. (Quelle: Agorameter)

- fehlende Produktionskapazitäten aufgrund ungenügender Planung bei Ausbau und Erneuerung von Stromproduktionsanlagen
- Mangel an fossilen oder erneuerbaren Energiequellen
- Mangel an Fachpersonal (z. B. im Zuge einer Pandemie)
- technische Probleme, beschädigte Produktionsinfrastruktur (z. B. wegen Umweltereignissen wie Sturm, Hochwasser etc.)
- kriegerische Handlungen, Terroranschläge oder Sabotageakte
- fehlende Transportkapazitäten (z. B. aufgrund beschädigter Netzinfrastrukturen)

2.9.1.2 Netzwischer

Bei kurzfristigen Störungsereignissen wie Blitzeinschlägen, Erdschlüssen, Lichtbogenfehlern oder Schaltfehlern kann es zu kurzzeitigen Ausfällen im Zeitbereich von wenigen Sekundenbruchteilen kommen. Diese werden umgangssprachlich auch als Netzwischer bezeichnet.

In der Regel bemerken Stromverbraucher diese Netzwischer nicht, da automatische Regelsysteme die Stromversorgung schnell wiederherstellen. Typische Reaktionszeiten liegen dabei in einem Zeitbereich zwischen 15 und 50 ms. Mit unterbrechungsfreien Stromversorgungen und Netzersatzanlagen wird schnell auf diese kurzzeitigen Ausfälle reagiert, sodass keine systemstörende Dauerunterbrechung und keine weiteren Systemschäden die Folgen sind. Netzwischer treten zeitlich meist unmittelbar vor einem unkontrollierten Brownout auf [11].

2.9.1.3 Brownout

Kurzzeitige Versorgungseinschränkungen infolge von Überlastungen aufgrund unvorhergesehener Ereignisse oder durch gezielte Eingriffe der Übertragungsnetzbetreiber werden Brownouts genannt [85]. Der Begriff leitet sich von der in diesem Betriebszustand früher oftmals auftretenden starken Abschwächung von Glühlampenbeleuchtungen ab. Es handelt es sich dabei also um ein Phänomen im Bereich der temporären Energieversorgungsunterbrechung. Je nach Ursache wird zwischen einem kontrollierten und einem unkontrollierten Brownout unterschieden.

Beim unkontrollierten Brownout handelt es sich um einen unvorhersehbaren Stromausfall im elektrischen Energieversorgungsnetz. Dabei kommt es zu keinem vollständigen Ausfall der Energieversorgung, sondern nur zu einer geringfügigen Absenkung der Spannung. Die Verbraucher werden bei einem unkontrollierten Brownout also weiterhin mit elektrischer Energie versorgt, allerdings mit u. U. deutlich reduzierter Spannung. Der Brownout tritt in der Regel gemeinsam mit einer Netzüberlastung auf, die durch einen unerwartet hohen Energiebedarf entsteht. Diese kurzzeitige Netzinstabilität kann beispielsweise entstehen, wenn zu wenig Regelleistung zur Verfügung steht.

In der Regel kommt es bei diesen kurzfristigen Spannungsabfällen zu keinen größeren Schäden. Elektronische Geräte verhalten sich jedoch unterschiedlich bei einem solchen kurzzeitigen Spannungsabfall. So bleiben manche Geräte durch den kurzzeitigen Spannungsabfall unbeeinträchtigt, andere reagieren dagegen wesentlich empfindlicher. So kann ein kurzzeitiger Spannungsabfall bei elektronischen Geräten ohne Batteriespeicher zu einem Funktions- oder Datenverlust führen. Mit einem sogenannten Brownout-Detektor kann ein bevorstehender unkontrollierter Brownout erkannt, das Zwischenspeichern wichtiger Daten automatisch veranlasst und damit einem Datenverlust oder vergleichbaren Schäden vorgebeugt werden [86].

Der kontrollierte Brownout ist eine durch den Übertragungsnetzbetreiber (ÜNB) vorgenommene gezielte Lastreduktion im Stromnetz. Dabei werden ausgewählte große Stromverbraucher oder ganze Stadtviertel vom Netz genommen. Durch diese Maßnahme wird versucht, einen Energiemangel (z. B. aufgrund eines Brennstoffmangels für Kraftwerke oder einer allgemein zu geringen Erzeugung) auszugleichen und einen Stromausfall möglichst lokal zu begrenzen. Die Nachfrage wird durch entsprechende Abschaltungen für einen definierten Zeitraum soweit reduziert, dass das Angebot die Nachfrage wieder vollständig decken kann. Damit soll die Versorgung mit Strom weiterhin stabil und zuverlässig gewährleistet und ein weitreichender Systemzusammenbruch verhindert werden [87]. Beim kontrollierten Brownout wird eine Abschaltdauer von 90 min empfohlen, um die Folgen für Haushalte und Unternehmen zu begrenzen. Innerhalb dieses zeitlichen Rahmens tauen zum Beispiel Gefrierfächer noch nicht ab und Netzersatzanlagen können diesen Zeitraum überbrücken. Nach Ablauf der Zeit wird der Strom wieder zugeschaltet und die nächste Abschaltgruppe wird vom Netz genommen. Der Prozess gleicht die Bilanz zwischen Erzeugung und Verbrauch aus und stabilisiert so das Netz. Der Brownout wird beendet, wenn sich die Versorgungssituation insgesamt beruhigt hat [88].

Die Übertragungsnetzbetreiber sind entsprechend § 13 (2) EnWG [14] verpflichtet, auch in Notfällen alle erforderlichen Maßnahmen zur Erhaltung der Stromnetzstabilität durchzuführen. Ein gezielter Lastabwurf ist eine ultimative Maßnahme zur Systemstabilisierung bei Überlastsituationen. Idealerweise bleibt dem Übertragungsnetzbetreiber vor Beginn des Brownouts noch genügend Zeit, die betroffenen Stromverbraucher über den bevorstehenden Stromausfall zu informieren. Solange der Mangel besteht, erfolgt die Anpassung der Verbraucherleistung reihum durch eine rollierende Abschaltung, um die Auswirkungen auf einzelne Regionen so gering wie möglich zu halten (siehe Abschn. 6.2.3) [87].

2.9.1.4 Blackout

Ein Blackout („Schwarzfall") ist ein plötzlich auftretender, unkontrollierter, großräumiger und länger andauernder Strom- sowie Infrastruktur- und Versorgungsausfall. Dies entspricht dem in Abschn. 2.7 definierten „zerstörten" Betriebszustand, in dem der überwiegende Anteil der Abnehmer eines großen Netzgebietes nicht mehr versorgt wird. Bei einem Blackout ist das Gesamtsystem Energieversorgungsnetz zwar nicht mehr funktionsfähig, tatsächlich defekt oder gar zerstört sind in der Regel nur wenige Betriebsmittel. Allerdings ist das Zusammenwirken der Einzelkomponenten in diesem Betriebszustand völlig desorganisiert. Das Netz ist in Folge der Störung größtenteils spannungslos (Abb. 2.35). Ein Blackout ist aufgrund seiner Dauer und seiner Auswirkungen der schlimmste anzunehmende Betriebszustand („Worst Case") eines elektrischen Energieversorgungssystems.

Ein Blackout führt im Vergleich zu einem Brownout zu erheblichen Konsequenzen für das öffentliche und private Leben. Die vollständige Wiederherstellung der Energieversorgung nach einem Blackout kann viele Stunden, Tage oder sogar Wochen dauern [89]. In der Folge des Blackouts fallen auch viele stromabhängige Infrastrukturen (Abfallentsorgung, Kommunikationsanlagen, Transportsystem, Wasserversorgung etc.) aus. Damit wird die Funktionsfähigkeit fast aller Bereiche der Daseinsvorsorge (z. B. Gesundheitswesen, Nahrungsmittelversorgung) erheblich eingeschränkt [90–93]. In Großstädten (Abb. 2.35) und Ballungsräumen sind die Auswirkungen eines Blackouts besonders gravierend [94].

2.9.2 Eintrittswahrscheinlichkeit

2.9.2.1 Einflussfaktoren

Um es gleich vorwegzunehmen, es gibt keine absolute Antwort auf die Frage: Wann und wo tritt der nächste Blackout ein?

Alle Experten sind sich sicher, dass die Eintrittswahrscheinlichkeit von Brownouts in Deutschland für die nahe Zukunft gering und für Blackouts sogar äußerst gering ist. Eine ähnliche Einschätzung gilt auch für die meisten europäischen Staaten. Doch egal, ob die

Abb. 2.35 Stromausfall im Bezirk Manhatten der Stadt New York 2012. (Quelle: 114680986 © picture alliance/ REUTERS/ L. Jackson)

Eintrittswahrscheinlichkeit für ein bestimmtes Ereignis klein oder groß ist: Möglich ist jedes Ereignis.

Man kann aus der Analyse der bereits aufgetretenen Blackouts nur qualitativ und mit einer großen Unsicherheit abschätzen, wie häufig sich Großstörungen ereignen. Aufgrund der geringen Anzahl dieser Ereignisse lassen sich daraus keine statistisch fundierten Aussagen ableiten. Mit entsprechenden Untersuchungen (Stresstests) lassen sich für konkrete Netze und einen determinierten zeitlichen Horizont die Ursachen und damit die Wahrscheinlichkeit von Blackouts bewerten [95, 96].

Weltweit – auch in Europa – kommt es immer wieder zu überregionalen und mehrere Stunden andauernden Stromausfällen, die allerdings ohne allzu große Folgeschäden abgelaufen sind. Daraus eine nur geringe Wahrscheinlichkeit für den Eintritt eines großen und längere Zeit andauernden Blackouts abzuleiten, und damit das "Restrisiko" ohne besondere Vorkehrungen in Kauf zu nehmen, wäre fatal und verantwortungslos [97]. Die Risikoforscher nennen ein solches Verhalten die „Truthahn-Illusion“. Das Vertrauen des Truthahns zu seinem Besitzer und sein Wohlgefühl wachsen mit jedem Tag, den dieser ihn füttert. Dies geht allerdings nur bis zum Vortag von Thanks-Giving gut [98]. Bei der Beurteilung sehr komplexer Systeme erliegen wir häufig der gleichen Illusion, denn diese Systeme weisen besondere Eigenschaften auf, die ihre Steuerung erschweren und ein komplettes Systemversagen möglich machen. Hierzu gehören [99]:

- lange Ursache-Wirkungsketten
- Rückkopplungen, die zu schwer durchschaubarer Eigendynamik führen können
- zeitverzögerte Wirkung von Eingriffen

- kleine Ursachen, die große Wirkungen entfalten („Schmetterlingseffekt")
- mögliche Irreversibilität von Eingriffen

Daraus resultieren mögliche Konsequenzen:

- einfache Ursache-Wirkungszusammenhänge sind nicht mehr gegeben; es entsteht die Gefahr einer Übersteuerung
- es entstehen indirekte, kaum abschätzbare Wirkungen, die durch etablierte Risikobewertungsmethoden nicht erfasst werden
- es kommt zu Domino- und Kaskadeneffekten, deren negative Folgen mit dem Umfang der Vernetzung zunehmen
- die Steuerbarkeit des Systems wird signifikant erschwert und geht im Extremfall völlig verloren

Gerade im Fall des Stromnetzes und der damit bestehenden Abhängigkeiten zu allen anderen kritischen Infrastrukturen sollte man die Existenz sogenannter „Schwarzer Schwäne" für möglich halten und nicht der Truthahn-Illusion unterliegen [98]. Daher sollte sich das Ausmaß der notwendigen Vorsorgen nicht an einer eher vagen Wahrscheinlichkeitseinschätzung, sondern am Grad der Gefährdung, die von einem solchen Ereignis für die Bevölkerung und das Gemeinwesen ausgeht, ausrichten [100].

Unsere technologisch weit fortgeschrittene, komplexe und vernetzte Infrastruktur weist einen hohen Grad der Verwundbarkeit auf. Schon während der ersten 24 h nach einem Blackout fallen beinahe alle wesentlichen Teile dieses Systems aus. Als Folge können die Sicherheit sowie die Befriedigung der wichtigsten Grundbedürfnisse der Bevölkerung nicht mehr ausreichend gewährleistet werden.

Da sich sowohl die Betriebssituationen als auch die Rahmenbedingungen für die elektrische Energieversorgung in einem ständigen Wandel befinden, ändern sich auch die Voraussetzung für das Entstehen eines Blackouts.

Es gibt allerdings bestimmte Faktoren, die die Eintrittswahrscheinlichkeit und den Umfang eines Blackouts erhöhen können:

- Komplexität des Stromnetzes
- mögliche Kettenreaktionen (Dominoeffekt)
- Ausbau der Elektrifizierung in allen Geschäfts- und Lebensbereichen erhöht Anfälligkeit
- volatile Stromproduktion
- Verschlechterung des politischen Klimas erhöht die Gefahr von Anschlägen (Cyberattacken)
- globale Nachfrage nach Energie
- (u. U. politisch bedingte) Verknappung von Energie

Gerade in der Transformationsphase der Energiewende kann es zu Systemzuständen mit verringerter Resilienz kommen. Tritt in diesen Phasen zusätzlich eine der in Kap. 1 beschriebenen Ursachen auf, erhöht sich allerdings die Wahrscheinlichkeit eines Blackouts. Ein hoher Anteil volatiler und dargebotsabhängiger Energieerzeuger verschärft diese Situation, wenn keine ausreichenden Speicher- oder Regelleistungskapazitäten vorhanden sind. Ebenfalls negativ auf die Resilienz wirken sich u. a. politisch motivierte Ereignisse, wie z. B. die Gaskrise in der Folge des Ukraine-Krieges, die ungünstige Kombination von Wetterlagen (Windstille und strenger Frost) oder die Abschaltung französischer Atomkraftwerke aus.

Das Schweizer Bundesamt für Bevölkerungsschutz hat im Jahr 2020 für die Schweiz mit einer Risikoanalyse [101] untersucht, welchen Gefährdungen das Land ausgesetzt sein könnte und welche Folgen damit verbunden sind. Zu den analysierten Katastrophenszenarien gehörten auch Blackouts. Strommangellagen wurde insgesamt das größte Risikopotenzial, vor allem wegen der immensen wirtschaftlichen Schäden zugeordnet. Die Eintrittswahrscheinlichkeit von größeren Stromausfällen wird in dieser Risikoanalyse mit etwa 1/30 a angegeben (siehe Abb. 2.36). Gegenüber früheren Untersuchungen des Schweizer Bundesamts für Bevölkerungsschutz hat das Risiko einer Strommangellage deutlich zugenommen [101].

2.9.2.2 Dauer

Zur wahrscheinlichen Dauer eines Blackouts lassen sich seriös keine Aussagen treffen. Man kann in etwa abschätzen, wie lange die Reparatur von bestimmten Betriebsmitteln dauern kann. Wieviel Zeit es braucht, das gesamte Energieversorgungssystem wieder betriebsbereit zu machen, lässt sich aber kaum bestimmen. Noch weniger kann eine belastbare Aussage darüber getroffen werden, bis wann auch die Folgeschäden eines Blackouts wieder beseitigt sein werden (siehe Abschn. 7.7). Gerade bei größeren und länger andauernden Blackouts entstehen durch den Stromausfall erhebliche Schäden und Beeinträchtigungen in allen Bereichen. Diese Folgeschäden übersteigen dann auch die direkten Auswirkungen des Stromausfalls um ein Vielfaches.

Bisher konnten auch größere Ausfälle in Europa überwiegend binnen weniger Stunden wieder behoben werden. Bei dem Blackout 2003 waren in Italien 56 Mio. Einwohner 18 h ohne Strom. Das war der bisher längste Stromausfall, der eine Fläche dieser Größenordnung (ca. 300.000 km^2) betroffen hat [97].

Die meisten der bisher in Europa aufgetretenen Blackouts hatten zufällige Ursachen wie Naturereignisse, technisches und menschliches Versagen. Blackouts mit solchen Ursachen werden auch in Zukunft relativ rasch behoben werden können.

Anders wird die Situation sein, wenn ein Blackout durch Anschläge und/oder Cyberangriffe absichtlich herbeigeführt wird. Bei einem Cyberangriff ist damit zu rechnen, dass dieser nach einem erfolgreichen Erstschlag längere Zeit aufrecht erhalten wird, um Cyber-Defence-Maßnahmen der angegriffenen Einrichtungen so lange zu unterbinden bis das

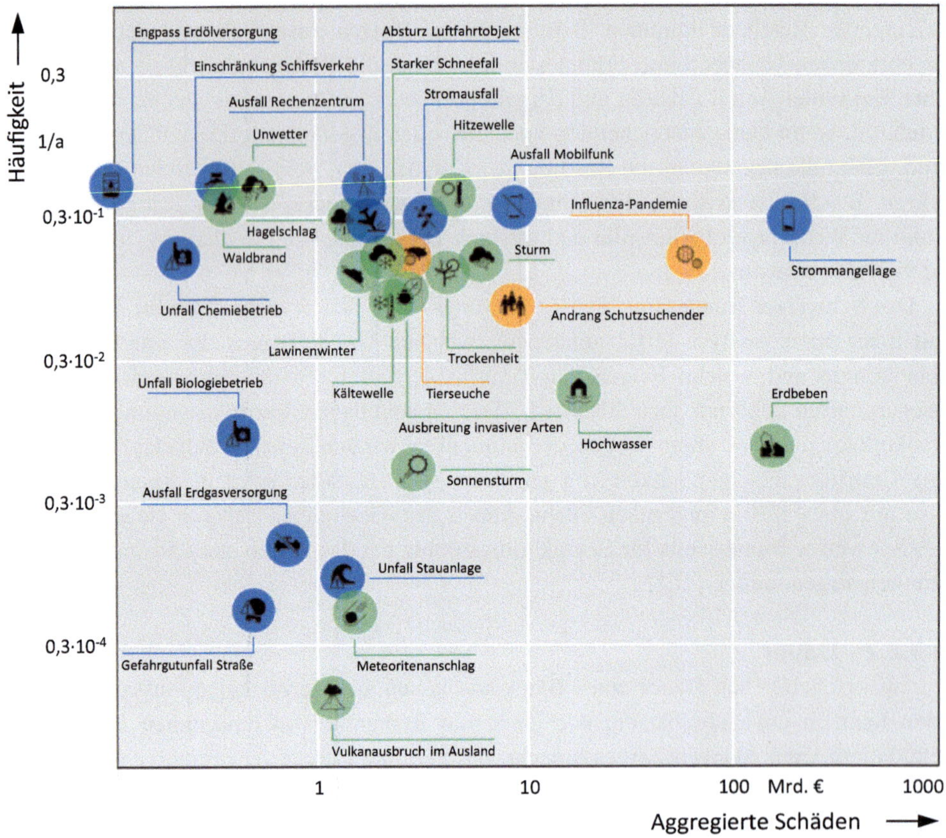

Abb. 2.36 Häufigkeit und Schadenssumme verschiedener Gefährdungsereignisse. (Quelle: Schweizer Bundesamt für Bevölkerungsschutz)

eigentliche Ziel erreicht ist. Mit Sicherheit ist eine Dauer über 24 h hinaus anzunehmen [97].

2.9.2.3 Stresstests

Um die Resilienz von Energieversorgungssystemen zu überprüfen und damit die Wahrscheinlichkeit des Eintritts eines Blackouts abzuschätzen, werden sogenannte Stresstests durchgeführt. Dabei handelt es sich um Sonderanalysen von Szenarien, mit denen bestimmte Versorgungs- und Betriebssituationen simuliert werden. So wurden beispielsweise durch die Übertragungsnetzbetreiber 50Hertz, Amprion, Tennet und TransnetBW zwei Stresstests durchgeführt, um herauszufinden, ob Deutschland im Winter 2022/2023 aufgrund der extremen Energieversorgungssituation Stromausfälle hätten drohen können. Der erste Stresstest von März bis Mai 2022 umfasste zwei Szenarien und rechnete die

Auswirkungen des russischen Krieges gegen die Ukraine nur schwach ein. Der zweite Stresstest von Juli bis September behob diesen Nachteil und umfasste drei kritische Szenarien. Somit hatten die Netzbetreiber insgesamt fünf Szenarien durchgerechnet [102].

- Basisszenario der gesetzlich vorgeschriebenen Bedarfsanalyse
- erster Stresstest (russischer Krieg gegen die Ukraine ist nur schwach eingerechnet)
- Szenarien

  a. kritisch
  b. sehr kritisch
  c. extrem

In den Szenarien wurden verschiedene Annahmen getroffen, was bis in den Winter hinein alles passieren könnte. Es wurde beispielsweise ein unterschiedlicher Versorgungsgrad von Gaskraftwerken, variierende Pegelstände von Flüssen, der massive Einsatz von Heizlüftern in Haushalten oder die Instandsetzung etlicher französischer Atomkraftwerke in den Simulationsrechnungen berücksichtigt [102].

In allen drei betrachteten Szenarien des zweiten Stresstests zeigte sich die Versorgungssituation im Winterhalbjahr 2022/2023 äußerst angespannt. In den Simulationsrechnungen konnte die Last im europäischen Strommarkt nicht vollständig gedeckt werden. In den beiden kritischeren Szenarien (b, c) traten in einigen Stunden Lastunterdeckungen auch in Deutschland auf, d. h. falls alle für die untersuchten Szenarien getroffenen Annahmen auch tatsächlich eingetreten wären, hätten Stromausfälle im Winter nicht ausgeschlossen werden können. Beim Auftreten von Lastunterdeckungen können die Netzbetreiber dann immer noch gegensteuern. Sie können beispielsweise Reservekraftwerke hochfahren, Stromexporte einschränken oder Großverbrauchern aus der Industrie kurzzeitig die Energiezufuhr reduzieren [102].

Ein großflächiger Blackout über mehrere Tage, wie er im Februar 2022 im US-Bundesstaat Texas aufgetreten ist, war in Deutschland für das Winterhalbjahr 2022/2023 also kaum zu erwarten gewesen. Hinzu kommt, dass das texanische Stromnetz praktisch nicht mit den beiden anderen amerikanischen Verbundsystemen gekuppelt ist. Das deutsche Übertragungsnetz ist hingegen mit den anderen kontinentaleuropäischen Stromnetzen zu einem leistungsstarken Verbundsystem zusammengeschlossen. Hat ein Land in diesem System zu wenig Strom, können die anderen Verbundpartner aushelfen.

Im sehr kritischen Szenario (b) und dem Extremszenario (c) treten solche Situationen für sehr kurze Zeiträume, das heißt einige wenige Stunden im Jahr, auch in Deutschland auf. Wie die Entwicklung der tatsächlichen Last- und Einspeisesituation im Winterhalbjahr 2022/2023 zeigte, traten europaweit aber keine Versorgungsunterbrechungen auf. Trotzdem war es gut, sich mit der Simulation entsprechender Szenarien auch auf ungünstige Versorgungssituationen vorzubereiten [102].

Literatur

1. Entso-E, „Report on Blackout in Turkey on 31st March 2015," Brüssel, 2015.
2. BDEW, „Die Energieversorgung 2022 – Jahresbericht," BDEW, Berlin, 2022.
3. Statista, „Anzahl der Personenkraftwagen in Deutschland nach Kraftstoffarten von 2017 bis 2023," [Online]. Available: https://de.statista.com/statistik/daten/studie/4270/umfrage/pkw-bestand-in-deutschland-nach-kraftstoffarten/. [Zugriff am 12.6.2023].
4. BDEW, „Beheizungsstruktur des Wohnungsbestandes in Deutschland," [Online]. Available: https://www.bdew.de/service/daten-und-grafiken/beheizungsstruktur-wohnungsbestand/. [Zugriff am 23.3.2023].
5. Statistisches Bundesamt, „Wohnen," [Online]. Available: https://www.destatis.de/DE/Themen/Gesellschaft-Umwelt/Wohnen/_inhalt.html. [Zugriff am 23.3.2023].
6. Bosch Thermotechnik, „Der Stromverbrauch von Wärmepumpen," [Online]. Available: https://www.google.de/search?q=verbrauch+w%C3%A4rmepumpe&sxsrf=AJOqlzXgUGjARU1QiQ7ehEj9cMJ3nwCz1A%3A1679495850870&source=hp&ei=qhIbZLmnM4jHgAay4L-wBA&iflsig=AK50M_UAAAAAZBsgulid9symgGGTtIrGua9v8tp9MCb2&oq=verbrauch+w%C3%A4rme&gs_lcp=Cgdnd3Mtd2l6EAEYADIFCA. [Zugriff am 23.3.2023].
7. Amprion, Netzimpuls Nr. 1, Dortmund, 2023.
8. V. Quaschning, Sektorkopplung durch die Energiewende, Berlin: Hochschule für Technik und Wirtschaft HTW, 2016.
9. A. Schwab, Elektroenergiesysteme, Berlin: Springer, 2017.
10. D. Oeding und B. Oswald, Elektrische Kraftwerke und Netze, Berlin: Springer, 2011.
11. K. F. Schäfer, Systemführung, Wiesbaden: Springer Vieweg, 2022.
12. VDE FNN, Störungs- und Verfügbarkeitsstatistik, Berlin: VDE-Verlag, 2019.
13. K. F. Schäfer, Netzberechnung, Wiesbaden: Springer Vieweg, 2023.
14. Deutscher Bundestag, Gesetz über die Elektrizitäts- und Gasversorgung (Energiewirtschaftsgesetz - EnWG), Berlin: BGBl. I S. 1970, 3621, 2020.
15. H. Niederhausen und A. Burkert, Elektrischer Strom, Berlin: Springer, 2014.
16. P. Konstantin, Praxisbuch Energiewirtschaft, Berlin: Springer, 2013.
17. Bundesnetzagentur, „Netzentwicklungsplan 2030 (2019)," [Online]. Available: https://www.netzentwicklungsplan.de/de/netzentwicklungsplaene/netzentwicklungsplan-2030-2019. [Zugriff am 24.10.2020].
18. Deutsche Übertragungsnetzbetreiber, „Netzentwicklungsplan 2012 - Netzanalysen," [Online]. Available: https://www.netzentwicklungsplan.de/sites/default/files/paragraphs-files/NEP_2012_Kapitel_5_Netzanalysen.pdf.
19. Bundesamt für Bevölkerungsschutz und Katastrophenhilfe (BBK), Stromausfall - Grundlagen und Methoden zur Reduzierung des Ausfallrisikos der Stromversorgung, Bonn, 2014.
20. P. Markewitz, P. Lopion, M. Robinius und D. Stolten, „Energietransport und -verteilung," BWK, Bd. 71, Nr. 6, 2019.
21. Entso-E, „Regional Groups," [Online]. Available: https://www.entsoe.eu/about-entso-e/system-operations/regional-groups/Pages/default.aspx. [Zugriff am 20. Juni 2014].
22. Bundesministerium für Wirtschaft und Energie, „Moderne Verteilernetze für Deutschland (Verteilernetzstudie)," 12. September 2014. [Online]. Available: http://www.bmwi.de/BMWi/Redaktion/PDF/Publikationen/Studien/verteilernetzstudie,property=pdf,bereich=bmwi2012,sprache=de,rwb=true.pdf. [Zugriff am 10. Februar 2016].
23. VDN, Jahresbericht 2006, Frankfurt, 2006.
24. M. Wolter und D. Westermann, „Digitalisierung der Energieversorgung," at – Automatisierungstechnik, Bd. 9, pp. 709–710, 2020.

25. Deutscher Bundestag - Wissenschaftliche Dienste, „Sicherheitsabstand zwischen Hochspannungsfreileitungen und baulichen Anlagen", Berlin, 2019.
26. H. Burkert und A. Niederhausen, Elektrischer Strom, Berlin: Springer, 2014.
27. H. Gremmel, ABB Schaltanlagen-Handbuch, Mannheim: Cornelsen, 2020.
28. G. Hosemann, Hrsg., Elektrische Energietechnik, Bd. 3: Netze, Berlin: Springer, 2001.
29. enArgus, „Sekundärtechnik," Projektträger Jülich | Forschungszentrum Jülich GmbH, [Online]. Available: https://www.enargus.de/pub/bscw.cgi/d11365-2/*/*/Sekund%C3%A4rtechnik.html?op=Wiki.getwiki. [Zugriff am 8.4.2023].
30. Amprion, „Netzausbau," [Online]. Available: https://www.amprion.net/Netzausbau/. [Zugriff am 28.3.2023].
31. Bundesnetzagentur, „Netzausbau," [Online]. Available: https://www.netzausbau.de/home/de.html. [Zugriff am 28.3.2023].
32. Bundesministerium für Wirtschaft und Energie, „Der Netzausbau schreitet voran," März 2020. [Online]. Available: https://www.bmwk.de/Redaktion/DE/Downloads/M-O/netzausbau-schreitet-voran.pdf?__blob=publicationFile&v=8. [Zugriff am 27.3.2023].
33. BMWi, „Ein Stromnetz für die Energiewende," Berlin, 2023.
34. Bundesnetzagentur, „Bericht zum Zustand und Ausbau der Verteilernetze 2021," Bonn, 2022.
35. BMWK, „Ein Stromnetz für die Energiewende," [Online]. Available: https://www.bmwk.de/Redaktion/DE/Dossier/netze-und-netzausbau.html. [Zugriff am 20.3.2023].
36. Büro für Technikfolgen-Abschätzung beim Deutschen Bundestag, Moderne Stromnetze als Schlüsselelement einer nachhaltigen Energieversorgung, Berlin: TAB, 2014.
37. B. Buchholz und Z. Styczynski, Smart Grids, Berlin: VDE-Verlag, 2014.
38. Büro für Technikfolgen-Abschätzung beim Deutschen Bundestag, Ausbau der Stromnetze im Rahmen der Energiewende, Berlin, 2016.
39. 50Hertz, „10-Punkte-Programm zur Weiterentwicklung der Systemdienstleistungen," Berlin, 2014.
40. J. Vanzetta und C. Schneiders, „Das europäische Übertragungsnetz - Anforderungen an den Betrieb einer kritischen Infrastruktur," Jahrbuch der Sicherheitswirtschaft 2012, pp. 27-35, 2013.
41. Entso-E, „Operation Handbook," Brüssel, 2009.
42. J. Vanzetta und C. Schneiders, „Current challenges for the European Interconnected System and Situation Awareness in Transmission System Operation," CIGRE Canada Conference "Technology and Innovation for the Evolving Power Grid", 2012.
43. J. Vanzetta und C. Schneiders, „Current and imminent challenges for the Transmission System Operator in Germany," IEEE PES Innovative Smart Grid Technologies (ISGT) Europe, 2011.
44. Deutsche Übertragungsnetzbetreiber, TransmissionCode 2007 - Netz- und Systemregeln der deutschen Übertragungsnetzbetreiber, VDN, Hrsg., Berlin, 2007.
45. Deutscher Bundestag, Gesetz für den Ausbau erneuerbarer Energien (Erneuerbare-Energien-Gesetz - EEG), Berlin: BGBl. I S. 1066, 2017.
46. C. Schneiders, Visualisierung des Systemzustandes und Situationserfassung in großräumigen elektrischen Übertragungsnetzen, Dissertation, Bergische Universität Wuppertal, 2014.
47. Deutsche Energie-Agentur, „Innovationsreport Systemdienstleistungen," Berlin, 2017.
48. J. Vanzetta, C. Schneiders, K. Brown, T. Carolin, N. Cukalevski, O. Gjerde, H. Jones, B. Li, T. Papazoglou, M. Power, N. Singh und U. Spanel, „Annual report SC C2 - System Operation and Control," Electra, Nr. 257, pp. 32-41, 2011.
49. Bundesministerium für Wirtschaft und Energie, Zukünftige Bereitstellung von Blindleistung und anderen Maßnahmen für die Netzsicherheit, BMWi, Hrsg., Berlin, 2016.
50. 50Hertz Transmission, „Spannungshaltung," [Online]. Available: https://www.50hertz.com/de/Vertragspartner/Systemdienstleistungen/Spannungshaltung. [Zugriff am 24.11.2020].

51. FNN, „Studie Statische Spannungshaltung," VDE Verlag, Berlin, 2014.
52. P. Murty, Operation and Control in Power Systems, Hyderabad: BS Publications, 2009.
53. T. Bohn, „Von statischer Spannungshaltung bis Kurzschlussstrom – Blindleistung für einen sicheren Systembetrieb," in dena-Workshop „Beschaffung von Systemdienstleistungen", Berlin, 05.11.2019.
54. A. Kaptue Kamga, Regelzonenübergreifendes Netzengpassmanagement mit optimalen Topologiemaßnahmen, Dissertation, Bergische Universität Wuppertal, 2009.
55. Deutsche Übertragungsnetzbetreiber, „Systemschutzplan der vier deutschen Übertragungsnetzbetreiber," 14.12.2018.
56. VDE, Hrsg., DIN EN 50160 Merkmale der Spannung in öffentlichen Elektrizitätsversorgungsnetzen, Berlin: Beuth-Verlag, 2011.
57. VDE, Hrsg., DIN EN 50341 Freileitungen über AC 45 kV, Berlin: VDE-Verlag, 2009.
58. Deutsche Übertragungsnetzbetreiber, „Grundsätze für die Ausbauplanung des deutschen Übertragungsnetzes," Juli 2020. [Online]. Available: https://www.50hertz.com/de/Netz/Netzentwicklung/LeitlinienderPlanung/NetzplanungsgrundsaetzedervierdeutschenUebertragungsnetzbetreiber.
59. VDE, Hrsg., VDE-AR-N 4210–5 Anwendungsregel: Witterungsabhängiger Freileitungsbetrieb, Berlin: VDE-Verlag, 2011.
60. G. Balzer, Kurzschlussströme in Drehstromnetzen, Wiesbaden: Springer-Vieweg, 2020.
61. VDE, VDE0102, VDE.
62. J. Verstege, „Expertenanhörung "Regelenergie" beim Bundesministerium für Wirtschaft und Energie," Berlin, 19.11.2003.
63. J. Vanzetta, „Systemführung im (europäischen) Übertragungsnetz," in Zukünftige Herausforderungen für die Übertragungsnetze - Offshore und Optimierung, online Konferenz, 02.12.2020.
64. Deutsche Übertragungsnetzbetreiber, „Internetplattform zur Vergabe von Regelleistung," [Online]. Available: https://www.regelleistung.net/. [Zugriff am 3. November 2020].
65. Deutsche Übertragungsnetzbetreiber, „Anpassung der Abrechnungsbedingungen für Sekundärregelarbeit," 2018.
66. F. Janicek, M. Jedinak und I. Sulc, „Awareness System implemented in the European Network," Jounal of Electrical Engineering, Bd. 65, Nr. 5, pp. 320-324, 2014.
67. M. Scherer und B. Geissler, „Das Konzept Netzregelverbund - Hintergründe der Kooperation von Übertragungsnetzbetreibern," Bulletin SEV, pp. 27–29, 2012.
68. E-Control, „Regelreserve und Ausgleichsenergie," [Online]. Available: https://www.e-control.at/marktteilnehmer/strom/strommarkt/regelreserve-und-ausgleichsenergie. [Zugriff am 1.4.2023].
69. A. Schäfer, „Portfoliooptimierung in dezentralen Energieversorgungssystemen," Dissertation, RWTH Aachen, 2013.
70. T. Dyliacco, „The Adaptive Reliability Control System," IEEE Trans PAS, Bd. 86, Nr. 5, 1967.
71. H. Glavitsch, „Computergestützte Netzbetriebsführung," E und M, Bd. 101, Nr. 5, pp. 222-225, 1984.
72. L. Fink und K. Carlsen, „Operating under stress and strain," IEEE Spectrum, Nr. 3, pp. 48-53, 1978.
73. Bundesnetzagentur, „Bericht über die Systemstörung im deutschen und europäischen Verbundsystem am 4. November 2006," Februar 2007. [Online]. Available: https://www.bundesnetzagentur.de/SharedDocs/Downloads/DE/Sachgebiete/Energie/Unternehmen_Institutionen/Versorgungssicherheit/Berichte_Fallanalysen/Bericht_9.pdf?__blob=publicationFile&v=2.
74. Entso-E, „Incident Classification Scale," Brüssel, 2019.
75. D. Rumpel und J. Sun, Netzleittechnik, Berlin: Springer, 1989.

76. E.-G. Tietze, Netzleittechnik, Berlin: VDE-Verlag, 2006.
77. TransnetBW, „TRANSPARENT - Ein Newsletter der TransnetBW," Stuttgart, Ausgabe 01/2018.
78. M. Markovic, „Blackout-Vorsorge, Netzwiederaufbau, Frequenzplan," 5. November 2012. [Online]. Available: http://fachportal.ph-noe.ac.at/fileadmin/_migrated/content_uploads/5d_Blackout-Vorsorge__Markovic.pdf.
79. W. Sattinger, „Blackout - Grossstörung im Verbundnetz," 20. Juni 2016. [Online]. Available: http://www.usz.ch/news/veranstaltungen/Documents/20160620_D_GrossstoerungVerbundnetz_WalterSattinger.pdf.
80. R. Schmaranz, „Es wird immer stürmischer um unsere Netze," 14.11.2018. [Online]. Available: https://www.kelag.at/files/Publikationen/KEE/Es-wird-immer-stuermischer-um-unsere-Netze_Schmaranz.pdf.
81. H. Becker und et. al., „Netzwiederaufbaukonzepte: Mögliches Zusammenspiel zwischen Windenergieanlagen und thermischen Kraftwerken," VGB Power Tech, Bd. 10, pp. 57 - 62, 2016.
82. P. Niggli, „Blackout - Ursachen und Wiederaufbau," 02.09.2016. [Online]. Available: https://www.netzwerk-risikomanagement.ch/wp-content/uploads/2016/07/Paul-Niggli-Blackout.pdf.
83. P. Niggli, „Strommangellage," 23.5.2017. [Online]. Available: https://www.szsv-fspc.ch/images/2017/fachtagung/Strommangellage.pdf.
84. Bundesamt für Bevölkerungsschutz BABS, „Strommangellage," Bern, 2020.
85. Next-Kraftwerke, „Was ist ein Brownout?," [Online]. Available: https://www.next-kraftwerke.de/wissen/brownout. [Zugriff am 7. Mai 2021].
86. Wikipedia, „Stromausfall," [Online]. Available: https://de.wikipedia.org/wiki/Stromausfall#cite_note-5.
87. Bundesnetzagentur, „Stromnetz," [Online]. Available: https://www.bundesnetzagentur.de/DE/Fachthemen/ElektrizitaetundGas/Versorgungssicherheit/Stromnetz/start.html. [Zugriff am 8.4.2023].
88. Bundesministerium der Justiz, „Verordnung über Vereinbarungen zu abschaltbaren Lasten (Verordnung zu abschaltbaren Lasten - AbLaV)," Berlin, 2016.
89. J. Vanzetta, „CIGRE Presentation in Workshop "Large Disturbances"," in CIGRE Session, 2010.
90. M. Elsberg, BLACKOUT - Morgen ist es zu spät, Blanvalet Taschenbuch Verlag, 2013.
91. T. Petermann, H. Bradtke, A. Lüllmann, M. Poetzsch und U. Riehm, Was bei einem Blackout geschieht: Folgen eines langandauernden und großflächigen Stromausfalls, edition sigman, 2. Aufl., Nomos Verlag, 2013.
92. U.S.-Canada Power System Outage Task Force, „Final Report on the August 14, 2003 Blackout in the United States and Canada: Causes and Recommendations," 2004. [Online]. Available: http://www.nerc.com.
93. UCTE, „Final Report System Disturbance on 4 November 2006," 2007. [Online]. Available: https://www.entsoe.eu. [Zugriff am 1.8.2023].
94. Büro für Technikfolgen-Abschätzung beim Deutschen Bundestag, Gefährdung und Verletzbarkeit moderner Gesellschaften – am Beispiel eines großräumigen Ausfalls der Stromversorgung, Berlin, 2010.
95. C. Stephanos, Sind Blackouts in Deutschland wahrscheinlich?, Deutsche Akademie der Technikwissenschaften, Berlin, 2023.
96. H. Saurugg, „Unser System ist zu komplex, um die Gefahr richtig einzuschätzen," FORUM Agentur für Verlagswesen, Werbung, Marketing und PR GmbH, 21.10.2022. [Online]. Available: https://www.magazin-forum.de/de/unser-system-ist-zu-komplex-um-die-gefahr-richtig-einzuschaetzen. [Zugriff am 27.3.2023].
97. U. Ladinig und H. Saurugg, Cyber Security Austria, „Blackout," Truppendienst, Wien, 2012.

98. N. Taleb, The Black Swan: The Impact of the Highly Improbable: The Impact of the Highly Improbable, New York: Random House Publishing Group, 2010.
99. W. Bennert, Blackout - Kleines Handbuch zum Umgang mit einer wachsenden Gefahr, Erfurt: Kaleidoscriptum Verlag, 2020.
100. H. Saurugg, Blackout - Eine nationale Herausforderung bereits vor der Krise, Wien: Hochschule für Management Budapest, 2012.
101. Bundesamt für Bevölkerungsschutz, „Bericht zur nationalen Risikoanalyse," Bern, 2020.
102. D. Pöhler, „Blackout in Deutschland? Wie wahrscheinlich er ist und wie Du Dich vorbereitest," Forbes Advisor, 28.3.2023. [Online]. Available: https://www.forbes.com/advisor/de/energie/strom/blackout-deutschland/. [Zugriff am 8.4.2023].

3 Ursachen von Blackouts

Die Liste möglicher naturverursachter, technikbedingter oder menschengemachter Gefährdungen der Systemsicherheit von elektrischen Energieversorgungssystemen ist lang, aber nicht alle führen zu einem langandauernden Stromausfall. Ein Blackout kann viele und sehr unterschiedliche Ursachen haben, wie z. B. technisches und/oder menschliches Versagen, kriminelle oder terroristische Aktionen, eine Epidemie/Pandemie oder klimatisch bedingte Ereignisse wie Stürme, Schnee und Eis oder Hochwasser [1, 2]. Beispielsweise könnten durch technisches bzw. menschliches Versagen gravierende Beeinträchtigungen der Netzsteuerungs- und Netzkontrollprozesse eintreten und durch Aktionen der organisierten Kriminalität technische Infrastrukturen in elektrischen Energieversorgungssystemen erheblich gestört werden [2].

Das Bundesministerium des Innern und das Bundesamt für Bevölkerungsschutz und Katastrophenhilfe haben bis zu 300 mögliche Gefährdungen als potenzielle Ursachen identifiziert [1]. Hier zwei Beispiele, die zeigen, wie real solche Gefährdungen sind:

- Ein schweres Naturereignis (Starkregen mit Hochwasser, Sturm, hohe Schneelast, Blitzeis) könnte einen Stromausfall erheblichen Umfangs zur Folge haben.
- Eine Pandemie bedingt einen extrem hohen Krankenstand. Zusätzlich bleiben Mitarbeiter zuhause, um ihre Angehörigen zu pflegen. Auch hier ist in der Folge ein länger dauernder Stromausfall möglich.

Diese Risikoeinschätzung ist nicht nur mit Blick auf aktuelle Rahmenbedingungen der Stromerzeugung und -versorgung, sondern auch auf deren zukünftige mögliche Veränderungen durchaus plausibel. Dazu zählen u. a. die folgenden Entwicklungen [2]:

K. F. Schäfer, *Blackout*, https://doi.org/10.1007/978-3-658-43332-1_3

- Durch die Zunahme dezentraler und stochastischer Stromeinspeisungen in Verbindung mit der Ausweitung der Handelsaktivitäten steigt das Risiko des Netzversagens und höherer Ausfallraten.
- Deutschland könnte zunehmend Angriffsziel von terroristischen Gruppen werden, die einen gutvorbereiteten Angriff auf Einrichtungen der Stromversorgung planen.
- Der Klimawandel könnte zu mehr und stärkeren Extremwetterereignissen führen.

Insgesamt ist zu erwarten, dass künftig die Ausfallwahrscheinlichkeit zunehmen wird. Angesichts der aktuellen Rahmenbedingungen und Strukturen der Elektrizitätsversorgung sowie der relativ hohen Ausfallsicherheit des Gesamtsystems ist aber davon auszugehen, dass ein länger dauernder und regional übergreifender Stromausfall zur Voraussetzung haben müsste, dass nur schwer ersetzbare Schlüsselkomponenten in mehreren Kraftwerken (z. B. der Turbosatz) oder im Transportnetz (z. B. Transformatoren) physikalisch zerstört werden. Auch aus Sicht der Elektrizitätsversorger müssen mehrere, ganz bestimmte Elemente oder Teilsysteme (z. B. Schaltanlagen) ausfallen oder gestört werden, damit es zu erheblichen oder gar katastrophalen Schäden kommt [2].

Die Ursachen für einen größeren Stromausfall bzw. Blackout sind sehr unterschiedlich und vielfältig. Die wesentlichen Auslöser eines Blackouts sind technische Störungen, das Versagen von Marktmechanismen oder Sabotageanschläge auf Betriebseinrichtungen. Dadurch werden im elektrischen Energieversorgungssystem die Mechanismen von kaskadierenden Ausfällen durch Überlastungen von Betriebsmitteln, Spannungseinbrüchen oder Verlust der Systemstabilität ausgelöst, die in einem Blackout enden können. Meist entwickeln sich Blackouts aus einer Kombination mehrerer Einzelereignisse heraus, die jeweils für sich betrachtet nur geringfügige Beeinträchtigungen der Energieversorgungsqualität bewirkt hätten, in ihrer Gesamtheit aber zu einem Blackout führen.

Ein fiktives, aber hinreichend plausibles Ursachenszenario sei zur Illustration angeführt. Durch gezielte und überraschende terroristische Aktionen würden zeitgleich an den Standorten mehrerer Kraftwerke in Deutschland die Maschinentransformatoren in Brand gesetzt. Dadurch würden zahlreiche Transformatoren zerstört und dauerhaft funktionsuntüchtig werden. In großen Teilen Deutschlands fiele in der Folge der Strom aus. Nach etwa 24 h wäre den Verantwortlichen vor Ort und in den zentralen Krisenstäben der Versorgungsunternehmen wie den Behörden bewusst, dass der Stromausfall einige Wochen dauern könnte, da die Wiederbeschaffung bzw. Herstellung dieser individuell konfigurierten Geräte entsprechend lange dauert. Nicht berücksichtigt bei diesem Gedankenspiel ist die nur begrenzt vorhandene und sehr spezialisierte Fertigungskapazität [2–4].

3.1 Technische Störungen

3.1.1 Technische Defekte

Beim Betrieb von elektrischen Energieversorgungsnetzen kommt es relativ oft zu technischen Defekten und sogar zum Ausfall einzelner Betriebsmittel (z. B. Lichtbogenkurzschluss auf einer Leitung (Abb. 3.1) oder Wicklungskurzschluss bei einem Transformator (Abb. 3.2)). In der Regel bleiben solche Störungen ohne weitere Folgen für die Systemsicherheit des Energieversorgungsnetzes. Falls die Störungen in den höheren Spannungsebenen ($\geq$110 kV) auftreten, werden diese von den Verbrauchern bei einem funktionsfähigen (N-1)-Konzept auch gar nicht bemerkt. Allerdings können diese eigentlich betriebsüblichen Ereignisse dann zu großen Auswirkungen führen, wenn gleichzeitig und evtl. unerkannte, kritische Betriebsbedingungen herrschen [5]. Dies ist beispielsweise dann gegeben, wenn die präventive (N-1)-Sicherheit nicht vorhanden ist (siehe Abschn. 2.7), die Erzeugungsschwerpunkte weit entfernt von den Lastzentren sind, eine hohe Auslastung schwacher Leitungsquerschnitte vorliegt, mehrere Erzeugungseinheiten gleichzeitig ausfallen oder die unterlagerten Verteilnetze durch die automatische Spannungsregelung eine zu große Menge an Blindleistung beziehen [6].

Abb. 3.1 Dreiphasiger Lichtbogenkurzschluss auf einer 20-kV-Freileitung. (Quelle: R. Speh)

Abb. 3.2 Wicklungskurzschluss an einem 110/10-kV-Transformator. (Quelle: WSW/J. Wagner)

3.1.2 Spannungskollaps

Ist die Einspeiseleistung zu gering (Mangel von Wirk- und/oder Blindleistung), so sinkt die Netzspannung. Auf eine solche Spannungsabsenkung reagieren die automatischen Spannungsregler der Transformatoren und versuchen, die Spannung für die Verbraucher auf ihrem vorgegebenen Sollwert zu halten. Dadurch wird allerdings auch mehr Blindleistung aus dem Übertragungsnetz bezogen. Dies bedingt dann ein weiteres Absinken der Spannung in dieser Netzebene.

Kompensationseinrichtungen (Kondensatoren) und schwach belastete Hochspannungsleitungen mit einer Belastung unterhalb der natürlichen Leistung wirken im Netz wie eine Kapazität. Die mit diesen Komponenten generierte Blindleistung ist quadratisch mit der Spannung verknüpft. Bei einem Absinken der Spannung wird die Blindleistungserzeugung entsprechend überproportional reduziert. Erreichen in einem solchen Betriebsfall die Generatoren dann die Grenzen des Betriebsdiagramms, kann die Spannung nicht mehr durch die Spannungsregler weiter gestützt werden. Unterschreitet die Spannung dann einen bestimmten Wert, werden die Generatoren und Leitungen automatisch durch ihre Schutzeinrichtungen (Unterspannungsrelais) abgeschaltet. Die spannungsstützende Funktion dieser Komponenten geht dann verloren und der Spannungskollaps wird weiter verschärft. Kann dieser Prozess durch die Systemführung nicht aufgehalten werden, kommt es zu einem vollständigen Netzzusammenbruch (Blackout) [6].

3.1.3 Kaskadenauslösungen

Durch den Ausfall eines mit einer großen Leistung belasteten Netzelements verlagert sich der Leistungsfluss auf die zu diesem Element parallelen Netzzweige. Durch diese

Leistungsverlagerung werden diese Netzzweige dann eventuell überlastet und durch den automatischen Netzschutz oder von Hand abgeschaltet. Dieser Prozess kann sich dann kaskadenartig zu weiteren Netzzweigen fortsetzen. Das Netz kann durch diesen Prozess reißverschlussartig aufgetrennt werden und in mehrere Netzteile zerfallen. Dabei können sowohl spannungslose Netzteile als auch eventuell „lebensfähige" Inseln entstehen, falls in diesen Bereichen ausreichend Einspeiseleistung in Betrieb bleibt. Je nach Leistungsbilanz in den weiter in Betrieb bleibenden Netzbereichen kann die Frequenz ober- oder unterhalb der Netznennfrequenz bleiben.

Sinkt die Netzspannung durch die Kaskadenauslösungen unterhalb bestimmter Grenzwerte ab, kann es zu Generatorausfällen und bei sehr niedrigen Spannungen zu Leitungsabschaltung durch den Netzschutz kommen. Grundsätzlich bergen Kaskadenauslösungen mit ihrer Verkettung von technischen aber auch organisatorischen Ursachen eine erhöhte Gefahr eines Blackouts zumindest in einzelnen Netzbereichen.

Ein Beispiel für eine solche Kaskadenauslösung ist die Netzstörung im kontinentaleuropäischen Netz am 8. Januar 2021. Bedingt durch das orthodoxe Weihnachtsfest mit entsprechend arbeitsfreien, lastschwachen Tagen im Südosten von Europa und durch eine kältebedingte hohe Nachfrage nach elektrischer Energie in Westeuropa kam es zu einem hohen Leistungstransport vom Südosten in den Westen Europas. Dies führte zu einer Überlastung in der kroatischen Umspannanlage Ernestinovo und zur Auslösung eines Sammelschienenkuppelschalters. Da aufgrund der hoch belasteten Ausgangslage das Netz in Südost-Europa jedoch bereits sehr nahe an der technischen Grenze betrieben wurde, kam es durch den Ausfall zu einer Umverteilung der Leistungsflüsse, durch die kaskadenartig in der Folge weitere Betriebsmittel überlastet und automatisch abgeschaltet wurden [7] (Abb. 3.3).

In diesem konkreten Fall hatte der kroatische Übertragungsnetzbetreiber HOPS seinen Sammelschienenkuppler nicht in der Sicherheitsberechnung ((N-1)-Rechnung) berücksichtigt und konnte somit die Situation nicht erkennen und präventiv bereinigen. Das kroatische Übertragungsnetz befand sich also unerkannt in einem gefährdeten Zustand (siehe Abschn. 2.7).

Das kaskadenförmige Auslösen dieser Betriebsmittel führte zu einer reißverschlussartigen Auftrennung des kontinentaleuropäischen Netzes in zwei Teilgebiete (Abb. 3.4). Im südöstlichen Teil des Netzes entstand ein Leistungsüberschuss von 6,3 GW, was zu einem Anstieg der Netzfrequenz auf bis zu 50,6 Hz führte. Der nordwestliche Teil des Netzes war mit 6,3 GW unterdeckt, was zu einem Abfall der Netzfrequenz auf 49,74 Hz führte. Durch die Abschaltung von vertraglich zugesicherten Industrielasten mit einer Leistung von 1,7 GW in Frankreich und Italien und die Einspeisung von zusätzlichen 480 MW aus den skandinavischen und britischen Übertragungsnetzen konnte die Netzfrequenz im nordwestlichen Teilnetz stabilisiert werden. Im südöstlichen Teilnetz wurde die Netzfrequenz durch die Reduzierung der Einspeiseleistung in Richtung 50 Hz gesenkt. Durch das koordinierte Eingreifen der betroffenen Systemführungen konnten die beiden Teilnetze nach ca. einer Stunde wieder synchronisiert werden [8].

Abb. 3.3 Kaskadenartige Auftrennung von Leitungsverbindungen [7]

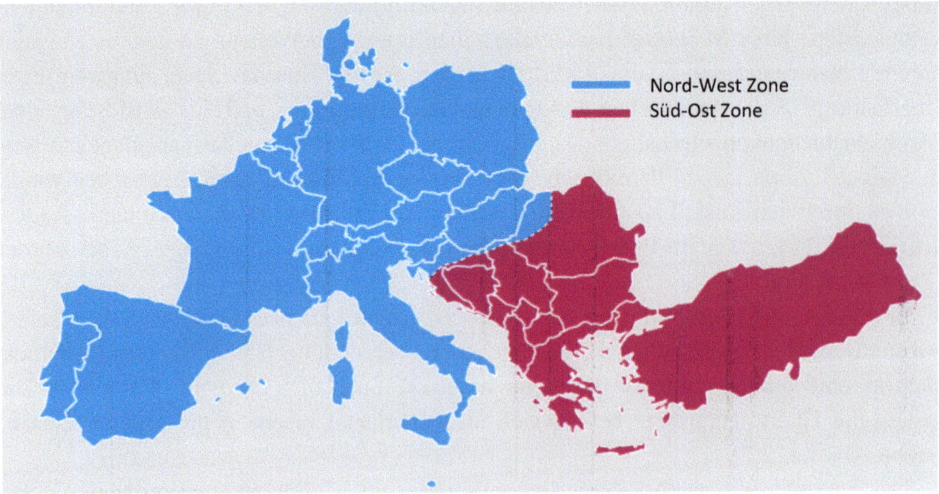

Abb. 3.4 Auftrennung des kontinentaleuropäischen Verbundsystems in zwei Teilnetze [7]

3.2 Extreme Naturereignisse und Klimawandel

Naturereignisse, wie schwere Gewitter, Überschwemmungen und Stürme können die Infrastruktur des Energiesystems beschädigen und zu einem Blackout führen. Ebenfalls können schwerwiegende Wetterereignisse wie gefrierender Regen, heftige Schneefälle, große Kälte oder Hitze massive Störungen der Energieversorgung verursachen. Gleiches gilt für Elementarereignisse wie etwa Lawinenabgänge, Muren, Felsstürze, Vulkanausbrüche, Wald- und Steppenbrände oder Erdbeben.

Im Winter besteht eine erhöhte Gefahr, dass Freileitungen durch extreme Wetterlagen mit Schnee und Eis mechanisch über ihre Belastungsgrenzen hinaus beansprucht und zerstört werden (Abb. 3.5). Solche Situationen sind zwar regional begrenzt, betreffen dann jedoch in dieser Region sehr viele Betriebsmittel gleichzeitig und nachhaltig. Beispiel hierfür ist das Schneechaos im Münsterland und in Teilen des Ruhrgebiets im Jahr 2005, bei dem durch Eisbesatz viele Freileitungen umgestürzt sind. Durch den dadurch verursachten Blackout waren viele Orte von der Stromversorgung abgeschnitten und mehr als 250.000 Menschen betroffen. Viele von ihnen hatten bis zu drei Tage keine Stromversorgung, einzelne Gehöfte waren bis zu fünf Tage ohne Strom. Auch der Straßen-, Schienen- und Flugverkehr brach in einigen Regionen des Landes komplett zusammen [9].

Ebenso können extreme Sturmereignisse (z. B. Orkan, Tornado) regional zu Leitungsumbrüchen führen. Abb. 3.6 zeigt eine durch den Orkan Kyrill im Jahr 2007 zerstörte Höchstspannungsleitung in Sachsen-Anhalt. Auf einer Strecke von mehreren Kilometern wurden die Maste der Leitung durch den Orkan umgeknickt.

Beim Ausbruch von Vulkanen werden große Mengen an Gestein, Gasen und Asche in die Atmosphäre geschleudert. Größere Ausbrüche können sogar zu einer globalen Beeinträchtigung des Wetters führen und zu einer Störung der Energieversorgung führen. Durch die hohe Belastung der Atmosphäre wird beispielsweise die Erzeugung aus PV-Anlagen deutlich reduziert (Abb. 3.7).

Der Vulkanausbruch des Tambora in Indonesien im Jahr 1815 gilt als die größte Eruption der vergangenen 1500 Jahre. Es wurden dadurch neben ungefähr 150 km^3 Staub und

Abb. 3.5 Gefrierender Regen auf Freileitungen. (Quelle: D. Moran)

Abb. 3.6 Durch den Orkan Kyrill zerstörte Freileitung. (Quelle: J. Schmiesing)

Asche auch Schwefelverbindungen, die auf ein Schwefeldioxidäquivalent von 130 Megatonnen geschätzt werden, in die Stratosphäre abgegeben, wo sie sich verteilten und wie ein Schleier um den gesamten Erdball legten [10]. Das Schwefeldioxid verbindet sich in der Atmosphäre mit Wasserdampf. Durch diesen Vorgang bilden sich Partikel, die sich wie Spiegel verhalten, indem sie das Sonnenlicht ins All reflektieren und es somit die Erdoberfläche nicht erreichen kann. In Europa sanken dadurch die Durchschnittstemperaturen um mehr als 3°C gegenüber dem langjährigen Mittel. Die Abkühlung des Weltklimas durch den Ausbruch hielt noch bis 1819 an [11, 12].

Ebenso können Erdbeben zu massiven Zerstörungen der Energieinfrastruktur führen. Aufgrund der bei Erdbeben auftretenden Beschleunigungskräfte der Erdoberfläche wird die Standfestigkeit von vielen Betriebsmitteln erheblich gemindert. Falls Betriebsmittel durch das Erdbeben zum Schwingen angeregt werden, können beim Erreichen von Eigenfrequenzen der Betriebsmittel Schwingungsbrüche auftreten [13].

Beispiele für massive Zerstörungen der Energieinfrastruktur sind die Erdbeben in der Türkei 2023 und in Japan 2011. Hier traf die durch das Erdbeben bereits vorgeschädigten und in Küstennähe befindlichen Anlagen des japanischen Energiesystems ein gewaltiger Tsunami. In der Folge dieser Naturereignisse kam es dann zur Katastrophe von Fukushima.

Durch den Klimawandel bedingte Extremwetterlagen können bereits heute negative Auswirkungen auf die Infrastruktur von Energieversorgungssystemen haben und auch auf die künftige Stromproduktion antizipiert werden. So wirken sich höhere Temperaturen, unregelmäßigere Niederschläge und trockenere Sommer nachteilig auf den

Abb. 3.7 Vulkanausbruch. (Quelle: Pixabay/Pexels)

Betrieb von thermischen Anlagen und Einrichtungen zur Umwandlung von Energie wie Kohle-, Gas- und Kernkraftwerke, die eine ausreichende Versorgung mit Kühlwasser benötigen, aus. Auch die Veränderung der Niederschlagsmengen hat Auswirkungen auf die Leistung von Wasserkraftanlagen und Talsperren. Als Folgen werden bereits heute Angebotsverknappungen, Energiepreissteigerungen und Versorgungsstörungen erkannt mit Auswirkungen vor allem auf das Angebot und die Nachfrage an Elektrizität und Wärme, aber auch auf die Rohstoffversorgung, Elektrizitätsübertragung und -verteilung. Auch könnten Energieversorgungsunternehmen künftig immer häufiger gezwungen sein, die Leistung flusswassergekühlter Kraftwerke zu reduzieren, um den wasserrechtlichen und sicherheitstechnischen Anforderungen zu entsprechen oder das Kühlwasser mit deutlich höheren Temperaturen in den Fluss einzuleiten. Zudem erhöht sich in Hitzeperioden der Stromverbrauch von Haushalten und Unternehmen aufgrund intensiverer Nutzung von Klima- sowie weiterer Anlagen zur Gebäudekühlung. Durch die zunehmend höheren Temperaturen verringert sich temporär auch die Übertragungskapazität von Freileitungen [14].

Überschwemmungen können die elektrische Energieversorgung erheblich beeinträchtigen. Beispiel hierfür sind die katastrophalen Ereignisse im Ahrtal und im Rheinland im

August 2021 sowie die extremen Niederschläge in Griechenland im September 2023, bei denen lokal über 750 l/m^2 Regen innerhalb von nur 18 h fielen. Durch diese Wassermassen wurden alle Bereiche der Infrastruktur z. T. massiv beschädigt [61].

Auch andere extreme Wettersituationen führen zu Störungen der Energieversorgung. So stiegen die Bodentemperaturen auf Sizilien und Malta im Sommer 2023 über einen längeren Zeitraum auf über 50°C. Dadurch war die Wärmeabfuhr der unterirdisch verlegten Kabelsysteme erheblich beeinträchtigt. Die Kabel fielen durch Überhitzung aus. In und um die sizilianische Großstadt Catania waren dadurch mehr als 500.000 Personen über mehrere Tage ohne Strom- und Wasserversorgung [15].

Sogenannte Sonnenwinde stellen großräumig für elektrische Energieversorgungssysteme eine Gefahr dar. Bei einem solchen Ereignis wird durch gewaltige Ausbrüche auf der Sonne (Abb. 3.8) sehr viel Materie in Form elektrisch geladener Teilchen und Strahlung mit hoher Geschwindigkeit ins Weltall geschleudert (Plasmawellen).

Ist die Erde zufällig in der Flugbahn eines solchen Sonnenwinds, so deformiert dieser das Erdmagnetfeld und löst einen geomagnetischen Sturm aus. Die heftigen Schwankungen des Erdmagnetfelds induzieren Ströme in ungeschützten elektrischen Leitungen [16]. Vor allem auf die Transformatoren des Energieversorgungsnetzes wirken sich die bei Änderungen im Erdmagnetfeld entstandenen, niederfrequenten Ströme sehr nachteilig aus und können bis zur Zerstörung dieser Betriebsmittel führen. Ein starker Sonnenwind könnte enorme Schäden anrichten und die Stromversorgung großflächig über Monate lahmlegen.

So führte ein solches Ereignis 2003 in Malmö zu einem einstündigen Netzausfall [17]. Im März 1989 legte ein Sonnenwind das Stromnetz in der kanadischen Provinz Quebec lahm. Verkehrsleitsysteme, die elektrischen Anlagen der Flughäfen sowie die Fernwärmeversorgung fielen aus. Sechs Millionen Menschen saßen in der Region um Montreal neun Stunden lang im Dunkeln. Der Schaden wurde auf hunderte Millionen Dollar geschätzt [18].

Die Intensität der Sonnenwinde ändert sich in einem regelmäßigen, elf Jahre dauernden Zyklus, währenddessen die Pole der Sonne von Nord auf Süd wechseln. Zu Beginn eines neuen Zyklus‘ ist die geomagnetische Aktivität meist gering und steigert sich dann innerhalb von elf Jahren. Der bisher mächtigste dokumentierte Sonnenwind war das sogenannte Carrington-Ereignis im Jahr 1859. Bei diesem geomagnetischen Sturm wurden in den Telegrafenleitungen so hohe Spannungen induziert, dass Papierstreifen in den Empfängern durch Funkenschlag in Brand gesetzt wurden. Die Funktion des kurz zuvor installierten weltweiten Telegrafienetzes war dadurch massiv beeinträchtigt. Ein Sonnenwind vergleichbaren Ausmaßes hätte heute fatale Folgen und würde sicher zu einem Blackout in weiten Teilen der Welt führen. Da ein Sonnenwind große Gebiete betrifft, wird dadurch auch eine entsprechend große Anzahl von Schäden an Großkomponenten wie Transformatoren verursacht. So wurde in einer Simulation der nationalen Akademie der Wissenschaften der USA (NAS) untersucht, wie sich ein Sonnenwind von der Stärke des Carrington-Ereignisses auf das nordamerikanische Energiesystem auswirken würde.

Abb. 3.8 Beeinflussung des Erdmagnetfeldes durch eine Sonneneruption. (Quelle: NASA)

In kürzester Zeit würden durch die induzierten Ströme mehr als 300 Transformatoren zerstört und etwa 130 Mio. Menschen wären ohne Strom. Da die meisten der defekten Transformatoren nicht repariert werden könnten, sondern ausgetauscht werden müssten, würde die Unterbrechung der Energieversorgung Monate oder sogar Jahre dauern, bis die erforderlichen neuen Transformatoren produziert worden wären [19].

3.3 Fehlverhalten des Personals, Kommunikationsprobleme, Datenfehler

Menschliches Versagen, schlechtes Management und mangelnde Kommunikation führen immer wieder zu Störungen im Energieversorgungssystem und im Extremfall bis hin zu einem Blackout [13]. So kann es durch die Vernachlässigung der erforderlichen Wartung und Instandsetzung zu folgenreichen Systemausfällen kommen (siehe Abschn. 4.7). Fehler bei der Ausführung von Schalthandlungen in Umspannwerken sowie Berechnungsfehler bei Abschaltmaßnahmen von Betriebsmitteln sind Beispiele für weitere, von Menschen verursachte Szenarien für einen Blackout.

In der Nacht des 28. September 2003 war Italien plötzlich „schwarz“ (siehe Abschn. 4.3). Um 3:27 Uhr fiel im ganzen Land der Strom aus, in einigen Landesteilen für bis zu 18 h. Die Ursache war ein Netzproblem in der Schweiz. Dort wurde eine Stromleitung durch eine menschliche Fehleinscheidung überlastet und fiel aus. Dies hatte zur

Folge, dass in Italien 57 Mio. Menschen stundenlang ohne elektrische Energieversorgung waren [16].

Auch die bisherigen Atomunfälle sind nicht auf unvorhersehbare Geschehen jenseits der „Grenzen menschlichen Erkenntnisvermögens" (BVerfG) entstanden, sondern selbst die schweren und katastrophalen Unfälle in Three-Mile-Island (1979), Tschernobyl (1986) und Fukushima (2011) beruhten auf menschlichem Fehlverhalten und technischen Unzulänglichkeiten. Der Faktor Mensch spielt in allen Systemen eine entscheidende Rolle als Planer, Bediener, Produktdesigner, Konstrukteur, Aufsicht oder politischer Entscheidungsträger. Die Stromversorgung basiert auf Systemen, die aufgrund ihrer Komplexität anfällig für Bedienungsfehler sind. Es wird kaum gelingen, dauerhaft alle möglichen Ursachen auszuschalten, ein Blackout ist daher durchaus wahrscheinlich. Es ist sicher nicht falsch, sich darauf vorzubereiten [14, 16].

Eine Kombination aus Kommunikationsproblemen, nicht abgestimmten Betriebsdaten und ein nicht situationsgerechtes Verhalten des Betriebspersonals führte am 4. November 2006 zu einer der schwerwiegendsten Systemstörungen des kontinentaleuropäischen Verbundsystems mit Netzzerfall in drei Teilnetze und gebietsweisem Blackout. Betroffen waren ca. 10 Mio. Haushalte in Europa [20] (siehe Abschn. 4.6).

Abb. 3.9 Traktor fährt in 110-kV-Freileitungsmast. (Quelle: Wemag)

Auch ganz banales menschliches Versagen führt immer wieder zu Störungen der elektrischen Energieversorgung. Ein Beispiel hierfür sind die Beschädigungen von Freileitungsmasten durch die immer größeren und schwereren landwirtschaftlichen Maschinen (Abb. 3.9).

Analysiert man die in der Vergangenheit stattgefundenen Stromausfälle, so stellt man fest, dass in den meisten Fällen eine Kombination von menschlichem Versagen (mangelnde Planung, unzureichende Wartung, Betriebsfehler etc.) und besonderen Umständen (Wetter, Netzbelastung) schließlich zu einem Blackout geführt hat. Offensichtlich muss der „Systemkomponente Mensch" bei der Vermeidung von Stromausfällen besondere Beachtung geschenkt werden.

3.4 Marktmechanismen

3.4.1 Markt- und Organisationsversagen

Kommt es zu einer andauernden Differenz zwischen erzeugter und nachgefragter elektrischer Energie, die nicht durch die etablierten Regelmechanismen (siehe Abschn. 2.6.2) ausgeglichen werden kann, spricht man von einer Strommangellage. Je nach Umfang dieser Energiedifferenz kann es dadurch zu kritischen Versorgungssituationen kommen, die die Systemführung zu gravierenden Eingriffen zwingt. Kann die Versorgung nicht dauerhaft wiederhergestellt werden, muss der Strom während einer Strommangellage rationiert werden. Dabei wird jede Region nur für eine begrenzte Anzahl Stunden mit elektrischer Energie versorgt. In einer Strommangellage besteht immer die Gefahr, dass sich die Situation zu einem flächendeckenden Blackout ausweitet.

3.4.2 Marktmanipulationen

Für die Akteure am Energiemarkt gelten Regeln, die ein aktives Marktgeschehen ermöglichen und gleichzeitig die Systemsicherheit gewährleisten sollen. Nutzen Marktteilnehmer den Markt unter Umgehung der Regeln, um den eigenen wirtschaftlichen Vorteil zu maximieren oder um damit die Systemsicherheit zu sabotieren, besteht durch diesen Missbrauch die Gefahr eines Blackouts.

Am 6., 12. und 25. Juni 2019 kam es durch regelwidriges Marktverhalten zu erheblichen Ungleichgewichten im deutschen Stromnetz und Deutschland stand kurz vor einem Blackout. Die Manipulationen bestanden darin, dass Aufträge zum Verkauf von Strom für den Intraday-Handel bei der Börse EPEX SPOT (Abb. 3.10) eingestellt wurden, die ein irreführendes Signal für das Angebot von Strom gaben. Tatsächlich hatte der angebotene oder verkaufte Strom jedoch nicht zur Verfügung gestanden. Die beteiligten Unternehmen hatten auch gar nicht die Absicht, diesen Strom zu beschaffen oder zu erzeugen.

Dadurch stimmte das an der Strombörse gehandelte Stromvolumen bei weitem nicht mit dem tatsächlichen Verbrauch und der tatsächlichen Stromerzeugung überein [21, 22].

Die Stromhändler hatten an diesen Tagen nicht genügend Strom eingekauft, weil sie spekulierten, dass der Preis für die sogenannte Ausgleichsenergie für sie vorteilhafter als der Börsenpreis sein würde. Die Unternehmen verließen sich darauf, dass die Strommengen von den Übertragungsnetzbetreibern durch die Bereitstellung von Regelenergie ausgeglichen würden. Zudem wurden die Handelsaufträge zum Verkauf des Stroms zum Ende der Handelsperiode eingestellt und blieben bis zum Handelsschluss offen. Die Stromhändler hatten auf fallende Strompreise gewettet. Als kein Preisverfall einsetzte, hatten sie die kontrahierten Energiemengen nicht nachgekauft und so den Blackout riskiert.

Stromhandelsunternehmen haben in ihren Bilanzkreisen dafür zu sorgen, dass die Stromeinspeisung, zum Beispiel durch Käufe an der Strombörse, und der Stromverbrauch der Kunden und damit die Systembilanz immer ausgeglichen sind. Durch die Marktmanipulation hatte in den Bilanzkreisen der Unternehmen und damit im deutschen Netz am 6., 12. und 25. Juni 2019 eine erhebliche Unterdeckung von bis zu 10.000 MW bestanden. Zu diesen Zeitpunkten war der Börsenstrompreis ungewöhnlich hoch und lag damit kalkulierbar über dem erwarteten Preis für Ausgleichenergie. Für die Unternehmen bestand dabei ein wirtschaftlicher Anreiz, teuren Strom zu verkaufen und günstige Ausgleichsenergie für den nicht gelieferten Strom zu bezahlen [23].

Als Reaktion auf die erheblichen Ungleichgewichte mussten die Übertragungsnetzbetreiber an diesen Tagen sowohl die Regelenergie über längere Zeiträume vollständig einsetzen als auch weitere Maßnahmen ergreifen, um das Stromnetz zu stabilisieren und die Stromversorgung zu gewährleisten. Es standen nur 3000 MW an kontrahierter Regelenergie zur Verfügung. Die Übertragungsnetzbetreiber mussten die fehlende Energiemenge durch zwangsweise Abschaltung von Großverbrauchern, durch kurzfristige Deals mit Großverbrauchern und Kraftwerksbetreibern sowie durch die Beschaffung von zusätzlicher Leistung am Spotmarkt der Strombörse um jeden Preis und durch die Anforderung von Unterstützung aus den Nachbarländern ausgleichen, um das Netz stabil zu halten [22, 24].

Dies gelang jedoch nur mit großen Mühen und in Kooperation mit den benachbarten Übertragungsnetzbetreibern. Hätte die fehlende Energie nicht genügend schnell und nicht in ausreichender Menge besorgt werden können, wäre die Systembilanz in erhebliche Schieflage geraten mit der Gefahr eines Brownouts oder gar eines Blackouts. Der Schaden, der durch die so auszugleichende Unterversorgung für die Energiebranche und darüber hinaus entstanden ist, wird auf einige Millionen Euro geschätzt. Durch die extrem kurzfristige Nachfrage der Übertragungsnetzbetreiber nach Regelenergie wurde auf steigende Preise am Spotmarkt spekuliert. Dies trieb die Preise für Regelenergie weiter nach oben. Der Preis für Ausgleichsenergie erreichte einen Wert von 468,63 €/MWh. In der Spitze kostete in der Zeit von zwölf Uhr mittags bis vier Uhr nachmittags das bloße Vorhalten von Regelenergie sogar 37.856 €/MWh. Im Vergleich dazu lag der im Juni 2020

Abb. 3.10 EPEX SPOT Handelsraum Paris. (Quelle: EPEX SPOT)

durchschnittlich gehandelte Strompreis bei rund 23,80 €/MWh, genau eine Woche vor diesem Ereignis kostete Regelenergie sogar nur 9,34 €/MWh [25].

Gegen die als Verursacher des Beinahe-Blackouts identifizierten Unternehmen wurden durch die Bundesnetzagentur Aufsichtsverfahren zur Prüfung der Pflichten als Bilanzkreisverantwortliche und gegen drei Strommarktteilnehmer ein Bußgeldverfahren wegen des Verdachts der Marktmanipulation eingeleitet.

Auch wenn die Akteure in diesem Beispiel nicht die Absicht hatten, einen Blackout zu provozieren, zeigen die Folgen dieser Marktmanipulation doch eindringlich, welches Gefährdungspotenzial damit für die Sicherheit des elektrischen Energieversorgungssystems existiert.

3.4.3 Anwendung von Marktregeln

Auch wenn sich alle Nutzer eines elektrischen Energiesystems regelkonform verhalten, können sich trotzdem kritische Netzbetriebszustände entwickeln. Das Verhalten von Lasten und Einspeisungen weist in der Regel nur eine geringe Korrelation untereinander auf.

Grundsätzlich sind der Verbrauch und die daran gekoppelte Erzeugung ständigen Schwankungen unterworfen. Im normalen, ungestörten Betrieb ist die Summe dieser Änderungen jedoch relativ gering und kann gut ausgeglichen werden [6].

Aufgrund des durch die Marktregeln vorgegebenen sogenannten Stundenwechsels wird jedoch eine Gleichzeitigkeit einer nicht mehr zu vernachlässigenden Energiemenge erzwungen. Der alltäglich zur vollen Stunde stattfindende Stundenwechsel führt regelmäßig in den Morgen- und Abendstunden zu Frequenzschwankungen um ca. 0,1 Hz (Abb. 3.12). Da dadurch bereits 50 % des zur Verfügung stehenden Toleranzbereichs (Regelband) von ± 0,2 Hz beansprucht werden, kann dies in Kombination mit weiteren Ereignissen, die zufällig zur gleichen Zeit auftreten, zu kritischen Netzsituationen führen. Bei Frequenzabweichungen von mehr als 0,2 Hz bzw. weniger als –0,2 Hz werden die Maßnahmen entsprechend dem Fünf-Stufenplan aktiviert (siehe Abschn. 6.2.3) [6].

Hintergrund des Stundenwechsels ist der teils noch stundenbasierte Stromhandel und die damit verbundenen, im Stundenraster aufgeteilten Fahrpläne von Großkraftwerken. So werden die Stromliefer- bzw. Strombezugsverträge in der Regel mit Laufzeiten über ganze Stunden abgeschlossen und der Beginn und das Ende der Lieferungen ist häufig genau auf den Stundenwechsel terminiert. Dies hat zur Folge, dass bei der physikalischen Realisierung der Stromhandelsverträge praktisch zu jeder vollen Stunde Kraftwerke an- und abgefahren sowie Lasten an- und abgeschaltet werden. Die Leistungsänderungsgeschwindigkeit ist bei den verschiedenen Anlagentypen allerdings sehr unterschiedlich. Die Lasten können häufig ohne wesentlichen Zeitverzug ihre Leistung ändern. Pumpspeicherkraftwerke können innerhalb von wenigen Minuten vom Pump- in den Turbinenbetrieb wechseln. Thermische Kraftwerke (Kohle- oder Gaskraftwerke) haben dagegen eine deutlich geringere Leistungsänderungsgeschwindigkeit und benötigen deutlich mehr Zeit, um ihre Leistung an die vereinbarten Handelsverträge anzupassen. Durch diese unterschiedliche Leistungsanpassungsfähigkeit entstehen beim Stundenwechsel kurzzeitig Differenzen zwischen der in den Handelsgeschäften vereinbarten und der im Netz tatsächlich verfügbaren Strommenge. Die Folge dieser Energielücken sind dann genau zu den Stundenwechseln auftretende kurzzeitige Frequenzabweichungen [26].

Abb. 3.11 verdeutlicht an einem einfachen Beispiel das Phänomen des Stundenwechsels. In diesem Beispiel wird angenommen, dass zum Stundenwechsel die Leistungsbereitstellung von Kraftwerk A auf Kraftwerk B wechselt. Dazu wird Kraftwerk A heruntergefahren und Kraftwerk B erhöht seine Leistung entsprechend. Bei Kraftwerk A erfolgt diese Leistungsanpassung praktisch unverzögert, während Kraftwerk B deutlich mehr Zeit für den Leistungsanpassungsprozess benötigt. Dadurch entsteht im System ein Leistungsdefizit, das die Systembilanz stört und ein Absenken der Frequenz bewirkt. Dieser Vorgang kann auch mit umgekehrtem Vorzeichen auftreten, wenn die übernehmende Anlage eine höhere Leistungsänderungsgeschwindigkeit hat als die abgebende Anlage. In diesem Fall erhöht sich die Netzfrequenz [6].

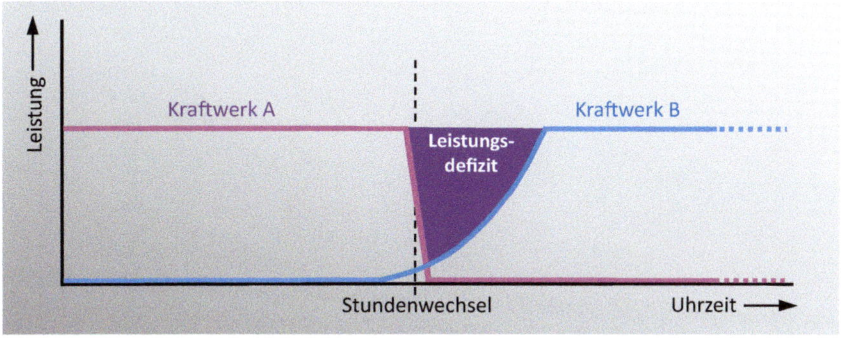

Abb. 3.11 Phänomen des Stundenwechsels [26]

Damit entstehen durch das prinzipiell marktkonforme Verhalten der Kraftwerke im europäischen Verbundnetz jeweils zur vollen Stunde regelmäßig große Frequenzabweichungen, ohne dass ein Störereignis aufgetreten wäre, da alle betroffenen Kraftwerke am Ende einer Lieferperiode möglichst schnell ihre Leistung herunterfahren und nicht überproduzieren möchten, während andere Kraftwerke, möglichst spät Leistung einspeisen möchten, um nicht vorzeitig zu liefern und damit u. U. nicht abrechenbare Energiemengen zu vermeiden. Probleme entstehen nun durch die sogenannten Rampenzeiten. Liefern die Turbinen und Generatoren „auf der Rampe“ noch nicht die volle Leistung, kommt es zu Frequenzeinbrüchen [27].

Besonders ausgeprägt sind diese Frequenzabweichungen in positiver Richtung morgens um sechs Uhr und in negativer Richtung abends um 21 Uhr, da europaweit zu diesen Zeitpunkten besonders viele Handelsverträge terminiert sind. So werden regelmäßig um 21 Uhr besonders viele Erzeugungsanlagen aus dem Markt und damit vom Netz genommen, um die eingespeiste Leistung der geringeren Nachfrage in der Nacht anzupassen. Beim Stundenwechsel um sechs Uhr erfolgt die entsprechende Anpassung an die höhere Leistungsnachfrage am Tag. Die Amplituden der Frequenzabweichungen betragen dabei meist mehr als $|\Delta f|_{max} = 100\,\text{mHz}$, wobei höhere Werte mit $|\Delta f|_{max} > 150\,\text{mHz}$ regelmäßig beobachtet werden können (Abb. 3.12) [28].

Die durch das Stundenwechselphänomen hervorgerufenen Leistungsdifferenzen konnten bisher gut durch die automatisch ablaufende Primär- bzw. Sekundärregelung ausgeregelt werden. Die Systemführungen der Übertragungsnetzbetreiber beobachten dennoch sehr aufmerksam diese besonderen Betriebssituationen. Falls zufällig zeitgleich eine Störung auftritt, könnte u. U. die verfügbare Regelleistung nicht mehr ausreichen [26].

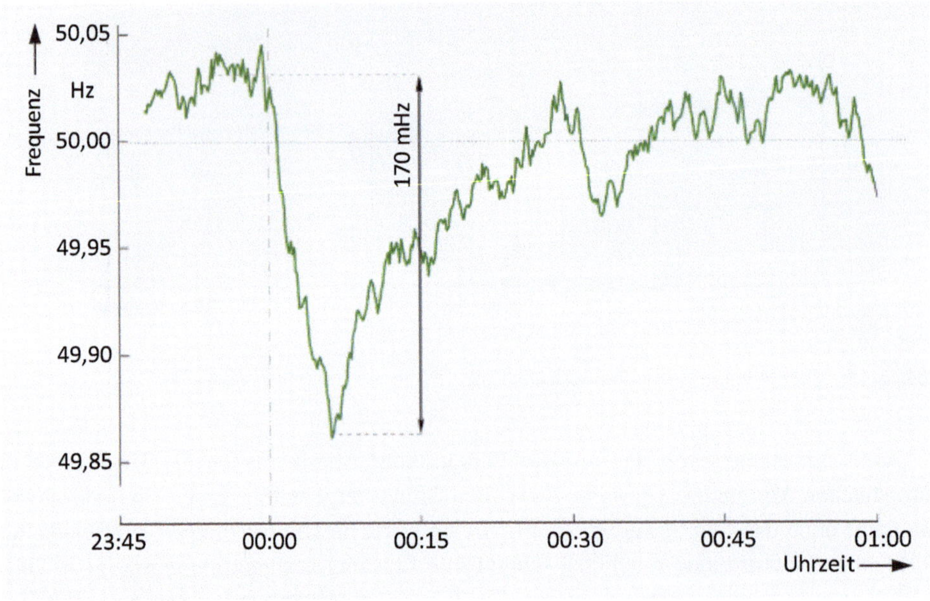

Abb. 3.12 Netzfrequenzverhalten zum Stundenwechsel [28]

3.5 Sabotage

3.5.1 Terroranschläge

Durch gezielte sabotierende Angriffe sowie durch terroristische Anschläge gegen Kraftwerke, Schaltanlagen oder andere Komponenten des elektrischen Energieversorgungssystems kann es ebenfalls zu gravierenden Stromausfällen kommen. So wurden beispielsweise 1961 im Zuge der Unabhängigkeitsbewegung in Südtirol in der sogenannten „Feuernacht" 37 Strommaste gesprengt. Im Juni 1961 eskalierte der Konflikt zwischen Separatisten in Südtirol und der Zentralregierung in Rom. Die Extremisten attackierten die Stromversorgung, um politische Verhandlungen zwischen Österreich und Italien über die Zukunft Südtirols zu torpedieren.

Im Zusammenhang mit Aktivitäten der Terrorgruppierung Rote Armee Fraktion (RAF) wurden in den 1970er Jahren vereinzelt Hochspannungsmaste angesägt. Dabei wurden jedoch keine größeren Systemschäden verursacht. Bei genauerer Kenntnis des elektrischen Energieversorgungsnetzes könnten jedoch auch durch solche Einzelaktionen schwerwiegende Eingriffe in den Netzbetrieb bis hin zu einem Blackout erfolgen.

Im März 2023 wurden am Eckstiel eines 80 m hohen Stahlgittermastes einer Freileitung, die den Braunkohletagebau in Garzweiler versorgt, die Schrauben gelöst und Verstrebungen durchgesägt, so dass der Mast abknickte und in erhebliche Schieflage geriet (Abb. 3.13). Verursacher waren mutmaßlich Klimagegner, die damit den Tagebau stilllegen wollten. Die Tat hatte sicher keinen Blackout zum Ziel. Sie zeigt jedoch wie vulnerabel die Komponenten des Energieversorgungsnetzes sind. Zumal der Aufbau und die Leitungsparameter in den statischen Netzmodellen der Übertragungsnetze öffentlich sind [29–32], Bundesnetzagentur und Betreiber machen die Netzstruktur und die Betriebsmittelparameter (z. B. Leitungsdaten) transparent. Genaue geografische Koordinaten der einzelnen Netzkomponenten (z. B. Schaltanlagen, Maste) sind ebenfalls im Internet verfügbar und leicht zu recherchieren [33]. Dadurch wird die kritische Infrastruktur der Energieversorgungsnetze anfälliger für gezielte Angriffe durch Hacker oder Terroristen.

In Deutschland und Europa hat eine Bedrohung durch den Terrorismus in den letzten Jahren ein historisches Ausmaß erreicht. So gehen beispielsweise von den islamistisch-terroristischen Organisationen zwei wesentliche Bedrohungsszenarien für die westliche Welt aus. Dies sind zum einen Großanschläge internationaler Organisationen, wie der „Islamische Staat" und Al-Qaida, wie zuletzt u. a. in New York, Madrid, London, Paris, Brüssel sowie Barcelona und Cambrils, zum anderen Anschläge durch islamistische Einzeltäter. Ebenso existiert auch eine nicht zu unterschätzende Terrorismusbedrohung durch rechtsextreme Gruppen. Insgesamt ist eine weiter ansteigende Radikalisierung der rechten Randgruppen zu beobachten. Aber auch fremdstaatliche Aktionen, die eine Destabilisierung der Gesellschaftsstruktur zum Ziel haben, können Hintergrund von Sabotageaktionen sein [14].

Abb. 3.13 Beschädigter Eckstiel eines Freileitungsmastes. (Quelle: RWE)

Zu den Anschlagszielen dieser Gruppierungen können auch kritische Infrastrukturen mit hoher Bedeutung für die Zivilbevölkerung gehören, wie beispielsweise Komponenten des Energieversorgungssystems. Eine Analyse der verübten und verhinderten Anschläge zeigt, dass als Wirkmittel insbesondere Sprengstoff, Schusswaffen und Fahrzeuge benutzt wurden. Da bei vereitelten Anschlägen in Paris, Köln und auf Sardinien bereits biologische Waffen sichergestellt wurden, ist zukünftig auch von einem Einsatz chemischer oder atomarer Waffen auszugehen. Zu den neueren Wirkmitteln zählen auch unbemannte Luftfahrzeugsysteme (Unmanned Aircraft System, UAS), sog. Drohnen. Diese Geräte haben einerseits einen vielfältigen Nutzen für die Industrie, Polizeibehörden und Feuerwehren, andererseits können von ihnen, versehen mit Sprengsätzen, auch terroristische Anschläge auf kritische Infrastrukturen, wie Energieversorgungseinrichtungen oder Atomkraftwerke, verübt werden [4]. Mit Drohnen ausgeführte Angriffe können verdeckt und aus der Distanz ausgeführt werden. Dabei reicht das Zerstörungspotenzial von kleinen Drohnen, die eine (Spreng-)ladung von wenigen Kilogramm transportieren können und nur einen relativ begrenzten Schaden verursachen können, bis zu militärischen Kampfdrohnen, die über eine erhebliche Feuerkraft verfügen, mit der ganze Gebäude oder (Schalt-)anlagen zerstört werden können.

Nicht zu vergessen sind auch terroristische Anschläge im weiteren Zusammenhang mit kriegerischen Auseinandersetzungen. Hierzu gehört vermutlich die Sprengung der beiden Gaspipelines Nord Stream 1 und 2 in der Ostsee am 26. September 2022. In ähnlicher Weise könnten beispielsweise auch die unterseeischen Energiekabel nach Norwegen (NordLink [34]) und Schweden (Hansa PowerBridge [35]) von einem solchen Angriff betroffen sein.

Falls es Terroristen gelänge, sich Zugang zur Schaltleitung eines Übertragungsnetzbetreibers zu verschaffen, das Personal in ihre Gewalt brächten und sie über ein gewisses Maß an Fachwissen über die Systemführung hätten, könnten sie im ungünstigsten Fall das Netz praktisch wie mit einem Schalter „ausknipsen" und so einen Blackout herbeiführen.

3.5.2 Cyberangriffe

3.5.2.1 Gefahrenpotential

Gezielte Angriffe auf größere, für eine spezifische IT-Infrastruktur wichtige Rechnernetze von außen zur Sabotage, Informationsgewinnung und Erpressung, sogenannte Cyberangriffe, sind im Vergleich zu konventionellen Attacken sehr günstig und erfordern relativ wenig logistischen Aufwand. Kein herkömmliches Waffensystem ist so „preiswert", hat eine ähnlich kurze Entwicklungszeit und ist derart schlagkräftig, um einen Staat oder eine gesamte Region binnen weniger Stunden lahm zu legen, wie dies durch einen Cyberangriff möglich wäre (Abb. 3.14) [36, 37].

Die Motivation dafür kann im kriminellen Bereich (etwa Erpressung) liegen oder terroristische Hintergründe haben. Es können auch politische (Destabilisierung, Machtübernahme) oder ideologische Ziele (Umformung der Gesellschaft) verfolgt werden [37].

Aufgrund der starken Verknüpfung zwischen Menschen, Systemen und Maschinen (Internet of Things) und dem zunehmenden Einsatz von künstlicher Intelligenz (KI) kann als Folge nahezu alles manipuliert, beschädigt und zerstört werden und im Zuge von Transformationsprozessen wie Big Data und Industrie 4.0 wird sich die Gefährdungslage weiter verschärfen [14]. Durch die zunehmende Digitalisierung des elektrischen Energieversorgungsnetzes („digitales Umspannwerk") wächst auch die Gefahr aus gezielten Angriffen auf die Informations- und Kommunikationstechnik (IKT) der Energiesysteme [38]. Diese Angriffe sind besonders gefährlich, da sie aus der Distanz (z. B. Ausland) und sehr umfassend den Systembetrieb bis hin zum Blackout stören können. Die Abwehr der Angriffe wird dadurch erschwert, dass sie während der Infiltrationsphase lange unbemerkt bleiben. Mit einem groß angelegten, koordinierten Angriff könnten Hacker die zentralistisch organisierte Energieversorgung flächendeckend und für lange Zeit massiv stören. Die größte Schwachstelle für einen Cyberangriff ist oft der einzelne Mitarbeiter. Hinzu kommt, dass veraltete IT-Systeme kein Update erhalten, Passwörter viel zu einfach gestaltet sind und zu selten geändert werden [39].

So waren am 23. Dezember 2015 in der Ukraine hunderttausende Menschen in 103 Städten des Landes ohne Strom, 27 Umspannwerke fielen aus. IT-Sicherheitsexperten gehen davon aus, dass ein Cyberangriff den Stromausfall ausgelöst hatte. Internationale Sicherheitsexperten, unter anderem auch vom Bundesamt für Sicherheit in der Informationstechnik (BSI), gehen davon aus, dass der Blackout Folge eines Cyberangriffs durch eine Hackergruppe aus Russland war [16].

Am 17. März 2018 berichteten Sprecher der US-Homeland Security, dass Russland versucht hätte, in das US-Energienetz einzudringen. Die Hacker hätten dort sogar Spuren, sogenannte Tags hinterlassen, um ihr Können zu demonstrieren. „Der Feind sitzt bereits im System, und die Sabotage kann nach Bedarf ausgelöst werden. Die neue Kriegsführung bedeutet, dass eine Handvoll Leute in Europa das Licht ausknipst", meinen Spezialisten [16].

Die Ursache des fünftägigen Blackouts in Venezuela Anfang 2019 konnte bislang nicht eindeutig geklärt werden. Die venezolanische Regierung behauptet, dass der Stromausfall die Folge eines Cyberangriffs auf das Steuerungssystem des wichtigsten venezolanischen Wasserkraftwerks Guri, elektromagnetischer Wellen und der Brandstiftung in einigen Umspannwerken sei. Die Opposition führt den Stromausfall dagegen schlicht auf Korruption und Missmanagement zurück.

Die meisten Experten sind sich einig, dass von Cyberangriffen die größte Gefahr für einen Blackout ausgeht. Die Reichweite von Cyberattacken ist weitaus größer als ein physischer Angriff auf die Energieversorgungsinfrastruktur, d. h. es können zeitgleich eine viel größere Anzahl von Systemkomponenten betroffen sein und es können Systembereiche gestört werden, die physisch nur sehr schwer unbefugt erreicht werden können (z. B. Schaltleitungen). Auch kann ein Cyberangriff über einen viel längeren Zeitraum aufrechterhalten bzw. nahezu beliebig oft wiederholt werden.

Eine zweite Angriffsebene für Cyberattacken sind die Vielzahl kleiner, aktiv steuerbarer Erzeugungs- und Verbrauchsanlagen, wie z. B. Wärmepumpen, Hausspeicher, elektrische Heizungen oder Elektroautos, die aufgrund des möglichen unerwünschten simultanen Verhaltens systemrelevant werden können. Das zeitgleiche Abschalten oder Reduzieren von Leistung, aber auch die gleichzeitige Nutzung der Netzinfrastruktur durch viele Erzeugungs- oder Verbrauchsanlagen können Auswirkungen auf die Systemstabilität haben. Zudem werden zukünftig annähernd alle elektrischen Verbrauchsgeräte mit dem Internet verbunden und mit lokaler Rechenleistung versehen sein. Durch einen nicht regulierten und nicht zertifizierten Internetzugang entsteht somit ein potenzieller Angriffspunkt für Cyberangriffe, die Einfluss auf die Leistungsaufnahme oder -abgabe der Geräte nehmen können [14].

Auch kann die schiere technische Systemkomplexität die Resilienz gegenüber Cyberattacken verringern. So wird das Geschehen im Stromnetz künftig eine größere Eigendynamik entwickeln, weil die Abhängigkeiten zwischen verschiedenen Teilen zunehmen

Abb. 3.14 Cyberangriff. (Quelle: Pixabay/G. Altmann)

werden, z. B. durch die zunehmende Anzahl der Erzeugungseinheiten und die damit steigende Komplexität, wodurch das System im Stromnetz noch schwerer vorhersehbar sein wird. Zudem kann die gegenseitige Abhängigkeit zwischen dem elektrischem Energiesystem und dem IKT-System zu komplexen unvorhersehbaren Störfallabläufen führen und im Fall eines Blackouts auch die Erstellung eines Lagebilds erschweren. Damit ist ein Resilienz-Konzept, das alle denkbaren Störungen und Wechselwirkungen von vornherein miteinbezieht, nahezu unmöglich geworden. Auch ist davon auszugehen, dass viele der vernetzten Erzeugungsanlagen zukünftig über künstliche Intelligenz (KI) und lernende Systeme gesteuert werden, was zu einem unerwünschten oder unvorhersehbaren Verhalten von Verbrauchern oder Erzeugern führen kann [14, 40].

3.5.2.2 Angriff auf die Energieinfrastruktur

Ein Cyberangriff muss dabei nicht direkt aus dem Internet kommen, er kann auch mit einem ganz gewöhnlichen physischen Einbruch beginnen. Besonders gefährdet sind kritische Infrastrukturen mit unbemannten, schlecht gesicherten Umspannwerken. Dies gilt vor allem für Verdichterstationen für Gasnetzbetreiber, kleine Pumpwerke für die Wasserwirtschaft und Umspannwerke für Stromnetzbetreiber, die größtenteils über digitale Netze verfügen. Dadurch erhalten die Angreifer nach dem Eindringen in die Anlagen über das interne Netzwerk des Energieversorgers Zugriff auf andere Umspannwerke und können somit das gesamte Netzwerk manipulieren [41].

Durch die bisherige Trennung des Stromnetzes von sonstigen öffentlichen Netzen war bisher ein relativ hohes Sicherheitsniveau gegeben. Doch die Digitalisierung schreitet voran und der Schutz der Energieversorgung wird immer komplizierter. Durch die Absicht, IKT-Netze mehr oder weniger direkt mit dem Stromnetz zu verbinden, zumindest aber bisher im IKT-Bereich als unsicher geltende Systeme im Bereich der Stromnetze einzusetzen, ergibt sich eine völlig neue Situation. Diese wird mit dem Wissen, dass es auch in den bestehenden Stromnetzen ausreichend Schwachstellen gibt, welche jedoch so gut wie nicht ausgenutzt werden können, noch erheblich erschwert.

Als vorläufigem Höhepunkt in den nächsten Jahren wird mit den Smart Meter als Ersatz für die bisher verwendeten elektromechanischen Ferraris-Zähler eine neue, in der derzeitigen Form wahrscheinlich eher als unsicher einzustufende Technologie in eine vor unbefugtem Zugriff ungesicherte Umgebung beim Endkunden als Netzeintrittspunkt eingebaut (Abb. 3.15). Für Hackerangriffe sind die neuen, mit dem Internet verbundenen Stromzähler (Smart Meter Gateways) ein attraktives Ziel [42, 43]. Bisherige Untersuchungen zeigen, dass es zahlreiche Möglichkeiten gibt, diese Smart Meter zu manipulieren. Im schlimmsten Fall ist damit zu rechnen, dass es gelingt, über das Endgerät direkt in das restliche Steuernetz einzudringen. Die Folgen sind unabsehbar, die Folgekosten dieser manipulativ verursachten Schäden wären enorm. Daher wird mit der geplanten Implementierung von Smart Metern eine sehr sensible Angriffsschnittstelle geschaffen [37].

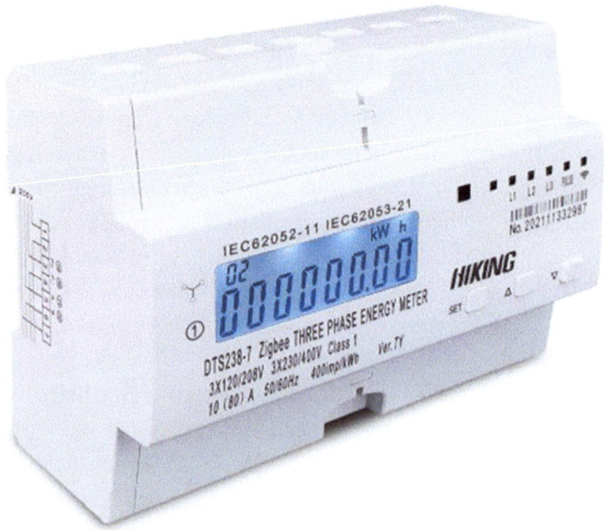

Abb. 3.15 Smart Meter. (Quelle: Hiking)

Mit dem Aufbau von Smart Grids (Abschn. 2.3.3.5), die über einen im Vergleich zu den bisher bestehenden Netzen deutlich höheren Anteil an Komponenten der Informations- und Kommunikationstechnik verfügen, gewinnt die Gefährdung von elektrischen Energieversorgungsnetzen durch Cyberattacken zunehmend an Bedeutung.

Auch durch die flächendeckende Versorgung mit erneuerbaren Energien wächst das Risiko von Cyberattacken. Einzelne Windräder beispielsweise müssen intelligent gesteuert werden und mit anderen Anlagen kommunizieren. Dieser Datenaustausch kann jedoch relativ einfach gehackt werden. Viele Betreiber solcher Wind- oder Solarparks investieren nicht genug Geld in die IT-Sicherheit. Ihre Systeme sind daher dann auch entsprechend schlecht geschützt [43].

3.5.2.3 Direkte Angriffe auf die IT-Infrastruktur

Direkte Angriffe richten sich unmittelbar gegen die IT-Infrastruktur eines Unternehmens. Typischerweise sucht ein Angreifer dabei nach Schwachstellen in einem System, das ins Internet exponiert ist (Abb. 3.16) [44].

1. Ein Angreifer versucht unerlaubten Zugriff auf interne Systeme zu erlangen.
2. Der Angreifer sucht beispielsweise vom Internet her nach offenen Diensten, die er möglicherweise für das Eindringen ausnutzen kann.
3. Ein ungenügend geschützter Dienst erlaubt dem Angreifer dann den Zugriff auf interne Systeme.

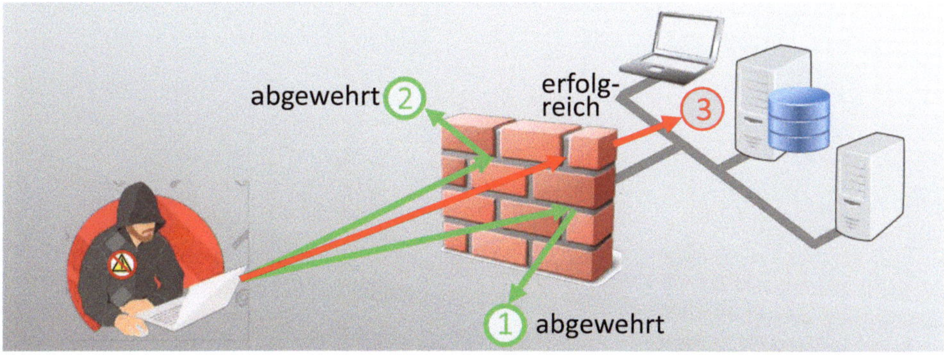

Abb. 3.16 Direkte Angriffe auf die IT-Infrastruktur

3.5.2.4 Indirekte Angriffe auf die IT-Infrastruktur

Im Gegensatz zu direkten Angriffen, nutzen indirekte Angriffe nicht unmittelbar eine Schwachstelle auf einem ins Internet exponierten System aus. Vielmehr versuchen indirekte Angriffe die Sicherheit eines Unternehmens zu umgehen. Man unterscheidet drei Varianten dieser Angriffe. Beim Man-in-the-Middle-Angriff steht der Angreifer physisch oder logisch zwischen den beiden legalen Kommunikationspartnern. Er kann dadurch mit seinem System den Datenverkehr zwischen zwei oder mehreren Netzwerkteilnehmern vollständig kontrollieren, die Informationen nach Belieben einsehen und sogar manipulieren. Er täuscht den beiden legalen Kommunikationspartnern vor, das jeweilige rechtmäßige Gegenüber zu sein. Damit hat der Angreifer gewissermaßen die Eigenschaft eines Januskopfes. Beim Malware-Angriff wird eine Schadsoftware auf einem Gerät des angegriffenen Systems installiert. Damit kann der Angreifer das infizierte Gerät kontrollieren und über dieses Gerät auf andere interne Systeme zugreifen. Beim Covert-Channel-Angriff wird über ein durch den Angreifer präpariertes Medium (z. B. USB-Stick), das ahnungslos im zu schützenden System eingesetzt wird, für den Angreifer ein Zugangskanal eingerichtet. Der Angreifer kann dann über diesen Zugang das System manipulieren [44].

Variante 1: Man-in-the-Middle / Phishing-Angriffe (Abb. 3.17)

1. Ein Angreifer schaltet sich in den Kommunikationsweg zweier Parteien. Dies erlaubt ihm das Mitlesen sensibler Informationen.
2. Der Angreifer nutzt die erlangten Informationen, um unbemerkt auf interne Systeme zuzugreifen.

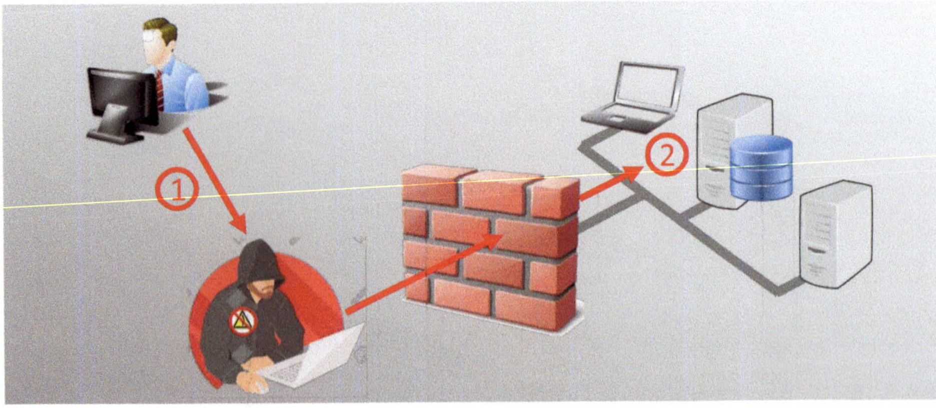

Abb. 3.17 Phishing-Angriffe

Variante 2: Malware / Mobile Devices / W-LAN (Abb. 3.18)

1. Ein Angreifer infiziert ein Gerät mit Schadsoftware.
2. Durch die Schadsoftware erlangt der Angreifer Kontrolle über das infizierte Gerät, das Zugriff auf andere interne Systeme hat.
3. Zusätzlich kann ein Angreifer über andere Zugriffspunkte ins interne Netzwerk gelangen, beispielsweise über unsichere Wireless-LAN Access Points.

Variante 3: Covert Channel (Inside-Out Attacke) (Abb. 3.19)

1. Ein Angreifer präpariert ein Medium wie einen USB-Stick oder eine CD-ROM mit Schadsoftware.
2. Der Angreifer bringt sein Opfer dazu, das manipulierte Medium zu verwenden.
3. Die Schadsoftware wird automatisiert ausgeführt und verbindet sich unbemerkt zurück zum Angreifer. Der Angreifer erhält dadurch die Kontrolle über das infizierte Gerät.

3.5.3 Attacken durch einen elektromagnetischen Puls

Ein Anschlag auf die Stromversorgung ist auch mit einer sogenannten E-Bombe möglich. Dabei wird die chemische Energie des Sprengstoffs in die Strahlungsenergie eines hochfrequenten, elektromagnetischen Felds mit hoher Intensität (elektromagnetischer Puls, EMP) umgewandelt, das sich schnell auf- und wieder abbaut. In einem solchen Feld kommt es in elektrischen Leitern bzw. Spulen, die sich in der Nähe eines solchen EMP befinden, zur Induktion einer Spannung. Ein EMP macht dadurch jedes elektronisch

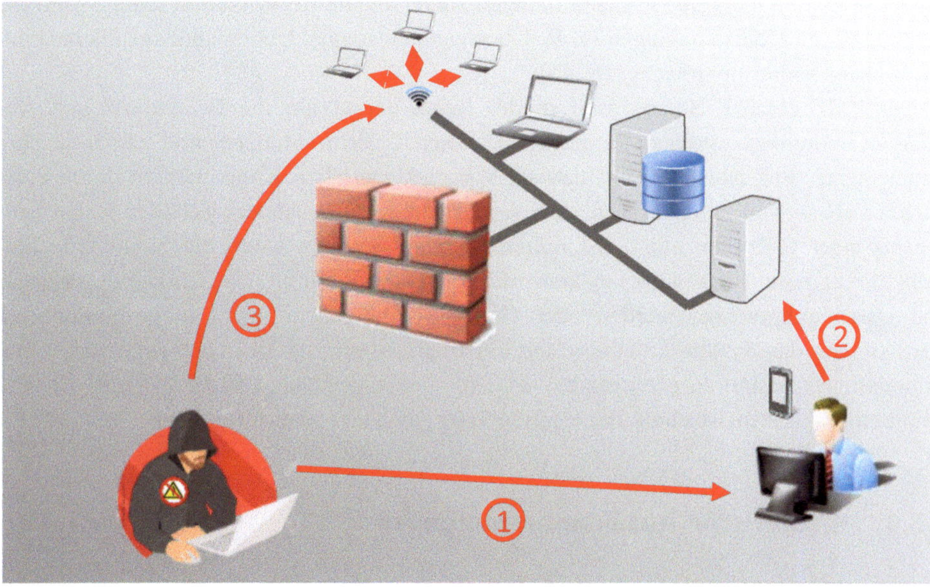

Abb. 3.18 Malware-Angriff

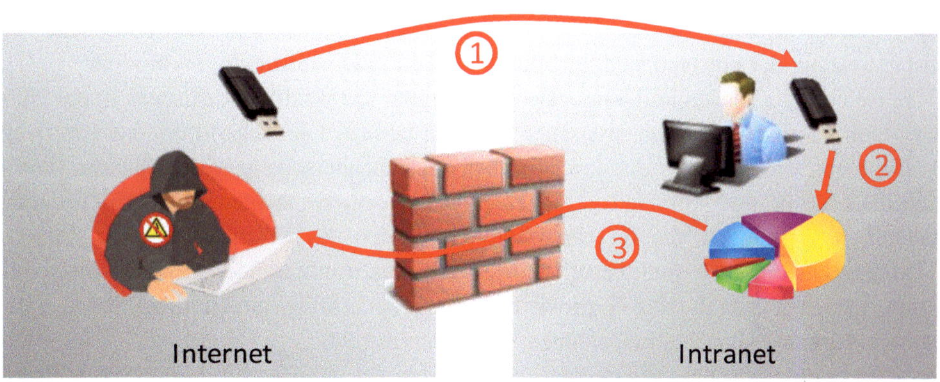

Abb. 3.19 Inside-Out Angriff

betriebene Gerät in seinem Einflussbereich sofort unbrauchbar. Die Stärke, die Länge, sowie die Form und das Material eines Leiters beeinflussen die maximale elektrische Spannung und den Strom, der als Folge des EMP im Leiter fließen kann. Bei einer Blitzentladung, bei dem ebenfalls ein EMP entstehen kann, werden Ströme von bis zu 100.000 A freigesetzt, bei der E-Bombe sind es etwa eine Million Ampere. Die Dauer des Pulses ist um mehrere Größenordnungen kürzer als die Reaktionszeit jeder Schutzeinrichtung gegen Überspannungen (z. B. Überspannungsrelais, Überspannungsableiter) und macht diese somit unwirksam [16, 45].

Der EMP einer E-Bombe zielt in der Regel darauf ab, die Sekundärtechnik von Energieversorgungssystemen, d. h. die Leitungen, Verdrahtungen und elektronischen Bauelemente (insbesondere Schaltkreise) von elektronischen Komponenten durch einen kurzen Puls so weit zu überlasten, dass sie zerstört werden. Andere Schäden sollen beim Einsatz einer E-Bombe möglichst minimiert werden. Auch wenn die Sekundärtechnik nicht direkt beschädigt wird, so kann der EMP dazu führen, dass Signale verfälscht und Daten unbrauchbar werden oder Geräte vorübergehend nicht mehr einsatzbereit sind, so dass das System kollabiert und ein Blackout eintritt. Bei einem nur durch eine Kernwaffenexplosion zu erzeugenden, extrem starken nuklearen EMP (NEMP) ist auch unmittelbar die Primärtechnik der Energieversorgungsnetze betroffen [46].

3.5.4 Kriegerische Auseinandersetzungen

Auch im Zuge von kriegerischen Auseinandersetzungen kann es zu großflächigen und langandauernden Unterbrechungen der Stromversorgung kommen. Ursache hierfür sind gezielte Sabotage- und Cyberangriffe auf die Versorgungsinfrastruktur. Auch durch direkte militärische Aktionen durch Artillerie- und Raketenbeschuss kann die Energieversorgung massiv zerstört werden. Durch fortwährende Angriffe wird darüber hinaus die Instandsetzung der entstandenen Schäden erschwert bzw. vollständig verhindert.

Beispielsweise wurde im Ukrainekrieg das größte Kernkraftwerk Europas in der Nähe der Stadt Saporischschja von russischen Truppen besetzt. Die Gegend um das Kraftwerk wurde mehrfach im Zuge der kriegerischen Auseinandersetzungen beschossen, wofür sich die Ukraine und Russland gegenseitig verantwortlich machten. Wiederholt wurden dadurch Einrichtungen, die für einen stabilen Betrieb des Kraftwerks (z. B. Kühleinrichtungen) erforderlich sind, beschädigt. Eine daraus resultierende atomare Katastrophe konnte jedoch bislang durch z. T. provisorische aber rechtzeitig durchgeführte Reparaturen und werksinterne Umschaltmaßnahmen vermieden werden.

Neben den üblichen militärischen Wirkmitteln (z. B. Beschuss mit Sprenggranaten) wurden auch spezielle Waffen zum Einsatz gegen elektrotechnische Einrichtungen entwickelt. Hierzu gehören E-Bomben (siehe Abschn. 3.5.3) und Graphitbomben.

Eine Graphitbombe ist eine taktische Waffe, die bei der Detonation eine Wolke aus Graphit in Form von Staub oder dünnen Fäden (Kohlenstofffasern) freisetzt. Das Graphit lagert sich außen auf den Komponenten der Umspannanlagen (Transformatoren, Isolatoren, Schaltgeräte, Sammelschienen etc.) ab und dringt über die Belüftungs- und Kühlsysteme teilweise auch in innenliegende Anlagenteile ein. Die Schadwirkung der Graphitbombe beruht darauf, dass das durch Detonation der Bombe zerstäubte Graphit mit seiner hohen elektrischen Leitfähigkeit bereits in geringen Mengen die Isolationsfestigkeit der elektrischen Geräte drastisch reduziert und somit einen Kurzschluss verursacht, der die Netzkomponenten beschädigt oder zumindest für einige Zeit außer Funktion setzt.

Im zweiten Golfkrieg 1990/91 warf die US-amerikanische Air Force Graphitbomben auf die Umspannanlagen im Irak ab und legte dadurch 85 % der irakischen Stromversorgung lahm. Im Kosovokrieg wurden 1999 von der NATO im Kosovokrieg Graphitbomben gegen Anlagen der elektrischen Energieversorgung in Serbien und Montenegro eingesetzt [60].

3.5.5 Streiks, Massenproteste und Unruhen

Durch einen weit ausgedehnten und länger andauernden (General-)Streik oder durch Massenproteste können ebenso wie durch Unruhen die Strukturen und Prozesse der kritischen Infrastruktur nachhaltig gestört werden. Sind einmal Liefer- und Prozessketten durchbrochen, kann es durch kaskadenartige Folgeschäden zu weiteren, sich verstärkenden Störungen kommen, die sich dann indirekt bis auf die Strukturen der Energieversorgung ausbreiten und schlussendlich zu einem Blackout führen können.

3.6 Strukturelle Ursachen

3.6.1 47,5–50,2-Hz-Problematik

Beim Erreichen von bestimmten Frequenzgrenzwerten kann es zur Abschaltung von signifikanten Anteilen von Erzeugerleistung kommen. In ungünstigen Situationen (z. B. in Kombination mit anderen Ursachen) kann dies zum Blackout führen.

Zum Schutz der elektrischen Anlagen wurde im Jahr 2005 die technische VDE-Richtlinie 0126–1–1 eingeführt. Wesentlicher Inhalt dieser Richtlinie ist, dass sich dezentrale, regenerative Einspeisungen, also hauptsächlich im Niederspannungsnetz angeschlossene Photovoltaik-Anlagen automatisch und innerhalb von 200 ms vom Netz trennen, wenn die Netzfrequenz unter 47,5 Hz sinkt oder über 50,2 Hz steigt. Nach 30 s sollen sich nach der Richtlinie die Anlagen automatisch wieder mit dem Netz verbinden, falls die Netzfrequenz f wieder in einem Band 47,5 Hz $< f <$ 50,2 Hz liegt. Diese Regelung war sinnvoll als der Bestand an Photovoltaikanlagen noch nicht sehr groß war in Bezug auf die gesamte installierte Leistung. Sie sollte eine sichere Netztrennung bei Wartungsarbeiten und die Vermeidung von Inselbildungen gewährleisten. Hierzu war es vorteilhaft, eine automatische Netzabkopplung oberhalb von 50,2 Hz und unterhalb von 49,5 Hz für alle dezentralen Erzeugungsanlagen zu realisieren.

Bis 2011 gingen ab einer Netzfrequenz von 50,2 Hz automatisch alle betroffenen Photovoltaik-Anlagen gleichzeitig vom Niederspannungsnetz. Mit einer aktuell installierten Leistung von rund 40 GW bei Photovoltaik-Anlagen würde heute eine solche Abschaltung an sonnenreichen Tagen eine kritische, die Stabilität des Gesamtsystems gefährdende Situation bringen.

Um ein solches abruptes Abschalten zu vermeiden, wurde 2012 die Systemstabilitätsverordnung (SysStabV) [47] erlassen. Danach werden zwischen einer Netzfrequenz von 50,2 Hz und 51,5 Hz nur noch die vor Inkrafttreten dieser Verordnung installierten Photovoltaik-Anlagen abgeschaltet. Dies umfasst eine installierte Leistung von ca. 12 GW [48]. Neuere Anlagen drosseln in diesem Frequenzbereich ihre Erzeugung nur schrittweise. Ab der Frequenzobergrenze von 51,5 Hz schalten sich allerdings ausnahmslos alle Photovoltaik-Anlagen ab.

Eine ähnliche Gefährdung bestand durch die untere Frequenzmarke von 49,5 Hz. Dies betraf die übrigen ca. 21.000 dezentralen Erzeugungsanlagen, wie Biomasse-, Bioenergie-, KWK-, Windkraft- und Wasserkraftanlagen mit einer Gesamtleistung von etwa 27 GW, die sich bei Unterschreitung der Netzfrequenz von 49,5 Hz schlagartig vom Netz trennen. Da dies in einem Netzzustand mit ohnehin geringer Frequenz eintritt, würde dies mit hoher Wahrscheinlich einen Blackout herbeiführen.

Durch eine Anpassung der SysStabV im Jahr 2015 wird bei Erreichen der Grenzfrequenz die Steuerung der Anlagen mit einer Leistung von mehr als 100 kW dem zuständigen Übertragungsnetzbetreiber übertragen, der dann im Rahmen seiner Gesamtverantwortung für das elektrische Netz über eine Abschaltung entscheidet [47, 49].

3.6.2 Regelleistungsdefizite

Im Normalfall ist die Netzfrequenz relativ normalverteilt um den Sollwert (z. B. Nennfrequenz $f_n = 50\,\text{Hz}$) (Abb. 3.20a). Da dieser Wert im Mittel von den Übertragungsnetzbetreibern sehr konstant eingehalten wird, kann die Netzfrequenz von Uhren als Taktgeber zur Zeitmessung genutzt werden (Synchronzeit). Von Januar bis März 2018 lag die Netzfrequenz im kontinentaleuropäischen Verbundsystem tendenziell aber deutlich unter dem Sollwert von 50 Hz (Abb. 3.20b). Dadurch wuchs die Differenz zwischen der Synchronzeit und der Normalzeit im Frühjahr 2018 an, und manche Radiowecker oder Backofenuhren, die ihren Takt anhand der Netzfrequenz bestimmen, gingen um fast sechs Minuten nach. Hintergrund und damit letztlich Ursache dieses Phänomens waren politische Differenzen zwischen Serbien und Kosovo. Der kosovarische Übertragungsnetzbetreiber KOSTT bemühte sich seit geraumer Zeit um eine eigenständige Mitgliedschaft in der Entso-E und die Anerkennung einer eigenständigen Regelzone. Allerdings wurden diese Bemühungen vom Streit um den Zuschnitt der Regelzonen, die Einnahmen aus dem Engpassmanagement und die Belieferung von serbischen Stromkunden im Norden des Kosovo begleitet [50].

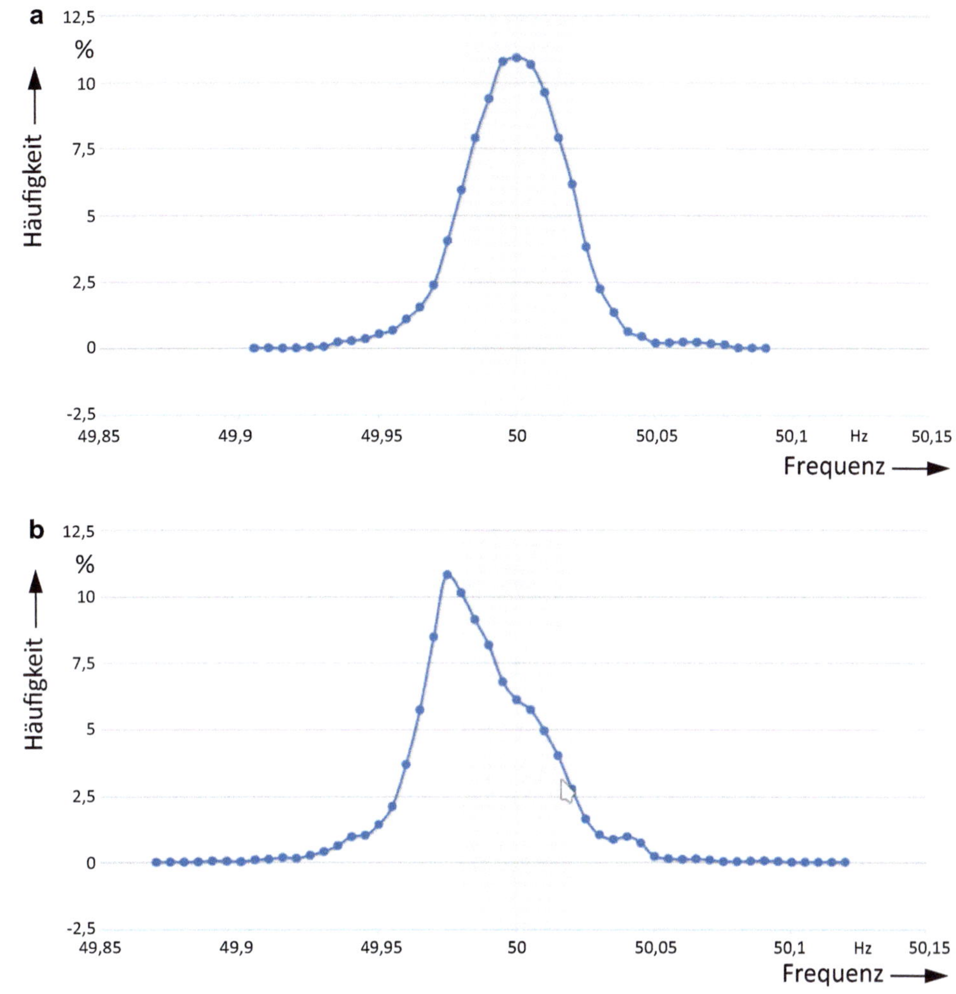

Abb. 3.20 Häufigkeitsverteilung der Netzfrequenz. (Quelle: netzfrequenz.info)

Der Streit führte zu einer Mindereinspeisung durch den kosovarischen Übertragungsnetzbetreiber KOSTT von insgesamt 113 GWh in die Regelzone Serbien, Mazedonien, Montenegro (SMM Block), speziell in Kosovo und Serbien. Der zu diesem Zeitpunkt noch für den Kosovo zuständige serbische Regelzonenbetreiber EMS wäre nach den Statuten der Entso-E eigentlich verpflichtet gewesen, die im Kosovo auftretenden Leistungsdefizite auszugleichen, unterließ dies allerdings. Die fehlende Energiemenge führte innerhalb der Regionalgruppe Kontinentaleuropa der Entso-E zu einer geringen, die Netzstabilität nicht gefährdenden Frequenzabweichung, die auch nicht durch die Quartärregelung ausgeglichen wurde. Da diese Unterdeckung jedoch über einen längeren Zeitraum von

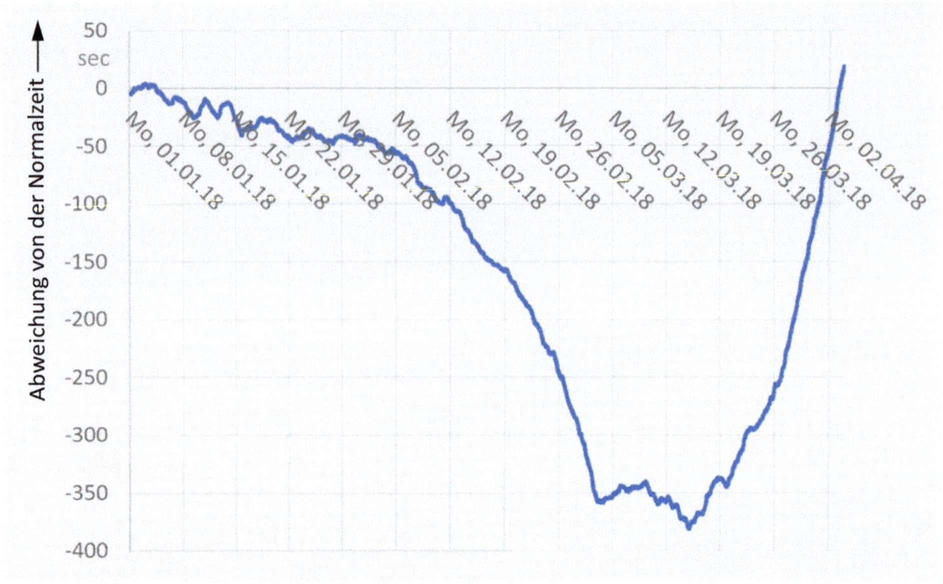

Abb. 3.21 Entwicklung der Differenz zwischen Synchronzeit und Normalzeit im Frühjahr 2018. (Quelle: netzfrequenzmessung.de)

einigen Monaten bestand, summierte sich die Differenz zwischen der Synchronzeit und der Normalzeit auf fast sechs Minuten auf (Abb. 3.21). Durch die Einspeisung von zusätzlicher Leistung durch andere Entso-E-Mitglieder konnte die Synchronzeit bis Anfang April wieder an die Normalzeit angeglichen werden [51].

3.6.3 Unzureichender Netzausbau

Das Energieversorgungssystem steht u. a. durch den wachsenden Anteil erneuerbarer Energien vor großen Herausforderungen. Beispielsweise werden durch die räumliche Verlagerung der Stromerzeugung in Deutschland (z. B. Windenergie im Norden und Osten Deutschlands) sowie durch den zunehmenden europäischen Stromhandel zusätzliche Übertragungs- und Verteilungskapazitäten notwendig. Dafür muss die Netzinfrastruktur auf allen Spannungsebenen angepasst werden. Das aktuelle Netz ist nicht ausreichend für solche großen Leistungstransite sowie für umfangreiche Rückspeisungen aus dem Verteilungs- ins Übertragungsnetz ausgelegt und muss entsprechend ausgebaut werden.

Wird der Netzausbau nicht ausreichend und zeitgerecht durchgeführt, ergeben sich strukturelle Netzengpässe. Das Netz muss dann immer öfter an seinen Auslastungsgrenzen betrieben werden. Damit besteht zunehmend die Gefahr eines Netzzusammenbruchs [52].

Ein Netzengpass liegt vor, wenn das Stromnetz bzw. Teile davon (beispielsweise einzelne Leitungen oder Transformatoren) überlastet sind, eine Überlastung droht oder das Stromnetz nicht mehr sicher betrieben werden kann. Der Netzengpass beschreibt einen bestimmten (Gefährdungs-) Zustand, bei dem mehr Strom in einen betroffenen Bereich des Stromnetzes eingespeist bzw. entnommen werden soll, als das Stromnetz in seinem aktuellen Zustand aufnehmen oder transportieren kann.

Kann ein detektierter Netzengpass weder mit den netzbezogenen, den marktbezogenen Maßnahmen oder den Notfallmaßnahmen entsprechend Abschn. 6.2 beseitigt werden, besteht die Gefahr einer Systemgefährdung bis hin zum Blackout.

Die elektrischen Energieversorgungsnetze sind aktuell einem enormen Nutzungswandel ausgesetzt. Die Erzeugungsstruktur ändert sich durch den Ausbau der erneuerbaren Energien sowie durch den Ausstieg aus den konventionellen Erzeugungsanlagen (Kohle, Kernenergie) dramatisch. Dadurch treten im Übertragungsnetz großräumige Leistungstransporte auf, die die betroffenen Leitungen bis an ihre Grenzen auslasten. Im Nieder- und Mittelspannungsnetz werden zunehmend Erzeugungsanlagen installiert, die zu erheblichen Spannungsproblemen führen können. Es ist dringend der Ausbau der Netze auf allen Spannungsebenen erforderlich. Je mehr die Netze an ihren Grenzen betrieben werden, um so öfter treten Netzengpässe auf und es muss zunehmend Redispatchenergie eingesetzt werden (Abb. 3.22).

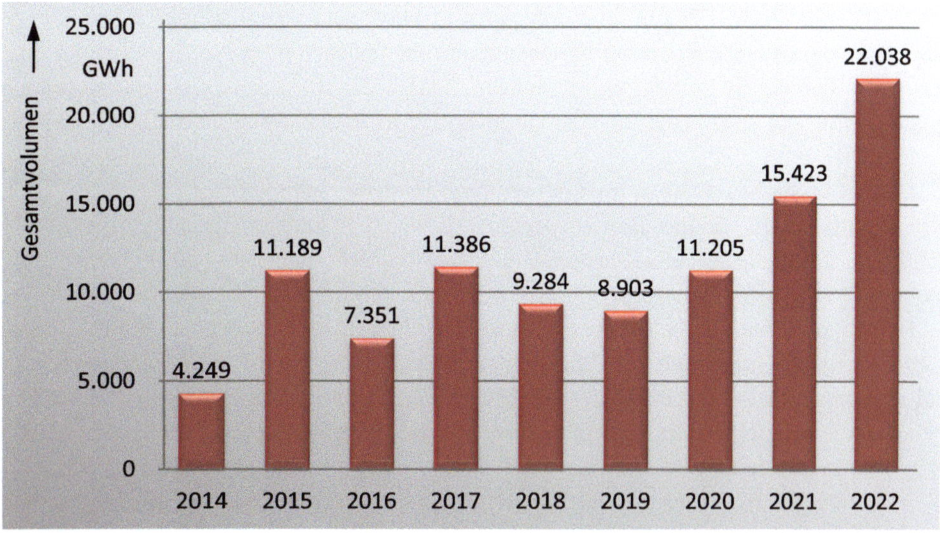

Abb. 3.22 Entwicklung des Redispatchvolumens im deutschen Übertragungsnetz. (Quelle: Statista)

3.6.4 Netzbelastung durch Elektroautos und Wärmepumpen

Der für die nächsten Jahre erwartete massive Anstieg von Elektroautos und Wärmepumpen wird vor allem die Verteilnetze der Mittel- und Niederspannungsebene abschnittsweise extrem belasten. Durch den hohen Gleichzeitigkeitsfaktor, der beim Betrieb von Wärmepumpen zu bestimmten Tages- und Jahreszeiten (z. B. in kalten Winternächten) zwischen 0,9 und 1 liegt, treten sehr hohe Netzbelastungen in den unteren Spannungsebenen auf.

Ähnliches gilt auch für die Ladeaktivitäten von Elektroautos. Allerdings kann durch eine intelligente Ladesteuerung, mit der die Autos beispielsweise nicht direkt nach der Arbeit beim Eintreffen zu Hause, sondern erst im Lauf der Nacht geladen werden, die Netzbelastung deutlich gemindert werden (siehe Abschn. 2.2.1).

Durch eine vergleichsweise einfache Vorrangsteuerung kann in den Haushalten, in denen sowohl eine Wärmepumpe als auch ein Elektroauto vorhanden ist, der gleichzeitige Betrieb von Wärmepumpe und Ladeeinrichtung verhindert und dadurch die Leistungsspitze reduziert werden. Als Steuerungsvariante wird dabei meist die Regel „Wärmepumpe aus, wenn Auto geladen wird“ gewählt [53].

3.7 Pandemie

Nicht zuletzt die Corona-Krise 2020/2023 hat gezeigt, welche massiven Auswirkungen eine Pandemie (Abb. 3.23) auf die globalen Wirtschaft- und Sozialstrukturen haben kann. Eine Pandemie kann durchaus auch einen Blackout auslösen oder die Entwicklung eines Blackouts befördern, weil für den laufenden Betrieb der sensiblen Infrastrukturen hochqualifiziertes und spezialisiertes Personal benötigt wird, das durch Erkrankung ausfallen könnte [54].

In der Corona-Krise haben Energieversorgungsunternehmen versucht, besonders wichtige Mitarbeiter (z. B. das Betriebspersonal in den Leitstellen) vor einer Infektion zu schützen, indem feste Arbeitsgruppen gebildet wurden und teilweise Personal sogar isoliert und kaserniert wurde.

Ein weiterer Punkt ist die Logistik. Pandemien führen zu massiven Störungen globaler Lieferketten. So kann sich die Wartezeit auf Ersatzteile, die oft aus asiatischen Ländern kommen, bedeutend erhöhen. Allerdings sinkt bei einer von Pandemie-Maßnahmen gebeutelten Wirtschaft der Energieverbrauch, weil Unternehmen geschlossen oder in Kurzarbeit sind. Je länger eine Pandemie dauert, desto gefährlicher wird das Ganze für die sensiblen Stromversorgungnetze und das wiederum bedeutet eine höhere Wahrscheinlichkeit eines Blackouts [54].

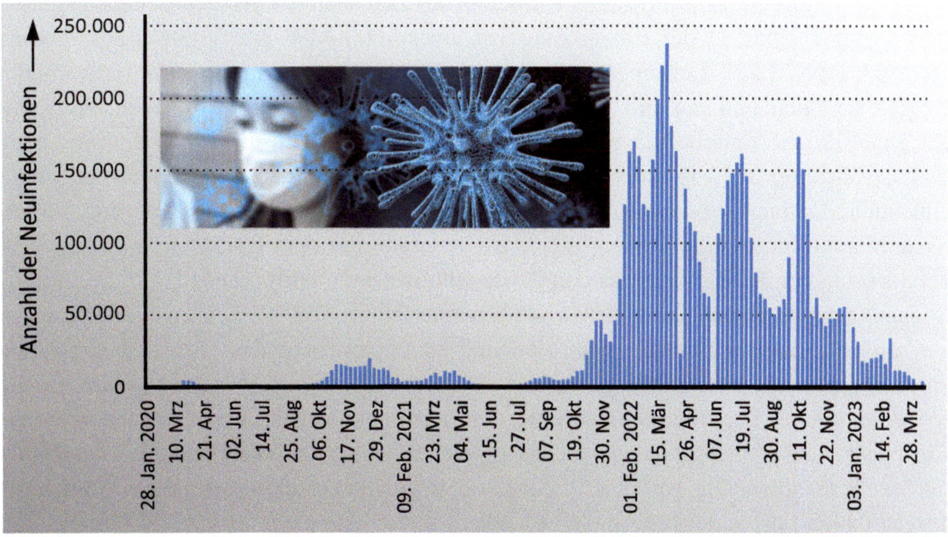

Abb. 3.23 Corona-Infektionen in Deutschland. (Quelle: Statista, Pixabay/G. Altmann)

3.8 Besondere Betriebssituationen

Die Einhaltung der Systembilanz gehört für die Systemführung von Übertragungsnetzbetreibern zum Tagesgeschäft und kann bei den betriebsüblichen Leistungsschwankungen und Leistungsdifferenzen (z. B. durch Laständerungen) in der Regel durch den Einsatz von vorgehaltener Regelleistung sehr gut ausgeglichen werden [6]. Allerdings gibt es besondere Betriebssituationen, bei denen sich Leistungsänderungen über das normale Maß hinaus einstellen. Auch wenn solche Situationen als Einzelereignisse sicher nicht zu einem Stromausfall führen, können sie jedoch als Initialereignis oder als verstärkendes Element bei der Entstehung eines Blackouts mitwirken.

3.8.1 Sonnenfinsternis

Eine nicht alltägliche Herausforderung für die Systemführung ist die Beherrschung der Auswirkungen einer Sonnenfinsternis auf das Betriebsgeschehen. Bei der partiellen Sonnenfinsternis am 20. März 2015 verringerte sich in Deutschland die Einspeisung aus Sonnenenergie innerhalb von etwa 45 min von 12.905 MW auf rund 5441 MW. Am Ende der Sonnenfinsternis erhöhte sich die Einspeisung aufgrund des gegenüber zu Beginn der Sonnenfinsternis höheren Sonnenstandes dann sogar auf 19.810 MW (Abb. 3.24) [55, 56].

Bei überwiegend klarem Himmel wurden in der Zeit nach der größten Bedeckung steile Leistungsgradienten in der Einspeisung von über 4000 MW pro Viertelstunde gemessen (vgl. Abb. 3.25). Leistungsgradienten in dieser Größenordnung sind im normalen Betrieb unüblich und nur mit größeren Kraftwerksausfällen zu vergleichen. Aufgrund der guten Prognostizierbarkeit einer Sonnenfinsternis kann sich die Systemführung allerdings rechtzeitig auf ein solches Ereignis vorbereiten und ausreichend Regelleistung einkaufen. Es bleibt dann natürlich immer noch eine große Herausforderung für die Systemführer, diese Regelleistung möglichst synchron mit dem Rückgang und dem Wiedereinsetzen der Einspeisung aus den Photovoltaikanlagen entsprechend dem Verlauf der Sonnenfinsternis durch das Hoch- bzw. Herunterfahren von konventionellen Kraftwerken und Speicherkraftwerken abzurufen und so einzusetzen, dass die Leistungsbilanz zu jedem Zeitaugenblick ausgeglichen ist. Bei der Sonnenfinsternis 2015 gelang es den Systemführungen der Übertragungsnetze, den Leistungsrückgang und die Wiederkehr der Einspeisung aus Photovoltaikanlagen auszugleichen, sodass, gemessen an den Umständen, nur ein verhältnismäßig geringer Einsatz von Regelenergie und vertraglich gebundenen abschaltbaren Lasten notwendig wurde (Abb. 3.25) [57, 58].

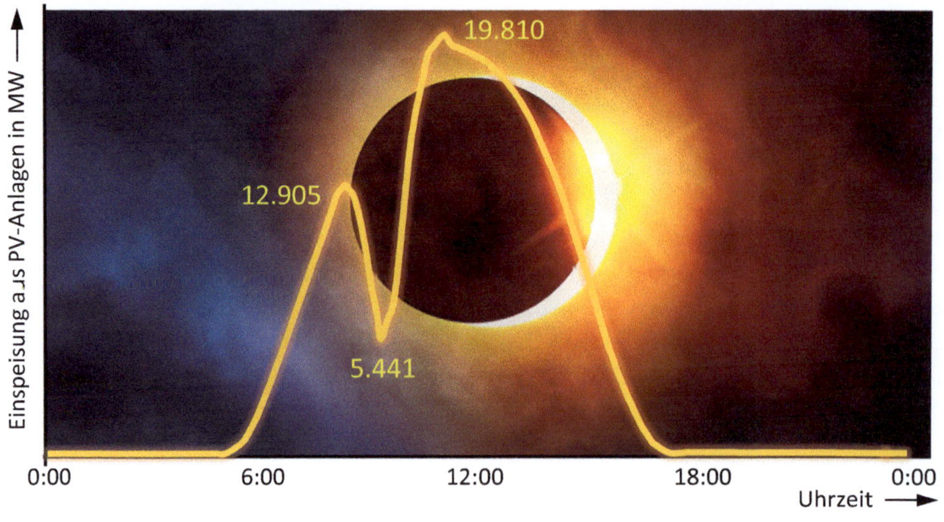

Abb. 3.24 Verlauf der PV-Einspeisung während der partiellen Sonnenfinsternis 2015 [58]

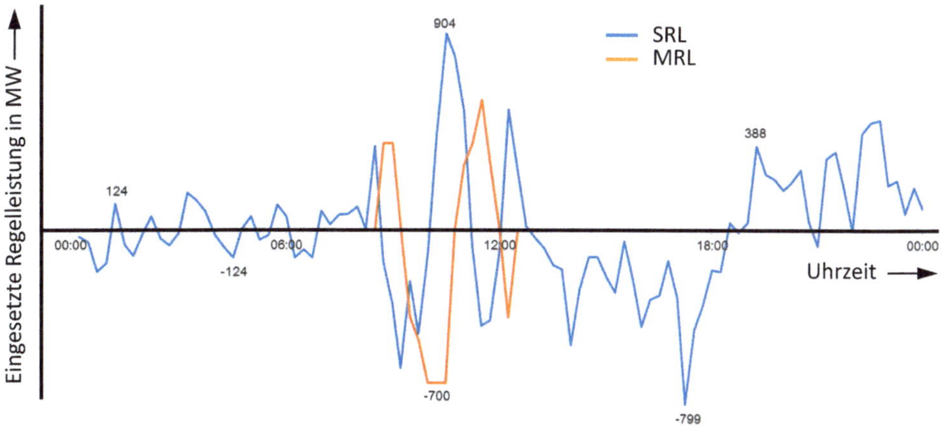

Abb. 3.25 Während der Sonnenfinsternis 2015 eingesetzte Sekundärregelleistung (SRL) und Minutenreserveleistung (MRL) [58]

3.8.2 Sportliche Großereignisse

Eine andere, für die Systemführung ebenfalls besondere Betriebssituation kann entstehen, wenn das üblicherweise stochastische Verbrauchsverhalten der Endverbraucher von elektrischer Energie durch übergeordnete Ereignisse in bestimmten Zeitbereichen weitgehend synchronisiert wird.

Solche Großereignisse sind beispielsweise Olympische Spiele, das Finalspiel „Super Bowl" der US-Football-Serie oder Fußballweltmeisterschaften. Je nach Bedeutung eines konkreten Spiels im Turnier, dem Zeitpunkt des Spiels sowie den Mannschaften auf dem Platz kann sich der Ablauf des Spiels signifikant auf den Systemzustand des Übertragungsnetzes auswirken. Direkt im Anschluss an den Pfiff durch den Schiedsrichter zur Halbzeitpause beginnen häufig Millionen von Menschen mit gleichartigen Tätigkeiten. Sie holen sich ein Bier aus dem Kühlschrank, schieben schnell eine Pizza in den Ofen und gehen auf die Toilette. Dies sind alles Tätigkeiten, die mit dem Verbrauch elektrischer Energie verbunden sind. Durch das Fußballspiel finden diese Verbräuche dann nahezu zeitgleich statt. Dies führt in der Summe zu einem signifikanten, an der Netzfrequenz erkennbaren Mehrverbrauch, der entsprechende Regeleingriffe durch die Systemführung erfordert.

Abb. 3.26 zeigt den Verlauf der Netzfrequenz während des Vorrundenspiels Deutschland-Mexiko bei der Fußballweltmeisterschaft 2018. Unmittelbar vor Spielbeginn um 17:00 Uhr sank die Frequenz ab, danach stieg sie wieder an. Mit dem Beginn der Halbzeitpause fiel die Netzfrequenz aufgrund der großen Energienachfrage nahezu schlagartig [59]. Der Leistungsanstieg zur zweiten Halbzeit betrug dann fast 3000 MW. Mit dem

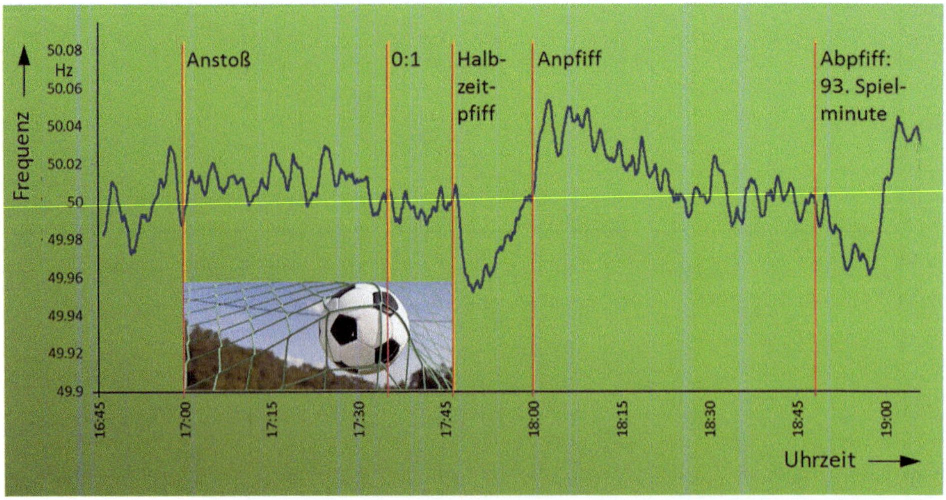

Abb. 3.26 Verlauf der Netzfrequenz während des Fußballspiels Deutschland-Mexiko [59]

Einsatz von Regelkraftwerken steuert die Systemführung diesem außergewöhnlichen Verbraucherverhalten entgegen und gleicht den Minder- bzw. Mehrverbrauch entsprechend aus.

3.8.3 Earth Hour Aktion „Licht aus!"

Seit 2007 schalten Menschen im Rahmen der symbolischen Aktion Earth Hour weltweit einmal im Jahr für eine Stunde das Licht aus. Im Jahr 2023 fand diese Aktion am 25. März weltweit jeweils von 20:30 bis 21:30 Uhr Ortszeit statt. Mit diesem synchronisierten Verbraucherverhalten wurde die elektrische Last in Deutschland um ca. 1500 MW für den Zeitraum einer Stunde verringert. Da der Zeitpunkt und die Dauer dieser Aktion genau bekannt sind, kann auch die Systemführung beispielsweise durch den Einsatz von Pumpspeicherkraftwerken entsprechend gut auf den Rückgang bzw. den Wiederanstieg der Last nach Abschluss der Aktion reagieren.

Literatur

1. G. Reichenbach, Risiken und Herausforderungen für die Öffentliche Sicherheit in Deutschland. Szenarien und Leitfragen. Grünbuch des Zukunftsforums Öffentliche Sicherheit, Berlin: ProPress Verlagsgesellschaft mbH, 2008.
2. Büro für Technikfolgen-Abschätzung beim Deutschen Bundestag, Gefährdung und Verletzbarkeit moderner Gesellschaften – am Beispiel eines großräumigen Ausfalls der Stromversorgung,

Berlin, 2010.
3. M. Paul, „Rechtsgrundlagen für den Bevölkerungsschutz und die Pharmazeutische Notfallversorgung," in *BBK: Notfall- und KatastrophenPharmazie I, Bevölkerungsschutz und Medizinische Notfallversorgung*, Bonn, 2009, pp. 115–181.
4. T. Petermann, H. Bradtke, A. Lüllmann, M. Poetzsch und U. Riehm, Was bei einem Blackout geschieht: Folgen eines langandauernden und großflächigen Stromausfalls, edition sigman, 2. Aufl., Nomos Verlag, 2013.
5. M. Markovic, „Blackout-Vorsorge, Netzwiederaufbau, Frequenzplan," 5. November 2012. [Online]. Available: http://fachportal.ph-noe.ac.at/fileadmin/_migrated/content_uploads/5d_Blackout-Vorsorge__Markovic.pdf.
6. K. F. Schäfer, Systemführung, Wiesbaden: Springer Vieweg, 2022.
7. Entso-E, Continental Europe Synchronous Area Separation on 08 January 2021, Brüssel, 2021.
8. Entso-E, „System Separation in the Continental Europe Synchronous Area on 8 January 2021 – Interim Report," 26. Februar 2021. [Online]. Available: https://www.entsoe.eu/news/2021/02/26/system-separation-in-the-continental-europe-synchronous-area-on-8-january-2021-interim-report/. [Zugriff am 5. März 2021].
9. G. Pausch, „Blackout und seine Folgen - Fallstudie," 8.11.2017.
10. Max-Planck-Institut, „Klimaänderungen durch Vulkane," 2002. [Online]. Available: https://mpimet.mpg.de/kommunikation/informationsmaterial/jahrbuchbeitraege/jahrbuchbeitrag-2002. [Zugriff am 20.3.2023].
11. E. Campetella, „Welche Folgen hat ein Vulkanausbruch für das Klima?," daswetter.com, 9.6.2018. [Online]. Available: https://www.daswetter.com/nachrichten/aktuelles/welche-folgen-hat-ein-vulkanausbruch-fur-das-klima-.html. [Zugriff am 8.4.2023].
12. Wikipedia, „Jahr ohne Sommer," 24.3.2023. [Online]. Available: https://de.wikipedia.org/wiki/Jahr_ohne_Sommer. [Zugriff am 9.4.2023].
13. Bundesamt für Bevölkerungsschutz und Katastrophenhilfe (BBK), Stromausfall - Grundlagen und Methoden zur Reduzierung des Ausfallrisikos der Stromversorgung, Bonn, 2014.
14. H.-A. Krebs, Energieresilienz und Klimaschutz, Wiesbaden: Springer Vieweg, 2021.
15. L. Vecchio, „Klimatische Notsituation – 500.000 Menschen sind in Gluthitze ohne Strom," TX Group AG, 25. Juli 2023. [Online]. Available: https://www.20min.ch/story/klimatische-notsituation-500000-menschen-sind-in-gluthitze-ohne-strom-970174304852. [Zugriff am 29. Juli 2023].
16. C. Hanslik, „Land ohne Strom – Mögliche Ursachen für einen Blackout," 8.10.2018. [Online]. Available: https://www.addendum.org/blackout/ursachen/. [Zugriff am 8.4.2023].
17. Wikipedia, „Stromausfall," [Online]. Available: https://de.wikipedia.org/wiki/Stromausfall#cite_note-5.
18. Spiegel, „Sonneneruptionen "Es war der perfekte Sturm"," 28.10.2003. [Online]. Available: https://www.spiegel.de/wissenschaft/weltall/sonneneruptionen-es-war-der-perfekte-sturm-a-271661.html. [Zugriff am 20.3.2023].
19. National Academy of Sciences, „Severe Space Weather Events Understanding Societal and Economic Impacts: A Workshop Report," Washington, 2009.
20. UCTE, „Final Report System Disturbance on 4 November 2006," 2007. [Online]. Available: https://www.entsoe.eu. [Zugriff am 2009].
21. Amprion, „Die Lage war besorgniserregend," 2019. [Online]. Available: https://www.amprion.net/Netzjournal/Beitr%C3%A4ge-2019/Vanzetta-Interview.html. [Zugriff am 2. Mai 2021].
22. Bund der Steuerzahler, „Manipulationen im Energiegroßhandel: Bundeskartellamt verhängt Bußgelder gegen Stromhändler," 6.10.2021. [Online]. Available: https://www.steuerzahler.de/bayern/newsticker-archiv/newsticker/news/manipulationen-im-energiegrosshandel-bundeskartellamt-verhaengt-bussgelder-gegen-stromhaendler/. [Zugriff am 8.4.2023].

23. Bundesnetzagentur, „Jahresbericht 2021," Bonn, 2021.
24. L.-F. Stahl, „Regelenergie-Preisexplosion," Bund der Energieverbraucher, 4.3.2021. [Online]. Available: https://www.energieverbraucher.de/print.php4?back_con=&content_news_detail=2717&itid=1096. [Zugriff am 8.4.2023].
25. Bund der Energieverbraucher, „Regelenergie," [Online]. Available: https://www.energieverbraucher.de/de/regelenergie__1096/. [Zugriff am 24.3.2023].
26. Amprion, „Phänomen zur vollen Stunde," [Online]. Available: https://www.amprion.net/Netzjournal/Beitr%C3%A4ge-2021/Ph%C3%A4nomen-zur-vollen-Stunde.html. [Zugriff am 9. Juli 2021].
27. Next-Kraftwerke, „Wer die Netzfrequenz stört," [Online]. Available: https://www.next-kraftwerke.de/energie-blog/stromnetzfrequenz. [Zugriff am 27.3.2023].
28. T. Weißbach, Verbesserung des Kraftwerks- und Netzregelverhaltens bezüglich handelsseitiger Fahrplanänderungen, Dissertation, Universität Stuttgart, 2009.
29. Tennet TSO, „Statisches Netzmodell für Marktteilnehmer," 12.8.2022. [Online]. Available: https://www.tennet.eu/de/markets/transparenz-deutschland. [Zugriff am 21.3.2023].
30. Amprion, „Statisches Netzmodell," [Online]. Available: https://www.amprion.net/Strommarkt/Engpassmanagement/Statisches-Netzmodell/. [Zugriff am 21.3.2023].
31. TransnetBW, „Statisches Netzmodell," [Online]. Available: https://www.transnetbw.de/de/strommarkt/engpassmanagement/engpass. [Zugriff am 21.3.2023].
32. 50Hertz, „Statisches Netzmodell," [Online]. Available: https://www.50hertz.com/de/Transparenz/Kennzahlen/Netzdaten/StatischesNetzmodell. [Zugriff am 21.3.2023].
33. Wikipedia, „Liste der Schaltanlagen im Höchstspannungsnetz in Deutschland," 12.12.2022. [Online]. Available: https://de.wikipedia.org/wiki/Liste_der_Schaltanlagen_im_H%C3%B6chstspannungsnetz_in_Deutschland. [Zugriff am 21.3.2023].
34. Tennet TSO, „NordLink," [Online]. Available: https://www.tennet.eu/de/projekte/nordlink. [Zugriff am 29. Juli 2023].
35. 50Hertz Transmission, „Hansa PowerBridge," [Online]. Available: https://www.50hertz.com/de/Netz/Netzausbau/ProjekteaufSee/HansaPowerBridge. [Zugriff am 29. Juli 2023].
36. Deutsche Energie-Agentur, „EnerCrypt - Cyberinnovationen für das sichere Energiesystem der Zukunft," dena, Berlin, 2021.
37. U. Ladinig und H. Saurugg, Cyber Security Austria, „Blackout," *Truppendienst,* Wien, 2012.
38. Cigre WG C2.25, Operating strategies and preparedness for system operational resilience, Technical Brochure 833, Paris, 2021.
39. B. Hirschl, A. Aretz, M. Bost, M. Tapia und S. Gößling-Reisemann, „Vulnerabilität und Resilienz des digitalen Stromsystems," Institut für ökologische Wirtschaftsforschung, Berlin, 2018.
40. A. Kummerow, „Sensoren und Künstliche Intelligenz überwachen das Stromnetz," *Elektronik Praxis,* pp. 28–30, Juni 2019.
41. C. Besant, „Cyberattacken auf das Stromnetz – Wie groß ist die Gefahr?," [Online]. Available: https://stromausfall.org/cyberattacke-auf-das-stromnetz/. [Zugriff am 7.4.2023].
42. M. Richter, A. Naumann, R. Schülke, R. Rottmann und T. Raak, „Bereit für die Digitalisierung der Energiewende: Praxistests zur Anbindung intelligenter Messsysteme bei der 50Hertz," *at – Automatisierungstechnik,* Bd. 68, Nr. 9, pp. 781–789, 2020.
43. F. Bethmann, „Cyberangriff aufs Stromnetz," ZDF, 21.6.2019. [Online]. Available: https://www.3sat.de/gesellschaft/makro/wirtschaftsdokumentation-cyberangriff-aufs-stromnetz-100.html. [Zugriff am 8.4.2023].
44. C. Brunschwiller, „Blackout: Wenn Hacker den Strom abschalten," 2.1.2017. [Online]. Available: https://blog.compass-security.com/2017/01/blackout-wenn-hacker-den-strom-abschalten/. [Zugriff am 20.3.2023].

45. Bundesministerium des Innern, „Dritter Gefahrenbericht der Schutzkommission beim Bundesminister des Innern," Bonn, 2006.
46. Wikipedia, „Elektromagnetischer Impuls," 26.2.2023. [Online]. Available: https://de.wikipedia.org/wiki/Elektromagnetischer_Impuls#Weitere_EMP-Waffen. [Zugriff am 9.4.2023].
47. Deutsche Bundesregierung, Verordnung zur Gewährleistung der technischen Sicherheit und Systemstabilität des Elektrizitätsversorgungsnetzes (Systemstabilitätsverordnung - SysStabV), Berlin: BGBl. I S. 1635, 2012.
48. Cigre/Cired, „11. CIGRE/CIRED Informationsveranstaltung 24.10.2013 - Beitrag Amprion".
49. Bundesnetzagentur, „Monitoringbericht 2019," Bonn, 2020.
50. U. Leuschner, „Streit auf dem Balkan stört Netzfrequenz," 2018. [Online]. Available: http://www.energie-chronik.de/180303d1.htm. [Zugriff am 01.12.2020].
51. heise-online, „Zeit-Synchronisation per Stromnetz: Energieknappheit lässt Uhren nachgehen," [Online]. Available: https://www.heise.de/newsticker/meldung/Zeit-Synchronisation-per-Stromnetz-Energieknappheit-laesst-Uhren-nachgehen-3984126.html. [Zugriff am 7. Januar 2023].
52. F. Blümm, „Blackout-Gefahr bis 2035? Warum das Stromausfall-Risiko steigt," 10.4.2021. [Online]. Available: https://www.tech-for-future.de/blackout/#2_Blackout-Risiko_Lokale_Versorgungsluecken_durch_fehlenden_Netzausbau. [Zugriff am 21.3.2023].
53. Schmiesing, J. et. al., „Auswirkungen von Wärmepumpen und E-Mobilität auf die E.ON Verteilnetze," *Energiewirtschaftliche Tagesfragen,* Bd. 70, Nr. 12, pp. 41-44, 2020.
54. D. Schlicht, „Blackout in ganz Europa: Wenn die Stromversorgung zu lange wegbleibt," 21.11.2022. [Online]. Available: https://www.costanachrichten.com/service/residenten-ratgeber/experte-saurugg-blackout-europa-strom-gefahr-folgen-vorsorge-90195505.html. [Zugriff am 8.4.2023].
55. P. Wajant, „Der Blackout - Potentielle Auslöser und Gegenmaßnahmen," TransnetBW, Wendlingen, 9.12.2016.
56. R. Schmaranz, „Es wird immer stürmischer um unsere Netze," 14.11.2018. [Online]. Available: https://www.kelag.at/files/Publikationen/KEE/Es-wird-immer-stuermischer-um-unsere-Netze_Schmaranz.pdf.
57. K. Eberding, „PV-Strom während der Sonnenfinsternis," [Online]. Available: https://www.energie-forum-zorneding.de/2015/03/pv-strom-waehrend-der-sonnenfinsternis/. [Zugriff am 25.11.2020].
58. Bundesnetzagentur, „Feststellung des Reservekraftwerksbedarfs für den Winter 2015/2016 sowie die Jahre 2016/2017 und 2019/2020," Bonn, 30.04.2015.
59. B. Schürmann und T. Veith, „Der Ball im Netz," *BWK,* Bd. 72, pp. 36–39, 06–07 2020.
60. Wikipedia, „Graphitbombe," 2.12.2022. [Online]. Available: https://de.wikipedia.org/wiki/Graphitbombe. [Zugriff am 7.9.2023].
61. ZDF, „Unwetter verwüsten Teile Griechenlands," 5.9.2023. [Online]. Available: https://www.zdf.de/nachrichten/panorama/griechenland-unwetter-regen-ueberschwemmung-warnung-100.html. [Zugriff am 7.9.2023].

Beispiele von Blackouts

4

4.1 Historische Großstörungen

Eine Auswahl von Großstörungen der vergangenen 25 Jahre ist in Tab. 4.1 zusammengestellt [1, 2]. Die dort aufgelisteten Störungen traten aus den unterschiedlichsten Gründen und weltweit auf. Die Anzahl der betroffenen Verbraucher reichte von einigen zehntausend bis zu mehreren hundert Millionen. Die Versorgung war zwischen wenigen Stunden bis zu mehreren Tagen unterbrochen. Nicht jede dieser Großstörungen entspricht der in Abschn. 2.9.1 formulierten Definition eines Blackouts. Die Beispiele zeigen jedoch sehr anschaulich, wie unterschiedlich die Ursachen und wie gravierend die Auswirkungen einer Unterbrechung der Stromversorgung sein können. Einige der Großstörungen werden nachfolgend ausführlicher beschrieben.

4.2 Kanada/Quebec 1998

Der North American Ice Storm of 1998 (auch bekannt als Great Ice Storm of 1998 oder January Ice Storm) war eine Aufeinanderfolge von fünf kleineren Eisregen bzw. Eisstürmen zwischen dem 5. und dem 9. Januar 1998, die einen relativ schmalen Landstreifen vom östlichen Ontario bis zum südlichen Quebec, New Brunswick und Nova Scotia in Kanada trafen und an Gebiete vom nördlichen New York bis zum zentralen Maine in den Vereinigten Staaten grenzten (Abb. 4.1). Die fünf Eisregen verursachten in Summe massive Schäden an Bäumen und elektrischer Infrastruktur in der gesamten Region, was zu großflächigen und länger andauernden Stromausfällen führte. Millionen Menschen saßen bis zu mehreren Wochen praktisch im Dunkeln.

Die Situation wurde besonders am 9. Januar 1998, auch bekannt als „Black Friday“, kritisch, als die dritte Welle des Eisregens das Übertragungsnetz in der betroffenen Region

K. F. Schäfer, *Blackout*, https://doi.org/10.1007/978-3-658-43332-1_4

Tab. 4.1 Blackouts in der Stromversorgung

Jahr	Region	Ursache	Zahl der betroffenen Personen	Dauer bis zur vollständigen Wiederversorgung
1998	Kanada/Quebec	Eisregen	4 Mio.	3 Wochen
2001	Indien	technischer Defekt	226 Mio.	12 h
2003	Nordost-Amerika	Kraftwerks- und Leitungsausfälle	ca. 60 Mio.	ca. 48 h
2003	London	wartungsbedingte Freischaltung	400.000	40 min
2003	Italien	hohe Leitungsbelastung	57 Mio.	20 h
2003	Dänemark/ Schweden	Leitungsabschaltung und Kraftwerksausfall	k.A.	k.A
2004	Trier/Luxemburg	zeitliches Zusammentreffen von Kurzschluss und Wartungsarbeiten	k.A.	ca. 4,5 h
2004	Spanien	technischer Defekt/ menschliches Versagen	2 Mio.	5 Blackouts in 10 Tagen
2005	Münsterland	extreme Witterung	250.000	mehrere Tage
2005	Indonesien	technischer Defekt	100 Mio.	7 h
2006	Mittel- und Südwesteuropa	Zusammentreffen von Leitungsabschaltungen und Leistungsflussänderungen	über 20 Mio.	2 h
2009	Brasilien/Paraguay	starker Regen und Sturm	87 Mio	7 h
2011	Brasilien	technischer Defekt	53 Mio.	16 h
2012	Indien	hohe Leitungsbelastung	600 Mio.	2 Tage
2012	New York-Manhatten	Wirbelsturm	8 Mio.	7 Tage
2014	Bangladesch	Defekte Kuppelleitung nach Indien	100 Mio.	12 h
2015	Niederlande	hohe Leitungsbelastung	k.A.	mehrere Stunden
2015	Türkei	Ausfall mehrerer Kraftwerke	76 Mio.	9 h
2015	Ukraine	Cyberangriff	700.000	15 h
2019	Argentinien/ Uruguay	technischer Defekt	48 Mio.	mehrere Tage
2021	Pakistan	Kraftwerksausfall	200 Mio.	24 h

(Fortsetzung)

Tab. 4.1 (Fortsetzung)

Jahr	Region	Ursache	Zahl der betroffenen Personen	Dauer bis zur vollständigen Wiederversorgung
2021	Texas	extreme Witterung	4 Mio.	3 Tage
2021	Spanien	Kleinflugzeug beschädigt Kuppelleitung	1 Mio	1 h

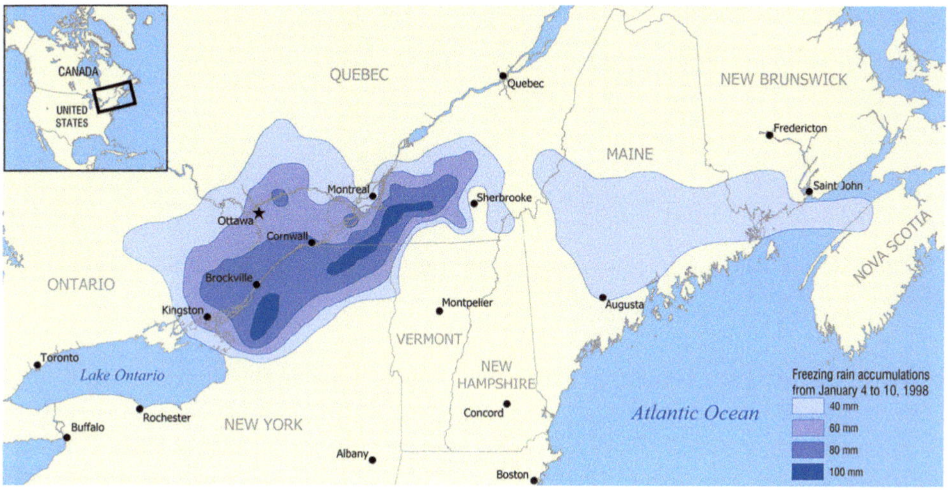

Abb. 4.1 Gebiet des North American Ice Storm of 1998. (Quelle: Environment Canada/ N. Einstein CC BY-SA 3.0)

verwüstete. Die Maste waren nicht für mehr als 30 mm Eisbesatz ausgelegt und knickten unter der tonnenschweren Last wie Dominosteine um (Abb. 4.2).

Eisregen ist in der östlichen Hälfte Kanadas und Neuenglands im Winter nicht ungewöhnlich und tritt im Allgemeinen an der schmalen Grenze zwischen kalter Luft aus dem Osten und dem Norden und feuchter Luft aus dem Süden auf. Typischerweise bewegt sich eine warme Luftmasse entlang des Mississippi-Tals nach Norden und überläuft eine flache Schicht kalter Luft, die an der Oberfläche eingeschlossen ist. Eine solche Kaltluftstauung geschieht bei einer Ost- bis Nordostströmung im Tal des Sankt-Lorenz-Stroms, im Ottawa-Tal und entlang der Achse der Appalachen.

In einem solchen Wintersturmsystem wird in den höheren Schichten Schnee produziert, der aber zu Regen schmilzt, wenn er durch eine warme Luftschicht in ca. 350 m Höhe mit Temperaturen über dem Gefrierpunkt fällt. Der Regen strömt dann wieder durch kältere Luft in der Nähe der Erdoberfläche, ist dadurch zwar wieder deutlich abgekühlt, aber noch nicht gefroren. Wenn dieser Regen dann den Boden oder eine andere kalte Oberfläche in

Abb. 4.2 Umgestürzter Leitungsmast beim North American Ice Storm von 1998. (Quelle: Hydro Quebec)

der kalten Luft darunter berührt, gefrieren die Tröpfchen praktisch schlagartig bei Kontakt und erzeugen Eisansammlungen.

Im Gebiet um Montreal tritt in der Regel zwischen 12 und 17 mal pro Jahr gefrierender Regen auf [3]. Ein solcher Eisregen dauert normalerweise nur wenige Stunden und hinterlässt nur einige Millimeter dicke Eisschichten. Er macht Straßen und Gehwege rutschig und verursacht kleinere Verkehrsunfälle, hinterlässt aber gewöhnlich keine größeren Schäden. Vor dem dramatischen Eisregenereignis von 1998 lagerte der letzte große Eisregen, der Montreal 1961 traf, etwa 30 bis 60 mm Eis ab. Der Eissturm von 1998 hinterließ jedoch doppelt so dicke, in einzelnen Fällen bis zu 100 mm starke Ablagerungen [4].

Viele Stromleitungen brachen unter dem Gewicht des Eises ein, sodass mehr als 4 Mio. Menschen ohne Strom waren, die meisten von ihnen im Süden von Quebec, im Westen von New Brunswick und im Osten Ontarios, einige von ihnen für einen ganzen Monat. Insgesamt fielen während des Eissturms 1998 fast 40 % des Stromnetzes der Provinz Quebec aus.

Alle Leitungen bis auf eine Verbindung in den Großraum Montreal waren für mehrere Tage ausgefallen [5], wodurch beide Wasserpumpstationen der Stadt deaktiviert wurden [6]. Das Gebiet südlich von Montreal (Montérégie) war so betroffen, dass das von Saint-Hyacinthe, Granby und Saint-Jean-sur-Richelieu gebildete Dreieck von den französischsprachigen Medien als „triangle noir" („dunkles oder schwarzes Dreieck") und in englischen Medien als „Dreieck der Finsternis" [5] bezeichnet wurde, weil es wochenlang keinen Strom gab.

Der Stromausfall traf auch die Schweine- und Rinderzüchter in dieser Region stark, da sie ihr Vieh nicht mehr mit Wasser versorgen und ihre Ställe nicht mehr ausreichend belüften konnten, was zum Tod vieler Tiere führte. Viele Ställe brachen unter dem Gewicht des Eises zusammen und töteten die darin gefangenen Tiere [7].

Kritisch war die große Zahl von etwa 1000 Stahlgittermasten [8] und 35.000 hölzernen Strommasten, die durch das Gewicht des Eises umgebrochen wurden, was die Stromversorgung weiter beschädigte und die Wiederversorgung nachhaltig behinderte. Reparaturteams des Energieversorgers Hydro Quebec wurden von Orten wie Prince Edward Island und Nova Scotia zusammen mit Teams aus den Vereinigten Staaten und den kanadischen Streitkräften zusammengezogen, um die Stromversorgung der betroffenen Häuser im Osten Ontarios und im Westen von Quebec wiederherzustellen.

In Maine waren etwa 700.000 der 1,2 Mio. Einwohner von dem Blackout betroffen. Auch drei Wochen nach dem Ende des Eissturms waren immer noch Tausende Menschen ohne Strom. Allein in Quebec waren am 28. Januar für 150.000 Menschen die Stromversorgung immer noch unterbrochen [9]. Die letzten Kunden konnten erst am 6. Februar 1998 wieder vollständig versorgt werden. Schätzungen des materiellen Schadens beliefen sich allein für Quebec auf rund zwei Mrd. kanadische Dollar. Die Gesamtschätzungen gehen von rund vier bis sechs Mrd. US-Dollar für alle betroffenen Gebiete aus. Die Schäden am Stromnetz waren so schwerwiegend, dass Reparaturen häufig nicht mehr sinnvoll waren und Ersatzneubauten errichtet werden mussten [10].

Wie sich die Lage bis hin zu einem Blackout verschlechtert und wie langwierig sich die Wiederversorgung der Kunden gestalten kann, zeigt die folgende Zeitleiste des Blackouts in Quebec im Januar 1998.

Montag, 05.01.1998

- Einsetzen des gefrierenden Regens, Bildung von 10 bis 20 mm dicken Eisschichten

Dienstag, 06.01.1998

- erneuter Eisregen, Eisschichten werden um 34 mm dicker
- in den Regionen Outaouais, Beauce, Montérégie und Montréal sind 700.000 Kunden ohne Strom

Mittwoch, 07.01.1998

- wieder Eisregen, die Eisschichten wachsen um 7,5 mm an
- 435.000 Kunden sind ohne Strom

Donnerstag, 08.01.1998

- erneuter Eisregen, Aufwuchs der Eisschichten um weitere 23 mm
- 1.023.000 Kunden sind ohne Strom
- viele Hochspannungsleitungen brechen in Montérégie ein

Freitag, 09.01.1998

- wieder Eisregen, die Eisschichten wachsen um weitere 14 mm auf insgesamt 78 mm an, in Einzelfällen 100 mm
- Downtown Montréal ist im Dunkeln
- die U-Bahn Montréal stellt den Betrieb ein
- alle Brücken zwischen Montréal und der Südküste sind gesperrt, mit Ausnahme des Louis-Hippolyte-Lafontaine-Brückentunnels
- die Wasserfilteranlagen in Montréal werden wegen Stromausfall heruntergefahren

Samstag, 10.01.1998

- kein weiterer Eisregen, allerdings strenge Kälte und Schneefall
- 1.393.000 Kunden sind ohne Strom
- Beginn des Wiederaufbaus
- Schäden: 24.000 Holzmaste sind umgestürzt, 900 Stahlgittermaste und 3000 km Leitungen müssen wieder aufgebaut werden

Sonntag, 11.01.1998

- Schutzräume sind fast voll ausgelastet
- Stromversorgung in der Innenstadt von Montréal ist wiederhergestellt, aber das Netz ist immer noch instabil

Montag, 12.01.1998

- Enteisung beginnt in der Innenstadt von Montréal

Dienstag, 13.01.1998

- 380.000 Kunden sind noch ohne Strom

Donnerstag, 15.01.1998

- Hubschraubereinsatz zur Wiederverbindung des Kraftwerks Beauharnois mit dem Umspannwerk Aqueduc und zur Stärkung des Netzes
- Enteisung geht in der Innenstadt von Montréal weiter

Samstag, 17.01.1998

- 256.000 Kunden sind noch ohne Strom
- Generatoren, Decken, Lebensmittel und Brennholz kommen aus ganz Québec

Dienstag, 27.01.1998

- 62.000 Kunden sind noch ohne Strom

Freitag, 06.02.1998

- Stromversorgung aller Kunden ist wiederhergestellt

4.3 Italien 2003

Am 28. September 2003 fiel nahezu im gesamten italienischen Netz der Strom teilweise bis zu 20 h aus. Auch Teile von Frankreich, der Schweiz und Österreich waren kurzzeitig betroffen. Für den Zeitraum zwischen 03:00 und 04:00 Uhr MEZ sollte Italien entsprechend den vereinbarten Wirkleistungsaustauschprogrammen der UCTE-Regelblöcke 6410 MW aus dem kontinentaleuropäischen Verbundsystem beziehen (Abb. 4.3). Zum Zeitpunkt des initialen Störungsereignisses betrug die Importleistung jedoch tatsächlich etwa 6700 MW [11, 12].

Der Stromausfall in Italien begann mit einer gewöhnlichen Netzstörung, die die Systemführungen normalerweise zuverlässig beheben können. In diesem Fall weitete sich dieser Fehler allerdings durch eine Fehlreaktion des in Laufenburg ansässigen schweizerischen Netzkoordinators Etrans (heute SwissGrid) nach dem Ausfall der ersten 380-kV-Leitung, der sogenannten Lukmanier-Leitung zwischen Mettlen und Lavorgno in der Schweiz (Leitung 1, Abb. 4.4) zu einem ganz Italien betreffenden Blackout aus. Der Schweizer Systemführer hatte vor allem ignoriert, dass die benachbarte San-Bernadino-Leitung von Sils nach Soazza (Leitung 2, Abb. 4.4) die durch den Ausfall bewirkte Überlastung nur für etwa 15 min aufnehmen durfte. Er forderte erst nach zehn Minuten den nationalen italienischen Übertragungsnetzbetreiber GRTN auf, die Last im italienischen Netz um 300 MW zu reduzieren. Dieser Wert entsprach in etwa der Leistungsdifferenz zwischen der vereinbarten und der tatsächlich importierten Leistung.

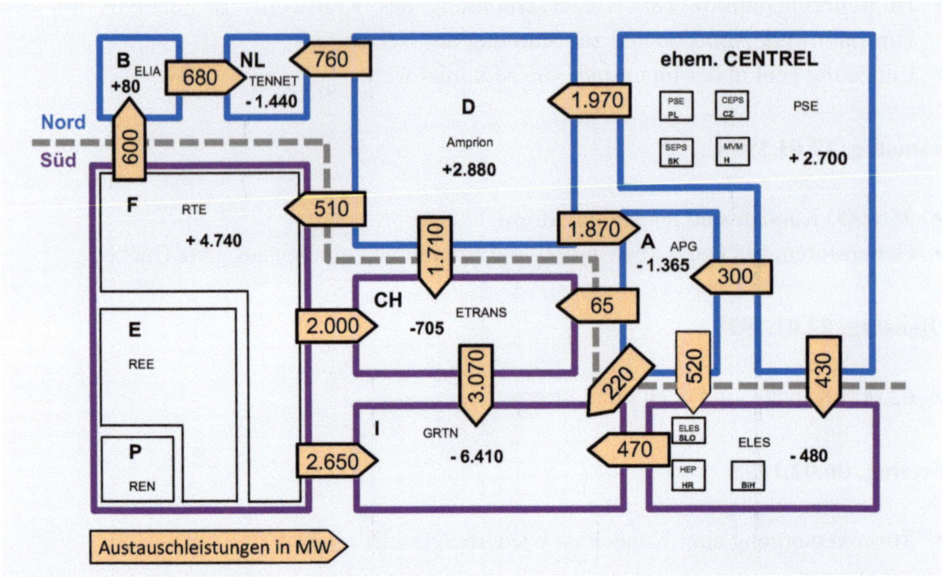

Abb. 4.3 Wirkleistungsaustauschprogramme der UCTE-Regelblöcke am 28.09.2003 zwischen drei und vier Uhr. (Quelle: Amprion)

GRTN führte diese Lastreduktion jedoch erst nach weiteren zehn Minuten aus. Die angeforderte Minderung der Last war allerdings bei weitem nicht ausreichend, um den durch den Ausfall der Lukmanier-Leitung vorhandenen Netzengpass zu beseitigen. Zielführend wäre in dieser Situation die vollständige Abschaltung der italienischen Pumpspeicherkraftwerke gewesen, die zu dieser Zeit mit einer Leistung von insgesamt 3500 MW im Pumpbetrieb liefen. Außerdem gab es mit dem französischen Netzbetreiber keinerlei Abstimmung, obwohl schon im September 2000 anlässlich eines ähnlichen Vorfalls vereinbart worden war, dass sich alle drei Länder bei kritischen Zuständen ihrer grenzüberschreitenden Verbindungen umfassend gegenseitig informieren und verständigen [11, 13, 14].

Die zehn Minuten Verzögerung bis zur Aufforderung zur Lastreduktion an den italienischen Netzbetreiber entstanden durch den letztlich vergeblichen Versuch des schweizerischen Systemführers, die unterbrochene Leitung Mettlen-Lavorgno (Leitung 1, Abb. 4.4) wieder in Betrieb zu nehmen. Ursache des Ausfalls und damit eigentliches Störungsereignis war ein Erdschluss, der durch einen in die Leitung geratenen Baum eingetreten war. Durch den dabei entstandenen Lichtbogen entzündeten sich die Äste des Baumes. In der Regel brennt sich in einem solchen Fall die Leitung auf diese Weise schnell wieder frei und die Leitung lässt sich anschließend wieder zuschalten. In diesem Fall wurde die Wiedereinschaltung jedoch durch eine andere Schutzeinrichtung

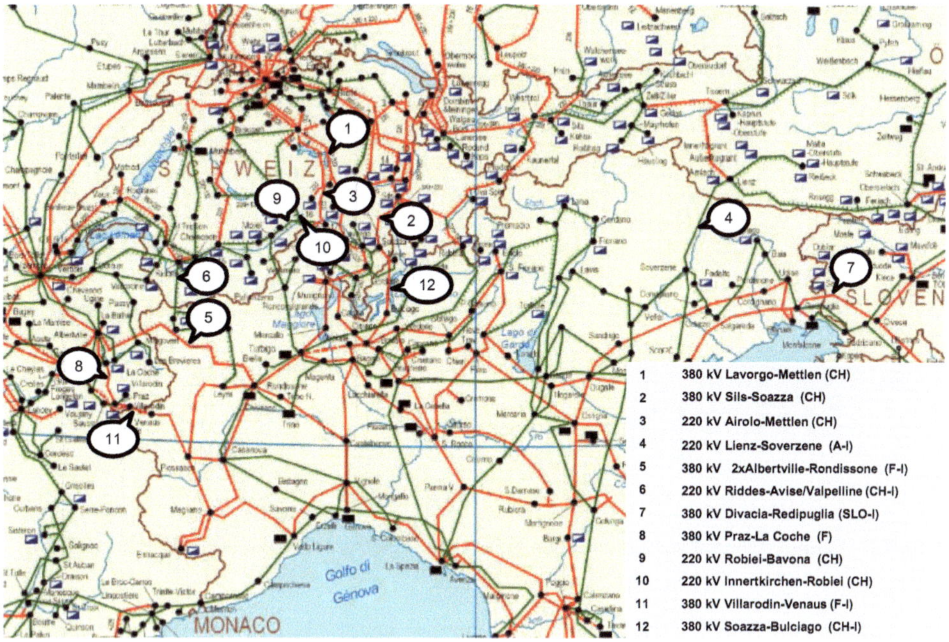

Abb. 4.4 Übersicht der Leitungsausfälle am 28.09.2003. (Quelle: Amprion)

verhindert, da zwischen der Lukmanier-Leitung und dem Schweizer Netz eine Phasenwinkeldifferenz von 42 Grad entstanden war, und damit der zulässige Grenzwert von 30 Grad [15] deutlich überschritten wurde [14].

24 min nach dem Ausfall der Leitung Mettlen-Lavorgno (Leitung 1, Abb. 4.4) löste auch die Leitung Sils-Soazza (Leitung 2, Abb. 4.4) aus. Ursache war ebenfalls ein Erdkurzschluss, der vermutlich durch die Überlastung der San-Bernardino-Leitung (Leitung 2, Abb. 4.4) entstand, da die hohe Belastung dieser Leitung nur für maximal 15 min zulässig war. Durch den hohen Stromfluss erwärmten sich die Leiterseile sehr stark und hingen dadurch immer weiter durch, der Sicherheitsabstand wurde unterschritten und es kam wiederum zu einem Kurzschluss durch Berührung mit einem Baum. Durch dieses Störungsereignis wurden in einer Kettenreaktion alle anderen Verbindungsleitungen zwischen Italien und seinen Nachbarn wegen Überlastung abgeschaltet und das italienische Netz verlor daraufhin innerhalb von nur zwölf Sekunden die Synchronisation mit dem kontinentaleuropäischen Verbundsystem. Wegen des dadurch bewirkten starken Spannungsabfalls gingen in Norditalien mehrere Kraftwerke automatisch vom Netz [14].

Nach der Abkoppelung vom UCTE-Netz konnte Italien den Frequenzabfall durch die automatisch einsetzende Primärregelung sowie die Abschaltung von Pumpen und Lastabwurf kurzfristig bei einer Frequenz von 49 Hz stoppen. Zeitgleich schalteten sich jedoch aus verschiedenen Gründen weitere Kraftwerke ab. Dadurch sank die Frequenz innerhalb

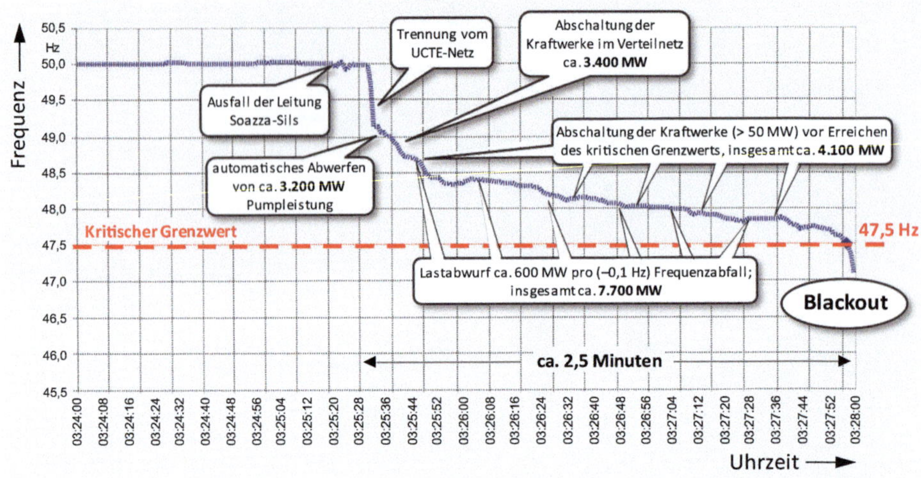

Abb. 4.5 Frequenzverlauf im italienischen Übertragungsnetz am 28.09.2003. (Quelle: UCTE)

von zweieinhalb Minuten nach der Netztrennung weiter bis auf 47,5 Hz und die noch verbliebenen Kraftwerke trennten sich vom Netz. Damit brach die Stromversorgung Italiens vollständig in einem Blackout zusammen. Den Ablauf der Ereignisse kann man sehr gut am Verlauf der Frequenz im italienischen Übertragungsnetz nachverfolgen (Abb. 4.5) [14].

Mehr als 110 Züge mit rund 30.000 Passagieren waren während der Nacht stundenlang blockiert. Tausende saßen in Bahnhöfen und Flughäfen fest. In dem entstandenen Chaos, das rund 56 Mio. Bürger betraf, kamen zumindest fünf Menschen durch Unfälle ums Leben. Der Wiederaufbau des italienischen Netzes dauerte je nach Region zwischen 5 und 18 h. Erst danach konnte das italienische Übertragungsnetz wieder mit dem kontinentaleuropäischen Verbundsystem synchronisiert werden.

Mit der Abtrennung des italienischen Netzes fiel für den Rest des kontinentaleuropäischen Verbundsystems praktisch auf einen Schlag die Exportleistung von 6700 MW weg. Aufgrund der unausgeglichenen Systembilanz stieg die Frequenz im UCTE-Netz innerhalb von vier Sekunden um 240 MHz an (Abb. 4.6). Durch den automatisch einsetzenden Primärregelungsprozess konnte die Netzfrequenz dann innerhalb einer Minute auf 50,19 Hz zurückgeführt werden. Die Frequenz stieg allerdings in den folgenden dreieinhalb Minuten erneut wieder an, da die ebenfalls automatisch einsetzenden Sekundärregler der Verbundpartner die vereinbarten Austauschleistungen auf den Kuppelleitungen wieder einzuregeln versuchten und dabei die vergleichsweise hohe Frequenzabweichung zum Sollwert tolerierten. Die Sekundärregelungen wirkten damit einem Ausgleich der Systembilanz entgegen. Die Frequenz im UCTE-Netz stieg dadurch zunächst wieder an, bis

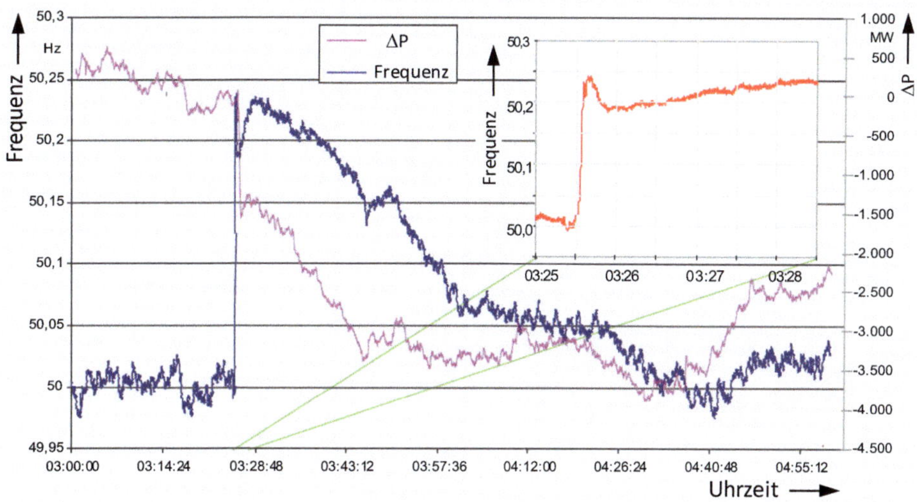

Abb. 4.6 Verlauf der Frequenz und der Leistungsdifferenz im UCTE-Netz am Referenzpunkt Brauweiler am 28.09.2003 zwischen drei und fünf Uhr. (Quelle: Amprion)

die Sekundärregler manuell blockiert bzw. die Austauschleistungssollwerte der aktuellen Situation angepasst werden konnten [14].

Welche enormen Leistungsschwankungen durch die Abtrennung des italienischen Netzes im restlichen kontinentaleuropäischen Verbundsystem aufgetreten sind, zeigt der Verlauf der Leistungsflüsse auf der 380-kV-Leitung von Vigy nach Uchtelfangen (Vigy-Leitung) (Abb. 4.7 und 4.8). Innerhalb weniger Sekunden kam es alleine auf dieser Leitung zu Wirk- und Blindleistungssprüngen von 350 MW bzw. MVA [16]. In diesem Fall führte die extremen Leistungsflussänderung jedoch glücklicherweise zu keinen Folgeschäden.

4.4 USA/Kanada 2003

Die elektrischen Energieversorgungsnetze der USA gliedern sich in drei voneinander unabhängige Verbundsysteme (Interconnections). Zwischen den Verbundsystemen existieren nur einzelne, leistungsschwache Gleichstromverbindungen, die nur einen geringen Leistungsaustausch ermöglichen. Mangels einer zentralen Lastverteilung innerhalb ihres jeweiligen Gebiets sind diese Verbundsysteme auch nicht mit den deutschen Regelbereichen vergleichbar, sondern eher – jedes für sich – mit der Kooperation von technisch autarken Netzpartnern innerhalb des westeuropäischen Verbundnetzes der UCTE. Allerdings verfügen sie nicht über die technische Qualität, die Reserven und die enge

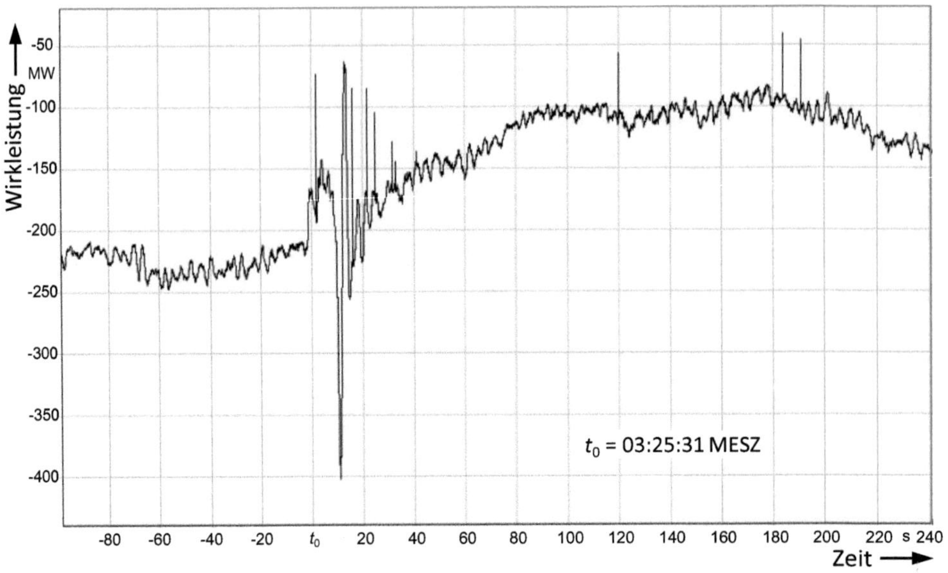

Abb. 4.7 Wirkleistungsfluss auf der Vigy-Leitung. (Quelle: RWE)

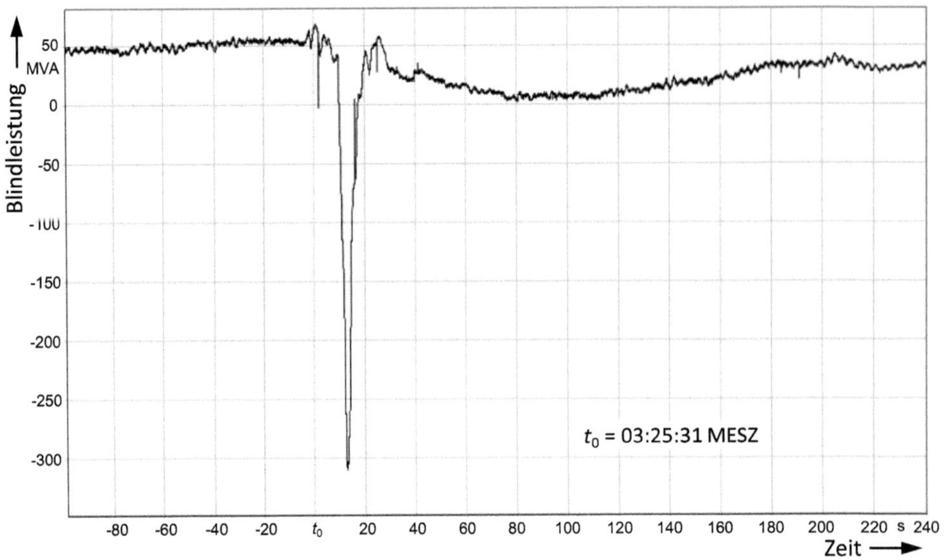

Abb. 4.8 Blindleistungsfluss auf der Vigy-Leitung. (Quelle: RWE)

Vermaschung des europäischen Verbundnetzes. Im Norden sind die Verbundsysteme der USA mit dem kanadischen Übertragungsnetz verbunden. Im Süden gibt es Kuppelleitungen nach Mexiko. Am größten ist die Eastern Interconnection, gefolgt von der Western Interconnection und der Texas Interconnection [17].

In Ontario sind die Systemführung (IMO) und der Übertragungsnetzbetreiber (Hydro One) in getrennten Organisationen angesiedelt. In den anderen Bereichen Kanadas sind Systemführung und Netzbetreiber jeweils in einer Organisation vereint. Jeder Systemführer ist ausschließlich für sein Gebiet zuständig. Ein übergreifendes Dispatching ist nicht vorgesehen [18, 19].

Am 14.8.2003 kam es im System der Eastern Interconnection zu einem flächendeckenden Stromausfall, der acht Bundesstaaten im Nordosten der USA und den Südosten Kanadas lahmlegte. Betroffen waren bis zu 50 Mio. Menschen in einem Gebiet von der Größe Deutschlands, Frankreichs und der Benelux-Staaten. Dazu gehörten Großstädte wie New York, Detroit, Cleveland, Toronto und Ottawa. In den Bundesstaaten New York und New Jersey wurde der Notstand ausgerufen. Während der auf den Blackout folgenden Nacht versanken Städte wie New York in Dunkelheit. In Ottawa kam es zu Plünderungen. Vielfach herrschten chaotische Zustände, weil Verkehrsmittel, Aufzüge und andere elektrischen Anlagen nicht mehr funktionierten [12, 17].

Mitte August 2003 war aufgrund der Hitze der Anteil der Klimaanlagen an der Verbraucherleistung besonders hoch. Der damit im Zusammenhang stehende hohe Anteil motorischer Lasten hatte neben einem hohen Wirkleistungsbedarf auch einen erhöhten Blindleistungsbedarf zur Folge, der zusätzliche Spannungsabsenkungen bewirkte. Insgesamt herrschte am 14.08.2003 aber ein normaler Leistungsfluss von Süd und West in Richtung der Ballungsgebiete am Eriesee. Das Kernkraftwerk Davis Besse (Leistung 870 MW) des Unternehmens FirstEnergy war zur Instandhaltung planmäßig außer Betrieb [18, 19].

Die Ereignisse, die letztendlich zu dem Blackout in den USA und Kanada führen sollten, begannen mit einer, von der Leitstelle zunächst nicht bemerkten Panne in einem Kraftwerk der FirstEnergy im Norden von Ohio am 14.08.2003 um 12:05 Uhr EST (East Standard Time). Um 13:14 und 13:31 Uhr fielen zwei weitere Kraftwerksblöcke in der Umgebung von Cleveland und Detroit aus. Damit fehlten in dieser Region eine Erzeugungsleistung von insgesamt 1757 MW. Dadurch verstärkte sich der Leistungsfluss von Süden in Richtung der Lastzentren am Eriesee. Ab 15:05 Uhr fielen vier 345-kV-Leitungen südlich von Cleveland aus. Störungsursachen waren in einem Fall ein Kurzschluss, der durch ein Feuer unterhalb der Leitung eingetreten war. Bei den drei anderen Leitungen kam es aufgrund der hohen Belastung zu einem großen, aber eigentlich noch zulässigen Seildurchhang. Dadurch entstanden Kurzschlüsse durch die Annäherung der Leiterseile an einen Baum, der nicht vorschriftsgemäß durch den zuständigen Netzbetreiber FirstEnergy zurückgeschnitten worden war. Die Ausfälle wurden aufgrund eines Computerfehlers nicht in die Leitstelle des Netzbetreibers FirstEnergy gemeldet [18, 19].

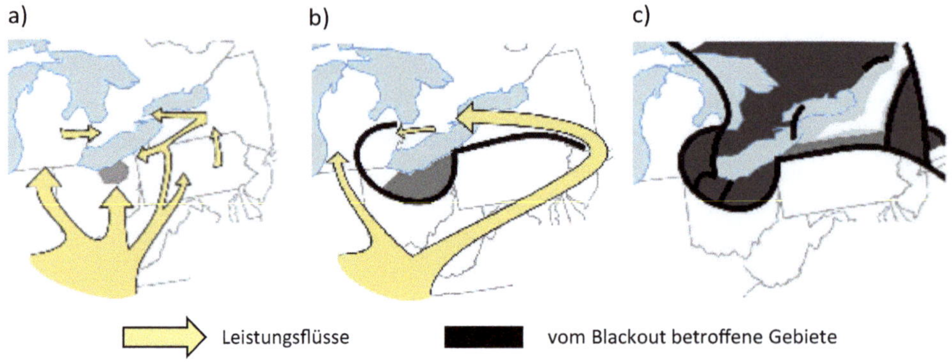

Abb. 4.9 Entwicklung des Blackout 2003 in den USA und Kanada [19]

Die Abb. 4.9 [19] zeigt die letzten Phasen der Störungsentwicklung am 14.08.2003, als der kaskadenartig sich ausbreitende Zusammenbruch des elektrischen Energieversorgungssystems rund um die Großen Seen nicht mehr aufzuhalten war und es innerhalb von wenigen Minuten zum Blackout kam.

Der Stromausfall beschränkte sich zunächst noch auf die engere Umgebung von Cleveland (grau) (Abb. 4.9a). Durch den Ausfall der 345-kV-Leitungen wurde die Übertragungskapazität von Süd nach Nord deutlich eingeschränkt. Der Leistungsfluss über das 138-kV-Netz zum Verbrauchsschwerpunkt am Erie-See stieg dadurch deutlich an. Zwischen 15:39 und 16:09 Uhr wurden über ein Dutzend 138-kV-Leitungen wegen Überlastung abgeschaltet. In ersten Gebieten war die Stromversorgung bereits unterbrochen. Das vom Stromausfall betroffene Gebiet war damit deutlich größer geworden (Abb. 4.9b). Die schwarze Linie markiert die Grenze, über die kein Leistungsaustausch mehr möglich war. Der Leistungsfluss suchte sich seinen Weg deshalb weit östlich und westlich der unterbrochenen Verbindungen herum zu den Verbrauchsschwerpunkten im Norden. Dadurch fielen weitere sechs 345-kV-Leitungen wegen Überlastung aus. Der Übergang zum neuen Leistungsfluss wurde von starken Leistungspendelungen in New York und Ontario begleitet. Alle Leitungsverbindungen zwischen New York und Pennsylvania lösten innerhalb von drei Sekunden aus. Das Netz des Bundesstaats New York wurde in eine westliche und östliche Hälfte geteilt. Die Verbindungen mit Kanada waren wegen Überlastung zusammengebrochen. Ab 16:13 Uhr traten keine weiteren Störungsereignisse mehr auf. Allein in Ontario konnten aufgrund des Blackouts von 24.000 MW Verbraucherleistung 22.500 MW nicht mehr versorgt werden (Abb. 4.9c). Der Rest konnte sich in kleinen, autonomen Versorgungsinseln halten. Ost-New York ging in den totalen Blackout (Abb. 4.10). West-New York konnte etwa 50 % seiner Verbraucherleistung durch die Kraftwerke Niagara und Lawrence sowie über DC-Verbindungen nach Quebec decken. Insgesamt waren bei diesem Blackout etwa 80.000 MW Kraftwerksleistung ausgefallen [17–19] (Abb. 4.11).

Abb. 4.10 New York City während des Stromausfalls 2003. (Quelle: Wikimedia Commons)

Der Netzwiederaufbau in Ontario und New York wurde von West-New York aus begonnen. Die Region West-New York war nicht direkt vom Blackout betroffen und konnte im Inselbetrieb mit einer Leistungsaufnahme von 5700 MW stabil aus den Wasserkraftwerken Niagara und Lawrence sowie über die 765-kV-Leitung und die HVDC-Verbindung aus Quebec weiterversorgt werden.

Ein großes Problem beim Wiederaufbau des Netzes war, dass sich etliche der ausgefallenen Kraftwerke nicht im Eigenbedarf fangen konnten. Diese überwiegend thermischen Kraftwerke mussten somit aus dem kalten Zustand hochgefahren werden. Dies führte zu erheblichen Verzögerungen des Netzwiederaufbauprozesses, da die notwendigen Mindeststillstandzeiten dieser Anlagen berücksichtigt werden mussten. Im Bereich Ontario und New York waren nach 24 h wieder 49.000 MW Last am Netz versorgt. In den westlichen Landesteilen von Ohio und Michigan dauerte die Wiederversorgung in einigen Bereichen allerdings bis zu 48 h [18, 19].

Die Analyse der Störungsereignisse zeigte, dass FirstEnergy, das den nördlichen Teil des Bundesstaats Ohio mit Strom versorgt und schon vorher durch massive Verstöße gegen Sicherheitsbestimmungen aufgefallen war, die Hauptschuld bei der Entstehung des Blackouts am 14.08.2003 traf. FirstEnergy hatte die Bäume entlang dreier 345-kV-Freileitungen nicht rechtzeitig zurückgeschnitten. Hinzu kam, dass FirstEnergy die in seinem Regelbereich („control area“) aufgetretenen Störungen nicht rechtzeitig erkannt, keine angemessenen Gegenmaßnahmen ergriffen und die möglichen Auswirkungen auf andere Netze falsch beurteilt hatte [17].

Abb. 4.11 Vom Blackout 2003 in den USA und Kanada betroffene Gebiete. (Quelle: NASA)

Eine Mitverantwortung wurde aber auch dem unabhängigen Netzkoordinator MISO zuerkannt, der als „reliability coordinator" in größerem Rahmen für den Regelbereich von FirstEnergy zuständig war. MISO in Indiana hätte die Ausfälle an den Hochspannungsleitungen im Norden des amerikanischen Bundesstaats Ohio bemerken und FirstEnergy unterstützen müssen [17].

Nach dem Blackout vom 14.8.2003 wurde gegen FirstEnergy Sammelklage bei einem Gericht im Bundesstaat Ohio eingereicht. Der durch den Blackout entstandene Schaden wird auf acht bis zehn Mrd. Dollar geschätzt [19].

4.5 Münsterland 2005

Ende November 2005 stellte sich eine für die Jahreszeit ungewöhnliche Wetterlage ein. Von Skandinavien zog das Sturmtief „Theobald" nach Benelux und in den Westen Deutschlands, wo es relativ ortsfest verharrte. Es war angefüllt mit hoch reichender, kalter Luft und brachte teils heftige Schneefälle, die vor allem das Münsterland und das Bergische Land sowie Teile des Ruhrgebietes in ein Schneechaos stürzten. Zwölf Stunden lang fielen ununterbrochen schwere, nasse Flocken vom Himmel [20]. Der schwere Schnee setzte sich besonders im Nordteil des Kreises Borken und im Landkreis Steinfurt an den frei hängenden Leiterseilen der Freileitungen ab und verfestigte sich zu einem mehrere Tonnen schweren Eismantel (Eiswalze) (Abb. 4.12). Die Eislasten überschritten teilweise die nach VDE 210 zulässige Belastung um mehr als den Faktor 15 (Abb. 4.13) [21]. Starker Wind, der viele Stunden konstant aus süd-westlicher Richtung wehte, brachte die Eiswalzen ins Schwingen („Seiltanzen"). Einige der Freileitungsmaste verfügten aufgrund der Versprödung des Thomasstahls, aus denen die Maste gebaut waren, über eine nur noch eingeschränkte mechanische Festigkeit. Die Maste konnten den auftretenden Kräften nicht mehr standhalten. Die Stahlgittermaste knickten wie Streichhölzer um, der Dominoeffekt riss weitere mit (Abb. 4.14). Insgesamt brachen 82 Strommaste unter der Last zusammen. Tab. 4.2 und Abb. 4.15 zeigt den Schwerpunkt der Netzzerstörungen [22].

Die Folge war ein flächendeckender Stromausfall, von dem zeitweise mehr als 250.000 Menschen betroffen waren. Im Münsterland waren viele Orte tagelang von der Stromversorgung abgeschnitten. Sie hatten kein Licht, keine Heizung, kein Telefon, kein Radio und kein Fernsehen mehr. Es war der schlimmste Stromausfall, der in Deutschland nach dem Zweiten Weltkrieg verzeichnet wurde.

Auch der Straßen- und der Schienenverkehr brach in einigen Regionen komplett zusammen. Herabhängende Stromleitungen blockierten zeitweise die Autobahn A31. Viele Autofahrer saßen hier stundenlang in der Kälte fest, bevor die Entscheidung getroffen wurde, die Leitungen zu kappen. Im Münsterland mussten die Autobahnen A1, A30 und A31 für den gesamten Verkehr gesperrt werden [20].

Schnell kühlten die Wohnungen aus, die Raumtemperaturen sanken in den einstelligen Bereich. Campingkocher wurden hervorgekramt und längst vergessene Feuerstellen in den Häusern wiederbelebt. Die Feuerwehren arbeiteten rund um die Uhr. Bundeswehr und THW konnten allerdings nur für besonders wichtige Gebäude und Notunterkünfte,

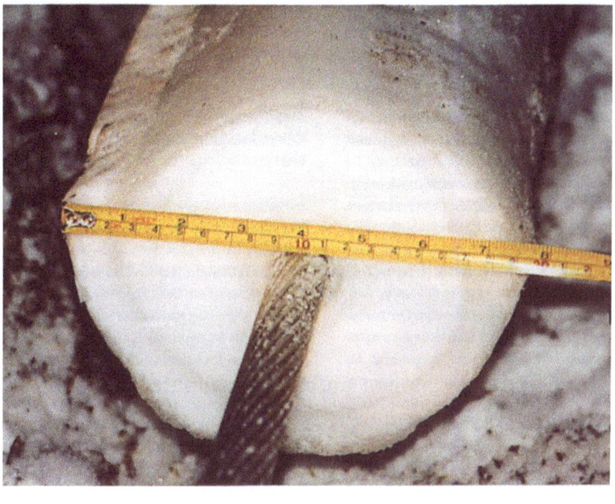

Abb. 4.12 Leiterseil mit Eiswalze im Münsterland 2005. (Quelle: Electra)

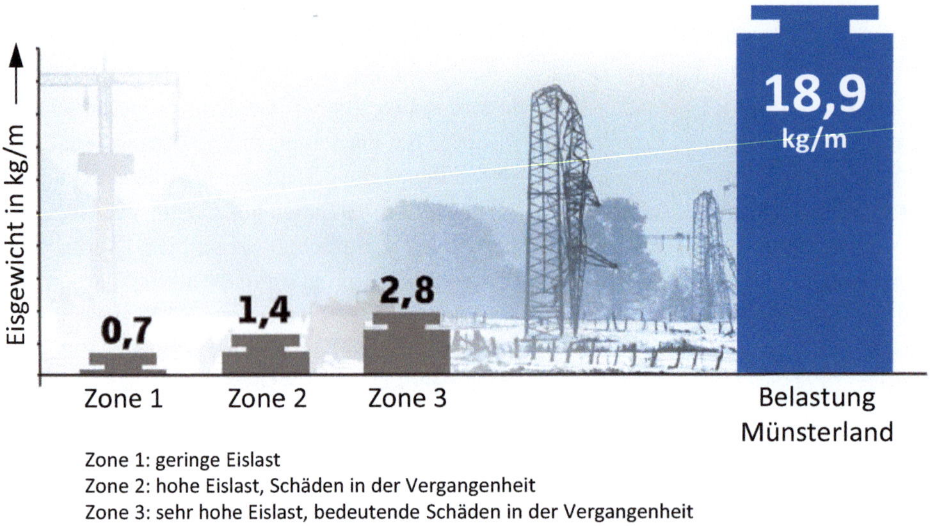

Abb. 4.13 Eislasten im Münsterland im November 2005. (Quelle: RWE Energy)

Abb. 4.14 Umgeknickte Stahlgittermaste im Münsterland im November 2005. (Quelle: Landschaftsverband Westfalen-Lippe)

wo sich die Menschen aufwärmen konnten und mit heißen Getränken versorgt wurden, eine Notstromversorgung installieren.

Landwirtschaftliche Betriebe ohne Notstromversorgung waren lahmgelegt, Kühe konnten nicht mehr gemolken werden und brüllten vor Schmerzen. In den Geflügelbetrieben

Tab. 4.2 Beschädigte Maste im 110-kV-Netz

Nr.	Leitung Nr	Strecke	Baujahr	Schadensdauer in Std	Beschädigte Maste Trag-/Abspannmaste*
1	BL 1536	Gronau-Metelen	1951	46:37	36/6
1	BL 1536	Gronau-Metelen	1951	89:08	0/1
2	BL 1661	Alstätte-Vreden	1984	26:55	4/2
3	BL 1536	Metelen-Roxel	1990/91	120:00	17/4
4	BL 1503	Gronau-Coesfeld	1960	34:00	Kein Mastschaden
4	BL 1503	Gronau-Coesfeld	1960	119:13	8/1
5	BL 1520	Hervest-Stadtlohn	1950	44:16	3/1
					gesamt: 68/15

*Ein Tragmast ist ein Freileitungsmast, der im Gegensatz zu einem Abspannmast keine Zugkräfte der Leitung aufnimmt

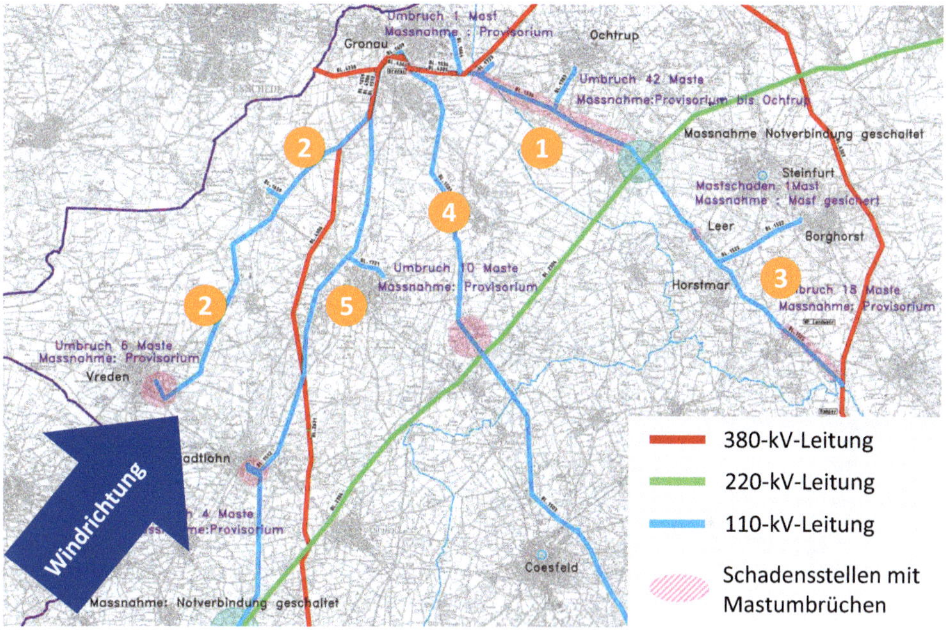

Abb. 4.15 Übersicht der Leitungsstörungen im Münsterland. (Quelle: BNetzA)

starben Zehntausende Tiere durch den Ausfall der elektrisch betriebenen Fütterungs- und Lüftungsanlagen [20].

Die chronologische Beschreibung der Ereignisse des Stromausfalls im Münsterland ab dem 25. November 2005 zeigt, wie schwerwiegend die Folgen des Stromausfalls für die betroffene Region waren und wie schwierig sich die Arbeiten zur Wiederherstellung der technischen Infrastruktur unter diesen widrigen Wetterbedingen gestalteten [21, 22].

Freitag, 25.11.2005
Ein Sturmtief, das sich – aus den Niederlanden kommend – über das Rheinland, das Münsterland, Ostwestfalen bis nach Niedersachsen verbreitete, führte zu Unterbrechungen der Stromversorgung. Das Zusammentreffen von starken Sturmböen und heftigen, lang anhaltenden Schneefällen verursachte ungewöhnliche Schäden, wie gerissene Stromleitungen und umgeknickte Maste. Auch in den Niederlanden und Belgien kam es witterungsbedingt zu Stromausfällen, die bis zu zwei Tage anhielten. Nicht nur im Bergland auch in tiefen Lagen gab es verbreitet stürmische Böen oder auch Sturmböen (ab 75 km/h), im Hochsauerland meldete der Kahle Asten schwere Sturmböen bis 90 km/h.

Samstag, 26.11.2005
Die Ausfälle der Stromversorgung im Großraum Osnabrück, von denen rund 600.000 Menschen betroffen waren, konnten nach etwa fünf Stunden wieder behoben und die Versorgung wiederhergestellt werden. Mehr als 250.000 Einwohner in 25 Gemeinden im westlichen Münsterland blieben allerdings weiter ohne Strom.

Sonntag, 27.11.2005
Bis zum Sonntagabend waren große Teile des Münsterlandes wieder voll versorgt. Mittags waren noch rund 120.000 und abends ca. 80.000 Einwohner nicht versorgt. Schwierig bliebt die Situation in Vreden, Horstmar und Ochtrup, einer Gemeinde mit 19.000 Einwohnern. Hier waren die Maste der 110-kV-Freileitung umgestürzt. Die Stromversorgung wurde dadurch vollständig unterbrochen.

Montag, 28.11.2005
In der Nacht zu Montag gelang es, die Zahl der versorgten Einwohner im Münsterland um weitere rund 30.000 zu erhöhen. Wieder komplett angeschlossen an das Stromnetz wurden die Kreise Recklinghausen, Kreis Grafschaft Bentheim, Osnabrück, Vechta, Minden-Lübbecke sowie die Gemeinden Ibbenbüren und Lengerich im Kreis Steinfurt. Montagabend wurde der Katastrophenalarm im Kreis Coesfeld aufgehoben. Die nach einem weiteren starken Eisregen aus Sicherheitsgründen durchgeführte Abschaltung einer 110-kV-Leitung führte zur erneuten, kurzfristigen Unterbrechung der Stromversorgung für etwa 35.000 Einwohner in Burghorst und Steinfurt.

Rund 60.000 Einwohner waren am Abend des 28.11.2005 insgesamt noch ohne Strom. In Horstmar musste ein Mast durch Kraneinsatz stabilisiert werden. Da dieser Mast in bebautem Gebiet stand, wurden rund 500 Anwohner vorübergehend durch die Bezirksregierung evakuiert. Hunderte Mitarbeiter vor Ort befreiten die betroffenen Leitungen vom Eis. Durch den Einsatz von zusätzlichen Netzersatzanlagen in Burghorst und Steinfurt gelang es, Teile der Versorgung wiederherzustellen. Die Versorgung im Raum Steinfurt wurde in der Nacht wieder aufgenommen [21].

Dienstag, 29.11.2005

Die Zahl der nichtversorgten Einwohner konnte bis zum Vormittag auf rund 25.000 reduziert werden. Schwerpunkt der Arbeiten in dieser Zeit war das Gebiet um Ochtrup. Dort wurden den Stadtwerken auf Anfrage Netzersatzanlagen zur Verfügung gestellt, um diesen eine provisorische Versorgung ermöglichen. Gleichzeitig wurde eine komplett neue Hochspannungsleitung inklusive Maste über die A31 am Kreuz Gronau wiederaufgebaut. Am Dienstagabend war das westliche Münsterland fast wieder komplett versorgt. Die Zahl der nichtversorgten Einwohner sank auf unter 2000. Die lange Zeit unversorgte Kommune Ochtrup wurde inzwischen über zahlreiche Netzersatzanlagen zu 95 % wieder versorgt.

Mittwoch, 30.11.2005

Der Bau der 110-kV-Ersatzleitung nach Ochtrup wurde bis zum Abend abgeschlossen. Die Querung der A31 im Bereich des Autobahnkreuzes Gronau/ Ochtrup wurde bereits am Mittwochmorgen gegen 4:30 Uhr erfolgreich beendet. Knapp 2000 überwiegend in abgelegenen und oft schwer zugänglichen Außenbezirken lebende Menschen wurden über weitere Provisorien im Netz in Verbindung mit Netzersatzanlagen beliefert.

Donnerstag, 31.11.2005

Die Stromversorgung in der Region wurde weitgehend wiederhergestellt. Ochtrup wurde über eine 110-kV-Ersatzleitung versorgt. In den kommenden Tagen und Wochen erfolgte der sukzessive Abbau der Provisorien und Ersatzleitungen und der Aufbau der neuen Leitungen.

Sonntag, 04.12.2005

Im Raum Steinfurt (Horstmar-Leer) wurden in der Nacht von Samstag auf Sonntag in der Zeit von 0:00 bis 8:00 Uhr zwei Mastköpfe der 110-kV-Leitung gewechselt. Die notwendige Versorgungsunterbrechung wurde den Bewohnern von Steinfurt und Borghorst frühzeitig über die nun wieder verfügbaren Medien angekündigt [21].

Mindestens drei Menschen kamen in dem Schneechaos im Münsterland ums Leben. Der wirtschaftliche Schaden allein durch den Stromausfall belief sich auf rund 100 Mio. EUR. Viele Betriebe mussten ihre Produktion einstellen. Es war der größte nicht kriegsbedingte Stromausfall in der deutschen Geschichte. Maßgeblich verantwortlich für diese extrem ungewöhnliche Wetterlage, die den Blackout verursachte, waren die drei Faktoren

Abb. 4.16 Feuerwehreinheiten aus dem Rheinland auf dem Weg nach Ochtrup. (Quelle: Wikimedia Commons)

Dauerschneefall über mehrere Stunden, Temperaturen um und knapp über dem Gefrierpunkt sowie stetiger Wind konstant aus einer Richtung [21].

Als Fazit und gleichzeitig als Mahnung lässt sich aus der Blackout-Situation im Münsterland die Erkenntnis ziehen, dass der bestehende Katastrophenschutz bei diesem regional begrenzten Ereignis bereits an seine Grenzen gestoßen ist. Es gelang nur mühsam, eine Notversorgung der Bevölkerung sicherzustellen, obwohl Feuerwehren und das Technische Hilfswerk so gut wie alle bundesweit verfügbaren Netzersatzanlagen besorgten. Abb. 4.16 zeigt eine Kolonne mit Feuerwehreinheiten aus dem Rheinland auf dem Weg nach Ochtrup. Von diesem bis zu fünf Tage andauernden Blackout waren insgesamt 250.000 Menschen betroffen, also nur 0,3 % der deutschen Bevölkerung. Das Katastrophengebiet war relativ klein, aus ganz Deutschland konnte Hilfe herbeigeführt werden, sodass Schlimmeres (z. B. Unruhen) verhindert werden konnte [23].

4.6 Europa 2006

Dass auch ein Kreuzfahrtschiff (wenn auch nur indirekt) einen Blackout verursachen kann, konnte man am 4. November 2006 in weiten Teilen Europas erleben, denn an diesem Abend fiel ab 22:10 Uhr der Strom für etwa eine Stunde durch ein Schiff aus. Die Meyer-Werft baut in Papenburg große Kreuzfahrtschiffe. Da Papenburg weit im Binnenland liegt,

Abb. 4.17 Die „Norwegian Pearl" vor der Werft am Ausrüstungskai kurz vor der Ausschiffung über die Ems. (Quelle: Meyer-Werft)

müssen die Schiffe nach ihrer Fertigstellung ca. 40 km über die Ems in die Nordsee überführt werden. Für die Überführung wird zunächst der Fluss aufgestaut, um den nötigen Tiefgang herzustellen. Wegen der hohen Aufbauten dieser Schiffe wird für die Ausschiffung regelmäßig die die Ems querende 380-kV-Leitung Diele-Conneforde für zwei bis drei Stunden abgeschaltet, um ein sicheres Unterqueren dieser Leitung zu ermöglichen. Seit 1995 wurden bereits 14 Schiffe auf diese Weise überführt [24].

Initialer Auslöser des Blackouts am 4.11.2006 war die eigentlich routinemäßige Abschaltung der 380-kV-Leitung Diele-Conneforde zur Ausschiffung des 294 m langen Kreuzfahrtschiffes „Norwegian Pearl" (Abb. 4.17). Allerdings war die Abschaltung diesmal nicht ausreichend gut vorbereitet und ließ das hoch ausgelastete kontinentaleuropäische Verbundsystem kollabieren. Eine Kombination aus Kommunikationsproblemen, nicht abgestimmten Betriebsdaten und ein nicht situationsgerechtes Verhalten des Betriebspersonals führte zum Zerfall des kontinentaleuropäischen Verbundsystems in drei Teilnetze mit unterschiedlicher Frequenz und gebietsweisem Blackout.Die meisten der ca. zehn Millionen von dem Stromausfall betroffenen

Die meisten der ca. zehn Millionen von dem Stromausfall betroffenen Haushalte gab es im westlichen Teilnetz, in dem Strommangel herrschte und deshalb automatische

Lastabschaltungen erfolgten, nachdem die Frequenz unmittelbar nach der Netzauftrennung dramatisch bis auf 49 Hz abgesunken war (siehe Abb. 4.19). Allein in Frankreich waren rund fünf Millionen Menschen ohne Strom. Auch in Teilen Deutschlands, Belgiens, Österreichs, der Niederlande, Italiens, Portugals und Spaniens blieb die Versorgung fast zwei Stunden lang unterbrochen. In Deutschland gehörten die Regelzonen von RWE Transportnetz Strom (RWE, heute Amprion) und EnBW Transportnetze (EnBW, heute TransnetBW) sowie ein großer Teil von E.ON Netz (E.ON, heute Tennet TSO) zum westlichen Teilnetz. Im nord-östlichen Teilnetz gab es dagegen nach der Auftrennung des kontinentaleuropäischen Verbundsystems ein Überangebot an Strom. Dadurch stieg die Frequenz (z. B. im Übertragungsnetz von Vattenfall, heute 50Hertz Transmission) bis auf 50,6 Hz an (siehe Abb. 4.20) und führte ebenfalls zu erheblichen Komplikationen bei der Stromversorgung. Zu diesem Bereich gehörten Vattenfall und der Nordosten von E.ON, der östliche Teil Österreichs sowie Polen, Tschechien, die Slowakei und Ungarn. Im süd-östlichen aus den Balkanstaaten und Griechenland bestehenden Teilnetz blieb die Systembilanz auch nach der Netzauftrennung noch relativ ausgeglichen. Die Frequenz in diesem Teilnetz sank daher auch nur gering bis auf 49,7 Hz. Es dauerte etwa eine Stunde bis die Synchronität der entstandenen Teilnetze des kontinentaleuropäischen Übertragungsnetzes wiederhergestellt und das Netz wieder zusammengeschaltet werden konnte [25–27].

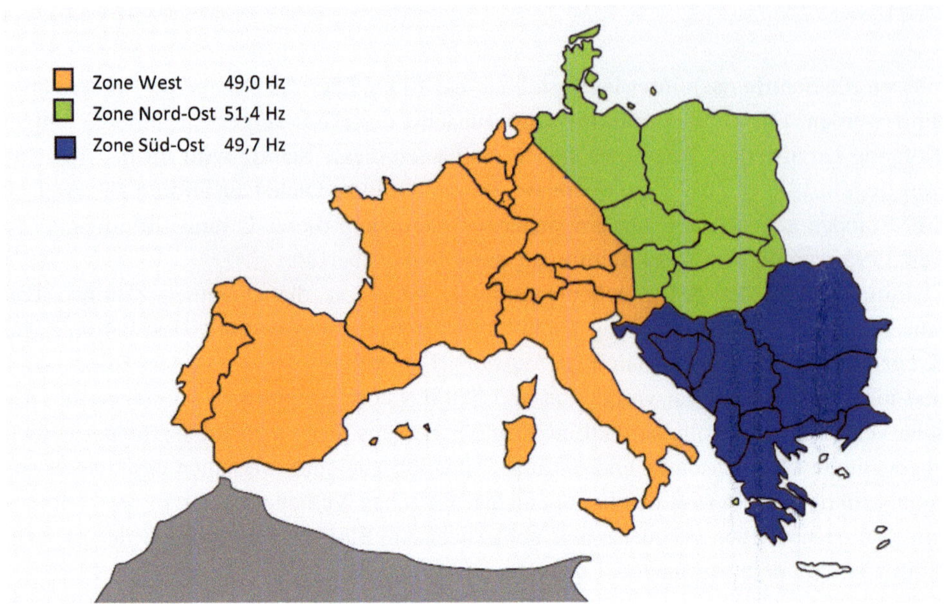

Abb. 4.18 Auftrennung des kontinentaleuropäischen Verbundsystems in drei Teilnetze [26]

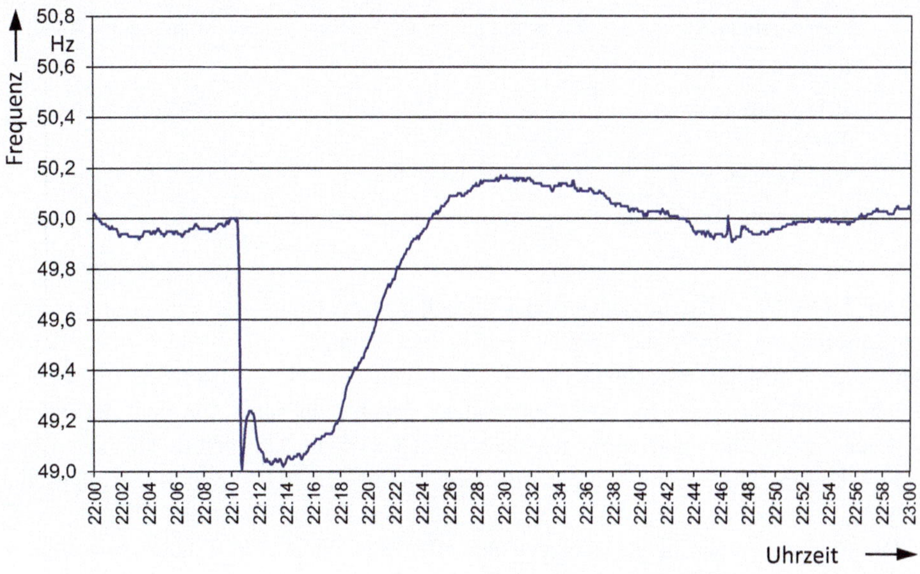

Abb. 4.19 Verlauf der Frequenz im Teilnetz West [26]

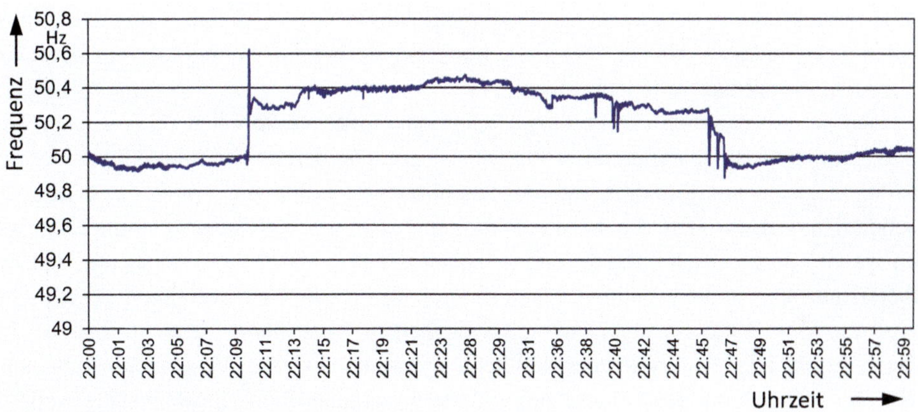

Abb. 4.20 Verlauf der Frequenz im Teilnetz Nord-Ost [26]

Aus der Störungsanalyse im Anschluss an den Blackout ergab sich der folgende Ablauf der Ereignisse.

Neun Minuten vor der für 21:38 Uhr geplanten Abschaltung der 380-kV-Leitung Diele-Conneforde, die bei der Ortschaft Weener über die Ems führt, führten die Systemführer

Tab. 4.3 Schutzeinstellungen in Landesbergen und Wehrendorf [26]

	Grenzwerte in A	Landesbergen (E.ON)	Wehrendorf (RWE)
1	Thermischer Grenzwert	2000	2000
2	Sicherheitsgrenzwert, Alarmwert	2000	1795 (90 % von 3)
3	Schutzgrenzwert	2550 (85 % von 4 für max. 1 h)	1995 (95 % von 4)
4	Auslösewert/Anregewert	3000	2100

in der E.ON-Netzleitstelle anhand der aktuellen Netzdaten eine Simulationsrechnung der Abschaltung durch, die keine Grenzwertverletzungen ergab. Es wurde allerdings keine Ausfallsimulationsrechnung zur Überprüfung des (N-1)-Kriteriums durchgeführt. Die Systemführung schloss eine Überlastung des Netzes auch für den Ausfall einer weiteren Leitung aus und nahm an, dass das (N-1)-Kriterium erfüllt sei. Die Leitung 380-kV-Leitung Diele-Conneforde wurde daraufhin um 21:38 Uhr planmäßig abgeschaltet [27].

Die Systemführer gingen dabei von der allerdings nicht zutreffenden Annahme aus, dass bei der Kuppelleitung Landesbergen-Wehrendorf (Abb. 4.21, Nr. 1) die Schutzeinstellungen in Wehrendorf (RWE) denen in Landesbergen (E.ON) entsprächen und deshalb der im Leitsystem hinterlegte Grenzwert von 2000 A vorübergehend um bis zu 25 % überschritten werden könne. Erst um 21:45 Uhr klärte sich bei einem Telefonat mit den RWE-Systemführern, dass diese Annahme nicht zutreffend war. In Tab. 4.3 sind die in den beiden Schaltanlagen für die 380-kV-Leitung Landesbergen-Wehrendorf am 4.11.2006 geltenden Stromgrenzwerte angegeben [27].

Nach der Abschaltung der Leitung Diele-Conneforde stellten sich im restlichen Netz im Wesentlichen die erwarteten Leistungsflüsse ein. Die bereits durch eine hohe Netzauslastung angespannte Situation auf den verbliebenen Leitungen spitzte sich aber zu, nachdem um 22:00 Uhr die neuen „Fahrpläne" für die Netznutzung umgesetzt worden waren (siehe Abschn. 3.4.3, „Stundenphänomen"). Ab 22:05 Uhr begann sich eine Überlastung der 380-kV-Leitung Landesbergen-Wehrendorf abzuzeichnen. Der Sicherheitsgrenzwert (1800 A) der Leitung Landesbergen-Wehrendorf wurde um 22:07 Uhr überschritten. Um die Erreichung des Schutzgrenzwerts (1990 A) und damit die automatische Abschaltung der Leitung zu verhindern, veranlasste die E.ON-Netzleitstelle die Zusammenschaltung mehrerer Leitungen im Umspannwerk Landesbergen [27]

Durch die vorgenommenen Schaltmaßnahmen kam es allerdings nicht zur gewünschten Verringerung des Stromflusses auf der Leitung Landesbergen-Wehrendorf. Vielmehr führte dies zu einer zusätzlichen Belastung und entsprechend den gültigen Grenzwerten zur konzeptgemäßen, automatischen Abschaltung der Leitung durch den Netzschutz. Die bisher über diese Leitung geführte Leistung verteilte sich entsprechend den physikalischen Gesetzmäßigkeiten auf die benachbarten Leitungen. Durch den Ausfall der Leitung Landesbergen-Wehrendorf befand sich das Übertragungsnetz nun im (N-1)-Fall, der durch die Systemführung nicht überprüft wurde. Es zeigte sich, dass entgegen den Erwartungen das E.ON-Übertragungsnetz nicht (N-1)-sicher war. Dies führte zu weiteren Überlastungen und kaskadenartigen Abschaltungen (Abb. 4.21). Das kontinentaleuropäische Übertragungsnetz zerfiel durch die Abfolge der Abschaltungen innerhalb von 14 s wie mit einem Reißverschluss in die drei Netzzonen West, Nord-Ost und Süd-Ost (Abb. 4.18). Die beiden Zonen West und Süd-Ost blieben während des gesamten Vorgangs asynchron über eine Gleichstromverbindung miteinander verbunden [25, 26].

Aufgrund der plötzlichen Netzauftrennung wurde in der Zone Nord-Ost 10 GW zu viel und in der Zone Süd-Ost und in größerem Maße in der Zone West entsprechend zu wenig elektrische Leistung eingespeist [26]. In der Zone Nord-Ost konnte die Leistungsbilanz durch das schnelle Abschalten von Energieerzeugern rechtzeitig ausgeglichen werden. In den beiden anderen Zonen konnte die fehlende Erzeugerleistung dagegen nicht schnell genug ersetzt werden [25, 26].

Um den völligen Zusammenbruch der Versorgung zu verhindern und das Gleichgewicht der Systembilanz wieder herzustellen, wurden konzeptgemäß entsprechend dem Fünf-Stufen-Plan der Entso-E in der nunmehr unterversorgten westlichen Insel durch den automatischen Lastabwurf Millionen Industrie- und Haushaltskunden vom Netz

Nr.	Zeit	kV	Leitung
1	22:10:13	380	Wehrendorf-Landesbergen
2	22:10:15	220	Bielefeld/Ost-Spexard
3	22:10:19	380	Bechterdissen-Elsen
4	22:10:22	220	Paderborn/Süd-Bechterdissen/Gütersloh
5	22:10:22	380	Dipperz-Großkrotzenburg 1
6	22:10:25	380	Großkrotzenburg-Dipperz 2
7	22:10:27	380	Oberhaid-Grafenrheinfeld
8	22:10:27	380	Redwitz-Raitersaich
9	22:10:27	380	Redwitz-Oberhaid
10	22:10:27	380	Redwitz-Etzenricht
11	22:10:27	220	Würgau-Redwitz
12	22:10:27	380	Etzenricht-Schwandorf
13	22:10:27	220	Mechlenreuth-Schwandorf
14	22:10:27	380	Schwandorf-Pleinting

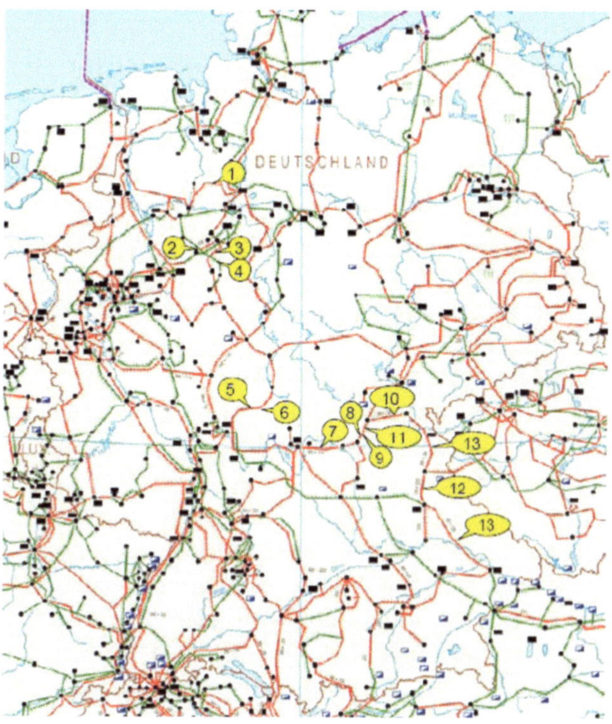

Abb. 4.21 Leitungsabschaltungen [26]

genommen, Pumpleistungen in Wasserkraftwerken abgeschaltet und zusätzliche Erzeugungseinheiten aktiviert. Erst gegen 22:47 Uhr gelang es nicht zuletzt durch das beherzte Handeln der RWE-Systemführer, die Teilnetze wieder zu verbinden und bei einer Frequenz von 50 Hz zu stabilisieren [27].

Neben den damals nicht abgestimmten Datenmodellen (z. B. inkonsistente Grenzwerte) der beiden Übertragungsnetzbetreiber E.ON und RWE führte ein weiterer Grund zu der dramatischen Entwicklung der Belastungssituation im Übertragungsnetz. Ursprünglich sollte vor der Leitungsabschaltung die überregionale Transportleistung durch das Einspeisemanagement deutlich reduziert werden. Allerdings wurde die Abschaltung vom zuständigen Übertragungsnetzbetreiber zeitlich vorgezogen und dies den anderen beteiligten Übertragungsnetzbetreibern nicht rechtzeitig, bevor die vorgesehene Leistungsreduzierung erfolgte, kommuniziert. Das Netz war an diesem Abend durch eine hohe Verbraucherlast von ca. 13.700 MW und durch die enorme Zunahme des Stromhandels bis an den Rand des technisch Zulässigen stark beansprucht. Zugleich wurde das E.ON-Netz noch durch Transitflüsse in Höhe von etwa 7300 MW belastet [25, 26].

4.7 Brasilien 2009

Am 10.11.2009 fiel um 22:15 Uhr BRT (Brazil Standard Time) in der südlichen Hälfte Brasiliens sowie in ganz Paraguay der Strom aus. Betroffen waren die brasilianischen Bundesstaaten Minas Gerais, Espirito Santo, Rio de Janeiro, São Paulo, Mato Grosso do Sul sowie Teile Goias und der Hauptstadt-Distrikt Brasilia. Von dem Blackout waren schätzungsweise 60 Mio. Menschen betroffen. Bis Mittwoch um 02:45 Uhr BRT konnte die Versorgung weitgehend wiederhergestellt werden, allerdings blieben viele Viertel in den Großstädten (Rio de Janeiro und São Paulo) jedoch weiterhin ohne Strom [44].

In den großen Städten brach der Verkehr fast völlig zusammen. Die Straßenbeleuchtung und die Verkehrsampeln fielen aus. Die Straßen wurden nur noch von Autoscheinwerfern beleuchtet, die meisten Häuser waren dunkel. Autos schoben sich nur langsam und äußerst vorsichtig über die Kreuzungen, freie Taxis waren kaum zu bekommen. Die Busse konnten das Passagieraufkommen nicht mehr bewältigen. Es kam zu unzähligen Unfällen. Menschen versuchten, sich mithilfe von Kerzen, Feuerzeugen oder Handys auf den stockdunklen Straßen zu orientieren. Der U-Bahnverkehr in Rio und São Paulo kam zum Erliegen. Tausende Passagiere mussten die Züge verlassen und auf den Gleisen bis zum nächsten Bahnhof laufen. Zahlreiche Menschen waren in steckengebliebenen Aufzügen für Stunden gefangen. Das Telefonnetz brach weitgehend zusammen. Auf den internationalen Flughäfen von Brasilien wurden zahlreiche Flüge gestrichen oder starteten nur mit starken Verspätungen. In Rio und São Paulo riefen die Behörden die Bewohner nach dem Stromausfall auf, ihre Häuser nicht zu verlassen. In der Nähe des Maracanã-Stadions in Rio rotteten sich Räuber zusammen und überfielen massenhaft Menschen, die in der Dunkelheit umherirrten [45].

Abb. 4.22 Wasserkraftwerk Itaipu. (Quelle: Itaipu Binacional)

Die genauen Ursachen für den Stromausfall konnten nicht eindeutig geklärt werden. Vermutlich führte eine Kombination aus schlechten Wetterbedingungen (Blitzschlag) und technischem Versagen zum Blackout. Am Abend des 10.11.2009 zogen große Gewitter über den Süden Brasiliens mit heftigen Regenfällen und starken Windböen. Durch einen Kurzschluss wurden die Hochspannungszuleitungen zum Wasserkraftwerk Itaipu (Abb. 4.22) unterbrochen, das damit zum ersten Mal in seinem 25-jährigen Bestehen nach einer „Kettenreaktion" vollständig ausfiel und neu hochgefahren werden musste. Die Anlage, die an der Grenze zwischen Brasilien und Paraguay am aufgestauten Fluss Paraná liegt, ist mit einer Leistung von 14.000 MW das größte Wasserkraftwerk Brasiliens und das zweitgrößte der Welt. Das Kraftwerk deckt 20 % des Strombedarfs von Brasilien und 90 % des Bedarfs von Paraguay [44].

Mit dem Ausfall des Wasserkraftwerks Itaipu fehlten knapp 11.000 MW an Leistung in der Systembilanz. Abb. 4.23 zeigt die Verteilung der Leistungsflüsse in den betroffenen Netzgebieten vor (a) und nach (b) der Störung [46]. Der durch den Leistungsausfall bedingte Frequenzabfall führte zur Trennung von weiteren Erzeugungseinheiten im System. So wurden unmittelbar nach dem Ausfall des Kraftwerks auch die Verbindungsleitungen zu Paraguays anderem großen Kraftwerk, dem Yacyreta-Staudamm (an der Grenze zu Argentinien) durch den Netzschutz getrennt. Damit war das gesamte Territorium Paraguays und die südliche Hälfte von Brasilien vom Blackout betroffen (Abb. 4.24).

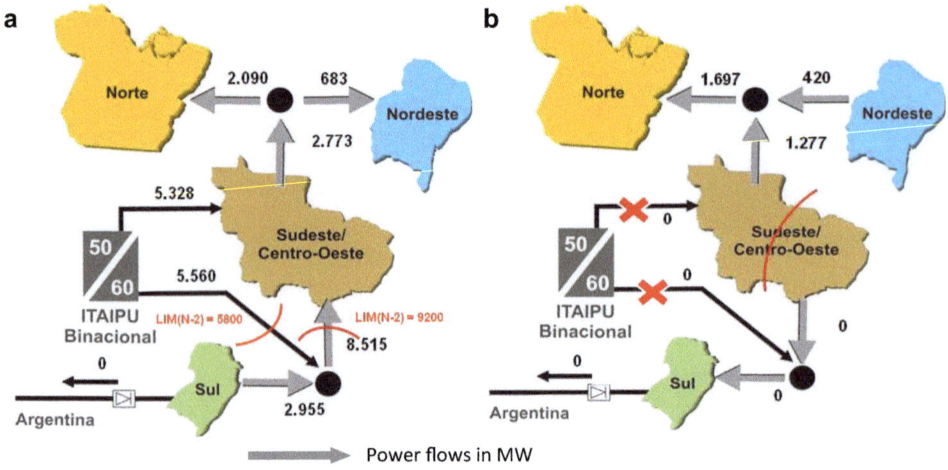

Abb. 4.23 Leistungsflussverteilung vor und nach der Störung [46]

4.8 Indien 2012

Am 31.07.2012 waren über 620 Mio. Menschen in Nord- und Ostindien vom bisher größten Stromausfall in der Geschichte der Menschheit betroffen. Grund für diesen Blackout war die Überlastung des Stromnetzes in 21 von 28 Bundesstaaten Indiens. In der Hauptstadt New Delhi fielen die U-Bahnen ebenso wie die Verkehrsampeln aus, es herrschten chaotische Zustände auf den Straßen. Landesweit blieben 400 Züge mitten auf der Strecke stecken. 180 km nordwestlich von Kolkata (Kalkutta) im Osten des Landes saßen Hunderte Bergleute des Konzerns Eastern Coalfields unter Tage fest, weil ihre Aufzüge nicht mehr fuhren. Sie wurden erst nach mehreren Stunden gerettet [28, 29].

Mitten am Tag brachen nacheinander die drei Netze der indischen Netzgesellschaft Power Grid Corporation of India im Norden, Osten und Nordosten Indiens wegen Überlastung in einem Dominoeffekt zusammen. Das Netz im Norden des Landes zog zuviel Strom vom Osten ab. Nach dessen Zusammenbruch kollabierte wenig später auch das Netz im Nordosten. Nach etwa fünf Stunden war zumindest im Nordosten des Landes das Stromnetz wieder voll einsatzfähig. Im Osten und Norden waren gegen 18:00 Uhr IST (Indian Standard Time) allerdings erst 35 beziehungsweise 45 % der Menschen wieder versorgt. Bereits am Tag zuvor brach in diesen Regionen für mehrere Stunden das Stromnetz großflächig zusammen, wovon etwa 400 Mio. Menschen betroffen waren [29].

Indien ist nach den Vereinigten Staaten und China weltweit der drittgrößte Stromerzeuger und -verbraucher. Das elektrische Verbundsystem in Indien ist in fünf regionale Übertragungsnetze unterteilt (Abb. 4.25). Die Regionen Nord, Nord/Ost, Ost und West sind frequenzsynchron über leistungsstarke Leitungen zwischen Agra, Gwalior und Sasaram miteinander verbunden. Zur Region Süd bestehen asynchrone Verbindungen. Rund

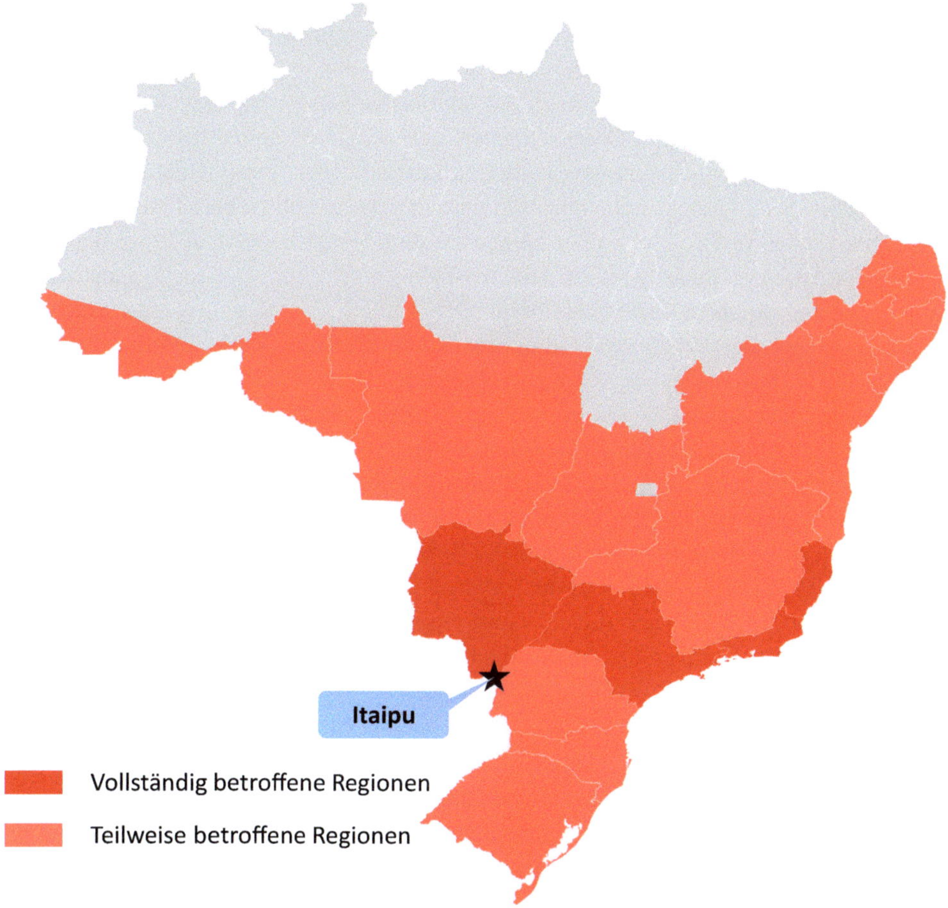

Abb. 4.24 Vom Blackout betroffene Regionen in Brasilien (Quelle: F. Menegaz)

zwei Drittel der in Indien erzeugten elektrischen Energie stammen aus kohlebefeuerten Wärmekraftwerken, die sich aufgrund ihrer Nähe zu den großen Kohleminen in der östlichen Region konzentrieren. Die Wasserkraftwerke, die ein weiteres Zehntel der Erzeugung erbringen, befinden sich hauptsächlich in den nördlichen und nordöstlichen Regionen. Die großen Lastzentren befinden sich dagegen in den Regionen Nord, West und Süd. Aus dieser Verteilung resultieren im Übertragungsnetz über weite Strecken sehr hohe Leistungstransite auf den 380- und künftig auch 765-kV-Leitungen [30].

Für die Koordination des Stromaustauschs zwischen den Regionen wurde in New Delhi das National Load Dispatch Centre (NLDC) gegründet, das den interregionalen Austausch verwaltet, zusätzlich zu den bestehenden Regional Load Dispatch Centres (RLDC), die die intraregionale Leistungsverteilung verwalteten. Die Load Dispatch Centres (LDC) sind autonome Tochtergesellschaften des staatlichen Übertragungsnetzbetreibers (TSO) Power Grid Corporation of India. Ihre Aufgabe ist es, die Systembilanz im gesamten Netzwerk sicherzustellen [28].

Die Verteilung der Energie innerhalb der regionalen Netze wird in jedem Bundesstaat Indiens unabhängig verwaltet. Daraus ergeben sich gerade in Zeiten hoher Energienachfrage Probleme bei der Abstimmung zwischen Last und Erzeugung. Hinzu kommt, dass die staatlichen Versorgungsunternehmen oft unter enormem politischem Druck stehen und selbst dann weiterhin Strom in großer Menge aus dem Netz beziehen, auch wenn dadurch das Gesamtsystem gefährdet wird. Im Jahr 2012 gingen schätzungsweise 27 % der erzeugten Energie bei der Übertragung verloren oder wurden gestohlen [31]. Die Nachfrage überstieg damals die Erzeugungsleistung der Kraftwerke um durchschnittlich 9 % und führte häufig zu Stromausfällen. Zusätzlich bestanden Defizite bei der Qualität des Asset-Managements der elektrischen Infrastruktur. In dieser insgesamt bereits angespannten Versorgungssituation spielte für die Blackout-Ereignisse 2012 ein vergleichsweises kleines Element eine entscheidende Rolle. Zum Schutz von Betriebsmitteln kommen sogenannte Unterfrequenzrelais (UFR) zum Einsatz, die auf Frequenzänderungen reagieren und bei starken Frequenzabfällen (was auf eine hohe Belastung im System hinweist) Lasten oder Leitungen vom Netz trennen. Aufgrund mangelnder Wartung löste am 31.07.2012 ein UFR nicht aus. So führte der Ausfall einer einzelnen kritischen Komponente zu einer Kaskade von Abschaltungen und letztendlich zum Blackout [28].

Blackout am 30. Juli 2012

Die Netzregion Nord war 2012 den ganzen Juli über in einer angespannten Situation. Das Ausbleiben der südwestlichen Monsunregen hatte in der Landwirtschaft in dieser Region zu einem dramatischen Anstieg der Energienachfrage geführt. Gleichzeitig bestand ein hoher Stromüberschuss in der westlichen Region, der zu sehr hohen Leistungsflüssen in die nördliche Region führte (Abb. 4.26). Von den vier leistungsstarken 380-kV-Leitungen der West-Nord-Verbindung waren in dieser Situation nur zwei in Betrieb. Eine der beiden nicht verfügbaren Leitungen war seit dem 28.07.2012 für die Aufrüstungsarbeiten auf 765 kV außer Betrieb. Die andere Leitung fiel am nächsten Tag aufgrund eines Geräteschadens aus. Dadurch wurden die beiden noch verfügbaren Leitungen sehr hoch ausgelastet. Eine der Leitungen von Agra nach Gwalior wurde bereits dicht an der Grenze ihrer Kapazitätsgrenze von rund 1000 MW belastet. Es wurden durch die zuständigen Systemführungen jedoch keine Maßnahmen ergriffen, die Netzengpässe beispielsweise durch die Drosselung der Nachfrage in der nördlichen Region oder der Erzeugung in der westlichen Region zu beseitigen. Stattdessen wurde überschüssige Leistung aus der westlichen Region über die Staaten Zentral- und Ostindiens umgeleitet, um die defizitäre nördliche Region zu versorgen [28, 32].

Kurz nach Mitternacht Ortszeit IST fielen nacheinander drei 220-kV-Kuppelleitungen zwischen den Regionen West und Nord durch Überlastung aus. Dadurch kam es zu

Abb. 4.25 Die fünf Netzregionen des indischen Verbundsystems (Quelle: IEA)

einer Verschiebung des Leistungsflusses, durch die die bereits hoch ausgelasteten 380-kV-Verbindungen zwischen den Regionen West und Nord mit zusätzlichen 850 MW belastet wurden. Da sich das indische Übertragungsnetz aufgrund der zuvor beschriebenen Vorgänge zu diesem Zeitpunkt nicht in einem (N-1)-sicheren Betriebszustand befand, lösten in einer Kettenreaktion eine Reihe weitere Leitungen aus. Um 02:35 Uhr IST lösten die Leistungsschalter auf der 380-kV-Gwalior-Bina-Leitung aufgrund der Überschreitung der

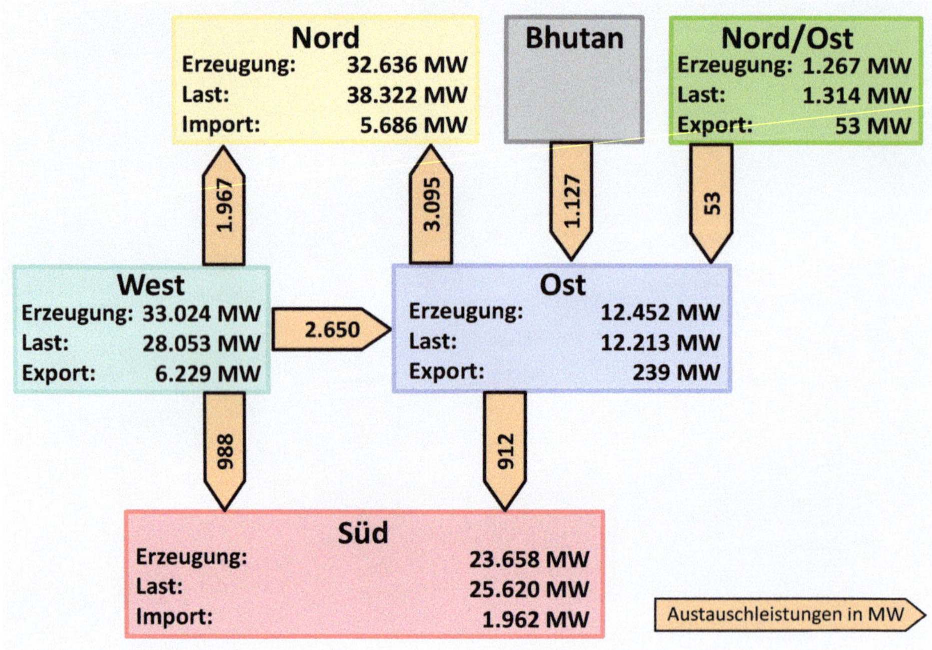

Abb. 4.26 Leistungsverteilung vor Beginn der Störung am 30.07.2012 um 2:00 Uhr IST [28]

maximalen Stromgrenzwerte aus. Damit waren alle Drehstrom-Verbindungen zwischen den Regionen West und Nord getrennt. Nur wenige Sekunden später fielen auch die beiden 380-kV-Leitungen Roukela-Jamshedpur aus. Damit war die nördliche Netzregion vollständig isoliert. Die Frequenz sank bis auf 47 Hz ab und alle Kraftwerke in dieser Netzregion trennten sich vom Netz [28].

Mehr als 300 Mio. Menschen, etwa 25 % der indischen Bevölkerung, waren von diesem Blackout betroffen. Eisenbahnen waren außer Betrieb und einige Flughäfen waren bis 08:00 Uhr geschlossen. Der verkehrsreichste Flughafen Südasiens, der Flughafen New Delhi, funktionierte weiterhin, da er innerhalb von 15 s auf Notstrom umschaltete. Der Ausfall verursachte Chaos in der Hauptverkehrszeit am Montagmorgen, da Personenzüge nicht fuhren und die Ampeln nicht in Betrieb waren. Die Züge blieben drei bis fünf Stunden stehen. Mehrere Krankenhäuser berichteten von Unterbrechungen im Gesundheitswesen während andere auf Notstrom-Generatoren angewiesen waren. Wasseraufbereitungsanlagen wurden für mehrere Stunden stillgelegt und Hunderttausende von Menschen konnten kein Wasser aus Brunnen beziehen, die von elektrischen Pumpen angetrieben wurden. Es dauerte mehr als 15 h, um 80 % der Versorgung wiederherzustellen [33–38].

Blackout am 31. Juli 2012

Nur 32 h nach dem ersten Ausfall gab es eine weitere Großstörung in der Netzregion Nord, die wiederum ihren Ursprung an der kritischen Schnittstelle zwischen den Regionen West und Nord hatte. An der grundsätzlichen Belastungssituation hatte sich gegenüber dem Vortag leichtfertigerweise allerdings nichts geändert. Die Systemverantwortlichen hatten nichts bzw. nur in völlig unzureichendem Maß Änderungen an der Systembelastung verändert. Es bestand weiterhin eine hohe Energienachfrage im Norden und ein Stromüberschusses in der Region West. Im Rahmen der Wiederherstellung der Versorgung nach dem Blackout am Vortag wurden drei der vier 380-kV-Verbindungen sowie einige der 220-kV-Leitungen zwischen den Regionen West und Nord in Betrieb genommen. Alle diese Verbindungen waren jedoch aufgrund der sehr unausgeglichenen Lastsituation in diesen beiden Netzregionen hoch ausgelastet. Viele Verbindungen zwischen den Regionen Nord und Ost sowie West und Ost waren dagegen noch nicht wieder in Betrieb.

In dieser Situation wurde durch ein einzelnes, für sich betrachtet unbedeutendes Ereignis, eine Kettenreaktion mit fataler Wirkung ausgelöst. Eigentlich hätte ein Unterfrequenzrelais (UFR) einen Teil der Last in der Region Nord abschalten müssen und damit den vorliegenden Netzengpass beseitigen oder zumindest deutlich reduzieren können. Das Gerät in der Nähe des Taj Mahal versagte jedoch wahrscheinlich aufgrund mangelnder Wartung. Dadurch fielen um 13:00 Uhr IST zwei der erst kurz zuvor in Betrieb genommenen 380-kV-Verbindungen sowie drei 220-kV-Verbindungen zwischen den Regionen West und Nord aus. Dies führte zu einem extrem hohen Leistungsfluss auf der 380-kV-Leitung Gwalior-Agra. Innerhalb einer Minute lösten weitere 38 Verbindungen zwischen den Regionen Nord, West und Ost aus. Schlussendlich fiel auch die Leitung Gwalior-Agra wegen Überlast aus. Damit waren die Regionen Nord, Nord/Ost und Ost von der Region West getrennt (Abb. 4.27). In diesen drei Regionen bestand eine extreme Lastunterdeckung, was zu einem starken Absinken der Frequenz führte und zur Folge hatte, dass sich alle Kraftwerke in diesen Regionen um 13:02 Uhr IST vom Netz trennten und der Blackout eintrat [32, 39].

In der Region West entstand mit dem Wegfall der in die Region Nord gelieferten Energie ein gravierender Leistungsüberschuss in der Systembilanz. Dadurch stieg die Frequenz in der Region West kurzzeitig auf 51,4 Hz. Durch die schnelle Trennung der noch bestehenden Verbindungen zu den Regionen Nord und Ost und das unmittelbare Herunterfahren von Generatoren konnte die Situation in der Region West stabilisiert werden [28].

Über 600 Mio. Menschen in 21 von 28 Bundesstaaten Indiens waren ohne Strom (Abb. 4.28). Mehr als 300 Fernverbindungs- und Pendlerstrecken wurden infolge des Stromausfalls stillgelegt. Die am stärksten betroffenen Zonen nach dem Zusammenbruch des Stromnetzes waren die Eisenbahnzonen Northern, North Central, East Central und East Coast mit Teilen der Eisenbahnzonen Eastern, South Eastern und West Central. Die New Delhi Metro stellte den Betrieb auf allen sechs Linien ein und musste Passagiere aus Zügen, die auf freier Strecke stehengeblieben waren, evakuieren. Etwa 200 Bergleute waren in Ostindien unter Tage eingeschlossen, weil Aufzüge versagten. Der wirtschaftliche Schaden des Blackouts wird auf über sechs Mrd. US-Dollar geschätzt [39–43].

Abb. 4.27 Auftrennung des indischen Übertragungsnetzes am 31.07.2012 [28]

Gründe für die Blackouts am 30. Und 31. Juli 2012

Die Ursachen der Blackouts in Indien sind auf ein Zusammentreffen verschiedener Umstände zurückzuführen. Dies waren technische und organisatorische Fehler im indischen Übertragungssystem und die ungünstige Belastungssituation, die durch das Ausbleiben des Monsunregens entstanden war. Die Analyse der Ereignisse ergab die folgenden vier wesentlichen Gründe für die Blackouts [32].

- **Mangelnde Kooperation**
  Die Systemverantwortlichen der Netzregionen und die Behörden der betroffenen Bundesstaaten arbeiteten nicht zusammen an der Beseitigung des Netzengpasses. Trotz mehrerer anders lautender Anweisungen des National Load Dispatch Centre in New Delhi bezogen die nördlichen Bundesstaaten weiterhin Strom aus dem Netz in der Größenordnung von 2000 MW, während die Überproduktion der westlichen Staaten rund 2700 MW betrug. Dies wäre in Ordnung gewesen, wenn ausreichend Übertragungskapazität auf den Verbindungen zwischen den Regionen Nord und West vorhanden gewesen wäre. Die geplante Abschaltung einer wichtigen 380-kV-Leitung für die Aufrüstung auf 765 kV und die technisch bedingten Ausfälle einiger Verbindungen führten dazu, dass das

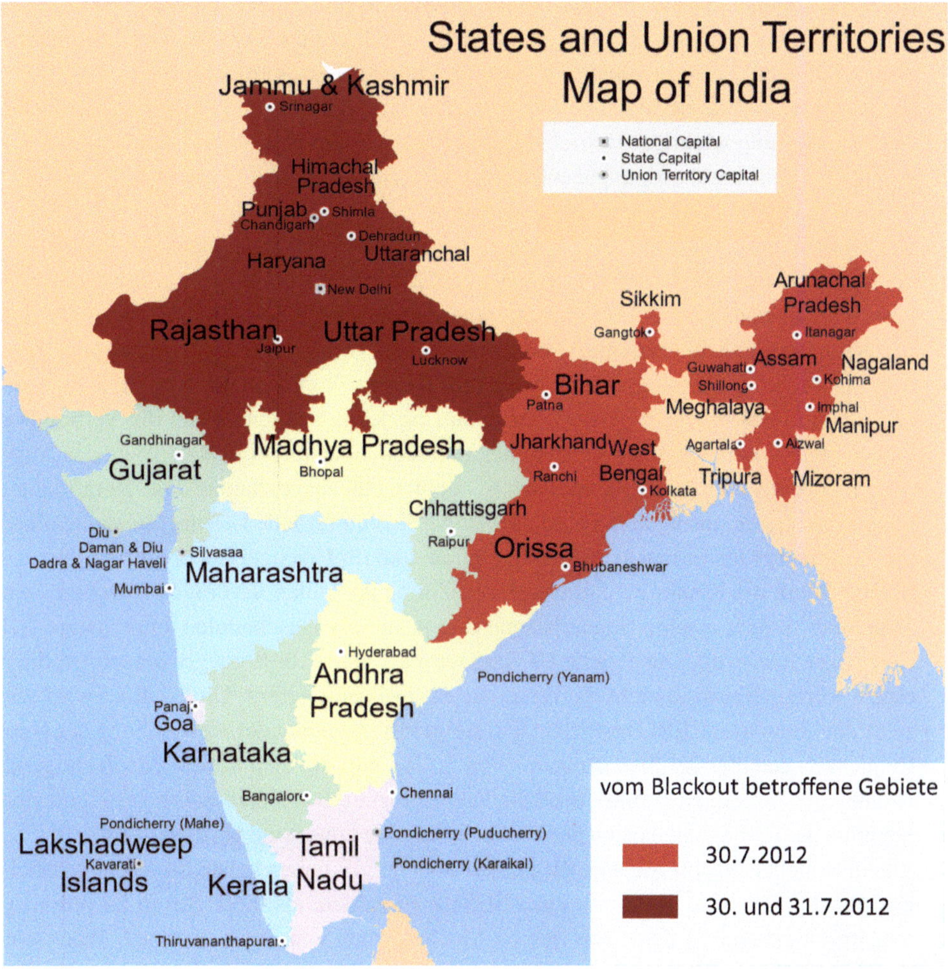

Abb. 4.28 Von den beiden Blackouts in Indien betroffene Gebiete. (Quelle: Wikimedia CC By – SA 1.0)

Netz an der zentralen Verbindungsstelle zwischen den Regionen Nord und West erheblich geschwächt war. Die staatlichen Energieversorgungsunternehmen in der Netzregion Nord hätten auch netzdienlich einen Teil der benötigten elektrischen Energie von privaten Produzenten in der Region Nord kaufen können. Da dies jedoch eine Vorauszahlung erfordert hätte und die staatlichen Versorgungsunternehmen, die aufgrund des politischen Drucks, die Endkundentarife niedrig zu halten, in der Regel nicht besonders liquide sind, nutzten diese Unternehmen die billigere Alternative und bezogen den Strom weiter aus dem nationalen Netz.

- **Eigeninteresse vor Netzsicherheit**

Der bestimmungsgemäße Betrieb von Unterfrequenzrelais (UFR) zur Reduzierung eines Teils der Belastung des Systems hätte die Auswirkungen des Ausfalls minimieren oder möglicherweise vollständig vermeiden können. Der politische Druck und die in der Regel unterfinanzierten staatlichen Energieversorgungsunternehmen führten dazu, dass die Wartung wichtiger Betriebsmittel auf Kosten der Netzsicherheit vernachlässigt wurde und UFR nicht ordnungsgemäß funktionierten.

- **Bewirtschaftung von Erzeugungsanlagen**
  Um unerwartete regionale Differenzen in der Systembilanz auszugleichen, wurde 2002 der Mechanismus der Verfügbarkeitstarife (ABT) eingeführt. ABT ist ein Tarifsystem für Stromversorger, das ihnen Anreize bietet, an ihrem zugesagten Erzeugungsplan festzuhalten. Nach diesem Schema deklarieren Erzeuger und Verbraucher (z. B. Industriebetriebe oder staatliche Versorgungsunternehmen) für 24 h im Voraus den Strom, den sie wahrscheinlich in das Netz einspeisen oder daraus beziehen werden. Wenn die Verbraucher jedoch mehr verbrauchen als sie angemeldet hatten, übersteigt die Nachfrage das Angebot im System und die Systembilanz ist nicht mehr ausgeglichen. Die Netzfrequenz beginnt zu sinken. Infolgedessen eskalieren die Kosten für jede Leistungseinheit, was es für Verbraucher teurer macht, Strom zu kaufen, und für Erzeuger, mehr als vereinbart zu liefern. Wenn ein Käufer zu einem solchen Zeitpunkt seinen Verbrauch reduziert, wird er belohnt, indem er eine Sonderprämie erhält, die als Unscheduled Interchange (UI) Rate bezeichnet wird. Die gleiche UI-Rate wird als Strafe für Erzeuger berechnet, die in einem solchen Szenario nicht die versprochene Leistung liefern. Die UI-Rate wird vom zentralen Regulator CERC festgelegt und steigt mit zunehmender Abweichung der Netzfrequenz gegenüber der Nennfrequenz von 50 Hz. Mit der Zeit haben jedoch steigende Brennstoffkosten dazu geführt, dass die Kosten für die Stromerzeugung gestiegen sind, wodurch die Erzeugungskosten pro Einheit erheblich höher sind als die UI-Rate. In einer Situation hoher Nachfrage würden die Stromerzeuger daher lieber die wirtschaftliche Entscheidung treffen, die Strafe zum UI-Satz zu zahlen, als mehr Strom zu produzieren, im Gegensatz zu dem, was der UI-Mechanismus von ihnen erwartet. Wenn eine große Anzahl von Generatoren damit beginnt, verschlimmert sich die Lücke zwischen Angebot und Nachfrage und ebnet den Weg für Stromausfälle wie diese. Durch diesen Mechanismus wurde die bereits angespannte Situation noch weiter verschärft.
- **Unsachgemäßes Netzmanagement und unzureichende Überwachung des Netzes**
  Die Aufmerksamkeit und das Problembewusstsein der Lastverteiler waren in der Zeit vor dem Ausfall und während der Wiederherstellung des normalen Systemzustandes stark beeinträchtigt. Die Nichtverfügbarkeit von Echtzeitdaten aus dem Netz machte es den Lastverteilern sehr schwer, Betriebsanweisungen an die Staaten zu erteilen und gleichzeitig den Zustand des gesamten Netzes im Auge zu behalten.

4.9 Türkei 2015

In der Türkei kam es am 31.03.2015 in 80 von 81 Provinzen der Türkei zu einem massiven Stromausfall. 76 Mio. Einwohner des Landes waren betroffen. Der wirtschaftliche Schaden des Ausfalls beläuft sich auf mindestens 700 Mio. US-Dollar.

Primäre Ursache des Blackouts war die Außerbetriebnahme von vier 380-kV-Systemen der von Ost nach West führenden Hauptleitung zwischen Gölbasi und Kaysen des türkischen Übertragungsnetzes (Abb. 4.29), die die wasserkraftreiche Osttürkei mit den Ballungszentren in der Westtürkei verbinden. Die Abschaltung war erforderlich wegen der Installation von zusätzlichen Bauteilen an drei Leitungssystemen sowie Wartungsarbeiten am vierten System der Leitung. Durch das Freischalten der Leitung wurde die Leitung Osmanca-Kursunlu (Leitung 1 in Abb. 4.29) überlastet und durch den Netzschutz abgeschaltet. Da das türkische Übertragungsnetz zu diesem Zeitpunkt nicht in einem (N-1)-sicheren Zustand war, fielen weitere Leitungen aus (Leitungen 2 bis 8 in Abb. 4.29). Das Übertragungsnetz in der Türkei verlor damit die Synchronität, teilte sich um 9:36 Uhr in zwei Hälften und trennte sich vom kontinentaleuropäischen Verbundsystem, da auch die Kuppelleitungen nach Griechenland und Bulgarien kaskadenartig ausfielen (Leitungen 9 bis 11 in Abb. 4.29). Durch die Trennung vom kontinentaleuropäischen Verbundsystem blieb die Störung auf das türkischen Übertragungsnetz begrenzt [47].

Die Situation in den beiden, durch die Netzauftrennung entstandenen Netzbereichen des türkischen Übertragungsnetzes entwickelte sich sehr unterschiedlich. Im westlichen Teil fehlten ca. 21 % der erforderlichen Erzeugungsleistung, was zu einem massiven Rückgang der Frequenz führte. Der Abwurf von Verbraucherleistung stabilisierte zwar

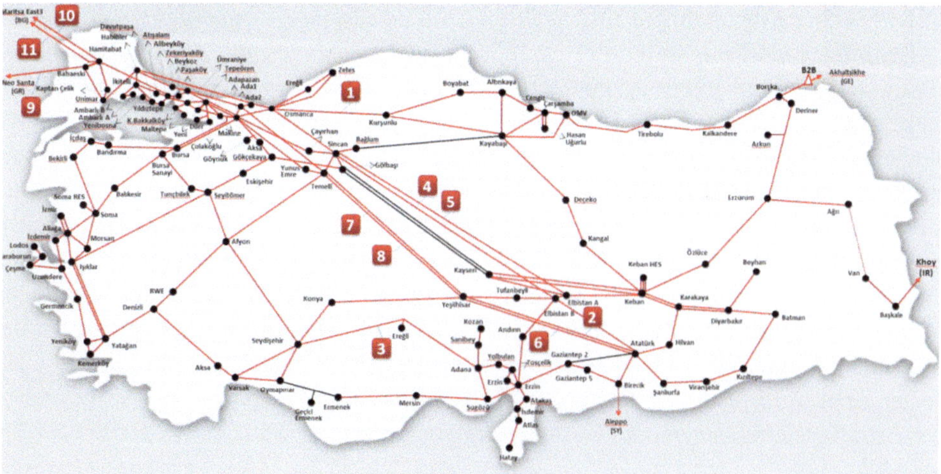

Abb. 4.29 Türkisches Übertragungsnetz [47]

kurzzeitig die Frequenz, aber einige Kraftwerke trennten sich aufgrund der geringen Frequenz vom Netz. Dadurch ging weitere Erzeugungsleistung im westlichen Teil verloren, die Frequenz sank weiter und führte zum vollständigen Ausfall der restlichen Kraftwerke. Der östliche Teil litt unter einem Überangebot an Erzeugungsleistung aus Wasserkraft (41 %), das nicht in die Lastzentren im Westen abfließen konnte. Die Frequenz im östlichen Teil stieg um ca. 1,6 Hz pro Sekunde bis auf 52,3 Hz an. Die Kraftwerke im östlichen Teil des türkischen Übertragungsnetzes trennten sich aufgrund der Überfrequenz vollständig vom Netz.

Mit der Abkopplung vom europäischen Verbundsystem war das türkische Stromnetz eine Insel und musste alleine für eine Stabilisierung der Lage sorgen. In dieser Inselsituation sorgten zunächst die türkischen Wasserkraftwerke für eine stabile Frequenz im Netz. Die Verbraucher waren zunächst vollständig vom Netz getrennt (Blackout). Erst danach konnten die anderen Kraftwerke langsam zugeschaltet werden, wobei dies synchron mit dem Zuschalten von Verbrauchern geschehen musste, um auch während des Hochfahrprozesses ständig die Systembilanz einzuhalten.

Um 16:12 Uhr wurden der westliche und der östliche Teil des türkischen Übertragungsnetzes neu synchronisiert. Zu diesem Zeitpunkt waren etwa 80 % der Verbraucher wieder versorgt. Um 18:30 Uhr erfolgte die Synchronisation mit dem kontinentaleuropäischen Verbundsystem [47].

4.10 Ukraine 2015 und 2022

Bereits 2015 kam es in der Ukraine zu dem weltweit ersten großen Stromausfall, der durch einen Hackerangriff verursacht wurde. Am 23.12.2015 waren etwa 700.000 Menschen für 15 h ohne Stromversorgung.

Betroffen waren insgesamt drei ukrainische Stromversorger, die offenbar wegen des relativ hohen Automatisierungsgrads ihrer Verteilnetze ausgewählt wurden. Die Angreifer drangen zunächst in die IT-Umgebung der Verwaltung der Stromversorger ein. Hierzu nutzten sie Phishing-E-Mails mit manipulierten Microsoft-Office-Dokumenten, die bösartige Makros enthielten (BlackEnergy). Die IT-Umgebung der Verwaltung war über VPN-Verbindungen mit der IT-Umgebung der Netzleittechnik verbunden. Die Angreifer arbeiteten sich in mehreren Monaten vom Verwaltungsnetz in die Netzleittechnik vor. Der Blackout wurde dann durch operativen Eingriff in die Netzleittechnik und Trennung mehrerer Umspannwerke per Fernwirktechnik ausgelöst. Parallel löschten die Angreifer Dateien, um eine Wiederherstellung der Systeme zu verzögern und legten das Callcenter eines Versorgers mit einem Denial-of-Service-Angriff lahm. Trotzdem gelang es den betroffenen Versorgern, die Stromversorgung binnen drei Stunden wiederherzustellen [48, 49].

Der Vorfall ereignete sich vor dem Hintergrund eines seit Monaten schwelenden politischen Konfliktes zwischen der Ukraine und Russland. Somit fiel auf Russland auch der

Verdacht, den Blackout in der Westukraine verursacht zu haben [49, 50]. Dieser Konflikt setzte sich dann auch weiter fort.

Durch den russischen Überfall auf die Ukraine ab dem 24.02.2022 wurde ein Großteil der ukrainischen Energieinfrastruktur beschädigt. Es kam landesweit zu Stromausfällen und Stromabschaltungen. Ab dem 16.03.2022 wurde das ukrainische Übertragungsnetz über einen Notanschluss mit dem kontinentaleuropäischen Verbundsystem gekoppelt und synchron betrieben. Aktuell werden bis zu 300 MW für Im- und Exporte genutzt. Damit können Engpässe ausgeglichen werden, wenn etwa Kraftwerke nach Angriffen auf die Anlagen selbst oder deren Maschinenleitungen vom Netz getrennt werden. Das Atomkraftwerk Saporischschja sichert einen Großteil der ukrainischen Grundlast und gehörte zu den ersten Angriffszielen russischer Truppen. Zuvor hatte die Ukraine jahrzehntelang einen Netzverbund mit Russland und Belarus. Nach dem russischen Angriff war diese Kooperation nicht mehr länger aufrechtzuerhalten.

Trotz intensiver Instandsetzungsarbeiten wird die Energieversorgung in Teilen der Ukraine immer wieder unterbrochen. So ist beispielsweise durch wiederholte Drohnenangriffe auf Odessa im Süden der Ukraine die Stromversorgung in der Hafenstadt praktisch vollständig zusammengebrochen. Die Reparatur des schwer beschädigten Netzes und die Wiederherstellung der Stromversorgung wird voraussichtlich zwei bis drei Monate in Anspruch nehmen. Allerdings nur unter der Voraussetzung, dass nicht weitere Beschädigungen durch neue Angriffe auftreten.

Die kriegerischen Auseinandersetzungen zwischen Russland und der Ukraine dauerten zum Zeitpunkt der Fertigstellung des Manuskripts zu diesem Buch noch an. Daher ist noch nicht abzusehen, welche weiteren Schäden noch auftreten werden und wie lange es dauern wird, bis die Versorgung wieder vollständig aufgebaut sein wird.

Literatur

1. Wikipedia, „Liste historischer Stromausfälle," [Online]. Available: https://de.wikipedia.org/wiki/Liste_historischer_Stromausf%C3%A4lle. [Zugriff am 7. Mai 2021].
2. U. Leuscher, „Link-Liste zu Störungen der Stromversorgung bzw. der Versorgungssicherheit," [Online]. Available: https://www.udo-leuschner.de/energie-chronik/ystromausfall.htm. [Zugriff am 24.3.2023].
3. D. Phillips, „A closer look at a rare situation," 1998. [Online]. Available: http://www.msc-smc.ec.gc.ca/media/icestorm98/icestorm98_a_closer_look_e.cfm. [Zugriff am 17.03.2023].
4. D. Phillips, „The worst ice storm in Canadian history?," 13.11.2002. [Online]. Available: http://www.msc-smc.ec.gc.ca/media/icestorm98/icestorm98_the_worst_e.cfm. [Zugriff am 17.03.2023].
5. CBC News, „Icestrom 10th anniversary," January 2008. [Online]. Available: https://www.cbc.ca/montreal/features/icestorm/media.html. [Zugriff am 17.03.2023].
6. „The Ice Storm of '98," *The Gazette,* p. 13, 28. Januar 1998.
7. R. Beshiri, „How farmers weathered Ice Storm '98," 18.11.2002. [Online]. Available: http://www.statcan.ca/english/kits/agric/ice.htm. [Zugriff am 17.3.2023].

8. C. Turcotte, „L'après- crise aura coûté deux milliards," Ledevoir, 5.1.2008. [Online]. Available: https://www.ledevoir.com/environnement/170771/l-apres-crise-aura-coute-deux-milliards. [Zugriff am 17.3.2023].
9. Canadian Press, „150,000 in Quebec still lack electricity," *The Globe and Mail,* 28. Januar 1999.
10. „The Weather Network News: Taken by storm," Wayback Machine, 12.6.2009. [Online]. Available: https://www.theweathernetwork.com/ca. [Zugriff am 17.3.2023].
11. UCTE, Final Report on The 28 September 2003 Blackout inItaly, Brüssel, 2003.
12. ETG, „Stromversorgungsstörungen in den USA/Kanada, London, Schweden/Dänemark und Italien im Jahr 2003," VDE, Frankfurt, 2003.
13. Bundesamt für Energie BFE, „Bericht über den Stromausfall in Italien am 28. September 2003," Bern, 2003.
14. U. Leuschner, „Abschlußbericht: „Die Ursache des Stromausfalls in Italien lag in der Schweiz"," Mai 2004. [Online]. Available: https://energie-chronik.de/040502.htm. [Zugriff am 9.4.2023].
15. K. F. Schäfer, Systemführung, Wiesbaden: Springer Vieweg, 2022.
16. RWE Systemführung Netze, „Black Out Italien - Kurzbericht," Brauweiler, 28.09.2003.
17. U. Leuschner, Kurzschluß - wie unsere Stromversorgung teurer und schlechter wurde, Münster: Monsenstein und Vannerdat, 2007.
18. VDE-ETG, Stromversorgungsstörungen in den USA_Kanada, London, Schweden_Dänemark und Italien im Jahr 2003, Frankfurt: VDE-Verlag, 2004.
19. U.S.-Canada Power System Outage Task Force, „Final Report on the August 14, 2003 Blackout in the United States and Canada: Causes and Recommendations," 2004. [Online]. Available: http://www.nerc.com.
20. T. Sävert, „Vor 10 Jahren: Schneechaos im Münsterland," 23.11.2015. [Online]. Available: https://wetterkanal.kachelmannwetter.com/vor-10-jahren-schneechaos-im-muensterland/. [Zugriff am 8.4.2023].
21. K. Zschiedrich, „Ereignisse im Münsterland – Hintergründe," Essen, 8.12.2005.
22. Bundesnetzagentur, „Untersuchungsbericht über die Versorgungsstörungen im Netzgebiet des RWE im Münsterland vom 25.11.2005," Bonn, 2006.
23. H. Saurugg, „Europaweiter Strom- und Infrastrukturausfall – das unterschätzte Katastrophenszenario," *Crisis Prevention,* pp. 39–45, Februar 2017.
24. L. Hofmann, „Störung im europäischen Stromnetz am 4.11.2006 – Ablauf, Ursachen und Folgen für die Kraftwerke," E.ON Energie, Bayreuth, 2007.
25. UCTE, „Final Report System Disturbance on 4 November 2006," 30.1.2007. [Online]. Available: https://www.entsoe.eu. [Zugriff am 9.8.2023].
26. Bundesnetzagentur, „Bericht über die Systemstörung im deutschen und europäischen Verbundsystem am 4. November 2006," Februar 2007. [Online]. Available: https://www.bundesnetzagentur.de/SharedDocs/Downloads/DE/Sachgebiete/Energie/Unternehmen_Institutionen/Versorgungssicherheit/Berichte_Fallanalysen/Bericht_9.pdf?__blob=publicationFile&v=2.
27. U. Leuschner, „E.ON verursacht europaweiten Stromausfall," November 2006. [Online]. Available: https://energie-chronik.de/061101.htm. [Zugriff am 9.4.2023].
28. CERC, „Report on the Grid Disturbance on 30th and 31th July 2012," New Delhi, 2012.
29. Welt, „Neue Strompanne erfasst Norden und Osten Indiens," Welt, 31.7.2012. [Online]. Available: https://www.welt.de/newsticker/news2/article108424656/Neue-Strompanne-erfasst-Norden-und-Osten-Indiens.html. [Zugriff am 8.4.2023].
30. S.-J. Ahn und D. Graczyk, „Understanding Energy Challenges in India," OECD/IEA, Paris, 2012.
31. R. Singh, „Worst India Outage Highlights 60 Years of Missed Targets," Bloomberg, 1.8.2012. [Online]. Available: https://www.bloomberg.com/news/articles/2012-08-01/worst-india-out

age-highlights-60-years-of-missed-targets-energy?leadSource=uverify%20wall. [Zugriff am 21.3.2023].

32. A. Ratha, „India's Blackouts of July 2012: What Happened and Why?," *ESI Bulletin,* Bd. 5, Nr. 4, pp. 2–5, März 2013.
33. BBC, „Power cut causes major disruption in northern India," 30 Juli 2012. [Online]. Available: https://www.bbc.com/news/world-asia-india-19043972. [Zugriff am 17.3.2023].
34. K. Mehrotra, „Singh's $400 Billion Power Plan Gains Urgency as Grid Collapses," *The Washington Post,* 30. Juli 2012.
35. R. Singh, „Ambani, Tata 'Islands' Shrug Off Grid Collapse: Corporate India," Bloomberg, 3. August 2012. [Online]. Available: https://www.bloomberg.com/news/articles/2012-08-02/ambani-tata-islands-shrug-off-grid-collapse-corporate-india?leadSource=uverify%20wall. [Zugriff am 17.3.2023].
36. „Power grid failure: FAQs," *Hindustan Times,* 30. Juli 2012.
37. S. Gottipatti, „Power Restored to Most of north India," *The New York Times,* 30. Juli 2012.
38. S. Mehuddia, „Worst outage cripples north India," *The Hindu,* 30. Juli 2012.
39. K. Mehrotra, „India Blacks Out From New Delhi to Kolkata as Grid Fails Again," Bloomberg, 31. Juli 2012. [Online]. Available: https://www.bloomberg.com/news/articles/2012-07-31/india-power-grid-collapses-for-second-time-in-two-days?leadSource=uverify%20wall. [Zugriff am 17.3.2023].
40. Deccan Herald, „Power crisis now trips 22 states, 600 million people hit," *Deccan Herald,* 31. July 2012.
41. BBC, „Hundreds of millions without power in India," 31. Juli 2012. [Online]. Available: https://www.bbc.com/news/world-asia-india-19060279. [Zugriff am 17.3.2023].
42. Firstpost, „Multiple grid collapses hit train services again," 31. Juli 2012. [Online]. Available: https://www.firstpost.com/india/multiple-grid-collapses-hit-train-services-again-398952.html. [Zugriff am 17.3.2023].
43. S. Chaturvedi, „India's Power Network Breaks Down," he Wall Street Journal, 31. July 2012. [Online]. Available: https://www.wsj.com/articles/SB100008723963904440580457756 0413178678898. [Zugriff am 17.3.2023].
44. n-tv, „50 Millionen sitzen im Dunkeln," 11.11.2009. [Online]. Available: https://www.n-tv.de/panorama/50-Millionen-sitzen-im-Dunkeln-article584552.html.
45. Spiegel, „Bis zu 60 Millionen Brasilianer ohne Strom," *Der Spiegel,* 11. November 2009.
46. Operador Nacional do Sistema Eléctrico, „Perturbação no Sistema Interligado Nacional no dia 10/11/2009 às 22h13 (audiência pública," Brazil, 2009.
47. Entso-E, „Report on Blackout in Turkey on 31st March 2015," Brüssel, 2015.
48. M. Diem, „Ukraine: Blackout durch Hackerangriff," 20.10.2016. [Online]. Available: https://energiewirtschaft.blog/hackerangriff-ukraine/. [Zugriff am 17.3.2023].
49. Wikipedia, „Hackerangriff auf die ukrainische Stromversorgung," 19.3.2023. [Online]. Available: https://de.wikipedia.org/wiki?curid=9656014. [Zugriff am 8.4.2023].
50. H. Tanriverdi, „Bundesamt geht von Hackerangriff auf ukrainisches Stromnetz aus," *Süddeutsche Zeitung,* 22. Januar 2016.

Folgen und Ablauf eines Blackouts 5

5.1 Folgen eines Blackouts

5.1.1 Auswirkungen auf die kritischen Bereiche der Daseinsvorsorge

Wegen der glücklicherweise geringen Anzahl und der großen Unterschiedlichkeit der bisherigen Großstörungen gibt es keine realistischen Abschätzungen der tatsächlichen technischen, wirtschaftlichen und gesellschaftlichen Folgen eines zukünftigen Blackouts. Durch den hohen Vernetzungsgrad und die wechselseitigen Abhängigkeiten zwischen den einzelnen kritischen Bereichen der Daseinsvorsorge sollte aber vom wahrscheinlich schlimmsten Fall ausgegangen werden [1]. Die bisher in Europa aufgetretenen Großstörungen waren entweder zeitlich (Schiff Norwegian Pearl, Abschn. 4.6) oder räumlich (Münsterland, Abschn. 4.5) eng begrenzt. So konnten entweder die Störungen kurzfristig beseitigt und die Versorgung nach relativ kurzer Zeit wiederhergestellt werden oder die erforderlichen Versorgungsleistungen wurden in ausreichendem Maß von außen in die betroffene Region zugeführt. Würde dagegen eine Versorgungsunterbrechung großräumig und über einen längeren Zeitraum auftreten, so müsste mit gravierenden bis hin zu katastrophalen Auswirkungen gerechnet werden.

Eine ungefähre Vorstellung einer solchen Situation konnte aus den Zuständen im Ahrtal nach der Überschwemmungskatastrophe 2021 gewonnen werden. Interessant war dabei zu beobachten, wie die verschiedenen Bereiche des Katastrophenschutzes, der Behörden und die Bevölkerung damals miteinander gearbeitet haben und wo es zu Koordinierungsproblemen und sonstigen Unzulänglichkeiten gekommen ist. Auch die zeitlichen Abläufe der Ereignisse und die Reaktionszeiten der Beteiligten lassen Rückschlüsse auf ein wahrscheinliches Verhalten bei einem Blackout zu. Allerdings hat die Katastrophenbewältigung im Ahrtal auch die enorme Solidarität und Hilfsbereitschaft der Menschen gezeigt, gemeinsam solche schwierigen Situationen zu meistern.

K. F. Schäfer, *Blackout*, https://doi.org/10.1007/978-3-658-43332-1_5

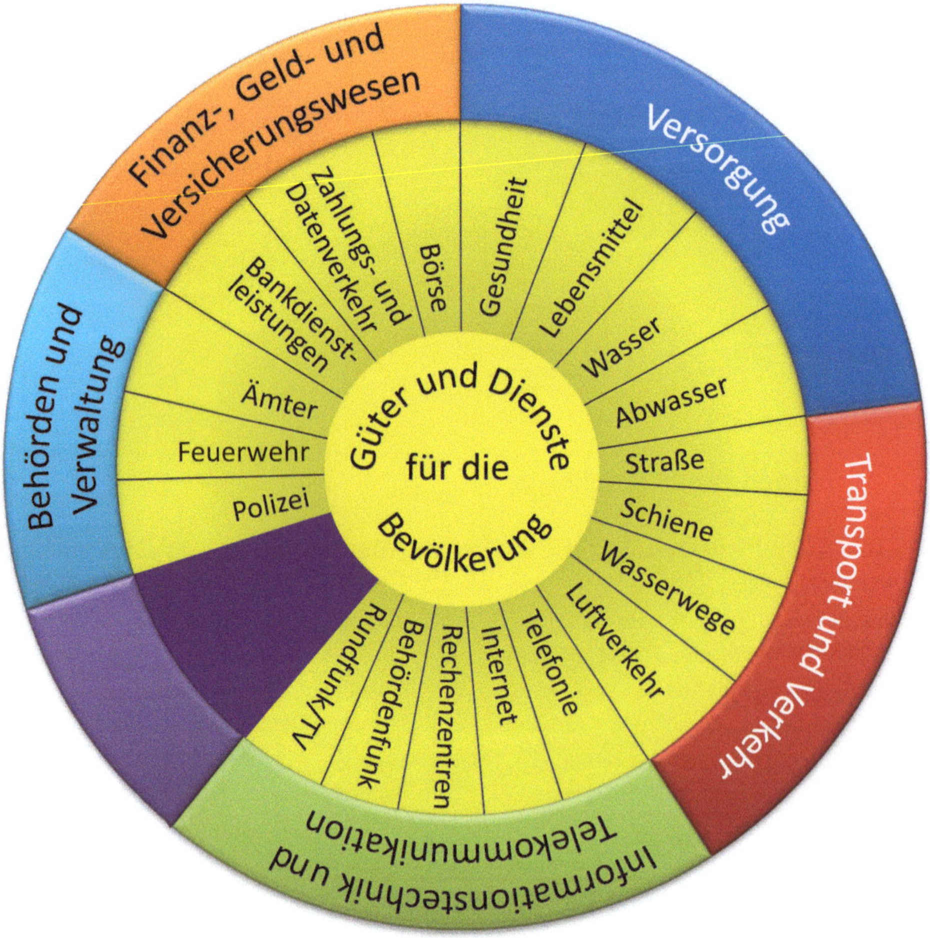

Abb. 5.1 Durch einen Blackout betroffene Sektoren kritischer Infrastrukturen [2]

In einer breit angelegten Studie [2] wurde untersucht, welche Auswirkungen ein längerfristiger Stromausfall auf die verschiedenen kritischen Bereiche der Daseinsvorsorge haben kann (Abb. 5.1). Diese Untersuchungen haben gezeigt, dass die einem Blackout folgenden Ereignisse zwar nicht exakt vorherbestimmbar sind und die Eintrittswahrscheinlichkeit für einen länger anhaltenden, überregionalen Stromausfall sehr gering ist, die Folgen allerdings enorm wären. Ein solcher Blackout gilt daher auch als Musterbeispiel für ein Ereignis mit kaskadierender Schadwirkung, d. h. je länger ein Blackout andauert, desto mehr Systeme und kritische Infrastrukturen sind betroffen. Eine solche nationale oder gar multinationale Katastrophe wäre selbst durch eine Mobilisierung aller internen und externen Kräfte und Ressourcen nicht beherrschbar, allenfalls zu mildern [2–4].

Mit entscheidend über das Ausmaß der Folgen eines Stromausfalls sind die folgenden Kriterien. So ist es ein erheblicher Unterschied, ob ein Blackout im Sommer oder im Winter, an den Wochentagen Montag bis Freitag oder an einem Samstag, Sonntag und Feiertag, in der Tageszeit tagsüber, abends oder nachts auftritt. Noch gravierender ist natürlich die Dauer des Stromausfalles und die Größe des betroffenen Gebietes (lokal, regional, überregional, national, international).

Nicht berücksichtigt in den folgenden Beschreibungen sind die durch den plötzlichen Stromausfall unmittelbar an technischen Geräten entstandenen Schäden.

5.1.2 Informations- und Kommunikationstechnologie

Die Folgen eines großräumigen und langfristigen Stromausfalls für die Informationstechnik und Telekommunikation (Abb. 5.2) müssen als dramatisch eingeschätzt werden. Telekommunikations- und Datendienste fallen teils sofort, spätestens aber nach wenigen Tagen aus. In der komplexen Topologie der Informations- und Telekommunikationsnetze gibt es unterschiedliche Grade der Abhängigkeit von einer externen Stromversorgung. Bei der Festnetztelefonie fallen sofort die digitalen End- und Zwischengeräte (z. B. schnurlose Telefone, ISDN-Endgeräte, DSL-Modem/Router und Kabelmodem) und die Teilnehmeranschlüsse aus, danach die Ortsvermittlungsstellen [5]. Mit analogen Telefonen und ISDN-Telefonen mit Ersatzbetriebsmodus ist das Telefonieren generell jedoch noch möglich, da diese amtsseitig mit Strom versorgt werden können, sofern in der Zentrale die Stromversorgung noch intakt ist oder eine Netzersatzanlage in Betrieb genommen werden kann. Verbindungen zu den Notrufnummern 110 oder 112 werden vorrangig hergestellt, sodass die Erreichbarkeit von Notrufzentralen generell höher ist, ein Verbindungsaufbau aber nicht garantiert werden kann.

Schon wenige Minuten nach Eintritt des Blackouts bricht vor allem in Ballungsräumen der Mobilfunk zusammen. Betroffen sind weniger die Endgeräte, die im aufgeladenen Zustand und bei mäßigem Gebrauch einige Tage funktionstüchtig sein können, sondern die Basisstationen, die die Einwahl in die Netze ermöglichen. Bedingt durch das erhöhte Gesprächsaufkommen sind diese zumeist binnen weniger Minuten überlastet oder fallen wegen nur kurzfristig funktionierender Notstromversorgung ganz aus.

Auch die grundsätzliche Funktion des Internets ist erheblich eingeschränkt. Zentrale Komponenten dieser Infrastruktur sind die Rechenzentren (Datacenter) zum Speichern und Berechnen von Daten. In Deutschland gibt es aktuell über 50.000 kleinere Rechenzentren und etwas mehr als 3000 Rechenzentren mit einer Anschlussleistung von jeweils mehr als 40 kW. Der jährliche Energieverbrauch dieser Anlagen beträgt 16 TWh oder gut drei Prozent des gesamten deutschen Nettostromverbrauchs. Bis 2032 wird sich die Rechenzentrumskapazität und damit auch der Stromverbrauch dieser Anlagen in Deutschland verdoppeln. International operierende Unternehmen wie Google oder Amazon betreiben weltweit verteilt eigene große Rechenzentren. Das Citadel Campus Data

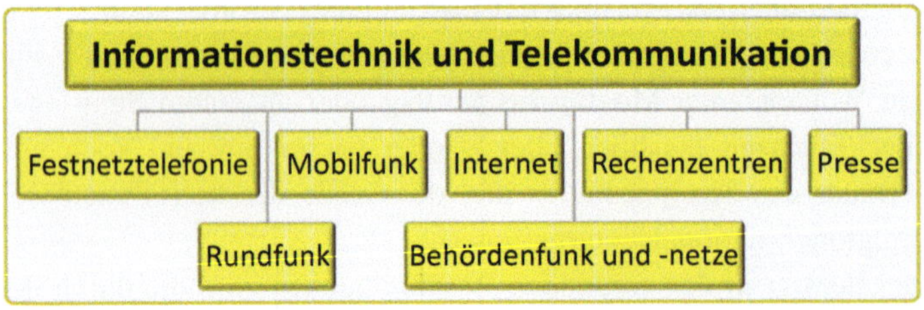

Abb. 5.2 Strukturen des Sektors Informationstechnik und Telekommunikation [6]

Center in der Nähe von Reno, Nevada, ist aktuell das weltgrößte Rechenzentrum und hat einen elektrischen Leistungsbedarf von 650 MW.

Immer mehr industrielle Prozesse (Industrie 4.0, Internet of Things (IoT), Smart-Industry etc.) sind auf funktionierende Datenströme angewiesen. Ein großflächiger und länger andauernder Ausfall der Energieversorgung könnte einen massiven Verlust von Daten bewirken und ganze Wirtschaftszweige auch über den Zeitraum des eigentlichen Blackouts hinaus zusammenbrechen lassen.

Entsprechend ihrer Bedeutung werden für Rechenzentren adäquate Sicherungsvorkehrungen für einen Ausfall der öffentlichen Energieversorgung getroffen. Netzersatzanlagen sind dabei der Notfallschutz Nummer eins. Entsprechend ausgerichtete Anlagen springen im Ernstfall automatisch sowie ohne Unterbrechung ein. Allerdings können sie die Stromversorgung und somit die Funktion der Rechen- und Speicherressourcen nur solange aufrechterhalten wie der Vorrat an Kraftstoff zum Betrieb der Notstromanlagen reicht. Von der Bundesnetzagentur für Rechenzentren empfohlene Notfallpläne sehen üblicherweise einen autarken Betrieb über 48 h vor, viele Betreiber von Rechenzentren erweitern diesen Zeitraum auf bis zu 72 oder 100 h, d. h. nach zwei oder höchstens vier Tagen können die Rechenzentren nicht mehr über die Netzersatzanlagen betrieben werden, falls es nicht gelingt, die Kraftstoffvorräte zwischenzeitlich wieder aufzufüllen.

Allerdings sind die Zugänge zu diesen „Backbones" durch örtliche Basisstationen oft nur vorübergehend durch Geräte zur unterbrechungsfreien Stromversorgung (USV) gesichert, die nur wenige Minuten bis Stunden durchhalten. Danach ist das Internet selbst bei noch funktionierenden, weil gut mit Notstrom versorgten zentralen Fernübertragungsnetzen und autark betriebenen Rechenzentren, nicht mehr erreichbar [4].

Massenmedien sind für die Krisenkommunikation mit der Bevölkerung von besonderer Bedeutung. Zeitungsverlage und Druckereien, die über Notstromkapazitäten verfügen, können eventuell noch für kurze Zeit zur Information der Bevölkerung beitragen, falls die Printmedien auch verteilt werden können. Fernsehanstalten können mit Notstromversorgung zwar noch senden, jedoch hat die Bevölkerung bei einem Stromausfall kaum mehr die Möglichkeit, mit ihren Empfangsgeräten Sendungen zu empfangen [7]. Dadurch wird der Hörfunk, der über akku- und batteriebetriebene Radiogeräte empfangen werden

Abb. 5.3 Server im Google-Rechenzentrum Saint-Ghislain in Belgien. (Quelle: Google)

kann (z. B. in Autos), bei einem Blackout zur wichtigsten Informationsquelle für die Bevölkerung [7].

Für die Kommunikation von Behörden besteht mit den Netzen des Bundes (kurz NdB) eine hochverfügbare Netzwerkinfrastruktur, die von den Bundesbehörden in Deutschland für den sicheren Datenaustausch genutzt wird. Für den Betrieb der NdB ist die Bundesanstalt für den Digitalfunk der Behörden und Organisationen mit Sicherheitsaufgaben (BDBOS) verantwortlich. Zusammen mit den IT-Dienstleistungen der angeschlossenen Behörden auf Bundes-, Länder- und Kommunalebene sollen die Netze des Bundes zukünftig den Informationsverbund der öffentlichen Verwaltung (IVÖV) für Bürger, Unternehmen und internationale Partner bilden [8].

Allerdings wird auch bei der Kommunikation von Behörden und Einsatzorganisationen schon nach kurzer Zeit zu deutlichen Einschränkungen kommen. Dies ist bei Digitalfunksystemen nach etwa 24 h, bei herkömmlichen Akkus bereits wesentlich früher der Fall. Die für zentrale Kommunikationseinrichtungen verfügbaren Reserven sind spätestens nach wenigen Tagen erschöpft bzw. aufgrund ausgefallener Endgeräte weitgehend wirkungslos [7].

Die durch Bundeswehr, Bundesanstalt Technisches Hilfswerk (THW) oder Telekommunikationsunternehmen im Ereignisfall einsetzbaren mobilen notstromversorgten Funktechniken und leitungsgebundenen Kommunikationsmittel sind vermutlich in erster Linie für die eigenen Erfordernisse dieser Einrichtungen vorgesehen. Für die Gewährleistung der Kommunikation von Behörden, Bevölkerung und Unternehmen in einem Großraum sind sie nicht ausgelegt. Bereits in den ersten Tagen zeigt sich, dass das für einen Katastrophenfall vorgesehene und gesetzlich geforderte Mindestangebot an Telekommunikationsleistungen bei einem langandauernden und großflächigen Stromausfall durch die Telekommunikationsanbieter nicht erbracht werden kann. Die für zentrale Kommunikationseinrichtungen vorgehaltenen Reservekapazitäten wie „Unterbrechungsfreie Stromversorgung" (USV) und Notstromaggregate (NSA) sind nach wenigen Stunden oder Tagen erschöpft bzw. aufgrund ausgefallener Endgeräte wirkungslos. Damit entfällt innerhalb sehr kurzer Zeit für die Bevölkerung die Möglichkeit zur aktiven und dialogischen Kommunikation mittels Telefonie und Internet. Die Vielzahl der strombetriebenen Netzwerkknoten, Vermittlungsstellen und Funkantennen der Festnetz- und Mobiltelefonie sowie des Internets macht deren flächendeckende Wiederinbetriebnahme praktisch unmöglich, da Tausende von Batteriespeichern geladen und Kraftstofftanks versorgt werden müssten. Allenfalls an den Rändern des vom Stromausfall betroffenen Gebiets ist eine teilweise Reaktivierung einzelner Infrastrukturelemente denkbar. Darüber hinaus betrifft der Ausfall der Kommunikationsinfrastrukturen auch die Behörden und Einsatzkräfte, die die verbleibenden bzw. punktuell wieder hergestellten Möglichkeiten zur Kommunikation prioritär in Anspruch nehmen [5].

5.1.3 Transport und Verkehr

Die Verkehrsträger (Straße, Schiene, Luft, Wasser) sind aufgrund des in den letzten Jahrzehnten enorm gestiegenen Einsatzes moderner Informations- und Kommunikationstechnologien besonders stark von der Stromversorgung abhängig. Dies betrifft sowohl die Transportmittel selbst (z. B. E-Busse, S- und U-Bahnen sowie sonstige strombetriebene Züge im Personen- und Güterverkehr) als auch die Infrastruktur sowie die Organisation und Steuerung (z. B. Ampelanlagen, Verkehrsleitsysteme und -leitstellen, Bahnsignale und -übergänge, Stellwerke, Weichen) des jeweiligen Verkehrsträgers. Elektrisch betriebene Elemente im Straßen-, Schienen-, Luft- und Wasserverkehr fallen sofort oder spätestens nach wenigen Stunden aus. Zu Brennpunkten werden der abrupte Stillstand des Schienenverkehrs und die Blockaden des motorisierten Individual- und öffentlichen Personennahverkehrs in dichtbesiedelten Gebieten (Abb. 5.4). Während der Betrieb in Häfen weitestgehend zum Stillstand kommt, erweisen sich die Flughäfen als relativ robust und durchhaltefähig [5, 6].

Die Folgen eines Stromausfalls in allen Verkehrsbereichen treten abrupt auf und sind massiv. Aus einer Vielzahl von Unfällen, liegengebliebenen Zügen und U-Bahnen, umzulenkenden Flügen sowie LKW- und Güterstaus in Häfen ergeben sich erhebliche Einschränkungen der Mobilität und des Gütertransports. Insbesondere in Metropolen und Ballungsräumen führen Staus und Unfälle im Straßenverkehr zu chaotischen Zuständen. Brandbekämpfung, Notrettung und Krankentransporte, Einsätze zur Sicherstellung der Notstromversorgung sowie eine Vielzahl weiterer Maßnahmen zur allgemeinen Schadensbewältigung werden erheblich behindert. Da alle Tankstellen ausgefallen sind, wird der

Kraftstoff für die Einsatzfahrzeuge knapp. Darüber hinaus drohen erhebliche Engpässe bei der Versorgung der Bevölkerung, beispielsweise mit Lebensmitteln oder medizinischen Bedarfsgütern. Dementsprechend sind die Behörden und Hilfsorganisationen mit komplexen Herausforderungen konfrontiert. So muss vor Ort eine ausreichende Versorgung der Einsatzkräfte sowie der Notstromaggregate von besonders sensiblen Komponenten der kritischen Infrastrukturen (wie Einsatzleitstellen, Wasserwerke, Krankenhäuser) mit Kraftstoff sichergestellt werden. Auch müssen durch Räumungen, Sperrungen und Fahrverbote wichtige Trassen des Straßen- und Schienenverkehrs für die Einsatzkräfte freigemacht und freigehalten werden. Schließlich gilt es, regionale und überregionale Transportachsen einzurichten sowie Transportkapazitäten bereitzustellen, um die Versorgung mit essenziellen Gütern, insbesondere über die Schiene, zu ermöglichen. Dazu müssen die zuständigen Behörden im Verlauf des Stromausfalls zusammen mit Logistikunternehmen und den Bahnbetreibern entscheiden, welche Strecken offengehalten werden sollen und welche Maßnahmen für einen Notbetrieb umgesetzt werden müssen [5].

Behörden, Einsatzkräfte und Hilfsorganisationen sind im Fall eines längeren Stromausfalls extrem gefordert, um den Verkehrssektor zumindest für die Rettungs- und Katastrophenschutzdienste offen zu halten. Die Kraftstoffversorgung ist wenigstens punktuell sicherzustellen, Umleitungen müssen organisiert und Transportachsen festgelegt werden. Pläne für die Notversorgung besonders sensibler Bereiche (etwa Krankenhäuser, Pflegeheime etc.) müssen vorliegen, denn sonst führt ein Blackout binnen Stunden zu einem Chaos [9].

5.1.3.1 Straßenverkehr

Die Situation im Straßenverkehr (Abb. 5.5) ist wegen des Ausfalls der Ampel- und Signalanlagen sowie anderer Verkehrsleitsysteme unmittelbar nach einem Stromausfall besonders in Städten chaotisch. Kreuzungen, Tunnel und Schrankenanlagen sind blockiert, es bilden sich schnell riesige Staus, und es ereignen sich zahlreiche Unfälle mit Verletzten und Todesopfern. Die meisten Tankstellen sind schnell außer Betrieb. Elektrofahrzeuge können nicht mehr geladen werden. Es bleiben zunehmend Fahrzeuge liegen. Der Motorisierte Individualverkehr (MIV) nimmt nach den ersten 24 h stark ab. Der Öffentliche Personennahverkehr (ÖPNV) kann wegen des knappen Kraftstoffs nur noch in sehr geringem Umfang aufrechterhalten werden. Elektrisch betriebene Fahrzeuge des ÖPNV fallen sehr schnell aus. Der Verkehr auf Autobahnen ist zunächst weniger betroffen. Verfügen Besitzer von Elektrofahrzeugen auch über netzunabhängige PV-Anlagen, so können sie ihre Fahrzeuge bei entsprechendem solarem Energiedargebot nachladen, falls der Strom nicht für die Hausversorgung genutzt wird. Der Straßenverkehr kommt spätestens dann vollständig zum Erliegen, wenn die Tanks der Fahrzeuge leergefahren sind. Denn ohne Strom funktionieren auch die Zapfsäulen der Tankstellen nicht und ohne Häfen und Schienenverkehr kommt kein Kraftstoffnachschub an die Tankstellen [4, 5].

Abb. 5.4 Verkehrsstau. (Quelle: Depositphotos 16.174.095)

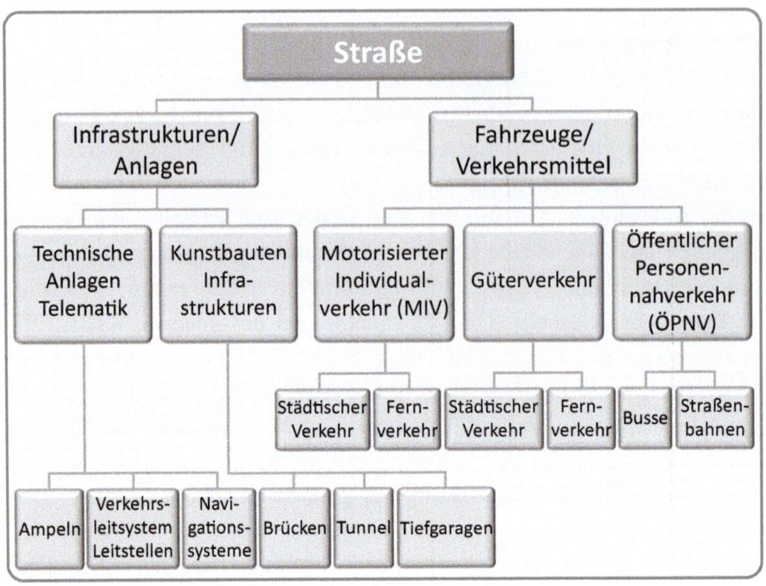

Abb. 5.5 Strukturen des Verkehrsträgers Straße [2]

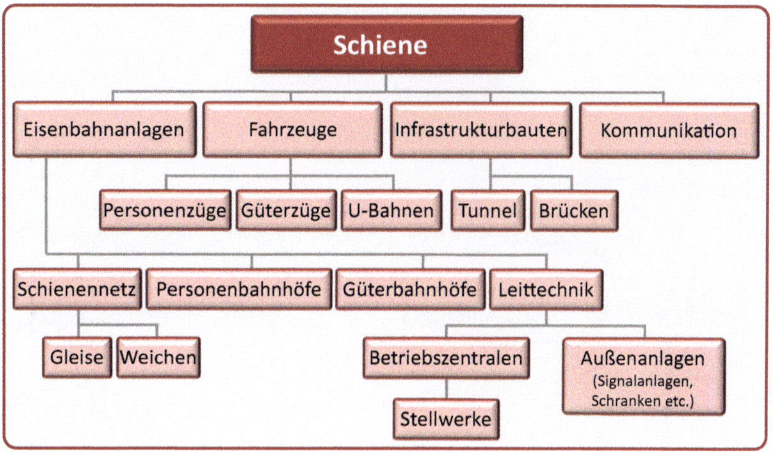

Abb. 5.6 Strukturen des Verkehrsträgers Schiene [2]

5.1.3.2 Schienenverkehr

Der Blackout bringt den stromversorgten Schienenverkehr (Eisenbahn, Straßenbahn, U-Bahn) (Abb. 5.6) ebenso wie elektrisch betriebene Busse (O-Busse) schnell zum Stillstand. Die liegengebliebenen Züge blockieren auch das Durchkommen für Dieselloks, die grundsätzlich fahrbereit sind, solange sie noch genug Kraftstoff in ihren Tanks haben. Leitstellen, Stellwerke und Sicherungssysteme entlang der Schienentrassen funktionieren gar nicht mehr oder nur eingeschränkt. Viele Menschen sind in U-Bahnen und Zügen der Bahn eingeschlossen und müssen durch Rettungskräfte befreit werden. Leitstellen, Stellwerke und Sicherungstechnik sind in ihren Funktionen drastisch eingeschränkt. Die Beeinträchtigung des Schienenverkehrs bedeutet eine massive Behinderung der Mobilität der Bevölkerung. Verkehrsflächen werden blockiert und Unfälle häufen sich [5].

5.1.3.3 Luftverkehr

Im Bereich des Luftverkehrs (Abb. 5.7) kann der Grundbetrieb von größeren Flughäfen durch aufwendige Netzersatzanlagen und Kraftstoffvorräte meist noch über mehrere Tage aufrechterhalten werden. Damit können die Sicherheit auf dem Gelände gewährleistet und die noch wartenden Fluggäste versorgt werden. Starts und Landungen sind in einem beschränkten Umfang möglich, sodass An- und Abflüge noch teilweise realisiert werden. Die Deutsche Flugsicherung wird aber schon bald Flugbewegungen aus Sicherheitsgründen reduzieren oder untersagen, und die Fluglinien leiten Flüge in vom Stromausfall nichtbetroffene Gebiete um.

Die Aufrechterhaltung des Grundbetriebs an Flughäfen ermöglicht jedoch keinen geregelten Flugverkehr mehr während des Stromausfalls. Wesentliche Begrenzung ist die Anbindung des Flughafens an das Umland. Der Zu- und Abfluss der Güter- und Personenströme von und zum Flughafengelände ist durch den Stromausfall erheblich eingeschränkt

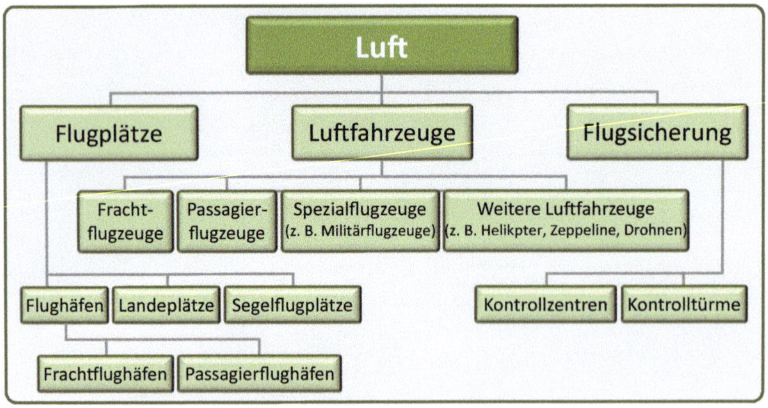

Abb. 5.7 Strukturen des Verkehrsträgers Luft [2]

oder sogar völlig unterbrochen [5, 7]. Passagiere, die noch abfliegen wollen, erreichen beispielsweise wegen des Ausfalls des schienengebundenen Verkehrs oder aufgrund von Staus auf den Straßen den Flughafen nicht mehr. Passagiere, die bereits gelandet sind oder noch landen, haben praktisch keine Möglichkeit, den Flughafen zu verlassen und müssen durch den Flughafenbetreiber betreut und versorgt werden. Ähnliches gilt für die Waren- und Güterströme vom und zum Flughafen.

5.1.3.4 Wasserverkehr

Der Verkehrsträger Wasser (Abb. 5.8) erfüllt primär Versorgungsfunktionen. Das Netz der Bundeswasserstraßen wird gebildet aus den Binnenwasserstraßen (Flüsse und Kanäle) und den Seeschifffahrtsstraßen. Zu den Anlagen an den Bundeswasserstraßen gehören u. a. Schleusenkammern, Wehre, Schiffshebewerke, Kanalbrücken sowie Talsperren. Die technischen Einrichtungen sind mit dem Stromausfall unmittelbar außer Funktion [5].

Die weitreichenden Folgen des Stromausfalls für den Schiffsverkehr zeigen sich insbesondere in den Häfen. Dort unterbricht der Stromausfall das Be- und Entladen der Schiffe, da z. B. Förderbänder oder die strombetriebenen Kräne nicht mehr funktionieren. Sämtliche Abläufe stocken, der gesamte Hafenbetrieb kommt zum Stillstand, Güterstaus entstehen. Während der Ausfall der Binnenhäfen sich vor allem regional auswirken wird, sind die Ausfälle der Seehäfen als Umschlagplätze nationaler und internationaler Güter deutschland- und sogar europaweit zu spüren. Das Umschlagen der Container kommt ins Stocken, da der Weitertransport auf der Schiene völlig unterbrochen und der LKW-Transport erheblich eingeschränkt ist [5]. Ähnlich dramatisch würde sich ein blackoutbedingter Ausfall chinesischer Containerhäfen auf den weltweiten Handel und die internationalen Lieferketten auswirken.

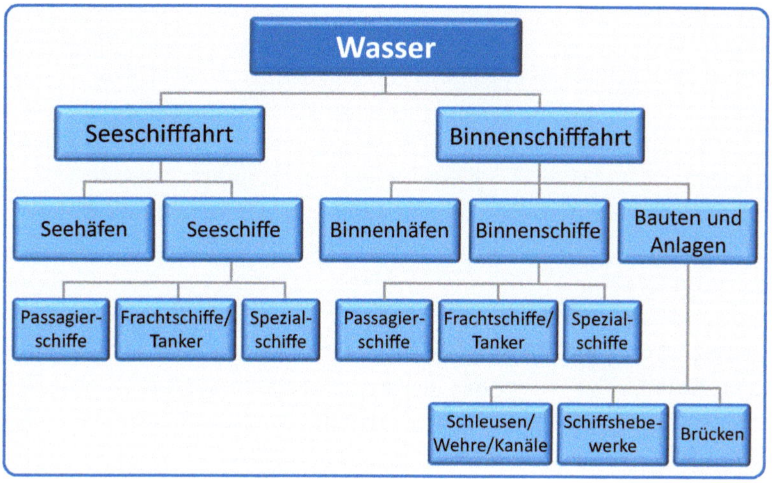

Abb. 5.8 Strukturen des Verkehrsträgers Wasser [2]

Angesichts der schwerwiegenden Beeinträchtigungen der Binnen- und Seehäfen im Teilsektor Wasser versuchen die jeweiligen Hafenbehörden den Hafenbetrieb zu reduzieren, Staus aufzulösen, Schiffe sowie nichtbetroffene Häfen in Deutschland und Europa zu kontaktieren und mit den verantwortlichen Behörden zu kommunizieren, um den Güterverkehr umzulenken und über Straße und Schiene abzuwickeln. Die Feuerwehr und das THW kommen ggf. zum Einsatz, beispielsweise um eine temporäre Stromversorgung mit mobilen Aggregaten aufzubauen oder wenn es zu Gefahrenlagen im Zusammenhang mit gefährlichen Gütern kommt. Aufgrund der Ausfälle im Bereich der Informations- und Kommunikationstechnologie wird es dabei zu erheblichen Schwierigkeiten kommen [5].

5.1.4 Haustechnik

Der Ausfall der Haustechnik wie Beleuchtung, Heizung, Kühlung, Alarmanlagen, elektrische Schließsysteme (z. B. Garagentore), Aufzüge, Rolltreppen, Lüftungssysteme, Rollladenantriebe, Türöffner etc. wird gerade in der ersten Phase eines Blackouts eine große Herausforderung für die Menschen bedeuten. Die Folgen daraus sind eine steigende Unfallgefahr und teilweise sogar Panik [1].

Im Haushalt fallen rasch fast alle Kochmöglichkeiten aus. Nur Festbrennstofföfen (z. B. Kohle, Holz) sind davon ausgenommen. Auch die Gas- und Fernwärmeversorgung wird schnell zusammenbrechen, da diese ebenfalls von der Stromversorgung abhängig ist. Darüber hinaus entsteht eine zunehmende Explosionsgefahr durch ausgefallene, jedoch nicht abgedrehte Gasverbraucher. Durch in den Gasleitungen verbliebene Restdrücke oder bei Wiederanlauf der Stromversorgung kann ein möglicher, unbeobachteter Gasaustritt erfolgen [1].

Durch Ersatzbeleuchtungsmaßnahmen (Teelichter, Kerzen, Öllampen etc.), durch Kochalternativen (z. B. mit Gas oder Spiritus betriebene Campingkocher) sowie durch Versuche, die kalten Wohnungen mit offenen Feuerstellen (z. B. Öfen, Holzkohlegrills) zu beheizen, entwickelt sich eine erhöhte Brand- und Vergiftungsgefahr.

Die in den nicht mehr funktionsfähigen Kühl- und Gefriergeräten befindlichen Nahrungsmittel können die Versorgung für einige Zeit sicherstellen, falls die Lebensmittel zubereitet werden können.

Die Toilettenspülungen können nicht mehr benutzt werden. Dies führt zunehmend zu Sanitärproblemen und erhöht in weiterer Folge die Seuchengefahr [1].

Durch den Stromausfall fallen die meisten privaten Informations- und Kommunikationsgeräte aus. Nur über Batterie- oder Autoradios können eventuell noch Nachrichten empfangen werden.

5.1.5 Energieversorgung

Die elektrischen Energieversorgungssysteme sind definitionsgemäß unmittelbar und direkt von einem Blackout betroffen. Aber auch die anderen Energieträger sind bei einem Stromausfall nur noch sehr eingeschränkt oder gar nicht mehr verfügbar (Abb. 5.9). Die leitungsgebundene Gasversorgung fällt kurzfristig aus, da die für die Aufrechterhaltung des Druckes in den Gasleitungen erforderlichen Verdichter in der Regel mit elektrischer Energie aus dem öffentlichen Stromnetz betrieben werden. Die Gasversorgung ist mit ihrer Mess- und Regelungstechnik auf eine funktionierende Stromversorgung angewiesen. Die Tankstellen sind unmittelbar mit dem Wegfall der elektrischen Energie außer Betrieb, da die Zapfsäulen elektrisch betrieben werden. Auch die direkte Entnahme des Kraftstoffes aus den Tankwagen ist meist nicht möglich, da diese in der Regel über ein WLAN-gestütztes IT-System gesichert sind und kurz nach dem Eintritt des Blackouts kein Zugriff auf das Internet mehr möglich ist.

Dadurch nimmt der motorisierte Individualverkehr bereits nach den ersten 24 h stark ab. Auch der öffentliche Personennahverkehr kann wegen knappen Kraftstoffs, des Ausfalls vieler Fahrer und des herrschenden Verkehrschaos nur eingeschränkt aufrechterhalten werden [7].

Mobile Notstromaggregate können wegen der nur geringen Anzahl von verfügbaren Anlagen nur für die absolut notwendigsten kritischen Infrastrukturen eingesetzt werden. Die Nutzung von Notstromaggregaten ist darüber hinaus auf die bereits bevorrateten Kraftstoffmengen begrenzt. Eine kontinuierliche Versorgung dieser Anlagen mit Kraftstoff ist in der Regel nicht gewährleistet.

Kleinere Anlagen wie Biogas-, Wind- oder Solarenergieanlagen können meist nicht zur Eigenproduktion von Strom verwendet werden, weil sie zur Frequenzhaltung auf

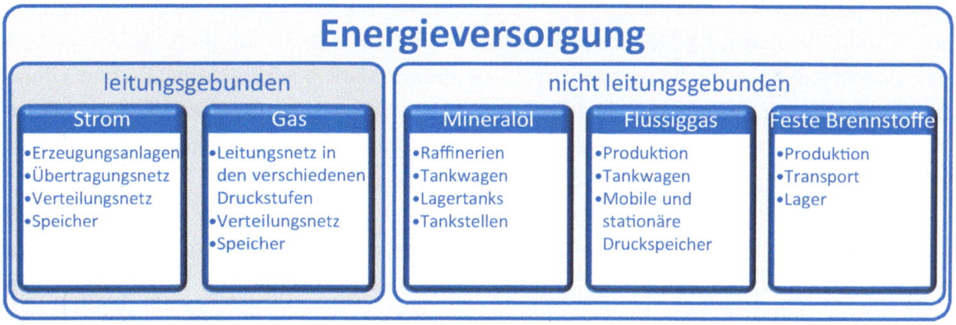

Abb. 5.9 Vereinfachte Struktur der Energieversorgung

Netzspannung angewiesen sind. Wenn die Netzspannung zu instabil wird oder zusammenbricht, trennen die netzabhängigen und netzgeführten Wechselrichter die Anlagen automatisch vom Netz, und es erfolgt keine weitere Einspeisung.

5.1.6 Wasserversorgung, Abwasser- und Abfallentsorgung

5.1.6.1 Wasserversorgung und Abwasserentsorgung

Wasser ist als nichtsubstituierbares Lebensmittel und Garant für hygienische Mindeststandards eine unverzichtbare Ressource zur Deckung menschlicher Grundbedürfnisse. Wasser ist aber auch für Gewerbe, Handel, Industrie und öffentliche Einrichtungen von substanzieller Bedeutung. Wasserversorger haben die Aufgabe, Privathaushalte, Industrie, Dienstleister und öffentliche Einrichtungen mit Wasser hoher Qualität zu versorgen. Dazu ist eine Infrastruktur notwendig, die technische Einrichtungen wie Wasserwerke und Verteilnetze umfasst. Die Wasserversorgung wird durch einen Blackout in erheblichem Umfang beeinträchtigt, denn die unzähligen Pumpen und Ventile im System benötigen Strom. Zwar kann die Trinkwasserversorgung durch Notstromaggregate in den Wasserwerken noch einige Zeit mit vermindertem Druck aufrechterhalten werden, die Wassermenge und -qualität lassen aber nach. Ebenso ist die Entsorgung der entstandenen Abwässer abhängig von einer intakten Energieversorgung. Hält der Stromausfall länger als ein paar Stunden bis Tage an, wird es kritisch. Die Wasserinfrastruktursysteme sind auf Dauer ohne elektrische Energie nicht zu betreiben [2, 4, 10].

5.1.6.2 Wasserversorgung

Die Folgen ihres Ausfalls, insbesondere für die Versorgung der Bevölkerung mit Trinkwasser, wären katastrophal. Im Bereich der Wasserversorgung (Abb. 5.10) wird elektrische Energie in der Wasserförderung, -aufbereitung und -verteilung benötigt. Besonders kritisch für die Gewährleistung der jeweiligen Funktion sind elektrisch betriebene Pumpen. Fallen diese aus, ist die Grundwasserförderung nicht mehr möglich, die Gewinnung von Wasser aus Oberflächengewässern ist zumindest stark beeinträchtigt. Zudem können Aufbereitungsanlagen und das Verteilsystem nur noch durch natürliche Gefälle (z. B. aus Wassertürmen) gespeist werden, sodass erheblich weniger Wasser bereitgestellt und höher gelegene Gebiete gar nicht mehr versorgt werden können [5].

Eine Unterbrechung der Wasserversorgung wirkt sich umfassend auf das häusliche Leben aus. Es kann davon ausgegangen werden, dass ca. 20 % der Bevölkerung über keine nennenswerten Wasservorräte verfügen. Das Zubereiten von Speisen und Getränken ist nur reduziert möglich, und die Toilettenspülung funktioniert nicht. Für die Mehrzahl der Haushalte gibt es kein warmes Wasser. Die gewohnte Körperpflege ist nicht durchführbar. Mit fortschreitender Dauer des Ausfalls ist mit einer Verschärfung der Probleme zu rechnen. Saubere Kleidung gibt es bald nicht mehr, und die hygienischen Zustände werden prekär. Toiletten sind verstopft. Es wächst die Gefahr der Ausbreitung von Krankheiten [5].

Die Auswirkungen eines Stromausfalls auf die Wasserinfrastruktursysteme sind in Deutschland örtlich sehr heterogen. Dennoch lässt sich sagen, dass ein Großteil der in den Netzen und auf Anlagen vorhandenen Trink- und Abwasserspeicher sowie Notstromkapazitäten allenfalls auf die Überbrückung wenige Stunden dauernder Versorgungsstörungen ausgelegt ist. Zur Bewältigung der unmittelbaren und mittelbaren Folgen eines Stromausfalls sind Maßnahmen mit hohem personellem, organisatorischem, zeitlichem und materiellem Aufwand erforderlich. Dazu gehören die Versorgung der Bevölkerung durch Rückgriff auf Notbrunnen, von denen es in Deutschland etwa 5200 gibt, und der Einsatz mobiler Sanitärwagen. Weitere Maßnahmen betreffen die Aufrechterhaltung eines Betriebszustands der Ver- und Entsorgungsnetze auf einem niedrigen Leistungsniveau durch Überbrückung und funktionellem Ersatz einzelner stromabhängiger Komponenten und Anlagen. Dies erfordert insbesondere den mobilen Einsatz von Notstromaggregaten (NSA). Diese müssen an wechselnden Positionen betrieben werden, wie z. B. an Hebeanlagen in der Kanalisation oder bei den elektrischen Pumpen der Wasserversorgung. Solange eine Notstromversorgung verfügbar ist, kann die Wasserversorgung mit begrenzter Leistung, eingeschränkter Verfügbarkeit im Leitungsnetz und/oder reduzierter Trinkwasserqualität betrieben werden. Die Trinkbarkeit des Wassers lässt sich dann auf Abnehmerseite, z. B. durch Entkeimungsmittel, herstellen. Ob diese Maßnahmen zur Katastrophenbewältigung insbesondere angesichts der knappen Kapazitäten bei NSA für einen längeren Zeitraum tragfähig sind, ist allerdings zweifelhaft [5].

Entsprechend dem Rahmenkonzept der Trinkwassernotversorgung [10] sollen die Wasserbetriebe Notstromaggregate vorhalten, um bei einem großflächigen Stromausfall die öffentliche Wasserversorgung für mindestens 72 h aufrechtzuerhalten.

Dennoch kann es für einige Haushalte bereits zu Beginn eines Blackouts zu Problemen bei der Wasserversorgung kommen. In der Regel herrscht in den Wasserleitungen (beim Kunden) ein Ruhedruck von vier bar. Im Bergland sowie in Hochhäusern werden jedoch

Druckerhöhungsstationen benötigt, die den Wasserdruck so anheben, dass das Wasser bis in die oberen Abnahmestellen gelangt. Allerdings funktioniert dies bei einem Stromausfall nur, falls die Druckerhöhungsstationen auch an eine Notstromversorgung angeschlossen sind.

Anschließend soll die Bevölkerung mithilfe von Trinkwassertransportkomponenten (Trinkwasserbehältern und Fahrzeugen mit Trinkwassertanks), Trinkwassernotbrunnen und mobilen Verbindungsleitungen mit Wasser versorgt werden, so das Rahmenkonzept. An diesen Stellen werden täglich bis zu 15 Liter Trinkwasser pro Person herausgegeben, sofern es möglich ist.

Zum Waschen und Abwaschen können Verbraucher eventuell auf Wasser aus Notbrunnen zurückgreifen. Neben Notbrunnen kann im Katastrophenfall Wasser auch aus handbetriebenen sogenannten Schwengelpumpen bezogen werden. Diese liefern in der Regel keine Trinkwasserqualität, dennoch kann das Wasser für die Toilettenspülung und nach dem Abkochen für die Körperhygiene und zum Abwaschen verwendet werden. Das Wasser aus Flüssen und Gewässern ist durch die zunehmende Einleitung von ungeklärten Abwässern nicht mehr ohne erhebliche gesundheitliche Gefährdungen zu verwenden [10].

Eine weitere, mittelbare Folge des Stromausfalls ist ein wachsendes Risiko von Bränden im industriellen Bereich etwa durch den Ausfall von Kühlungen und Prozessleitsystemen oder durch Versuche in den privaten Haushalten, ohne Strom zu kochen, zu heizen oder zu beleuchten [2].

Die eingeschränkte Wasserversorgung hat auch Einfluss auf die Leistungsfähigkeit der Brandbekämpfung. Vielerorts stehen zwar Tiefbrunnen bereit, aus denen die Löschfahrzeuge Spritzwasser zur Brandbekämpfung beziehen können. Da als Folge der reduzierten oder ausgefallenen Wasserversorgung die Brandbekämpfung durch den Mangel an Löschwasser beeinträchtigt ist, besteht insbesondere in Städten wegen der hohen Besiedelungsdichte die Gefahr der Brandausbreitung auf Häuserblöcke und möglicherweise sogar auf ganze Stadtteile. Ist kein Strom vorhanden, kommt es zu Problemen beim Löschen von Feuern in sehr hohen Gebäuden. Denn der Wasserdruck des Spritzwassers ist zu niedrig für derartige Höhen. In diesen Fällen können die bereits genannten Druckerhöhungsstationen oder auch akkubetriebene Löschsysteme für die Einsatzfahrzeuge helfen. Diese haben jedoch nur eine begrenzte Kapazität und müssen erst wieder aufgeladen, beziehungsweise aufgetankt werden, ehe sie erneut zum Einsatz kommen können. Bei einem längeren Blackout ist bei einem Feuer die Gefahr für Personen in höher gelegenen Etagen besonders hoch [10].

5.1.6.3 Abwasserentsorgung

Die reduzierte Wasserversorgung wirkt sich auch auf die Abwasserentsorgung (Abb. 5.11) aus. So sinkt die anfallende Schmutzwassermenge, und es ändert sich die Zusammensetzung des Schmutzwassers. Deshalb besteht die Gefahr, dass sich durch das stark

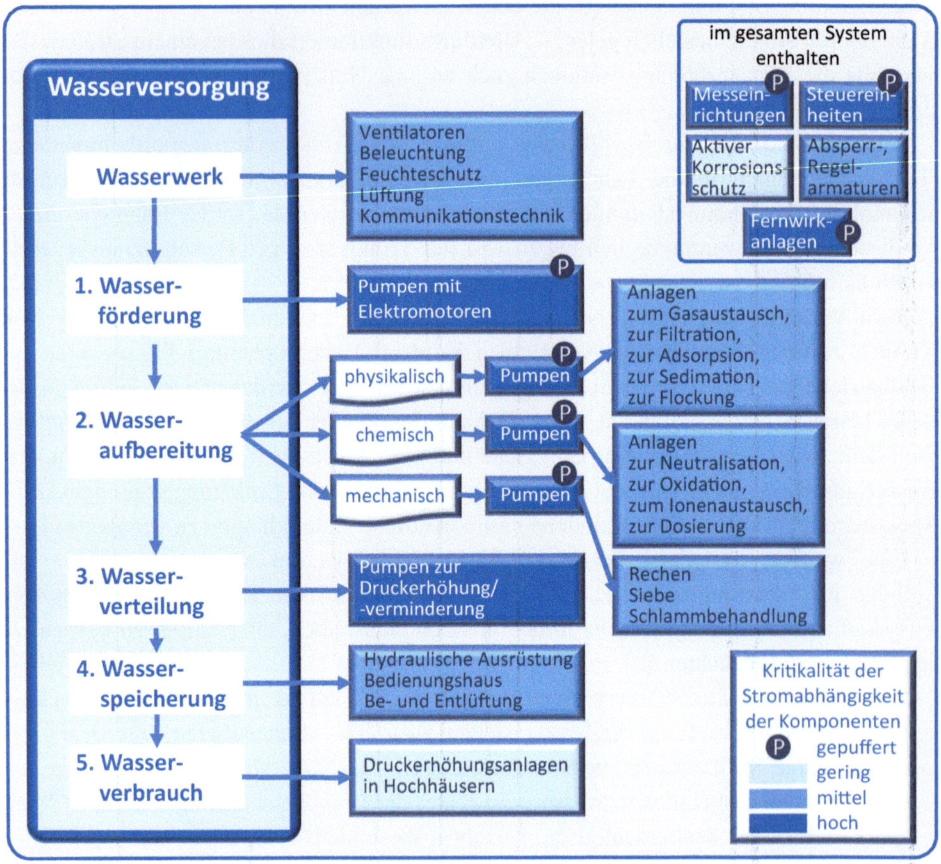

Abb. 5.10 Übersicht der technischen Elemente in der Wasserversorgung und deren Stromabhängigkeit [6]

konzentrierte Abwasser in der Kanalisation Ablagerungen bilden und es dadurch zu Verstopfungen und zur Geruchsbildung kommt. Da die Abwasserhebepumpen oftmals nicht notstromgepuffert sind, kann anfallendes Abwasser aus den Kanälen austreten [2].

In Deutschland gibt es ca. 10.000 Kläranlagen (Abb. 5.12), in denen die Jahresabwassermenge von rund 10 Mrd. m^3 fast ausschließlich mithilfe biologischer Verfahren behandelt wird. Der Anschlussgrad der Haushalte beträgt ca. 96 %. Die Kläranlagen sind in der Regel mit Notstromerzeugungskapazitäten ausgerüstet, mit denen ein Minimalbetrieb (z. B. mit verminderter Pumpenleistung) der Abwasseranlagen für einen begrenzten Zeitraum aufrechterhalten werden kann. Aufgrund der dadurch verminderten Kapazität der Kläranlagen werden erhebliche Teilmengen der anfallenden Abwässer ungeklärt in größere, nahegelegene Gewässer geleitet. Wasser aus diesen Quellen kann damit allerdings nicht mehr von den Verbrauchern genutzt werden. Sollte die Notstromversorgung versagen, müssen die gesamten Abwassermengen vor dem Klärwerk abgeschlagen und in die Oberflächengewässer geleitet werden. Damit sind unmittelbare Umweltschäden verbunden [5, 10].

Da auch weiterhin Abwasser in den Abfluss oder die Toilette gegeben werden und gleichzeitig nicht mehr ausreichend Wasser zur Spülung in die Abwasserleitungen gelangt, stauen sich die Verunreinigungen in den Rohren und der Kanalisation. Dadurch bilden sich Herde für Krankheitserreger. Bei einer Mischwasserkanalisation dient der Regen zusätzlich dazu, die Abwasserleitungen zu spülen. Bei einem Blackout, der mehrere regnerische Tage anhält, kann sich dadurch das Verstopfungsproblem etwas verringern.

Aufgrund des Ausfalls technischer Anlagen wie Pumpwerke, Hebewerke und Filter können Stromausfälle sowohl auf die Stadtentwässerung und die Kanalisation als auch auf die Abwassereinigung negative Auswirkungen haben.

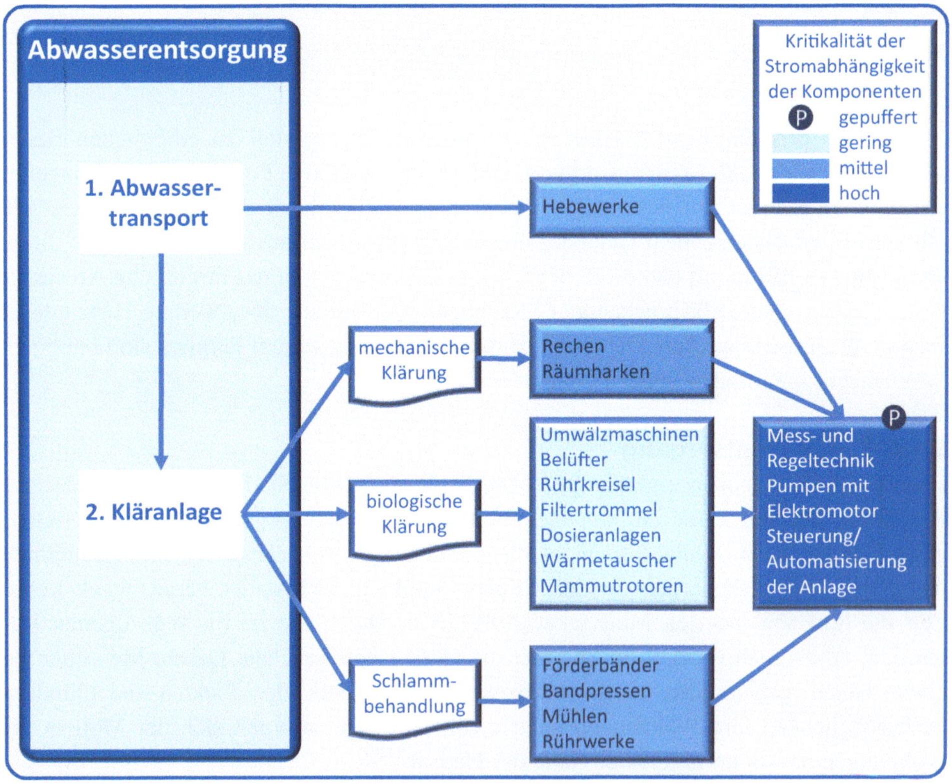

Abb. 5.11 Übersicht der technischen Elemente in der Abwasserentsorgung und deren Stromabhängigkeit [6]

Abb. 5.12 Kläranlage. (Quelle: Depositphotos 6.490.033)

Auch im privaten Bereich kann es durch einen Stromausfall zu erheblichen Beeinträchtigungen der Abwasserentsorgung und in der weiteren Folge zur Seuchengefahr kommen. In Städten mit besonderen topografischen Gegebenheiten (z. B. Grundstücke mit zur Straße ansteigendem Gelände) müssen die Abwässer aus den Häusern auf diesen Grundstücken häufig mit elektrisch betriebenen Hebeanlagen in das öffentliche Abwassersystem, das evtl. bei entsprechendem Straßengefälle ebenfalls über weitere Hebeanlagen verfügt, eingespeist werden. Die in den Hebeanlagen eingesetzten Pumpen sind bei einem Stromausfall unmittelbar außer Funktion.

5.1.6.4 Abfallentsorgung

Ebenfalls sehr schnell beeinträchtigt ist die Entsorgung von Siedlungsabfällen. Mangels Kraftstoffs und durch die entstandenen Verkehrsbeeinträchtigungen können die Entsorgungsfahrzeuge der Müllabfuhr nicht mehr den weiter entstehenden Müll einsammeln und wie gewohnt entsorgen. In den Straßen sammeln sich daher bereits nach kurzer Zeit die dort abgelagerten Müllsäcke (Abb. 5.13). Durch die davon angezogenen Ratten u. ä. erhöht sich speziell im Sommer die Gefahr von Seuchen. Da die Menschen bei einem länger andauernden Blackout wegen der umherziehenden Banden und Plünderer nach Möglichkeit ihre Wohnungen nicht mehr verlassen, sammelt sich der Müll in den Wohnungen und in unmittelbarer Nähe der Häuser.

Abb. 5.13 Müllberge am Straßenrand (Pixabay/W. Göhner)

5.1.7 Lebensmittelversorgung

Erhebliche Probleme bereitet die Lebensmittelversorgung, da sich bereits in den ersten Stunden bis Tagen die Regale der Supermärkte nicht zuletzt durch Hamsterkäufe schnell leeren. Durch ein solches unsolidarisches Verhalten wird die Versorgung mit Lebensmitteln unnötig beeinträchtigt. So war zu Beginn der Corona-Pandemie 2020/2023 zu beobachten, dass bei einigen Lebensmitteln durch Hamsterkäufe künstlich und letztlich unnötig, kurzfristig Engpässe bei der Versorgung mit Waren des täglichen Lebens (z. B. Mehl, Öl, Toilettenpapier) entstanden. Aufgrund von Lieferproblemen und dem Ausfall der digitalen Kommunikation ist bei einem Blackout der Nachschub erheblich beeinträchtigt. Hält der Stromausfall mehr als nur wenige Tage an, wird es kritisch. Trotz größter Anstrengungen kann mit großer Wahrscheinlichkeit die flächendeckende und bedarfsgerechte Versorgung mit Lebensmitteln nur ungenügend gewährleistet werden [4].

Eine Hilfestellung für die Stadtbevölkerung durch kleinstrukturierte Landwirtschaft funktionierte bis in die 1950er Jahren noch einigermaßen. Damals arbeitete noch rund ein Drittel der Bevölkerung in land- und forstwirtschaftlichen Betrieben. Heute ist die Landwirtschaft völlig anders organisiert. Die industrialisierte Nahrungsmittelproduktion hat zwar zu deutlich niedrigeren Lebensmittelpreisen, aber auch zu einer Konzentration der Produktion geführt, die wesentlich anfälliger auf Stromausfälle reagiert [7].

Der Sektor Lebensmittel (Abb. 5.14) umfasst die komplexe Versorgungskette von der Nahrungsmittelproduktion bis zur Abnahme von Fertigerzeugnissen durch den Endverbraucher. Als Folge des Stromausfalls ist die Versorgung mit Lebensmitteln erheblich

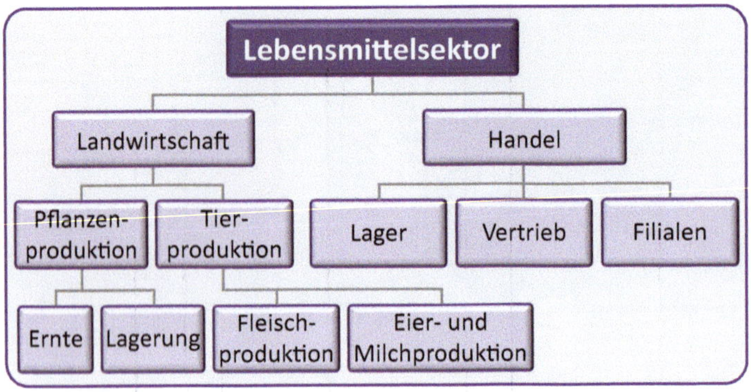

Abb. 5.14 Strukturen des Sektors Lebensmittelversorgung [2]

gestört. Die bedarfsgerechte Bereitstellung und Verteilung von Lebensmitteln unter der Bevölkerung werden vorrangige Aufgaben der Behörden. Von ihrer erfolgreichen Bewältigung hängt nicht nur das Überleben zahlreicher Menschen ab, sondern auch die Aufrechterhaltung der öffentlichen Ordnung und Sicherheit [5].

Innerhalb der ersten Tage eines Blackouts kommt es wegen fehlender Klimatisierung und Durchlüftung zu Schäden bei Obst und Gemüse in Gewächshäusern und bei in Kühlhäusern eingelagerten Lebensmitteln [9].

Die weiterverarbeitende Lebensmittelindustrie fällt, sofern sie nicht direkt beim Landwirt oder Erzeuger stattfindet, zumeist sofort mit dem Beginn des Blackouts aus. Neben Sterilisations-, Vakuumier- und Verpackungsmaschinen sind fast sämtliche Herstellungsprozesse rechnergesteuert und/oder von elektrischen Maschinen abhängig. In Extremfällen kann es aufgrund von Produktionsausfällen zu Lebensmittelknappheit kommen [6, 11]. Die „just in time“ Belieferung der Lager des Handels wird dadurch unmittelbar unterbrochen. Diese halten zwar umfangreiche Lebensmittelbestände vor, allerdings überwiegend in Form von (Tief-)Kühlprodukten. Nur wenige Lager können die erforderliche Notstromversorgung länger als zwei Tage aufrechterhalten. Aufgrund der weitgehend zusammengebrochenen Verkehrslogistik funktionieren Warenumschlag und -nachschub zu den Lebensmittelfilialen nicht mehr. Die Regale in den Geschäften leeren sich daher auch sehr schnell [5].

Der Lebensmittelhandel erweist sich angesichts der erhöhten Nachfrage als das schwächste Glied der Lebensmittelversorgung. Schon nach wenigen Tagen ist mit ernsthaften Engpässen bei der Lebensmittelversorgung zu rechnen. Bereits ab dem vierten Tag kann sich ein Drittel der Bevölkerung nicht mehr ausreichend selbst versorgen. Nach sieben Tagen sind es bereits rund 80 % der Bevölkerung [5].

Im ländlichen Raum wird es durch die vorhandenen landwirtschaftlichen Betriebe im Rahmen der Nachbarschaftshilfe gelingen, über einen gewissen Zeitraum eine minimale Grundversorgung aufrechtzuerhalten. Ähnlich wie in der Zeit nach dem zweiten Weltkrieg wird sich eine Art Schwarzmarkt ausbilden, auf dem die Menschen ihre Grundbedürfnisse zu decken versuchen.

Mit dem Ziel der Katastrophenbewältigung könnten die Behörden u. a. folgende Maßnahmen ergreifen [5]:

- Auf Grundlage des Ernährungsvorsorgegesetzes wird die rationierte Freigabe der Bestände der „Zivilen Notfallreserve" und der „Bundesreserve Getreide" veranlasst. Diese werden, wo möglich, weiterverarbeitet und über sogenannte Sammelverpflegungseinrichtungen ausgegeben. Zu diesem Zweck werden in den Vorratslagern des Bundes an ungefähr 150 geheimen Standorten in Deutschland Lebensmittel für den Krisenfall gelagert.
- Auf der Basis des Verkehrsleistungsgesetzes (VerkLG) [12] werden Transportkapazitäten bereitgestellt. Ergänzend wird eine intensivierte übergebietliche Belieferung der betroffenen Region durch den Handel in Gang gesetzt.
- In ausgewählten Filialen des Lebensmittelhandels werden Ausgabestellen für Lebensmittel eingerichtet. Diese werden mit Notstromaggregaten ausgestattet und bei der Kraftstoffzuteilung berücksichtigt. Die entsprechenden Unternehmen koordinieren in Abstimmung mit den Behörden die erforderliche Logistik.
- Die unteren Katastrophenschutzbehörden richten für vulnerable Personengruppen lokale Anlaufpunkte zur Ausgabe von Lebensmitteln ein.
- Da ein großer Teil der Bevölkerung über keine Möglichkeit zur Zubereitung warmer Mahlzeiten verfügt, werden, z. B. durch Technisches Hilfswerk (THW), Deutsches Rotes Kreuz (DRK) und Bundeswehr, Großküchen errichtet bzw. warme Mahlzeiten ausgegeben.

Trotz größter Anstrengungen kann aber mit hoher Wahrscheinlichkeit die flächendeckende und bedarfsgerechte Verteilung der Lebensmittellieferungen nur ungenügend gewährleistet werden. Eine Kommunikation über Vorrat und Bedarf zwischen Zentrale, Lager und Filiale ist wegen des Ausfalls der Telekommunikationsverbindungen erheblich erschwert. Das behördliche Katastrophenmanagement leidet erheblich unter dem Fehlen eines einheitlichen Lagebilds, sodass auch eine länderübergreifende Planung und Koordinierung von Maßnahmen drastisch erschwert sind [2].

5.1.8 Landwirtschaft

Die Landwirtschaft ist mit der Erzeugung von Nahrungsmitteln und Rohstoffen zur Weiterverarbeitung in der Industrie die Basis der Lebensmittelversorgung. Dabei besteht eine Verzahnung mit vor- und nachgelagerten Bereichen, wie Agrartechnik-, Dünge- und Pflanzenschutzmittel- oder Lebensmittelindustrie. Darüber hinaus existiert häufig eine direkte Abhängigkeit von anderen Sektoren. So sind viele Betriebe auf eine zentrale

Wasserver- und Abwasserentsorgung angewiesen. Die Leistungsfähigkeit der Landwirtschaft basiert in nahezu allen Produktionsprozessen auf der Verfügbarkeit von Strom [2].

Die Landwirtschaft ist im Wesentlichen in die beiden Bereiche Pflanzen- und Tierproduktion strukturiert (Abb. 5.14). Während die Pflanzenproduktion je nach Ausgangssituation für einen vergleichsweise langen Zeitraum bis zu einer Woche gegen die Auswirkungen eines Blackouts resilient ist, ist die Tierproduktion mit der Milchviehhaltung, sowie der Rinder-, Schweine- und Geflügelmast unmittelbar von einem Stromausfall betroffen. Die Bereiche Milchgewinnung (Melkanlagen, Kühlung und Reinigung), Stallreinigung (Gülletechnik), Fütterung (Mahl- und Mischanlagen), Beleuchtung, Klimatisierung (Heizung, Kühlung und Lüftung), Sortieranlagen und teilweise auch die Lagerung von Futtermitteln sind unmittelbar von der Stromversorgung abhängig. Schließlich gefährdet ein Stromausfall auch die Wasserversorgung der Tiere.

Der Ausfall elektrisch betriebener Stall- und Melktechnik (Abb. 5.15) beeinträchtigt das Wohlergehen der Tiere. Die Betriebe mit großen Milchviehbestände können den Ausfall der Melkmaschinenstände nur zu einem sehr geringen Anteil durch Personal substituieren. Ein Großteil des Milchviehs bleibt ungemolken, was zunächst zu Euterentzündungen und auch zum Tod der Tiere führt, wenn keine rasche Behandlung erfolgt. Die Tiere leiden unter dem Mangel an Futter, Wasser und Frischluft. Am problematischsten ist die Versorgung von Schweinen und Geflügel, die oftmals in Beständen mit mehreren Tausend Tieren gehalten werden. Unter diesen Bedingungen überleben die Tiere oft schon die ersten Stunden nicht. Zwar werden die wichtigsten Funktionen in der Stalltechnik zunächst durch Notstromaggregate (NSA) aufrechterhalten, allerdings ist der Kraftstoffvorrat für die NSA nach etwa 24 h erschöpft und die Tiere verenden unter erbärmlichen Bedingungen [2, 7].

5.1.9 Gesundheitswesen

Nahezu alle Einrichtungen der medizinischen und pharmazeutischen Versorgung der Bevölkerung sind von der Verfügbarkeit elektrischer Energie unmittelbar abhängig. Das dezentral und hocharbeitsteilig organisierte Gesundheitswesen (Abb. 5.16) kann den Folgen eines Stromausfalls daher nur kurz widerstehen. Bereits nach einem Tag ist die Funktionsfähigkeit des Gesundheitswesens erheblich beeinträchtigt. Krankenhäuser können mithilfe von Notstromanlagen noch einen eingeschränkten Betrieb aufrechterhalten, Alten- und Pflegeheime aber müssen zumindest teilweise geräumt und Funktionsbereiche geschlossen werden [5, 7].

Innerhalb einer Woche verschärft sich die Situation derart, dass selbst bei einem intensiven Einsatz regionaler Hilfskapazitäten vom weitgehenden Zusammenbrechen der medizinischen und pharmazeutischen Versorgung auszugehen ist. Die Leistungsfähigkeit des Gesundheitswesens wird nicht nur durch die zunehmende Erschöpfung der internen

Abb. 5.15 Karussell-Melkstand in einem landwirtschatlichen Betrieb. (Quelle: Depositphotos 417.481.034)

Kapazitäten, sondern auch durch Ausfälle anderer kritischer Infrastrukturen reduziert. Defizite bei der Versorgung, beispielsweise mit Wasser, Lebensmitteln, Kommunikationsdienstleistungen und Transportdienstleistungen, verstärken die Einbrüche bei Umfang und Qualität der medizinischen Versorgung [5].

Die Rettungsdienste können nur noch begrenzt für Transport- und Evakuierungseinsätze eingesetzt werden. Sie sind durch die Beeinträchtigungen der Kommunikationsinfrastruktur von Notrufen der Bevölkerung weitgehend abgeschnitten. Auch ist die Koordination der Einsätze erheblich erschwert. Probleme bereitet auch die schwindende Verfügbarkeit von Kraftstoff. Die präklinische medizinische Versorgung ist deshalb massiv beeinträchtigt. Der Zusammenbruch der in Krankenhäusern konzentrierten Versorgung droht. Einige Krankenhäuser können zunächst eine reduzierte Handlungsfähigkeit bewahren und sind dadurch zentrale Knotenpunkte der medizinischen Versorgung. Sie verfügen meistens noch über einen gewissen Bestand an Medikamenten sowie ausreichend Personal und Kraftstoff. Medizinisches Personal der ambulanten Versorgung unterstützt die Arbeit der Krankenhäuser. Jedoch führt diese verhältnismäßig gute Ausstattung auch dazu, dass dann, wenn andere Einrichtungen (wie Alten- und Pflegeheime, Dialysezentren) geräumt werden müssen, auf Krankenhäuser ausgewichen wird, sodass der Zusammenbruch der noch vorhandenen Kapazitäten droht. Zwar ist in den Notfallplänen der Krankenhäuser die Entlassung möglichst vieler Patienten vorgesehen. Doch können wegen der katastrophalen Zustände außerhalb der Kliniken allenfalls Patienten entlassen werden, die sich selbstständig versorgen können. Auch erste Hilfeleistungen seitens der Bundeswehr (z. B. durch die Errichtung von Notlazaretten) im Rahmen der Zivil-Militärischen Zusammenarbeit (ZMZ) sorgen allenfalls punktuell für Entlastung [5].

Sofort betroffen von einem Stromausfall sind Arztpraxen, Apotheken und die meisten Dialysezentren. Sie verfügen selten über eine Notstromversorgung und können daher

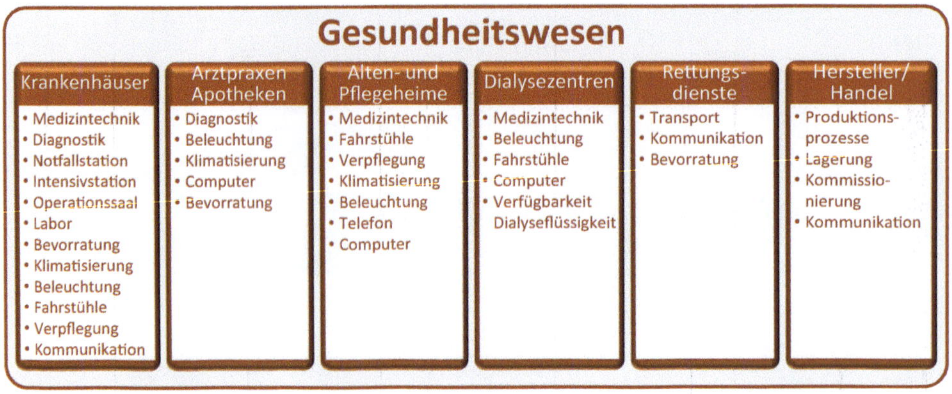

Abb. 5.16 Ausgewählte Basisstrukturen und Komponenten im Gesundheitswesen [2]

kaum noch oder nur noch rudimentär arbeiten. Hinzu kommt, dass der Ausfall der Telekommunikation auch die Rettungsdienste behindert. Wer schnell medizinische Hilfe braucht, kann nicht mehr den Notruf anrufen. Auch die Kommunikation und Koordination von Feuerwehr, Rettungsdiensten und den Krankenhäusern untereinander ist erschwert [4].

Spätestens am Ende der ersten Woche sind katastrophale Zustände zu erwarten, d. h. es tritt die gesundheitliche Schädigung bzw. der Tod sehr vieler Menschen sowie eine mit lokal bzw. regional verfügbaren Mitteln und personellen Kapazitäten nicht mehr zu bewältigende Problemlage ein. Ohne weitere Zuführung von medizinischen Gütern, Infrastrukturen und Fachpersonal von außen ist die medizinisch-pharmazeutische Versorgung nicht mehr möglich [5, 4].

5.1.9.1 Krankenhäuser

Für Krankenhäuser und klinische Einrichtungen mit stationärem Betrieb ist entsprechend der Krankenhausbaurichtlinie [13] eine Ersatzstromversorgung für mindestens 24 h vorgeschrieben. Damit können hier zumindest teilweise einige der Folgen zu Beginn eines Blackouts aufgefangen werden. Aus Kapazitätsgründen sind jedoch nicht alle Bereiche eines Krankenhauses an die Ersatzstromversorgung angeschlossen (Verwaltung, Beleuchtung etc.). Daher ist hier lediglich die Aufrechterhaltung eines eingeschränkten Notbetriebes möglich, der eine Grundversorgung sowie eine Überwachung und Erhaltung lebenswichtiger Funktionen der Patienten sicherstellt. Hinzu kommen die Ausfälle oder Einschränkungen aufgrund äußerer Einwirkungen. Hierzu zählen neben dem Ausfall externer kritischer Infrastrukturen (Trinkwasserversorgung, Abwasserentsorgung, Fernwärmeversorgung etc.) vor allem das durch den Ausfall der hausärztlichen Versorgung oder den Ausfall von Dialysezentren erhöhte Patientenaufkommen und die Zusatzbelastung des Personals [6].

Falls die Ersatzstromversorgung nicht mehr aufrechterhalten werden kann oder bei Stromausfällen, die länger als 24 h andauern, ist mit einer Vielzahl weiterer Ausfälle in der technischen Krankenhausinfrastruktur zu rechnen. Besonders kritisch ist hier der Ausfall medizinischer Geräte (z. B. Beatmungsgeräte), von OP-Infrastruktur (Abb. 5.17) und von Laboren, da hierdurch die Gesundheit und letztlich das Leben von Menschen unmittelbar gefährdet sind. Des Weiteren ist mit verschiedensten Versorgungsengpässen und organisatorischen Problemen beispielsweise bei der Einhaltung von Hygienestandards, durch das erhöhte Patientenaufkommen, bei der Bereitstellung von Personal sowie in der Patientenverwaltung zu rechnen [11]. Externe Leistungen wie Reinigung, Wäsche und Essenslieferungen kommen zum Erliegen [5, 7].

Entsprechend der Apothekenbetriebsordnung [14] müssen Krankenhausapotheken einen Arzneimittelvorrat für mindestens zwei Wochen vorhalten. Daher kann die unmittelbare Arzneimittelverfügbarkeit in den Krankenhäusern auch bei Blackouts als ausreichend angenommen werden. Allerdings kann sich die ordnungsgemäße Lagerung der Arzneimittel und Medizinprodukte als problematisch erweisen, da bereits ab etwa acht Stunden nach Unterbrechung der Stromversorgung eine ausreichende Kühlung nicht mehr gewährleistet werden kann [6].

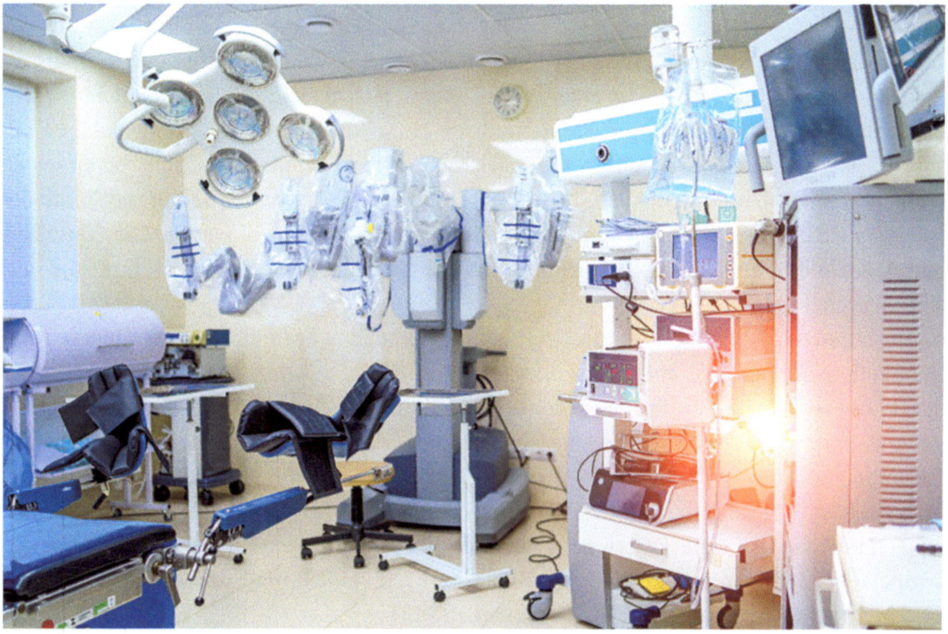

Abb. 5.17 Operationssaal mit DaVinci-Roboter. (Quelle: Depositphotos 363.341.890)

5.1.9.2 Apotheken und Arzneimittel

Die Verfügbarkeit von Arzneimitteln nimmt im Verlauf der ersten Woche eines Blackouts deutlich ab. Die Bestände der Krankenhäuser und der noch geöffneten Apotheken werden geringer. Insbesondere verderbliche Arzneimittel sind wegen der unterbrochenen Kühlketten allerdings nur noch in Krankenhäusern erhältlich. Dramatisch wirken sich die Engpässe bei Insulin, Blutkonserven und Dialyselösungen aus [2].

Die öffentlichen Apotheken sind meist nicht mit Notstromkapazitäten ausgestattet. Dadurch wird bereits in den ersten Stunden nach dem Stromausfall der Betrieb in den Apotheken durch den Ausfall von Beleuchtung und Kassensystemen erheblich behindert. In den Apotheken, die über automatisierte Lagersysteme verfügen, müssen die angelieferten Arzneimittel und andere Produkte durch das Personal eingelagert und ausgegeben werden. Elektronische Bestellungssysteme können nicht mehr genutzt werden [6].

Die Produktion von Arzneimitteln ist vom Stromausfall direkt betroffen und kann nicht im üblichen Umfang aufrechterhalten werden, auch wenn an vielen Produktionsstellen Notstromkapazitäten installiert sein dürften. Durch den Ausfall bzw. die Einschränkungen im Transportbereich ist auch die Zuführung der erforderlichen Produktionsstoffe reduziert. Der pharmazeutische Großhandel ist ebenfalls erheblich betroffen. Die Lagerhaltung und die damit verbundenen Tätigkeiten wie Sortieren, Transportieren oder Verpacken sind zu großen Teilen strombasiert [6].

Der bedarfsgerechte Warenfluss ist auf eine funktionierende Kommunikation zwischen Händlern und Apotheken, auf eine intakte Vertriebsinfrastruktur und oftmals auf eine ununterbrochene Kühlung angewiesen. Beim pharmazeutischen Großhandel fallen elektronische Bewirtschaftungssysteme und maschinelle Kommissionierungsanlagen aus, sodass pharmazeutische Produkte nur nach manueller Kommissionierung bereitgestellt werden können. Durch den Ausfall der Beleuchtung und Datenverarbeitungssysteme entsteht ein erheblicher Mehraufwand beim Ein- und Ausgang von Waren. Die Verteilung der Arzneimittel an die Apotheken ist durch die Störungen im Verkehrssektor nur noch sehr begrenzt möglich [6].

Bestellungen für pharmazeutische Produkte können wegen der ausgefallenen Kommunikationsinfrastruktur nur noch über die persönlichen Kontakte zu den Lieferanten aufgegeben werden. Ein Tag nach dem Stromausfall ist der zeitlich, lokal und bedarfsgerecht differenzierte Vertrieb pharmazeutischer Produkte nicht mehr gewährleistet. Bestellungen können nicht mehr angenommen, Waren nicht entsprechend abgefertigt und aufgrund des sich zunehmend erschöpfenden Treibstoffvorrats der Fahrzeuge nicht ausgeliefert werden. Die Belieferung der Apotheken wird eingestellt. Zudem verderben temperaturempfindliche und kühlungspflichtige Medikamente bei den Herstellern sowie in den Lagern der Großhändler und Apotheken [11].

5.1.9.3 Stationäre Einrichtungen der Pflege, Einrichtungen für behinderte Menschen

In stationären Pflegeeinrichtungen sowie in Einrichtungen für behinderte Menschen steht im Falle eines Stromausfalles die Aufrechterhaltung der Grundversorgung der Bewohner im Vordergrund. Da in stationären Pflegeeinrichtungen oft auch Bewohner mit einer demenziellen Erkrankung oder Menschen mit Schwerstmehrfachbehinderungen oder seelischer Behinderung untergebracht werden, muss hier neben der Betreuung der Bewohner auch die Aufrechterhaltung von Sicherheitsvorkehrungen sichergestellt werden. Außerdem sollte eine psychosoziale Notfallversorgung gewährleistet sein, um gefährdendes Verhalten und Traumatisierung bei den Bewohnern möglichst zu begrenzen bzw. rechtzeitig zu behandeln. Im Gegensatz zu Krankenhäusern verfügt nur etwa ein Drittel der stationären Pflegeeinrichtungen über eine Ersatzstromversorgung. Daher muss man davon auszugehen, dass in zwei Dritteln der Pflegeeinrichtungen bereits bei Stromausfällen kürzerer Dauer wichtige technische Einrichtungen ausfallen und dadurch zentrale Versorgungs- und Organisationsabläufe entscheidend gestört werden. Neben der Dauer eines Stromausfalls sind besonders die Tages- und Jahreszeiten, in denen sich die Versorgungsunterbrechung ereignet, für die Folgen in den stationären Pflegeeinrichtungen entscheidend. Während Stromausfälle in der Nacht zwar von den Bewohnern weniger wahrgenommen werden, sind diese aufgrund der schwächeren personellen Besetzung in der Nacht allerdings erheblich schwieriger zu bewältigen. Die erforderlichen zusätzlichen Hilfskräfte müssen trotz der Einschränkungen im Kommunikationsbereich benachrichtigt werden und trotz der Verkehrsbeschränkungen die Pflegeeinrichtungen erreichen. Bei Stromausfällen im Winter kommt es durch den Ausfall der Heizungsanlagen zu einer gravierenden Verschlechterung der Situation, da bei winterlichen Temperaturen die Innentemperatur von Gebäuden innerhalb von zwei bis vier Stunden in einen kritischen Bereich absinken kann [6].

Viele stationäre Pflegeeinrichtungen können aufgrund der eingeschränkten Funktion der Sanitäranlagen, unzureichender Versorgung mit Frischwasser, Nahrungsmitteln, medizinischen Gütern, Medikamenten und sauberer Wäsche bei einem Stromausfall nicht mehr weiter betrieben werden. Daher müssen die Bewohner in Krankenhäuser oder Sammelstellen verlegt werden. Da diese aber selbst nur mit erheblichen Einschränkungen leistungsfähig sind, entsteht hier ein im wahrsten Sinne lebensbedrohlicher Engpass [11].

5.1.9.4 Arztpraxen, Ambulanzen, häusliche Pflege

Arztpraxen und Ambulanzen können praktisch nur noch Dienstleistungen im Rahmen der Ersten Hilfe leisten, da die üblichen Dienstleistungen durch den Ausfall aller technischen Geräte gestört ist und in den meisten dieser Einrichtungen keine Ersatzstromversorgung zur Verfügung steht. Die Patienten der Arztpraxen und Ambulanzen sind im Gegensatz zu Pflegeheimen und Krankenhäusern aber noch relativ mobil. Daher ist es zentrale

Aufgabe des betrieblichen Krisenmanagements dieser Einrichtungen, Ersatzbehandlungsplätze, alternative Behandlungsmethoden oder auch eine externe Ersatzstromversorgung inklusive der Treibstoffversorgung zu organisieren [6].

Dialysezentren sind generell nicht sofort gefährdet, da die einzelnen Dialysegeräte jeweils eine eigene Akkuversorgung haben, die auch bei Stromausfall die planmäßige Beendigung einer begonnenen Dialyse ermöglicht. Allerdings kann ohne verfügbare Notstromaggregate die medizinische Versorgung der Patienten nicht weitergeführt werden und die Dialyseeinrichtungen müssen schließen [6].

Medizinische Labore, deren Aufgabengebiet hauptsächlich die Analyse von biologischen Materialien ist, können in der Regel ihren Betrieb bei einem Stromausfall nicht mehr fortführen, sofern sie nicht über eine Notstromversorgung verfügen.

Hilfsbedürftige Menschen zu Hause sind aufgrund von medizinisch-technischen Geräten (z. B. Heparin- oder Infusionspumpen, Dialyse- und Beatmungsgeräte) von einer intakten Stromversorgung abhängig [11].

Die zunehmende Vergreisung unserer Gesellschaft hat auch Auswirkungen auf die Versorgungssituation bei einem Stromausfall. Die Anzahl älterer Menschen, die so lange wie möglich zuhause wohnen möchten, nimmt ständig zu. Damit steigt auch die Anzahl der Personen, die pflegebedürftig zu Hause sind und durch Hilfsdienste versorgt und gepflegt werden müssen. Die medizinische Versorgung dieser Personen ist vielfach nur mithilfe elektrischer Geräte möglich. Bei der häuslichen Pflege sind darüber hinaus die geographischen Gegebenheiten des Stromausfallgebiets von Bedeutung. In einem ländlichen Gebiet umfasst die häusliche Pflege ein flächenmäßig größeres Gebiet als im städtischen Bereich. Die Entfernungen zwischen den zu versorgenden Menschen sind im ländlichen Bereich größer. Damit sind sie schwieriger zu erreichen und die Fahrwege verlängern sich [11]. Die Probleme in der häuslichen Pflege eskalieren in den ersten 24 h des Stromausfalls.

- Nach einer gewissen Verzögerung werden die Hilfeleistungen in der häuslichen Pflege während der ersten zwei Stunden fast wie gewohnt weitergeführt. Es treten kaum Schwierigkeiten auf.
- Ab etwa zwei bis acht Stunden nach Beginn des Stromausfalls entsteht eine deutliche Verzögerung bei den Hilfeleistungen, da der Dienstplan nicht mehr eingehalten werden kann. Durch die Defizite in der häuslichen Infrastruktur (Beleuchtung, Wasserversorgung, Aufzüge etc.) dauern die einzelnen Handlungen länger als geplant. Der sowieso schon enge Zeitplan der mobilen Pflegekräfte gerät uneinholbar in Verzug. Die hilfeleistenden Organisationen können die nächsten zu pflegenden Personen auch aufgrund der zunehmend sich verschlechternden Verkehrssituation nicht rechtzeitig oder gar nicht mehr erreichen. Bei den hilfsbedürftigen Personen kann es zu Panikreaktionen kommen, da die telefonische Erreichbarkeit schlecht ist und Informationen kaum eingeholt werden können. Insbesondere für alleinlebenden Personen wird die Situation immer unerträglicher.

- Bei einem Stromausfall über acht Stunden ist es wichtig, alle Hilfsbedürftigen zu erreichen. Dazu ist es erforderlich, beispielsweise Adressinformationen auch ohne elektronische Hilfsmittel verfügbar zu haben. Ist keine Liste dieser Menschen in Papierform vorhanden, kann nicht ermittelt werden, wer wann welche Hilfe benötigt. Nach acht Stunden verderben die in den Kühlschränken der Pflegedienstzentralen aufbewahrten medizinischen Hilfsstoffe.
- Dauert der Stromausfall länger als 24 h wird die Situation für die häusliche Pflege prekär, und die Menschen müssen durch die Hilfsdienste evakuiert werden [11].

Ebenfalls problematisch ist ein Stromausfall für Personen, deren gesundheitliche Sicherheit von der Funktionsfähigkeit eines Hausnotrufsystems abhängt. Diese Systeme sind abhängig von einem intakten Mobilfunksystem und fallen daher bei einem Blackout aus. Vorsorglich müssen die betroffenen Personen dann von Angehörigen betreut werden oder sich in zentrale Pflegeeinrichtungen begeben.

5.1.9.5 Rettungsdienste

Die Rettungsdienste (siehe Abschn. 5.3.1) sind bereits unmittelbar nach Eintritt eines Blackouts erheblich gefordert. Hier stehen die Erstversorgung und der Transport von verunfallten Personen im Vordergrund. Bei andauerndem Stromausfall kommen Evakuierungseinsätze von kranken und bedürftigen Personen hinzu. Der Weiterbetrieb von vielen Alten- und Pflegeeinrichtungen ist nur mit Unterstützung durch die Rettungskräfte möglich. Allerdings kommen die Rettungsdienste aufgrund der Vielzahl von Aufgaben und durch die Beschränkungen im Kommunikationsbereich und wegen der zunehmend schlechter werdenden Verkehrssituation schnell an ihre technischen und personellen Grenzen und können nicht mehr alle Anforderungen erfüllen. Entscheidend sind in dieser Situation die Koordination und Priorisierung der Rettungsdiensteinsätze durch die Katastrophenschutzstäbe, um die begrenzten Ressourcen möglichst effizient zu nutzen.

5.1.10 Industrieanlagen und Forschungseinrichtungen

Die verschiedenen industriellen Branchen unterscheiden sich deutlich in Bezug auf Produkte, Rohstoffe, Materialien und Stromverbrauch. Folglich sind sowohl die Produktionsprozesse und -anlagen als auch die Steuerungs- und Organisationsabläufe in den Unternehmen sehr unterschiedlich. Daher ist es auch nur bedingt möglich, verallgemeinernde Abschätzungen über mögliche Auswirkungen von Stromausfällen zu treffen [1].

Durch den Ausfall von Elektromotoren und Computern stehen die Produktionsanlagen sofort still, sofern nicht eine entsprechende Notstromversorgung vorgesehen ist. In sensiblen Fabrikationsumgebungen reichen oft schon Stromausfälle im Bereich von Millisekunden, um die Anlagen und die Produktion zu stören [1].

Unter Sicherheitsaspekten sind im Falle eines Stromausfalls Industriebetriebe, die unter die Störfallverordnung fallen, von besonderer Bedeutung, da bei einem Stromausfall von diesen Betrieben Gefahren für Bevölkerung und Umwelt ausgehen könnten. Unter die Störfallverordnung fallen alle Industriebetriebe und Betriebsbereiche (Produktionsanlagen, Lager), in denen gefährliche Stoffe oberhalb einer bestimmten Mengenschwelle eingesetzt werden. Die Störfallverordnung verpflichtet die Betreiber der betroffenen Betriebsbereiche, Sicherheitsvorkehrungen zu treffen, um Störfälle zu vermeiden und deren Auswirkungen auf den Menschen und die Umwelt so weit wie möglich zu minimieren [11].

In der Regel verfügen Industrieanlagen mit kritischen Betriebsteilen über Notstromversorgungseinrichtungen, mit denen eine gewisse Zeit der Betrieb weiter aufrechterhalten werden kann bzw. die Anlagen definiert heruntergefahren werden können. Allerdings besteht insbesondere bei Chemieanlagen (Abb. 5.18) bei längerem Stromausfall die Gefahr, dass schädliche Gase austreten, Anlagenteile explodieren oder Brände entstehen können, falls Kühlungen länger ausfallen.

Grundsätzlich werden durch den Ausfall von Produktionsanlagen in allen Bereichen die gewohnten Lieferketten unterbrochen. Damit verschlimmert sich die allgemeine Versorgungssituation (z. B. Lebensmittelversorgung) in erheblichem Umfang.

Bei einigen Produktionsprozessen (z. B. Hochöfen, Schmelzanlagen, Polymerisationsprozesse) besteht die Gefahr, dass die Produktionsanlagen oder zumindest Teile davon zerstört werden, falls die Energieversorgung für einen bestimmten Zeitraum unterbrochen bleibt. Solche unterbrechungssensiblen Anlagen sind beispielsweise Rührwerke oder Kristallisationskolonnen in Chemiebetrieben oder auch Glashütten. Hier besteht beispielsweise die Gefahr, dass Produktionsstoffe erkalten und festbacken. Die Anlagen (z. B. Schmelzwannen oder Rührwerke) können dann nur noch abgerissen werden. Grundsätzlich sind alle Anlagen mit kontinuierlichen Herstellungsprozessen sowie Anlagen, die temperiert (Kälte, Wärme) werden müssen, akut betroffen.

In Labors und Großforschungsanlagen wird elektrische Energie nicht nur für den Betrieb von Computern und Telekommunikationseinrichtungen, sondern auch direkt für den Forschungsbetrieb eingesetzt. Beispielsweise sind in den Biowissenschaften viele Zellkulturen tiefgefroren. Im Bereich der Strukturaufklärung, Spektroskopie und Tomographie (Physik, Chemie, Medizin) benötigen die Anlagen Vakuumpumpen sowie zur Kühlung von supraleitenden Magneten (Kernspin, Beschleuniger etc.), neben flüssigem Stickstoff und Helium mit dazugehöriger elektrischer Steuerungstechnik, elektrische Kühlung. Aufgrund der sensiblen Technologien verfügen die meisten dieser Einrichtungen über Notstromversorgungen zur Überbrückung kurzzeitiger Stromausfälle. Im Falle einer längeren Versorgungsunterbrechung müssten diese Anlagen außer Betrieb genommen werden, um beispielsweise die Zerstörung von Magneten zu verhindern [6, 11].

Abb. 5.18 Chemiewerk. (Quelle: BASF)

5.1.11 Finanzdienstleistungen

In einer modernen Volkswirtschaft ist eine schnelle und sichere Abwicklung verschiedener Finanzdienstleistungen von zentraler Bedeutung, damit die privaten, öffentlichen und unternehmerischen Wirtschaftsprozesse funktionieren. Zu diesen Finanzdienstleistungen gehören [6]:

- Durchführung bargeldlosen Zahlungsverkehrs
- Annahme und Verwaltung von Publikumseinlagen
- Gewährung von Krediten
- Verwaltung und Bewirtschaftung von Anlagen (z. B. Wertpapiere, Devisen)
- Betrieb multilateraler Handelssysteme (Börsen)
- Ausgabe von Bargeld (z. B. durch Bankautomaten)

Der Finanzdienstleistungssektor ist in hohem Maße von einer kontinuierlichen und stabilen Stromversorgung abhängig. Gründe hierfür sind die für Kommunikation, Datenhaltung, Verfolgung und Regelung der Waren- und Geldströme sowie für den Zahlungs- und Datenverkehr genutzten energiebasierten Informations- und Kommunikationsinfrastrukturen. Diese bilden das „Nervensystem" des Finanzsektors. Ein Ausfall dieser

Infrastrukturen und die damit einhergehende erschwerte oder verhinderte Erbringung der wesentlichen Finanzdienstleistungen hätten gravierende Auswirkungen auf Wirtschaft und Gesellschaft [11].

Die Finanzdienstleistungen werden von verschiedenen Akteuren erbracht, u. a.:

- Banken, Versicherungsgesellschaften, andere Finanzgesellschaften und weitere bankähnliche Organisationen (z. B. Postbank, Kreditkartenorganisationen)
- Zentralbanken (Europäische Zentralbank, Deutsche Bundesbank)
- Clearingorganisationen (z. B. Clearstream, SIX Group, weitere Gironetze/Girokreise)

Durch eine umfängliche Notstromversorgung ist nach Einschätzungen von Experten das Finanzdienstleistungssystem in einzelnen Teilsektoren selbst bei einem großflächigen und länger andauernden Stromausfall relativ robust. Dadurch sind der Daten- und Zahlungsverkehr zwischen den Banken, den Clearingorganisationen und den Börsen, die Datenhaltung sowie weitere kritische Geschäftsprozesse für einen begrenzten Zeitraum gewährleistet bzw. können evtl. in ein nichtbetroffenes Gebiet ausgelagert werden.

Der Handel an den Börsen ist wesentlich von den funktionierenden Rechenzentren abhängig. Solange diese ihren Betrieb aufrechterhalten können, sind auch die Börsen im Prinzip arbeitsfähig. Die Börsen treffen Vorsorge, um im Katastrophenfall den Betrieb in technischer, personeller und organisatorischer Sicht für einige Tage sicherzustellen. Der Zugriff privater Anleger auf die Börsenplattformen ist wegen der voraussichtlichen Störungen der Kommunikationssysteme nur eingeschränkt oder gar nicht möglich [5].

Für die Bankkunden ist an den Bankschaltern das Geldabheben oder Überweisen zumindest bei größeren Bankfilialen zunächst noch möglich. Problematischer wird es allerdings in den Gegenden, in denen es kaum noch Bankfilialen gibt. Die meisten Geldautomaten fallen direkt nach dem Stromausfall aus. Diese Anlagen verfügen in der Regel weder über eine USV noch ein Notstromaggregat und sind demnach gleich zu Beginn außer Betrieb. Als Folge werden sich lange Schlangen an den Banken bilden. Hält der Blackout aber mehrere Tage an, wird es auch für einige Banken schwierig. Die wenigen vorhandenen Notstromaggregate haben dann ihren Kraftstoff verbraucht, außerdem wird Bargeld knapp und kann nicht schnell genug herangeschafft werden [4]. Die mangelnde Verfügbarkeit von Bargeld wird in der Bevölkerung zu panikartigen Reaktionen führen.

In den ersten Stunden nach dem Stromausfall ist der elektronische Zahlungsverkehr nur in Teilen betroffen. Größere Supermärkte haben oft Notstromversorgungen, die auch die Kassensysteme und EC-Kartenleser am Laufen halten. In den meisten kleineren Läden jedoch fallen diese Systeme sofort aus, dort ist dann nur noch Barzahlung möglich [4, 5].

5.1.12 Öffentliche Ordnung und Sicherheit

Ein Blackout geht auch an der Psyche und dem Verhalten der Menschen nicht spurlos vorüber: Bricht die Stromversorgung zusammen, sind viele alltägliche Handlungen infrage gestellt und gewohnte Kommunikationswege größtenteils unbrauchbar. Viele Menschen reagieren darauf mit Verunsicherung, Aggressivität und irrationalem Verhalten. Die dünne Schicht der zivilisierten Verhaltensnormen bröckelt in solchen Situationen sehr schnell. Entgrenzungen brechen sich Bahn, Beispiele dafür sind etwa Gewalttätigkeiten, Alkoholkonsum, Sexualisierungen, Raubzüge, Zusammenrottungen und Bandenbildung. Im Zuge eines viele Tage oder Wochen dauernden Stromausfalls ist damit zu rechnen, dass durch Stress, Emotionen, Affekte sowie kognitive Blockaden der Prozess der Zivilisierung quasi rückwärts läuft [15]. Manche Individuen und Gruppen werden rücksichtsloser, aggressiver und gewaltbereiter, fallen also in diesem Sinn hinter die etablierten Normen gesellschaftlicher Interaktion zurück. Aber auch eine gegenteilige Entwicklung ist bei den Menschen, die von den Folgen eines umfassenden Stromausfalls überfordert sind, zu beobachten. Sie wissen sich nicht zu helfen, neigen zu panikartigen Reaktionen oder ziehen sich passiv zurück. Bei ausgeprägtem Leidensbewusstsein haben sie zugleich einen starken Führungsbedarf. Der Stress und die situationsbedingte Überforderung können in mehr oder weniger starke Formen der Traumatisierung, wie Apathie oder Depression, münden [4, 5].

Hat die Bevölkerung in dieser Situation das Gefühl, dass ihr nicht geholfen wird, droht die öffentliche Ordnung zusammenzubrechen. Um dem entgegenzusteuern, sind vor allem Informationen wichtig. Es ist jedoch äußerst schwierig, ohne die sonst wie selbstverständlich funktionierenden Kommunikationskanäle lokal, regional oder gar national Glaubwürdigkeit zu vermitteln und Vertrauen zu schaffen und damit den wichtigen Grundbedingungen der Krisenkommunikation gerecht zu werden [4].

Die chaotischen Verhältnisse bei einem Blackout und die dadurch bedingten Versorgungsengpässe könnten Menschen zu Diebstahl und Raub verleiten. Wer die knapper werdenden Lebensmittel nicht mehr erwerben kann, wird Gelegenheiten nutzen und nutzen, Geld und Lebensmittel zu stehlen. Zunehmend kommt es zu Plünderungen von Geschäften (Abb. 5.19). Polizei und Militär stoßen bereits nach mehreren Tagen an ihre Grenzen, die Ordnung und Sicherheit im Land aufrechtzuhalten. Viele Menschen werden Hotspots (etwa Problemstadtteile) verlassen und zu Verwandten, Freunden und Bekannten ziehen, wo die Sicherheit noch besser gewährleistet ist [7].

Bei einem Blackout ist besonders in Ballungszentren mit schweren Ausschreitungen und gewalttätigen Konfrontationen auf offener Straße zu rechnen. Die Koordinierung der notwendigen Gegenmaßnahmen wird durch ausgefallene Kommunikationsmittel jedoch erschwert. Polizei und Militär werden durch Einsätze zur Aufrechterhaltung der Ordnung und Sicherheit sowie zum Schutz kritischer Infrastrukturen ausgelastet sein und für andere Hilfeleistungen nur mehr sehr eingeschränkt zur Verfügung stehen [2, 7].

Ein besonderes Gefahrenpotenzial für die öffentliche Ordnung und Sicherheit könnte sich in den Justizvollzugsanstalten (JVA) entwickeln. JVA mit Notstromversorgung

Abb. 5.19 Plünderung eines Supermarkts. (Quelle: 105.540.571 © picture alliance / REUTERS / P. Kopczynski)

können bei einem Blackout zunächst die Hauptfunktionen des Anstaltbetriebs aufrechterhalten, nämlich die Sicherung der Gefangenen und deren Grundversorgung (z. B. Beleuchtung, Lüftung, Heizung). Dabei ist die erste Phase des Stromausfalls am chaotischsten. Besonders problematisch ist ein Stromausfall am Tag, da eine große Zahl von Gefangenen außerhalb der Zellen ist. Sämtliche nicht mit Notstrom versorgte Sicherheitselemente, Anlagen der Gebäudetechnik sowie EDV-Anlagen und Kommunikationsmittel stehen nicht mehr zur Verfügung. Der Aufenthalt im Freien wird sicherheitstechnisch zunehmend problematisch und macht den Dauereinschluss der Gefangenen erforderlich. Neben der daraus resultierenden psychischen Belastung zeigen sich bei Gefangenen durch schlechter werdende hygienische Verhältnisse, ungenügende Nahrungsmittelversorgung sowie fehlende Heizung gesundheitliche Probleme. Auch das Personal einer JVA ist zunehmend psychisch belastet und übermüdet. Zudem kommen Teile des Personals aufgrund der Verkehrsprobleme zu spät oder gar nicht zur Arbeit. Dadurch wächst insgesamt die Gefahr von Gehorsamsverweigerungen und Unruhen. Bedingt durch die Auswirkungen des Stromausfalls auf andere Sektoren ist nicht von einer Entlastung durch Polizeikräfte und andere Unterstützungskräfte auszugehen. Die Sicherstellung der Versorgung der Notstromaggregate (NSA) hat nun die höchste Priorität. Nur dadurch sind ein (reduzierter) Betrieb und eine adäquate Überwachung der Gefangenen möglich. Selbst wenn dies gelingt, entsteht zunehmend – insbesondere durch hygienische, medizinische und weitere Versorgungsprobleme – eine kaum zu bewältigende Lage in den Gefängnissen. Sollte die Zahl der Häftlinge aufgrund wachsender Kriminalität und Verhaftungen im betroffenen Gebiet steigen, wird sich die Situation dadurch nochmals deutlich verschärfen [5].

Ein weiterer kritischer Bereich, der die öffentliche Sicherheit bei einem Blackout wesentlich beeinträchtigen kann, sind die privaten Wohnungen. Bedingt durch den Ausfall der Versorgung mit elektrischer Energie und Gas zur Beheizung der Wohnräume suchen gerade in der kalten Jahreszeit immer mehr Menschen nach Alternativen, ihre Wohnungen zu wärmen. Dafür werden auch völlig unzulängliche Mittel gewählt. Beim Betrieb von offenen Feuern (Holzkohlegrills, Feuerschalen o. ä.) kommt es zur unmittelbaren Gefährdung der Bewohner durch die Verbrennungsgase sowie zur Entstehung von Wohnungsbränden (Abb. 5.20). Die Feuerwehr ist aufgrund der steigenden Anzahl von Wohnungsbränden und der abnehmenden Einsatzbereitschaft (Mangel an Kraftstoff, Löschwasser und Personal) nur noch sehr begrenzt in der Lage, diese Feuer zu löschen. Damit steigt die Gefahr großflächiger, ganze Stadtteile verheerender Brände.

Der für solche Situationen zuständige Katastrophenschutz kommt an die Grenzen seiner Möglichkeiten. Das Hochwasser im Juli 2021 im Westen Deutschlands hat demonstriert, wie schwierig es für zuständige Behörden, Einsatzteams und Helfer sein kann, bei einem Zusammenbrechen vieler Kommunikationswege und der normalen Infrastruktur den Überblick zu behalten und sich zu koordinieren. Als erste Maßnahme gilt es daher,

Abb. 5.20 Wohnungsbrand. (Quelle: Feuerwehr Offenburg)

eine Krisenkommunikationsinfrastruktur aufzubauen. Die Behörden sind zur Gewinnung eines Lagebilds, bei der Verbreitung von Informationen, zur Organisation von Ressourcen sowie zur Alarmierung und Koordination von Einsatzkräften auf funktionierende Kommunikationsinfrastrukturen angewiesen [2].

Hinzu kommt, dass die Zuständigkeiten im Katastrophenfall nicht überall klar geregelt sind. Kommunen, Land und Bund müssen sich in einer solchen Situation oft erst koordinieren. Bei einem großflächigen Blackout mit Millionen Betroffenen reichen zudem die logistischen und technischen Kapazitäten vor Ort meist nicht aus – auch im Ahrtal 2021 war dies so. Eine besondere Herausforderung in einem Schadensfall wie einem überregionalen Stromausfall besteht darin, dass ortsfremde Einheiten oft über große Entfernungen herangeführt werden müssen [4].

5.1.13 Wirtschaftliche Folgen

Auch die wirtschaftlichen Folgen eines Blackouts sind dramatisch. Die bisherigen nationalen wie internationalen Stromausfälle haben gezeigt, dass ein langandauernder Stromausfall erhebliche Kosten durch Personen- und Sachschäden sowie weitere betriebswirtschaftliche und volkswirtschaftliche Folgeschäden aufgrund von Verzögerungen und Ausfällen bei Dienstleistungen und produzierendem Gewerbe sowie durch die Reduktion der üblichen Wertschöpfung verursachen wird. Die durch einen Stromausfall verursachten wirtschaftlichen Schäden sind allerdings ökonomisch schwer zu bewerten. Folgende Faktoren sind bestimmend für die Höhe der Kosten eines Stromausfalls [5, 16]:

- Art und Umfang betroffener Verbrauchergruppen, z. B. Haushalte oder Industrie
- Häufigkeit und Vorhersehbarkeit von Stromausfällen
- Dauer des Stromausfalls
- Umfang des Leistungsausfalls
- regionale Bedingungen, z. B. Klima, Industriestruktur
- Zeitpunkt der Störung, z. B. Tag oder Nacht, Sommer oder Winter
- Quelle des Ausfalls, z. B. ein Kraftwerk oder das Leitungsnetz

Die gängigen Methoden, mit denen die Schäden eines Stromausfalls kostenmäßig bewertet werden, erfassen allerdings jeweils nur einige dieser Parameter. Als monetäres Maß für die durch einen Stromausfall verursachten Schäden wird häufig der Preis je nichtgelieferter Kilowattstunde (kWh) verwendet [16, 17]. Die auf Erzeugerseite entstehenden Kosten ergeben sich direkt aus den Schäden an technischen Anlagen und aus der Strommenge, die dadurch nicht abgesetzt werden kann. Demgegenüber sind aufseiten der Verbraucher anfallende Kosten erheblich schwieriger zu beziffern, denn sie ergeben sich nur zum Teil unmittelbar aus der nicht gelieferten Menge Strom. So entstehen in den Haushalten direkte Kosten durch Schäden an Anlagen und elektrischen Geräten sowie durch den Verderb von Waren. Ferner entstehen nichtmonetäre Folgen beispielsweise durch den entgangenen Nutzen der Freizeit. In den Unternehmen ergeben sich finanzielle Verluste aus der Unterbrechung der Wertschöpfung [2, 17, 18].

Zur Abschätzung der Kosten eines Stromausfalls werden verschiedene Methoden verwendet [5]:

- Studien zu Blackouts ermitteln die Kosten nach einem Stromausfall durch die monetäre Bewertung aller eingetretenen Effekte und deren Summierung. Die Fokussierung auf ein Fallbeispiel erschwert aber die Verallgemeinerbarkeit und Übertragung der Ergebnisse.
- Makroökonomische Ansätze verwenden stark vereinfachende Annahmen zu den Ausfallkosten entgangener Produktion und verminderten Freizeitwerts auf Grundlage statistischer Daten. Jedoch werden direkte Schäden, zum Beispiel an Anlagen, nicht erfasst.
- Erhebungen mittels Fragebogen oder Interviews sollen die Zahlungsbereitschaft der Endverbraucher zur Vermeidung eines Stromausfalls ermitteln [19]. Alternativ wird nach der Kompensationsforderung der Endverbraucher für eine aufgetretene Störung gefragt. Nachteile liegen u. a. in den Schwierigkeiten für Endverbraucher, mögliche Schäden zu beziffern, und dem Antwortverhalten der Befragten [5, 16–18].

Bisherige Studien zu realen oder angenommenen Stromausfällen stützen sich in der Regel auf eine der oben genannten Methoden und kommen beispielsweise zu folgenden Einschätzungen [5]:

- Der Stromausfall am 14. August 2003 in Nordamerika erstreckte sich auf acht Bundesstaaten der USA und Teile Kanadas. Er betraf über 50 Mio. Personen und dauerte bis zu drei Tage an (siehe Abschn. 4.4) [5]. Die finanziellen Folgen ermittelte eine Studie auf Grundlage einer Erhebung zur Zahlungsbereitschaft der Endverbraucher für die Vermeidung eines Stromausfalls. Die Zahlungsbereitschaft wurde mit dem hundertfachen Preis für eine Kilowattstunde Strom veranschlagt. Durch Multiplikation mit der Anzahl betroffener Personen und der durchschnittlichen Ausfalldauer ergab sich ein Betrag zwischen 6,8 und 10,3 Mrd. US$ [5, 20]. Zu einem vergleichbaren Ergebnis kommt eine amerikanische Blackoutstudie, die die Kosten auf bis 8,2 Mrd. US$ schätzt [21].
- Zur Abschätzung der Kosten eines möglichen Stromausfalls in Österreich wurde eine makroökonomische Analyse durchgeführt. In dieser wurde der Wert einer nichtgelieferten kWh durch die Verhältnisbildung von Stromverbrauch und Wertschöpfung berechnet, wobei Arbeits- und Freizeit gleichermaßen erfasst wurden. Hieraus errechnete sich ein Wert von 8,6 € je nichtgelieferte Kilowattstunde. Davon ausgehend ergaben sich für einen einstündigen Stromausfall in Österreich, je nach Wochentag und Uhrzeit, Kosten von 40,6 bis 60,1 Mio. EUR [5, 17].

Ein einwöchiger Blackout verursacht nach einem von der Johannes-Kepler-Universität in Linz entwickelten Simulationsmodell mit dem Namen APOSTEL (Austrian Power Outage Simulation Tool of Economic Losses) einen Gesamtschaden in Österreich von rund drei Mrd. EUR.

Zu berücksichtigen ist auch der Ausfall der volkswirtschaftlichen Gesamtleistung (Bruttoinlandsprodukt), die durchschnittlich ca. 775 Mio. EUR pro Tag beträgt. Das sind für sieben Tage ca. 5,4 Mrd. EUR [1].

- Für die Schweiz werden die Kosten eines Blackouts auf zwei bis vier Mrd. Euro pro Tag geschätzt [22].
- Die wirtschaftlichen Folgen eines Stromausfalls in Deutschland wurden ferner mittels einer Metastudie kalkuliert. Diese leitete die Kosten eines Stromausfalls aus 25 internationalen Studien unter Berücksichtigung der Stromintensität der deutschen Wirtschaft ab. Demnach verursacht jede ausgefallene kWh Kosten von acht bis 16 €. Auf einen einstündigen deutschlandweiten Stromausfall an einem Werktag im Winter übertragen, entstünde ein wirtschaftlicher Schaden zwischen 0,6 und 1,3 Mrd. EUR [5, 18].
- Der mehrtägige Stromausfall im Münsterland im Jahr 2005 (siehe Abschn. 4.5) soll laut „Grünbuch" [23] Schäden in Höhe von rund 130 Mio. EUR ausgelöst haben [5].
- Das Hamburger Weltwirtschafts-Institut (HWWI) hat in einer großangelegten Studie die Kosten eines Blackouts in Deutschland und für einzelne Städte berechnet [24].
- Um Unsicherheiten in der Kostenabschätzung möglichst gering zu halten, hatten sich die Experten auf Stromausfälle von nicht mehr als einer Stunde Dauer beschränkt. Dabei geht die Berechnung vom sogenannten „Value of Lost Load" (VoLL) aus. Diese Kennzahl beschreibt das Niveau an regionaler Wertschöpfung, die pro Kilowattstunde im Jahresdurchschnitt erzeugt wird. Sie wird mit dem geschätzten Stromverbrauch in einer jeweiligen Stunde multipliziert, wobei „sektorspezifische Verbrauchsprofile" einbezogen werden. Auch die Kosten auf Haushaltsebene wurden über Werte zur Erwerbstätigkeit und Arbeitszeit geschätzt.
- Das Ergebnis zeigt, dass insbesondere in Kreisen mit hoher Bevölkerungszahl die Kosten eines Stromausfalls schnell über zehn Mio. Euro pro Stunde betragen können. Spitzenreiter in der Tabelle ist Berlin. Hier würde ein einstündiger Blackout zur Mittagszeit Kosten von 22,74 Mio. EUR verursachen. Käme der Stromausfall morgens um sechs Uhr, lägen die Kosten in Berlin allerdings nur bei zehn Mio. EUR, vor Allem weil die Produktionsausfälle vor dem allgemeinen Arbeitszeitbeginn entsprechend geringer wären.
- Das HWWI hat zudem errechnet, wie hoch die Kosten eines einstündigen, flächendeckenden Stromausfalls in ganz Deutschland wären. Die Wissenschaftler kommen auf einen Wert von 274 Mio. EUR, wenn der Blackout sich morgens um sechs Uhr ereignen würde. Käme er zur Mittagszeit, lägen die Kosten eines einstündigen Blackouts bei 593 Mio. EUR [24].

Auch wenn die bisher durchgeführten Studien auf unterschiedlichen Annahmen und Berechnungsmodellen basieren, zeigen sie, dass durch Blackouts erhebliche monetäre Schäden entstehen können [25]. Vermutlich werden bei einem länger andauernden (> eine Woche) Stromausfall noch eine Vielzahl von Nebenfolgen sowie Auswirkungen auf andere kritische Infrastrukturen auftreten und diese wahrscheinlich nach kurzer Zeit exponentiell ansteigen werden [26]. Zusätzlich müssen noch die späteren Kosten für die Beseitigung von Schäden und die sukzessive Wiederinbetriebnahme aller Abläufe in Wirtschaft und Gesellschaft berücksichtigt werden [27].

Nur sehr schwer abzuschätzen sind die irreparablen Schäden, die durch den abrupten Ausfall von Strom entstehen. Das betrifft beispielsweise Produktionsanlagen in der Metallindustrie (z. B. Hochöfen, Schmelzanlagen) und in der chemischen Industrie (z. B. Rührwerke), in denen Prozesse laufen, die nicht von einem Augenblick auf den anderen gestoppt werden können, ohne die Anlagen unbrauchbar zu machen (z. B. Polymerisationsprozesse) [1, 2, 28].

Über die ökonomische Perspektive hinaus sollten aber auch die immateriellen, gesellschaftlichen Schäden (z. B. durch Vertrauensverlust der Bevölkerung) eines Blackouts bedacht werden. Diese liegen im möglichen Versagen der Energieversorgungsunternehmen (EVU) und der Behörden des politisch-administrativen Systems sowie dem Kollaps gesellschaftlicher Organisation und Solidarität, falls die Bewältigung der Katastrophe als extreme Form sozialen Wandels nicht gelingt [5, 29].

5.1.14 Öffentliche Einrichtungen

Alle öffentlichen Einrichtungen sind natürlich auch unmittelbar von einem Blackout betroffen. Behörden, die für die Aufrechterhaltung der öffentlichen Ordnung und Sicherheit sowie für die Versorgung der Bevölkerung zuständig sind, werden in aller Regel über eine zumindest für einige Zeit ausreichende Notstromversorgung verfügen (Polizei, Sanitätsdienst, Feuerwehr etc.). Hierzu gehören auch die Krisenstäbe auf allen Verwaltungsebenen (Kommune, Kreis, Bezirk, Land, Bund).

Viele andere öffentliche Einrichtungen (allgemeine Verwaltung, Ämter, Schulen, Kitas, Universitäten etc.) werden ihren Betrieb dagegen sofort einstellen. Damit entsteht mittelbar ein weiterer personeller Engpass, da z. B. die kleineren Kinder zu Hause betreut werden müssen und damit die Eltern nicht ihrer üblichen beruflichen Tätigkeit nachgehen können. Hiervon betroffen sind dann auch die Angehörigen der kritischen Infrastrukturen.

Bei Ausfall des Stroms von mehr als acht Stunden müssen die Verwaltungen zunehmend Aufgaben erfüllen, die in ihrer Art und Weise aber auch hinsichtlich ihrer Bearbeitungsmethoden von den Alltagsroutinen abweichen. Hierunter fallen das Aufrechterhalten und Sicherstellen der Versorgung der Bevölkerung sowie der Kommunikation nach außen [11].

5.2 Exemplarischer Ablauf der Ereignisse nach einem Blackout

5.2.1 Eskalationsstufen

Wie sich in etwa ein Blackout in Europa abspielen könnte, zeigt das im Folgenden skizzierte Szenario. Die tatsächliche Entwicklung der Zustände nach einem Blackout hängt von vielen verschiedenen Faktoren ab. Die Ereignisse werden auch nicht nach einem exakten Fahrplan und in einer genau vorhersehbaren Intensität ablaufen. Es wird aber mit Sicherheit ein eskalierender Prozess eintreten, der die Gesamtsituation mit der Dauer der Unterbrechung der Stromversorgung ständig verschlechtert bis hin zu katastrophalen Zuständen [9].

Die Störungsereignisse und ihre Folgen werden entlang von sechs signifikanten Zeitabschnitten exemplarisch beschrieben. Tatsächlich wird die Abfolge der Vorgänge fließend erfolgen und nicht, wie die folgende Beschreibung suggerieren könnte, in scharf abgegrenzten Zeitabschnitten stattfinden. Die Darstellung der Ereignisse umfasst dabei einen Gesamtzeitraum von etwa sieben Tagen und gibt teilweise einen Ausblick bis in die zweite Woche nach dem Beginn des Stromausfalls. Ganz bewusst wurde die Betrachtung nicht über diesen Zeitpunkt hinausgeführt, da die Akkumulation der internen Probleme in Verbindung mit den Folgen von Ausfällen in interdependenten Sektoren bereits dann zu einem katastrophalen Zustand geführt hat. Eine Extrapolation darüber hinaus wäre nur noch spekulativ und könnte allenfalls als Vorlage für einen Katastrophenfilm aus Hollywood dienen [5].

5.2.2 Die ersten dreißig Minuten nach dem Blackout

Unmittelbar mit dem Beginn des Stromausfalls machen sich auch die ersten Auswirkungen bemerkbar. Die ersten Minuten nach Eintritt eines Blackouts sind geprägt durch zahlreiche Störmeldungen. Dadurch, dass aber wesentliche Teile des Telekommunikationssystems und das Internet direkt ausgefallen sind, ist mit Einschränkung der Koordination von Hilfemaßnahmen zu rechnen. Das ist vor allem für Feuerwehren und Polizei problematisch. Zudem sind zahlreiche Notrufe beispielsweise aus steckengebliebenen Aufzügen zu erwarten, sofern eine Kommunikation möglich ist. Durch die situationsbedingte, vermehrte Nutzung des Handy-Netzes steht der Zusammenbruch der öffentlichen Kommunikation bevor. Der strombasierte ÖPNV (z. B. Straßenbahnen, Elektrobusse, Regionalzüge) fällt aus und sorgt für Einschränkungen im Verkehr. Hinzukommt, dass auch Verkehrsampeln ausfallen, wodurch der gesamte Straßenverkehr eingeschränkt wird. Außerdem beginnen automatische Brandmeldeanlagen infolge des Stromausfalls betriebsbedingt auszulösen.

5.2.3 Die ersten Stunden nach dem Blackout

Viele Sach- und Personenschäden treten bereits in den ersten Stunden nach dem Ausfall der Stromversorgung ein. Alle Kommunikationssysteme fallen aus. Die elektrisch mit Netzstrom betriebenen Haushaltsgeräte funktionieren nicht mehr. Akkubetriebene Geräte sind weiter benutzbar, allerdings nur solange bis die Speicher leer sind. Die Basisstationen bei schnurlosen Telefonen funktionieren nicht ohne Strom. Weder Internet noch Fernsehen funktionieren. Telefonieren mit dem Handy ist – je nach Akkuladung – noch möglich, da das Telefon- beziehungsweise das Mobilfunknetz per Notstrom noch bis etwa 18 h aufrechterhalten werden kann. Als einzige Informationsquelle bleibt vorerst nur ein batterie-, solar- oder handkurbelbetriebenes Radio [5, 30].

Durch den Ausfall aller Ampeln und Beleuchtungen kommt es auf den Straßen unmittelbar zu vielen Unfällen und Verletzten. Das Vordringen von Polizei oder Krankenwagen zum Unfallort wird durch die verstopften Straßen zunehmend erschwert. Der Blackout verursacht schon nach kurzer Zeit die ersten Todesopfer [30].

Die Bankautomaten sind außer Betrieb und man kann kein Bargeld mehr abheben. Die Zahlung mit EC- oder Kreditkarte ist nicht mehr möglich, da die Lesegeräte nicht mehr funktionieren. Barzahlung ist auch nur eingeschränkt möglich, da die Kassensysteme ausgefallen sind [2, 31].

Viele Tankstellen fallen aus, weil sich der Kraftstoff nicht mehr aus den Tanks pumpen lässt. Supermärkte und andere Geschäfte schließen, weil die Kassen nicht mehr funktionieren, ebenso wenig wie die Schiebetüren beziehungsweise die Tiefkühl- und Kühlanlagen. Da die Beleuchtung ausgefallen ist, ist es in vielen Geschäften auch zu dunkel für Publikumsverkehr [30].

Aufzüge bleiben ruckartig mit den Insassen stecken. Funktionieren sollten allerdings noch die Notbeleuchtung und der Notruf-Alarm im Aufzug. Züge, U-Bahnen und Straßenbahnen bleiben auf offener Strecke oder auch in Tunneln stehen. Dies gilt auch für Seilbahnen, Skilifte und die Wuppertaler Schwebebahn (Abb. 5.21), was insbesondere im Winter bei kalter Witterung schnell zu kritischen Situationen für die Passagiere führen wird, da sie einige Zeit ausharren müssen, bis sie aus ihrer misslichen Lage erlöst werden können. Die Rettung bzw. Evakuierung der Passagiere ist eine erste Herausforderung für die Hilfskräfte. Jedes dieser Störungsereignisse wäre für sich betrachtet im Normalfall relativ schnell und ohne größere Schäden zu beheben. Da sich jedoch bei einem Blackout eine Vielzahl dieser Fälle praktisch zeitgleich ereignen und zudem die Kommunikationsinfrastruktur zu diesem Zeitpunkt auch schon erheblich gestört ist, entwickelt sich aus der großen Anzahl der Einzelereignisse bereits zu diesem frühen Zeitpunkt eine schwerwiegende Katastrophensituation.

Je nach Jahreszeit und Witterung wird es in den Wohnungen, Büros oder Häusern ohne funktionierende Heizung oder Klimaanlage so langsam kalt bzw. warm. Wer einen Gasherd besitzt, kann sich eventuell noch Essen warm machen. Schlecht sieht es für Haushalte aus, die nur über Elektroherde verfügen.

Abb. 5.21 Wuppertaler Schwebebahn. (Quelle: Stadt Wuppertal/A. Zeis-Loi)

Ab etwa der fünften Stunde eines Blackouts versiegt der Notstrom, ebenso die Mobilfunknetze. Die meisten Menschen sind von der Kommunikation abgeschnitten, Notrufe können nicht mehr getätigt werden. Auch die Funkanwendung der Behörden und Organisation mit Sicherheitsaufgaben kommt so langsam zum Erliegen. Weil die Kühlkette unterbrochen ist, beginnen Anbieter verderbliche Nahrungsmittel zu entsorgen [30].

In den Krankenhäusern gewährleisten die Notstromaggregate zunächst den Betrieb lebensnotwendiger Maschine. Es kann allerdings nur ein Notbetrieb aufrechterhalten werden, da die Notstromaggregate nur etwa 20 bis 50 % der normalen Krankenhausleistung abzudecken vermögen. Priorität haben vor allem Intensivpatienten, die auf lebenserhaltende medizinische Systeme wie Beatmungs- oder Dialysegeräte angewiesen sind. Patienten, die keine Notfälle sind, müssen entlassen werden. Die Lieferung von Essen und Getränken sowie von neuen Medikamenten fällt aus. Temperaturempfindliche Medikamente, insbesondere aber auch Blutkonserven und Organe, die ohne Strom nicht ausreichend gekühlt werden können, werden unbrauchbar. Gleichzeitig steigt der Zustrom neuer Patienten enorm an, da Arztpraxen Apotheken, Altenheime sowie andere Zentren nur selten über eine Notstromversorgung verfügen [5, 30].

Eine extreme Notlage entwickelt sich auch für die Nutztiere auf Bauernhöfen oder Farmen. In wenigen Stunden ersticken Schweine und Hühner, weil die Lüftung und die

Kühlung in den Ställen ausfallen. Kühe können nicht mehr gemolken werden, da die elektrischen Melkstationen nicht mehr funktionieren, und die Tiere erleiden einen qualvollen Tod [30].

Durch den Ausfall der meisten Verkehrsmittel gibt es eine große Anzahl von mehr oder minder weit von ihren Wohnungen entferntet gestrandeten Menschen [1]. Dies betrifft vor allem Personen, die

- mit öffentlichen Verkehrsmitteln unterwegs waren
- mit dem eigenen Fahrzeug unterwegs (z. B. in einem Stau) liegen geblieben sind
- in Zügen und U-Bahnen auf offener Strecke oder in Tunnels festsitzen
- auf Bahnhöfen und Flughäfen festsitzen
- als Hotelgäste nicht mehr wegkönnen

Selbst wenn Notunterkünfte zur Verfügung stehen, muss erst der Transport dorthin oder die Versorgung dieser Personen organisiert werden. Aufgrund der großen Anzahl solcher Fälle sowie der Beschränkungen im Kommunikations- und Verkehrsbereich ist eine Abhilfe durch die Hilfsdienste nur in sehr geringem Umfang möglich. Um dieses Problem zu lösen, wird daher eine erweiterte „Nachbarschaftshilfe" eine wesentliche Rolle spielen müssen, auch wenn man die betroffenen Personen nicht kennt und vorher noch nie gesehen hat [1].

Ebenso müssen hilfsbedürftige Personen versorgt und betreut werden. Hierzu gehören [1]:

- Kinder in Schulen und Kindertagesstätten
- Patienten in Krankenhäusern und Pflegeheimen
- alleinstehende, bettlägerige und pflegebedürftige Personen außerhalb von betreuten Einrichtungen

Je nach Jahres- und vor allem Tageszeit, zu der ein Blackout eintritt, sind in Deutschland dadurch etwa zehn Mio. Personen betroffen [1].

Schwer vorhersagbar ist das Verhalten der Bevölkerung. Grundsätzlich kann davon ausgegangen werden, dass sich die Menschen in den ersten Stunden eines Blackouts weitgehend ruhig und gefasst verhalten. Eine präventive Risikokommunikation durch die Behörden könnte dazu einen wichtigen Beitrag leisten und die emotionale Situation stabilisieren. Ein wesentlicher Faktor wird auch die Krisenkommunikation während des Blackouts, z. B. durch Lautsprecherwagen, sein. Darüber hinaus werden regionale Unterschiede im Verhalten eine Rolle spielen. Auf dem Land ist Nachbarschaftshilfe noch üblich, in den Städten verlässt sich die Bevölkerung häufig auf organisierte Hilfe. Daher werden Konflikte zuerst in den Städten auftreten [1].

Mit jeder weiteren Stunde führt das allgemeine Chaos in den meisten Bereichen zu Personalmangel und damit zu einer Verschlimmerung der Situation [2].

5.2.4 Ein Tag nach dem Blackout

Ab 24 h nach Beginn des Blackouts wird durch die Behörden der Katastrophenzustand ausgerufen. Einige Rundfunksender sind noch in Betrieb und können die Bevölkerung weiter über Sondersendungen mit Informationen versorgen, die allerdings kaum noch jemand empfangen kann. Gemeinden richten Informations- und Anlaufstellen ein für Menschen, die dringend Hilfe benötigen oder Hilfe anbieten wollen. Die Verunsicherung der Bevölkerung wird zunehmend größer. Polizei und Feuerwehr versuchen an möglichst vielen Orten Patrouille zu fahren, um Präsenz zu zeigen und um die Menschen zu informieren und – wenn möglich – die größten Notfälle per Analogfunk an die Zentrale weitergeben zu können. Die letzten Akkus von Laptops und Handys sind jetzt leer [5].

Viele Wasserversorger fallen aus und es kommt kein Wasser mehr aus der Leitung. Je nach Jahreszeit kann eine fehlende Trinkwasserversorgung zu ernsthaften, gesundheitlichen Folgen (Dehydrierung) bei Teilen der Bevölkerung führen. Viele Menschen verfügen über keine oder eine unzureichende Eigenbevorratung. Für bestimmte Personenkreise, wie Babys und Kleinkinder oder alte und pflegebedürftige Menschen könnten dadurch schnell kritische Situationen entstehen [1].

Es ist zu erwarten, dass die Nahrungsmittelversorgung vorerst kein generell dringliches Problem wird, da zum Beispiel Tiefkühlgüter dringend verbraucht werden müssen. Die entscheidende Frage ist, ob diese Lebensmittel auch zubereitet werden können. Allerdings beginnen die Menschen zu realisieren, dass Nahrungsmittel und andere Güter knapp werden könnten, und machen durch ihr Verhalten die aktuelle Situation nur noch schlimmer. Ein durchschnittlicher Supermarkt hat so viel Waren vor Ort, dass er noch zwei bis vier Wochen weiterverkaufen oder verteilen könnte. Aber die Corona-Pandemie 2020/2023 hat gezeigt, wie irrational viele Verbraucher handeln und durch Hamsterkäufe das Angebot zusätzlich verknappen. Im Fall eines Blackouts wäre die Panik vermutlich noch größer [32].

Beim Versuch, sich während eines Blackouts etwas zu Essen zu machen oder die Wohnung zu heizen, werden die Menschen erfinderisch. Durch unzureichend gesicherte Kochstellen kommt es zu vielen Hausbränden und Rauchvergiftungen. Falls die Feuerwehr noch ausrücken könnte, dann hätte sie trotzdem kaum Chancen, das Feuer zu löschen, da kein Wasser aus dem öffentlichen Netz verfügbar ist. In der Folge breiten sich Brände aus [30].

Die unterbrochene Trinkwasserversorgung wirkt sich auch unmittelbar auf ein dringliches Entsorgungsproblem aus. Aus der Klospülung kommt bestenfalls für den Ersten, der sein Geschäft verrichtet, noch Wasser. Alle anderen danach gehen im wahrsten Sinne des Wortes „leer“ aus.

Eine fehlende oder mangelhafte Abwasserentsorgung kann sich bereits in diesem Zeitabschnitt negativ auswirken. So ist zu erwarten, dass z. B. Hochhäuser aus Sicherheitsgründen evakuiert werden müssen [1]. Dasselbe gilt unter anderem für Altenheime und

Krankenhäuser. Eine zunehmende Verrichtung der Notdurft im Freien wird zusätzliche hygienische Probleme schaffen. Die Jahreszeit, vom eiskalten Winter bis zum sehr heißen Sommer, wird die steigende Seuchengefahr nachhaltig beeinflussen. Hier sind vor allem die verantwortlichen Gemeinden und Sanitätsbehörden gefordert, geeignete Maßnahmen zu treffen bzw. vorausschauend zu planen [1].

Ein Großteil der Geschäfte ist zu. Nicht nur wegen des fehlenden Stroms, sondern auch, weil es für viele Mitarbeiter kein Durchkommen gibt. Dort, wo noch etwas angeboten werden kann, kommt es zu Hamsterkäufen. Mit dem restlichen Bargeld werden in wenigen Stunden alle Geschäfte leergekauft. Lieferketten kommen zum Erliegen, weil die Straßen immer noch verstopft sind und/oder schlichtweg der Sprit fehlt. In den Straßen beginnt sich der Müll zu stapeln [30].

Die fehlende Müllabfuhr spielt bei Hausmüll allerdings noch keine wesentliche Rolle, die sich aber zunehmend negativ entwickeln wird. Früher auswirken werden sich die fehlenden ordnungsgemäßen Entsorgungsmöglichkeiten von verderbenden Lebensmitteln, aufgrund des Ausfalles von Kühlmöglichkeiten in Haushalten und Supermärkten [1].

In der Industrie werden viele Anlagen nicht mehr gesäubert oder gekühlt und werden deshalb beschädigt. In den Tiermastbetrieben sterben Hunderte Millionen Kühe, Schweine und Hühner, weil sie nicht mehr versorgt werden können.

Das medizinische Personal kann mangels Beförderungsmöglichkeiten die Krankenhäuser wahrscheinlich nur eingeschränkt erreichen. Durch den Ausfall eines erheblichen Teiles der Transportmittel können ab diesem Zeitraum verunfallte oder akut erkrankte Personen kaum noch medizinisch versorgt werden [1, 5].

In den Apotheken werden 24 h nach Beginn des Stromausfalls die meisten kühlungspflichtigen Medikamente, die bei einer Temperatur zwischen 2 und 8°C gelagert werden müssen, unbrauchbar. Entsprechend werden die Kunden für die Abgabe dieser Medikamente an die Krankenhäuser verwiesen. Erste Apotheken schließen [2].

Da immer weniger Einsatzfahrzeuge der öffentlichen Ordnungsdienste (Polizei, Militär) betrieben werden können, könnte bereits eine kritische Sicherheitslage entstehen bzw. regional eskalieren. Die Gefahr ist dabei besonders hoch, wenn bereits vor dem Ereignis Spannungsverhältnisse in der Bevölkerung herrschten, die nun offen zum Ausbruch kommen. Wesentliche Störungen im Gemeinwesen werden nun durch den Zusammenbruch der Wirtschaft und des Verkehrs deutlich merkbar. In dieser Situation ist, wegen des zunehmenden Fehlens staatlicher Präsenz und Hilfe, mit verzweifelten und zornigen Bürgern zu rechnen. In diesem Umfeld wird auch die Kleinkriminalität ansteigen [1]. Bereits zuvor zur Radikalisierung neigende Gruppen (z. B. „Reichsbürger“) werden die negative und angespannte Stimmung weiter aufheizen. Erste Fälle von Plünderungen treten auf.

5.2.5 Zwei Tage nach dem Blackout

Bereits nach 48 h ohne Strom wird die Lage kritisch. In den Krankenhäusern, Altenheimen und auf den Straßen treten ernsthafte hygienische Probleme auf, da die Müll- und Wasserentsorgung nicht mehr gewährleistet ist. Die Gefahr von Seuchen steigt. Es sind weitere Todesopfer zu beklagen [5].

Je nach Jahreszeit – von sehr kalt bis sehr heiß – ist durch die fehlende Entsorgung von verdorbenen Lebensmitteln aus Kühlanlagen und von Tierkadavern mit einem langsamen bis beschleunigten Anstieg der Seuchengefahr zu rechnen. Das Gleiche gilt für Abfälle ganz anderer Art, die im zutiefst menschlichen Bereich liegen und zwangsweise anfallen, wenn es gelingt, die Versorgung mit Trinkwasser und Nahrung einigermaßen sicherzustellen. Man benötigt täglich ca. ein Kilogramm Nahrung und zwei Liter Wasser. Die gleiche Menge wird auch wieder ausgeschieden. Bei intakter Toilettenspülung ist das zunächst kein Problem. Da aber die Kanalisation bis hin zu den Kläranlagen elektrische Pumpsysteme benötigen, werden die Abwassersysteme mit fortschreitender Zeit verstopft sein. Funktioniert die Toilettenspülung wegen Wassermangel von Anfang an nicht, tritt dieser Zustand relativ rasch ein [1].

So unangenehm dieses Thema ist, so drängend ist eine rasche Lösung des Problems, da sonst Seuchen unvermeidlich sind. Ohne vorherige Planung wird dieses Problem nicht zu bewältigen sein. Dafür ist allerdings eine intakte Kraftstoffversorgung für Materialtransporte und Baumaschinen zur Errichtung von Notlatrinen erforderlich [1].

In Gegenden, in denen die Trinkwasserversorgung auf strombetriebene Pumpwerke angewiesen ist, ergeben sich für die dortige Bevölkerung durch das fehlende Trinkwasser sehr rasch gravierende Gesundheitsprobleme durch Durst und in der Folge durch Dehydrierung. Die Behörden bauen eine Trinkwassernotversorgung auf. Jedem Bürger stehen 15 Liter Trinkwasser zu, dazu gibt es bundesweit mehr als 5000 Trinkwassernotbrunnen mit Handpumpen oder Notstromaggregaten. Im ländlichen Bereich stehen auch zahlreiche Hausbrunnen und fließende und stehende Gewässer zur Verfügung. Wenn aber das dort entnommene Wasser aber nicht durch Abkochen keimfrei gemacht wird, drohen Erkrankungen des Verdauungstraktes, die sich zu Seuchen ausweiten können [1, 33].

Es muss davon ausgegangen werden, dass die Lebensmittel in den Geschäften innerhalb von zwei Tagen aufgekauft oder gar geplündert wurden [1].

Im ländlichen Raum wird es durch die räumliche Nähe zu landwirtschaftlichen Betrieben eher möglich sein, durch Eigeninitiative und Nachbarschaftshilfe an Nahrungsmittel zu kommen. Im urbanen Bereich aber wird die Nahrungsmittelversorgung ohne einsatzbereite Transportmittel unlösbar. Durch eine mangelhafte Grundversorgung wird zusätzlich die Sicherheitslage eskalieren [1].

Um der verstärkten Bildung von Ablagerungen in der Kanalisation und den damit einhergehenden Problemen durch Verstopfungen, Geruchsbildung und Krankheitsüberträgern, wie z. B. Ratten, entgegen zu wirken, versucht die Feuerwehr noch so gut wie möglich, die Kanalisation zu spülen. Das Abwasser der Kläranlagen kann nicht mehr gereinigt werden und wird ungeklärt in die Flüsse geleitet [5].

Die für Rechenzentren empfohlene Vorhaltung von Kraftstoffen für den Betrieb der Notstromaggregate ist aufgebraucht. Die meisten Rechenzentren werden abgeschaltet.

In den Krankenhäusern geht den Notstromaggregaten die vorgeschriebene Kraftstoffreserve, die für einen Zeitraum von 48 h ausgelegt ist, aus. Beatmungsmaschinen schalten sich ab, lebenswichtige Medikamente gehen zur Neige. Es werden Notlazarette eingerichtet. Ärzten bleibt häufig nur noch, ihren Patienten Sterbehilfe zu leisten. [2].

5.2.6 Drei Tage nach dem Blackout.

Ab dem dritten Tag ohne Strom mangelt es an fast allem. Helfer sind seit Tagen im Einsatz und Ressourcen sind erschöpft. Die normalen gesellschaftlichen Strukturen brechen zusammen. Es gibt weitere Todesopfer von Menschen, die beispielsweise auf Medikamente und medizinische Geräte angewiesen sind, von Menschen, die irgendwo festsitzen und nicht gefunden wurden. Je nach Jahreszeit beziehungsweise Temperatur können sich Krankheiten wie Erkältungen leicht ausbreiten. Essensvorräte, Wasser und Medikamente werden überall knapp, privat sowie in Krankenhäusern und Altenheimen. Nach spätestens drei Tagen gehen vielen Menschen die Lebensmittelreserven aus und es machen sich Hunger und Durst bemerkbar, was die Betroffenen veranlasst, auf die Suche nach etwas Ess- und Trinkbarem in der Nachbarschaft zu gehen. Wer noch Nahrungsmittel hat, kann diese für ein Vielfaches des ursprünglichen Preises anbieten. Es bilden sich Schwarzmarktstrukturen für Lebensmittel, Medikamente und andere, für das Überleben notwendige Güter aus. Das Rote Kreuz und das THW errichten Suppenküchen [5, 30].

Aus Verzweiflung schließen sich die ersten kleineren Gruppen zusammen, um auf Beutezug nach Nahrung und Wertsachen zu gehen. Supermärkte und sogar Krankenhäuser werden überfallen, um Vorräte zu rauben. Gewalt, Einbrüche und Plünderungen nehmen zu, da Alarmanlagen nicht funktionieren und die Polizei nicht verständig werden kann. Die Anzahl an Überfällen und Einbrüchen steigt, auch begünstigt dadurch, dass viele Kriminelle aus den elektronisch gesicherten Gefängnissen entkommen. Auf den Straßen ziehen Müllberge die ersten Ratten an. Aber auch Zuhause stapelt sich der Müll bei Menschen, die sich aus Angst vor Gewalt nicht auf die Straße trauen. Vermehrt werden Helfer, das heißt Polizisten, Feuerwehrmänner, Soldaten etc. zuhause bleiben, um ihre eigene Familie zu schützen. Durch die nur wenigen verlässlichen Informationen steigt die Ungewissheit in der Bevölkerung weiter [2, 30].

Akut erkrankte oder einer Dauerbehandlung bedürfende Menschen (z. B. Dialyse-, bettlägerige sowie verunfallte Personen) können wegen der ausgefallenen Rettungsfahrzeuge nicht mehr in Krankenhäuser gebracht werden und bleiben somit sich selbst überlassen. In der näheren Umgebung von Arztpraxen kann eventuell mit einer fachgerechten medizinischen Erstversorgung gerechnet werden. Eine dauerhafte Mindestversorgung kann in dieser Situation allerdings nur noch durch Familienangehörige oder hilfswillige Nachbarn geleistet werden [1].

Was für die Lebensmittel- und Wasserbevorratung gilt, gilt natürlich auch für ständig benötigte Medikamente und für Verbandsmaterial. Auch in Apotheken werden diese Produkte wegen der fehlenden Folgeversorgung bereits nach kurzer Zeit nur mehr eingeschränkt, wenn überhaupt, zur Verfügung stehen [1].

Aufgrund der fehlenden Folgeversorgung mit Medikamenten und allem anderen medizinischem Bedarf, sowie wegen des sukzessiven Ausfalles von Notstromaggregaten wird in Krankenhäusern die medizinische Versorgung nur noch sehr eingeschränkt möglich sein. Durch den Ausfall der Versorgung mit Lebensmitteln wird diese Situation noch verschärft [5].

5.2.7 Eine Woche nach dem Blackout

Ab einer Woche ohne Strom fallen auch die letzten Radiosender aus. Folglich gibt es keine Informationsquelle mehr, wie die Lage ist, ob und wann der Strom wiederkommen könnte. Auch wenn die Nachbarregion plötzlich wieder Strom hätte, man würde es nicht erfahren. Krankenhäuser müssen notgedrungen ihren Dienst einstellen. Ein Großteil der Bevölkerung leidet nun an Hunger und Durst, weil man keine längerfristigen Vorräte angelegt hat. Aus Verzweiflung essen und trinken die Ersten aus ungenießbaren Quellen, was zu Krankheiten führen könnte. Gewalt, Überfälle und Vandalismus sind fast schon an der Tagesordnung. Kriminelle Banden übernehmen zunehmend die Herrschaft auf der Straße. Die Zahl der Todesopfer steigt deutlich an [30].

Die Betreiber von kritischen Infrastrukturen verfügen zwar in der Regel über schwarzfallresistente Kraftstofflager, aber eine Woche nach dem Blackout sind auch diese Vorräte aufgebraucht. Damit brechen die letzten Notstromversorgungen zusammen.

Aufgrund der bisherigen Erfahrungen über das Verhalten der Bevölkerung in Katastrophenfällen kann damit gerechnet werden, dass zu Beginn einer solchen Katastrophensituation die gemeinsame Not die Menschen zusammenschweißt, und die gegenseitige Hilfe im Sinne der Nachbarschaftshilfe einsetzt. Je besser sich die Mitglieder solcher sich spontan gebildeter, kleiner Selbsthilfegruppen schon aus „guten Zeiten" kennen, desto länger ist die Durchhaltefähigkeit. Es muss allerdings damit gerechnet werden, dass dieses positive Verhalten nur so lange anhält, wie eine gemeinsame Hoffnung auf baldige Beendigung dieses Zustandes und die Hoffnung auf Hilfe von außen bestehen bleibt [1].

Werden diese Hoffnungen enttäuscht und gehen die letzten Ressourcen an Lebenswichtigstem (Nahrung und Trinkwasser) zur Neige, steigt die an sich natürliche und überlebensnotwendige Egozentrik. Dann kann bei jenen, die nichts mehr haben, die Hilfsbereitschaft sehr rasch in Neid und Hass umschlagen und sich gegen jene richten, die noch etwas haben, aber nichts mehr abgeben wollen oder können, weil sie selbst überleben wollen. Die Folgen werden dann vermutlich je nach Mentalität Lethargie oder hohe Gewaltbereitschaft sein [1].

Im urbanen Bereich kann diese Entwicklung rascher eskalieren als im ländlichen Raum, wo Bindungen innerhalb der Gemeinschaften intensiver und weiter greifend traditionell vorhanden sind. Aber auch diese Bindungen sind nicht unbegrenzt belastbar, wenn der Selbsterhaltungstrieb mehr und mehr zur Handlungsmaxime wird und außer Kontrolle gerät [1].

Mit der zunehmend geringer werdenden Präsenz der öffentlichen Ordnungskräfte und dem Verlust ihrer Fähigkeit helfend und ordnend einzugreifen, muss nach und nach mit dem Auftreten verzweifelter und zorniger Bürger gerechnet werden, die staatliche Hilfe einfordern. Zusammenrottungen und Demonstrationen können in mutwillige Zerstörung aus Zorn und auch in Plünderungen aus Selbsterhaltungstrieb ausarten. In diesem Umfeld kann es zu Ausschreitungen zwischen Angehörigen unterschiedlicher Ethnien oder Religionsbekenntnisse kommen, wenn vorher schon Spannungen bestanden haben, die sich nun ein Ventil suchen. Politisch extremistische Gruppen könnten sich dazu ermutigt fühlen, die Krisensituation für ihre Ziele zu nutzen, um bewusst chaotische Zustände herbeizuführen. Folglich kommt es zu einer Destabilisierung gesellschaftlicher Strukturen [1].

Mit dem fortschreitenden Verlust der Mobilität der staatlichen Einsatzkräfte (Polizei, Militär) schwindet deren Fähigkeit, ordnend und helfend einzugreifen. Möglicherweise werden sich örtliche Bürgerwehren bilden, um das Auftreten von marodierenden Banden zu verhindern, die auf der Suche nach Nahrung sind und durch das Land ziehen. Allerdings besteht auch die Gefahr, dass diese Bürgerwehren sehr eigennützige Ziele verfolgen. Kleine regionale Zonen relativer Sicherheit werden dann vermutlich nur noch in der näheren Umgebung von Polizeistationen und Kasernen aufrechterhalten werden können [1].

Nicht zu vergessen ist, dass die Einsatzkräfte der Sanitätsdienste, Feuerwehr, Polizei, Militär etc. in einer solchen Situation ebenfalls Opfer wie der Rest der Bevölkerung sind. Um die Einsatzbereitschaft dieser Dienste aufrechterhalten zu können, werden für diesen Personenkreis und deren Angehörige besondere Maßnahmen erforderlich sein [2, 28].

Auch wenn der Strom bereits wieder aus den Steckdosen kommt, kann es Wochen dauern bis wieder Normalität herrscht. Ein Blackout zieht, wie dargestellt, unweigerlich einen heftigen Infrastrukturausfall mit sich. Schon bei einem Stromausfall von nur 24 h dauert es mindestens eine Woche, um wieder eine Grundversorgung auf die Beine zu stellen. Die Supermärkte sind durch Abverkauf der Waren oder durch Plünderung leer. Die Kühllager müssen von den darin verdorbenen Lebensmitteln befreit werden. Die ersten, in die Supermärkte gelieferten Waren wären schnell wieder vergriffen. Schlimmer wäre das Szenario bei vorhergegangenem Vandalismus. Zerstörte Einrichtungen wie Supermärkte müssten erst wieder instand gesetzt und repariert werden. In Mastbetrieben und Geflügelfarmen stapeln sich die Tierkadaver. Vom Milchkuhbestand hat nur ein verschwindend kleiner Teil überlebt. Dies erschwert den Aufbau der gewohnten Lebensmittelversorgung erheblich [30].

Nach einem Blackout muss als erstes die Telekommunikationsversorgung (Handy, Festnetz, Internet) aufgebaut werden. Allerdings ist das Telekommunikationsnetz anfangs noch störungsanfällig, da jeder versuchen wird, möglichst schnell Kontakt mit anderen Personen (Verwandte, Freunde, Arbeitsstelle) aufzunehmen, was zu einer Überlastung der Netze führen kann. Erst nachdem die Telekommunikation wieder einigermaßen stabil funktioniert, kann die Logistik hochgefahren werden, und mit der Versorgung mit lebenswichtigen Gütern kann begonnen werden [30].

5.3 Katastrophenhilfe

5.3.1 Behörden und Organisationen mit Sicherheitsaufgaben

5.3.1.1 Katastrophenschutz

Beim Eintritt eines Stromausfalls ist der möglichst schnelle Systemwiederaufbau und die vollständige Wiederherstellung der Versorgung natürlich Aufgabe der Energieversorgungsunternehmen (siehe Kap. 7). Die Bewältigung der mittelbaren Folgen eines Blackouts obliegt dagegen im Wesentlichen den Behörden und Organisationen mit Sicherheitsaufgaben (BOS). Darunter versteht man polizeiliche und nichtpolizeiliche sowie nichtstaatliche Akteure, die spezifische Aufgaben zur Bewahrung und/oder Wiedererlangung der öffentlichen Sicherheit und Ordnung wahrnehmen. Konkret sind dies z. B. die Polizei, die Feuerwehr, das THW, die Katastrophenschutzbehörden der Länder oder die privaten Hilfsorganisationen, sofern sie im Bevölkerungsschutz mitwirken. Der Katastrophenschutz in der Bundesrepublik ist natürlich entsprechend der föderalen Struktur organisiert [34–36].

Daher sind zunächst die örtlichen Behörden, Einrichtungen und Organisationen gefordert. Entsprechend der Lage (regional übergreifend) und der Entwicklung (langandauernd mit erheblichen Folgen) werden sukzessive die nächsthöheren Ebenen bis hin zu den Bundesministerien einbezogen. Somit liegt die Zuständigkeit bei der oberen Katastrophenschutzbehörde, die mit der (operativen) Durchführung der erforderlichen Maßnahmen die (lokalen) unteren Katastrophenschutzbehörden beauftragt [2].

Zur Abstimmung dieser heterogenen Akteurskonstellation mit ihren unterschiedlichen Führungs- und Kommunikationsstrukturen müssen im Fall eines regional ausgedehnten und langandauernden Stromausfalls auf allen Ebenen (Kommune, Land, Bund) Krisenstäbe einberufen werden. Eine länderübergreifende Koordination ist erforderlich, um die unterschiedlichen Aktivitäten der Hilfsorganisationen (z. B. Deutsches Rotes Kreuz, Malteser Hilfsdienst, Feuerwehren) und Unterstützungskräfte (Bundesanstalt Technisches Hilfswerk, Bundespolizei und Bundeswehr) zu koordinieren. Voraussichtlich wären bei

Abb. 5.22 Gemeinsames Melde- und Lagezentrum von Bund und Ländern. (Quelle: BMI)

größeren Katastrophenlagen aber auch zumindest koordinierende Aktivitäten des Bundes unabweisbar [2, 5].

Das gemeinsame Melde- und Lagezentrum von Bund und Ländern (GMLZ) verfolgt rund um die Uhr bevölkerungsschutzrelevante Themen im In- und Ausland (Abb. 5.22). Es bewertet diese und berichtet entweder in seinem täglichen Lagebericht oder anlassbezogen in Lagemeldungen darüber. Es dient wesentlich der Gewinnung eines einheitlichen Lagebilds und ist bei der Bewältigung der Folgen eines Blackouts eine zentrale Informationsstelle [5, 37].

Für eine einheitliche Kommunikation zwischen den verschiedenen Einsatzkräften der Polizeien von Bund und Ländern, Feuerwehren, Rettungsdienste sowie weiterer Zivil- und Katastrophenschutzbehörden in Deutschland wurde mit dem Digitalfunk DBOS ein einheitliches, unabhängiges und leistungsstarkes Funknetz geschaffen. Der Digitalfunk DBOS ermöglicht eine organisationsübergreifende und bundesweite Kommunikation und vereinfacht somit die Durchführung komplexer Einsatzszenarien insbesondere in Krisenlagen und Katastrophensituationen [38].

Ergänzend ermöglicht das „Satellitengestützte Warnsystem" (SatWaS) die bundesweite Verbreitung von Warnmeldungen an alle Lagezentren, Zivilschutzverbindungsstellen, Rundfunkanstalten und weitere Medien, allerdings nur solange wie diese Stellen über eine funktionierende schwarzfallfähige Stromversorgung verfügen.

Auf der operativen Ebene der Gefahrenabwehr und -bewältigung werden in der Katastrophensituation „Blackout" zahlreiche Hilfsorganisationen und Unterstützungskräfte wie Polizei, THW, Bundeswehr, Feuerwehr sowie diverse Rettungsdienste tätig [5].

Die Katastrophenschutzstäbe üben regelmäßig verschiedene Szenarien, damit im Ernstfall die Abläufe bekannt sind und um Schwachstellen vor Allem an den Schnittstellen zwischen den einzelnen Diensten zu identifizieren. So wurde beispielsweise vom Katastrophenschutzstab des Innenministeriums Schleswig–Holstein der Blackout in einem Landkreis simuliert. Der Blackout wurde im Winter bei eisigen Temperaturen und starkem Schneesturm angenommen. Die Hilfsorganisationen, die Landes- und Bundespolizei, die Bundeswehr und verschiedene Ministerien waren in die Übung einbezogen. Experten aus dem Katastrophenschutz stellten in einem sogenannten Übungsleiterpool die Außenwelt dar und konfrontierten den Katastrophenschutzstab laufend mit neuen Herausforderungen [39].

5.3.1.2 Polizei

Die Polizei setzt sich auf Bundes- und Landesebene aus unterschiedlichen Organisationen zusammen. Zu den wichtigsten und quantitativ größten Einheiten zählen neben der Bereitschaftspolizei die Schutz- und die Kriminalpolizei. Der Katastrophenschutz zählt nicht zu den Kernaufgaben der Polizei. Deshalb sind hierfür keine besonderen Organisationseinheiten eingerichtet, und auch die technische Ausrüstung ist qualitativ und quantitativ nicht auf die Anforderungen des Katastrophenschutzes ausgerichtet. Allerdings kommt ihr in Gefahren- und Großschadenslagen die Aufgabe der Gefahrenabwehr und der Aufrechterhaltung von Sicherheit und Ordnung zu. Dabei wirken die polizeilichen und nichtpolizeilichen Führungsstäbe zusammen. Die Aufgaben der Bundespolizei umfassen u. a. den Grenzschutz, Aufgaben der Bahnpolizei, Schutz vor Angriffen auf die Sicherheit des Luftverkehrs, polizeiliche Aufgaben im Spannungs- und Verteidigungsfall, Unterstützung der Polizeien der Bundesländer insbesondere bei Großeinsätzen sowie Hilfeleistungen bei einem großflächigen und langandauernden Stromausfall einschließlich des Luftrettungsdienstes. Die Landespolizei ist im Wesentlichen für die Aufrechterhaltung der öffentlichen Ordnung auf Landes- und Kommunalebene zuständig [2].

5.3.1.3 Bundesanstalt Technisches Hilfswerk

Bei einem Blackout ist die Bundesanstalt Technisches Hilfswerk (THW) für umfängliche technische Hilfe zuständig [40]. Das THW leistet auf Anforderung der für die Gefahrenabwehr zuständigen Stellen Amtshilfe in erster Linie bei der örtlichen Gefahrenabwehr in Städten und Gemeinden. Die THW-Einheiten werden der jeweiligen örtlichen Einsatzleitung unterstellt [2]. Das THW unterstützt mit seiner technischen Ausrüstung den Katastropheneinsatz von Polizei, Feuerwehr und Rettungsdienst.

Beispielsweise stehen durch das THW zur Bewältigung der Folgen eines Blackouts Netzersatzanlagen in unterschiedlichen Leistungsklassen bis 400 kW zur Verfügung. Für die Notversorgung mit Trinkwasser richtet das THW Trinkwasserausgabestellen und mobile Trinkwasseraufbereitungsanlagen ein [5].

5.3.1.4 Bundeswehr

Das Grundgesetz sieht den Einsatz der Bundeswehr vorrangig zur Außenverteidigung der Bundesrepublik Deutschland vor. Artikel 35 Abs. 1 GG eröffnet aber die Möglichkeit der (technischen) Amtshilfe, allerdings nicht unter Nutzung der spezifischen (militärischen) Mittel der Streitkräfte. Nach Artikel 35 Abs. 2 GG ist ferner der Einsatz beispielsweise zur Hilfe bei Naturkatastrophen oder in einem besonders schweren Unglücksfall auf Anforderung eines Landes möglich. Es handelt sich dabei um ergänzende Hilfe und keine auf Dauer ausgelegte Zusammenarbeit. Betrifft eine Gefährdung mehr als ein Bundesland kann die Bundesregierung gemäß Artikel 35 Abs. 3 GG Einheiten der Bundeswehr zur Unterstützung der Polizeikräfte einsetzen [5].

Vorbereitet werden soll der Einsatz im Katastrophenfall durch regelmäßige Zusammenarbeit bzw. Beziehungen zwischen den militärischen Kommandobehörden und den zivilen Behörden auf allen Ebenen des föderalen Systems. Angesichts der im Falle eines Stromausfalls sich ergebenden erheblichen Probleme könnte die Bundeswehr u. a. in folgenden Bereichen Unterstützungsleistungen für die zivilen Behörden erbringen [5, 41]:

- Bewältigung eines Massenanfalls von Verletzten, vor allem mit ihren Lufttransportkapazitäten
- Kommunikationsunterstützung für die helfenden Organisationen und deren Führung
- Pionier- und weitere Unterstützung, dabei auch Lufttransport von Personen und Material

Die Zivil-Militärische Zusammenarbeit (ZMZ) im Inland und die Katastrophenhilfe bilden wichtige Aufgaben der Streitkräftebasis (SKB). Die SKB ist keine Teilstreitkraft wie Heer, Marine und Luftwaffe, sie bildet aber einen eigenständigen militärischen Organisationsbereich. Zur Erfüllung der nationalen territorialen Aufgaben hat die SKB eine territoriale Wehrorganisation mit vier Wehrbereichen [2].

In einem durch einen Stromausfall induzierten Katastrophenfall könnte das Streitkräfteunterstützungskommando (SKUKdo) die national einsatzführende Kommandostelle für die auf dem Gebiet der Bundesrepublik Deutschland eingesetzten Bundeswehrkräfte sein. Das Landeskommando (LKdo) berät die Landesregierungen in Fragen des Katastrophenschutzes und arbeitet im Krisenstab des betroffenen Bundeslandes mit. Zusätzlich bestehen auf den unteren Ebenen (Regierungsbezirke, Land- und Stadtkreise) Verbindungskommandos im Rahmen der ZMZ. Diese kommunizieren mit Behörden und Organisationen über mögliche Unterstützungsleistungen der Bundeswehr. Sie werden ausschließlich durch regional ansässige Reservisten besetzt, die im Einsatzfall unverzüglich einberufen werden können. Die Bundeswehr leistet Hilfe erst aufgrund eines Ersuchens durch die zuständigen zivilen Behörden. Die Dauer des Bundeswehreinsatzes ist auf den Zeitraum beschränkt, in dem keine sonstigen adäquaten Einsatz- und Hilfskontingente zur Verfügung stehen [5].

Abb. 5.23 Bundeswehr leistet der Polizei Amtshilfe. (Quelle: Polizei Bayern)

Entscheidende Hilfe könnte die Bundeswehr auch bei der Abwehr von Cyberattacken leisten. Die Bundeswehr ist aufgrund ihres grundgesetzgemäßen Auftrags und zur Krisenabwehr gut für die Verteidigung im Cyberspace gewappnet. In regelmäßigen Übungen werden die Soldatinnen und Soldaten in der Echtzeit-Abwehr von Cyberangriffen trainiert. Dadurch lernen sie moderne IKT-Technologien und Angriffsmethoden kennen und auf entsprechende Bedrohungen zu reagieren. Sie können damit betroffenen Energieversorgungsunternehmen wirkungsvolle Unterstützung leisten [42].

5.3.1.5 Feuerwehr

Die größte flächendeckende Gefahrenabwehrorganisation wird durch die Berufsfeuerwehren, Freiwilligen Feuerwehren sowie Betriebsfeuerwehren gebildet. Die Ausrüstung der Feuerwehren ist entsprechend ihrem Auftrag weitgehend auf die Anforderungen des Katastrophenschutzes ausgerichtet. Sie verfügen über wesentliche materielle Ressourcen in Form von Fahrzeugen, Rettungsgerätschaften sowie Kommunikationseinrichtungen, um ihre Einsatzfähigkeit vor Ort auch unter erschwerten Bedingungen und autark sicherzustellen [2].

Um ihren Auftrag auch im Falle eines Blackouts ausführen zu können, muss die Feuerwehr zunächst selbst einsatzbereit und funktionstüchtig sein. Letzteres könnte im Fall eines Blackouts problematisch werden, falls nicht vorher für eine entsprechende Sicherheitsstruktur gesorgt wurde. So haben die meisten Berufsfeuerwehren zwar für das eigene Haus stationäre Notstromaggregate, die in diesem Fall die Stromversorgung sicherstellen können, bei kleineren Freiwilligen Feuerwehren sieht die Versorgungslage dagegen oft weniger gut aus. Auch hierbei ist der Einsatz abhängig vom vorhandenen Kraftstoffvorrat zeitlich begrenzt [43].

Ist die eigene Versorgung der Feuerwehren gesichert, werden im nächsten Schritt für die Bürgerinnen und Bürger in den Ortschaften oder Stadtvierteln einzelne Häuser als sog. „Basis" eingerichtet. Dazu werden an infrastrukturell wichtigen Punkten regional einzelne Gebäude durch Notstromaggregate mit Elektrizität, Strom und Wasser versorgt [43].

Rettungsdienste

Die Aufgaben der Rettungsdienste unterteilen sich im Wesentlichen in die Bereiche Notfallrettung und Krankentransporte. In der Notfallrettung werden bei lebensbedrohlich Verletzten oder Erkrankten oder sonst in einer Körperfunktion lebensbedrohlich beeinträchtigten Personen (Notfallpatienten) lebensrettende Maßnahmen durchgeführt, ihre Transportfähigkeit hergestellt und unter fachgerechter Betreuung in der Regel mit einem Rettungswagen in ein für die weitere Versorgung geeignetes Krankenhaus befördert. Die Notfallrettung erstreckt sich auch auf Personen, bei denen schwere gesundheitliche Schäden zu erwarten sind, wenn sie nicht unverzüglich medizinische Hilfe erhalten [11].

Mit einem Krankentransport werden verletzte, erkrankte oder sonst in einer Körperfunktion beeinträchtigte Personen, die während der Fahrt einer medizinischen Versorgung oder der besonderen Einrichtungen eines Krankenkraftwagens bedürfen oder bei denen dies aufgrund ihres Zustandes zu erwarten ist, fachgerechte Hilfe geleistet und unter fachgerechter Betreuung befördert [11].

Für die Erstversorgung, den Transport und die Evakuierungseinsätze von kranken und bedürftigen Personen werden in Deutschland die Rettungsdienste Arbeiter-Samariter-Bund (ASB), Deutsche Lebens-Rettungs-Gesellschaft (DLRG), Deutsches Rotes Kreuz (DRK), Johanniter-Unfall-Hilfe (JUH) und Malteser Hilfsdienst (MHD) eingesetzt. Auch der Weiterbetrieb von vielen Alten- und Pflegeheime ist auf die Unterstützung von Hilfsorganisationen beispielsweise durch eine ausreichende Versorgung mit Lebensmitteln und aufbereiteter Wäsche angewiesen.

Wesentliche Voraussetzung, dass die Hilfsorganisationen auch ihren Auftrag erfüllen können, ist, dass deren Mitglieder im Katastrophenfall entsprechend benachrichtigt werden können und sie dann auch noch zu ihren Einsatzstellen gelangen können. Dies wird noch dadurch erschwert, dass die Einsatzkräfte in die Versorgung ihrer eigenen Angehörigen eingebunden sind. Bei einem länger andauernden Blackout und der damit immer unsichereren Gesamtlage wird dadurch auch die Einsatz- und Leistungsfähigkeit der Unterstützungskräfte immer geringer.

In den ersten Stunden nach einem Stromausfall ereignen sich vermehrt Unfälle. Gleichzeitig sind die Notrufmöglichkeiten stark eingeschränkt, da Kommunikationsinfrastrukturen ausfallen oder überlastet sind. Nach einiger Zeit, wenn der Stromausfall länger anzuhalten scheint, setzt verstärkter Verkehr von den Arbeitsplätzen ein. Dies führt zur Behinderung der Rettungswagen, die dadurch für Einsätze deutlich mehr Zeit benötigen.

Die Funkkommunikation innerhalb des Rettungsdienstes wird zunehmend beeinträchtigt, da der BOS-Funk sukzessive ausfällt. Die Batterien für die medizinischen Geräte in den Rettungswagen (z. B. Elektrokardiogramme oder Defibrillation) müssen in den Zentralen aufgeladen werden. Dies ist allerdings nur solange möglich, wie dort eine funktionierende Netzersatzanlage vorhanden ist [6].

5.3.2 Selbstschutz und persönliche Vorsorgemaßnahmen

Der Selbstschutz umfasst alle Maßnahmen der Bevölkerung, die geeignet sind, die in ihrem engeren Wohn- und Arbeitsbereich im Fall eines besonders schweren Schadensereignisses, wie beispielsweise ein Blackout, drohenden oder eingetretenen Schäden, insbesondere an Leben und Gesundheit, lebenswichtigen Einrichtungen und Gütern zu verhindern, zu mildern oder zu beseitigen. Bei Eintritt eines Schadensereignisses ist der Betroffene in der Regel zunächst auf sich allein gestellt. Es gilt daher, sich selbst zu helfen oder die Hilfe von Nachbarn oder zufällig Anwesenden nutzen zu können. Diese erste Phase der Selbsthilfe muss wirksam sein und geeignet, die Zeit bis zum Eintreffen organisierter Hilfe zu überbrücken. Andererseits kann jeder auch selbst der Nachbar sein, der einer Person in unmittelbarer Nähe zunächst helfen muss [6].

Auch wenn man als Privatperson direkt nichts gegen einen Blackout unternehmen kann, so kann man sich doch auf ein solches Ereignis, auch wenn es noch so unwahrscheinlich ist, mit relativ geringem Aufwand vorbereiten und das Risiko eines Versorgungsdefizits minimieren [44]. Dies hätte im Falle des Falles den Vorteil, dass man selbst gut gewappnet dieser extremen Situation gegenüberstehen kann und damit weniger zur Last für die ohnehin nur noch eingeschränkt funktionsfähigen öffentlichen Einrichtungen wird. Eine solche Prävention würde auch helfen, die Gesamtsituation zu entspannen. Einige Empfehlungen, die die persönliche Resilienz stärken, sind in der Tab. 5.1 zusammengestellt [45–48].

Bei entsprechender Ausstattung ist es möglich, als einzelnes Haus eine Energieinsel zu bilden und unabhängig vom öffentlichen Energieversorgungssystem zumindest die Stromversorgung für den eigenen Haushalt für eine gewisse Zeit aufrechtzuerhalten und so einen Blackout zu überstehen. Dazu sind allerdings einige Voraussetzungen zu erfüllen. So muss natürlich eine entsprechende Erzeugungsanlage zur Verfügung stehen und zwischen dem Hausnetz und dem öffentlichen Netz muss einen elektrische Trennstrecke hergestellt werden. Für die Eigenversorgung kann beispielsweise ein einfaches Notstromaggregat mit einer Leistung von zwei bis vier kW genutzt werden (Abb. 5.24). Damit

Tab. 5.1 Vorsorgeempfehlungen

Abhängigkeit	Folge	Vorsorge
Kraftstoffversorgung	Tanken durch Ausfall der Pumpen an Tankstellen nicht mehr möglich Laden von Elektroautos nicht mehr möglich	Auto niemals bis auf den letzten Tropfen Kraftstoff bzw. die letzte kWh fahren; ggf. Kraftstoffreserve anlegen
Beleuchtung	Ausfall	Kerzen, Teelichte, Feueranzünder, batteriebetriebene Taschenlampen (ausreichend bevorraten), Petroleum- oder Gaslaternen
Heizung	Ausfall der Pumpen, Auskühlen der Wohnräume; Kohle- oder vereinzelt auch Ölheizungen können weiter betrieben werden	Warme Kleidung, Decken, Schlafsäcke
Zubereitung von Speisen	Zubereitung warmer Speisen (insbesondere für Säuglinge und Kleinkinder) nicht möglich	Die Anschaffung eines Stromerzeugers für einen Haushalt ist für Stromausfälle ratsam Aber auch ein Gasherd, Gaskartuschen, Campingkocher, ggf. Holzkohlegrill (im Freien!) leisten gute Dienste
Information • Radio • Fernsehen • Internet • Telefon	Notstromversorgte Rundfunk- und Fernsehanstalten senden weiter nur noch Nutzung stromunabhängiger Geräte (akku- oder batteriebetrieben; je nach Ladezustand) möglich DSL- und Kabelmodemzugänge fallen aus Mobilfunksysteme sind wegen des erhöhten Kommunikationsbedarfs stark überlastet	Batterie- oder solarbetriebene Radios, Autoradio Kommunikation via Internet und Telefon nur noch eingeschränkt möglich KatschutzApp z. B. KATWARN (www.katwarn.de) oder NINA (www.bbk.bund.de)

(Fortsetzung)

Tab. 5.1 (Fortsetzung)

Abhängigkeit	Folge	Vorsorge
Versorgung mit Medikamenten	Arztpraxen bleiben geschlossen. Apotheken haben die gleichen Probleme wie andere Sektoren und sind betroffen vom Ausfall von Kassensystemen und Beleuchtung; und vor allem entstehen auch Schwierigkeiten bei der Lagerung (z. B. Kühlung) bestimmter Arzneimittel bzw. beim Herstellen bestimmter Medikamente	Lebenswichtige Medikamente sollten für mindestens eine Woche vorrätig sein. Für Verletzungen ist auch ein Erste Hilfe Koffer sinnvoll. Dieser sollte griffbereit Verbandszeug (verschiedene Größen), Mull, Klebeband, Scheren, Desinfektionsmittel und Schmerzmittel enthalten
Versorgung mit Trinkwasser/ Abwasserentsorgung	Durch Ausfall der Pumpen ist keine Wasserversorgung mehr möglich (Leitungswasser, Toilettenspülung)	Wasser- und Essensvorräte (unverderblich) für mindestens zwei Wochen für die ganze Familie sollten vorgehalten werden (Dosenöffner nicht vergessen)

(Fortsetzung)

Tab. 5.1 (Fortsetzung)

Abhängigkeit	Folge	Vorsorge
Versorgung mit Lebensmitteln	Notstromversorgte Einzelhandelsgeschäfte werden ihren Betrieb noch über mehrere Stunden aufrechterhalten können. Diejenigen Einzelhandelsgeschäfte, die über keine Notstromversorgung verfügen, werden (so lange Tageslicht vorhanden ist) ggf. einen provisorischen Betrieb weiterführen, um (gegen Bargeld) verderbliche Waren oder Tiefkühlprodukte zu veräußern. Allerdings werden zeitnah Engpässe in der Versorgung entstehen	Schnell Verderbliches oder Aufgetautes sollte zuerst verbraucht werden bevor Konserven zum Einsatz kommen. Der Notvorrat muss ohne Kühlung haltbar und so untergebracht sein, dass er nicht nass werden kann. Für einen Notvorrat eignen sich z. B. folgende Dinge: **Nahrung**: Konserven (Fleisch, Eintöpfe, Früchte, Gemüse), Getreideprodukte (Mehl, Reis, Nudeln, Dosenbrot, Zwieback, Müsli, Haferflocken), **Zutaten:** Salz, Öl, Margarine, Konfitüre, Zucker, Gewürze, **Getränke**: Mineralwasser, H-Vollmilch, Fruchtsäfte, Kaffeepulver, Tee, Kakaopulver, **Sondernahrungsmittel**: für Altenpflege, Babys sowie Tiernahrung
Versorgung mit anderen Artikeln		Hygieneartikel: Toilettenpapier, Seife, Zahnbürste und -pasta, Müllbeutel, Küchenrolle
Bargeldautomaten, elektronische Kassensysteme, Banken	Bankgeschäfte wie Abheben von Bargeld, Ausgabe von Bargeld und bargeldloses Bezahlen sind nicht mehr möglich	„Notgroschen“ zu Hause vorhalten

können die wesentlichen elektrischen Verbraucher in einem durchschnittlichen Haushalt betrieben werden. Der Kraftstoffverbrauch eines solchen Geräts beträgt ca. ein bis zwei Liter pro Stunde. Benzin- oder Dieselkraftstoff darf allerdings nur in begrenzten Mengen in Privathäusern bevorratet werden. In einer Garage mit einer Fläche bis zu 100 Quadratmetern dürfen maximal 20 Liter Benzin oder 200 Liter Diesel lagern.

Ergänzt werden kann die Eigenversorgung durch eine PV-Anlage. Vor allem in der Zeit von Frühjahr bis Herbst kann eine PV-Anlage, die evtl. noch über einen Speicher verfügt, einen wesentlichen Betrag zur Eigenversorgung leisten.

Abb. 5.24 Kleines Notstromaggregat. (Quelle: Einhell Germany AG)

Literatur

1. U. Ladinig und H. Saurugg, Cyber Security Austria, „Blackout," *Truppendienst,* Wien, 2012.
2. T. Petermann, H. Bradtke, A. Lüllmann, M. Poetzsch und U. Riehm, Was bei einem Blackout geschieht: Folgen eines langandauernden und großflächigen Stromausfalls, edition sigman, 2. Aufl., Nomos Verlag, 2013.
3. Bundesamt für Bevölkerungsschutz und Katastrophenhilfe (BBK), „Krisenmanagement Stromausfall," Jedermann-Verlag, Heidelberg, 2010.
4. N. Podbregar, „Der große Blackout – Wie real ist die Gefahr eines großen Stromausfalls?," 9.9.2022. [Online]. Available: https://www.scinexx.de/service/dossier_print_all.php?dossierID=260736. [Zugriff am 8.4.2023].
5. Büro für Technikfolgen-Abschätzung beim Deutschen Bundestag, Gefährdung und Verletzbarkeit moderner Gesellschaften – am Beispiel eines großräumigen Ausfalls der Stromversorgung, Berlin, 2010.
6. Innenministerium Hessen, „Rahmenempfehlungen zur Einsatzplanung des Brand- und Katastrophenschutzes bei flächendeckendem, langandauerndem Stromausfall," Wiesbaden, 2012.
7. Spartanat, „Blackout (2): Nichts geht mehr – Die Auswirkungen eines Blackout," 20.5.2019. [Online]. Available: https://www.spartanat.com/2019/05/blackout-2-nichts-geht-mehr-die-auswirkungen-eines-blackout/. [Zugriff am 8.4.2023].
8. Bundesministerium des Innern, „Netze des Bundes," [Online]. Available: https://www.bmi.bund.de/DE/themen/it-und-digitalpolitik/it-des-bundes/netze-des-bundes/netze-des-bundes-artikel.html?nn=9393686. [Zugriff am 4.4.2023].
9. G. Pausch, „Blackout und seine Folgen – Fallstudie," 8.11.2017.
10. Bundesamt für Bevölkerungsschutz und Katastrophenhilfe, „Rahmenkonzept der Trinkwassernotversorgung," Berlin, 2022.
11. Innenministerium Schleswig-Holstein, „Planungshilfe für die Landesregierung und die unteren Katastrophenschutzbehörden zur Folgenbewältigung am Beispiel Stromausfall," Kiel, 2014.

12. Deutscher Bundestag, Gesetz zur Sicherung von Verkehrsleistungen (Verkehrsleistungsgesetz – VerkLG), Berlin: BGBl. I S. 1865, 2004.
13. Ministerium für Umwelt des Saarlandes, „Richtlinie über den Bau und Betrieb von Krankenhäusern - Krankenhausbaurichtlinie (KHBauR)," Saarbrücken, 2003.
14. Bundesministerium der Justiz, „Verordnung über den Betrieb von Apotheken (Apothekenbetriebsordnung - ApBetrO)," Berlin, 2023.
15. W. Dombrowsky, „Menschen und Kastastrophen," in *BBK: Notfall- und KatastrophenPharmazie I, Bevölkerungsschutz und Medizinische Notfallversorgung*, Bonn, pp. 249–288, 2009.
16. J. Böske, Zur Ökonomie der Versorgungssicherheit in der Energiewirtschaft, Münster: LIT Verlag, 2007.
17. M. Bliem, Eine makroökonomische Bewertung zu den Kosten eines Stromausfalls im österreichischen Versorgungsnetz, Klagenfurt: Institut für Höhere Studien Kärnten, 2005.
18. D. Bothe, „Hohe Versorgungszuverlässigkeit bei Strom wertvoller Standortfaktor für Deutschland," *Energiewirtschaftliche Tagesfragen,* Bd. 58, Nr. 10, pp. 31–36, 2008.
19. F. Carlsson, „The Effect of Power Outages and Cheap Talk on Willingness to Pay to Reduce Outages," *IZA DP,* Bd. 4307, 2009.
20. ICF Consulting, „The Economic Cost of the Blackout. An issue paper on the Northeastern Blackout," Fairfax, 2003.
21. P. Anderson, „Northeast Blackout Likely to Reduce US Earnings by $6.4 Billion," Anderson Economic, 2003.
22. M. Heim, „Blackout-Kosten: 2 Milliarden Franken pro Tag," Handelszeitung, 11.1.2017. [Online]. Available: https://www.handelszeitung.ch/politik/blackout-kosten-2-milliarden-franken-pro-tag-1312716. [Zugriff am 20.3.2023].
23. G. Reichenbach, Risiken und Herausforderungen für die Öffentliche Sicherheit in Deutschland. Szenarien und Leitfragen. Grünbuch des Zukunftsforums Öffentliche Sicherheit, Berlin: ProPress Verlagsgesellschaft mbH, 2008.
24. D. Wetzel, „Jede Stunde Blackout kostet 600 Millionen Euro," Die Welt, 28.10.2013. [Online]. Available: https://www.welt.de/wirtschaft/article121265359/Jede-Stunde-Blackout-kostet-600-Millionen-Euro.html. [Zugriff am 20.3.2023].
25. A. Silvast, „Project UNDERSTAND - White Paper on Security of European Electricity Distribution," 2007. [Online]. Available: https://view.officeapps.live.com/op/view.aspx?src=http%3A%2F%2Fwww.understand.se%2Fdocs%2FWhite_Paper_EN.doc&wdOrigin=BROWSELINK.
26. I. Steetskamp, Stromausfall. Die Verletzlichkeit der Gesellschaft; Die Folgen von Störungen der Elektrizitätsversorgung, Den Haag: Rathenau-Institut, 1994.
27. E. Timm, „Land ohne Strom. Der etwas andere Horror," GlobKult, 24.9.2019. [Online]. Available: https://globkult.iablis.de/politik/deutschland/1795-land-ohne-strom-der-etwas-andere-horror. [Zugriff am 8.4.2023].
28. H. Saurugg, „Blackout - Nichts geht mehr," *Truppendienst,* Wien, 2012.
29. L. Clausen, „Sind Katastrophen beherrschbar? – Modernes Katastrophenmanagement," in *Kloepfer, M. (Hg.): Katastrophenrecht: Grundlagen und Perspektiven*, Baden-Baden, pp. 15–20, 2008.
30. D. Schlicht, „Blackout in ganz Europa: Wenn die Stromversorgung zu lange wegbleibt," 21.11.2022. [Online]. Available: https://www.costanachrichten.com/service/residenten-ratgeber/experte-saurugg-blackout-europa-strom-gefahr-folgen-vorsorge-90195505.html. [Zugriff am 8.4.2023].
31. R. Paschotta, „Strommarkt," 28. April 2020. [Online]. Available: https://www.energie-lexikon.info/strommarkt.html. [Zugriff am 11. Juli 2021].

32. Gesamtverband der Versicherer (GDV), „Blackout: Vom drohenden Kollaps der Gesellschaft," 31.1.2022. [Online]. Available: https://www.gdv.de/gdv/themen/schaden-unfall/blackout-vom-drohenden-kollaps-der-gesellschaft-82420. [Zugriff am 2.4.2023].
33. Bayern3, „Was würde passieren, wenn wochenlang der Strom ausfällt?," 12.9.2022. [Online]. Available: https://www.bayern3.de/risiko-stromausfall-blackout-folgen. [Zugriff am 8.4.2023].
34. Deutscher Bundestag, Gesetz über den Zivilschutz und die Katastrophenhilfe des Bundes (Zivilschutz- und Katastrophenhilfegesetz – ZSKG), Berlin: BGBl. I S. 726, 1997.
35. Bundesministerium des Innern, Konzeption Zivile Verteidigung (KZV), Berlin, 2016.
36. Bundesministerium des Innern, „Wer macht was beim Zivil- und Katastrophenschutz?," [Online]. Available: https://www.bmi.bund.de/DE/themen/bevoelkerungsschutz/zivil-und-katastrophenschutz/gefahrenabwehr-und-katastrophenschutz/gefahrenabwehr-und-katastrophenschutz-node.html. [Zugriff am 1.4.2023].
37. Bundesministerium des Innern, „Das Gemeinsame Melde- und Lagezentrum von Bund und Ländern," [Online]. Available: https://www.bmi.bund.de/DE/themen/bevoelkerungsschutz/krisenmanagement/lagezentren/lagezentren-node.html. [Zugriff am 1.4.2023].
38. Bundesanstalt für den Digitalfunk der Behörden und Organisationen mit Sicherheitsaufgaben, „Der Digitalfunk BOS," [Online]. Available: https://www.bdbos.bund.de/DE/Digitalfunk_BOS/digitalfunk_bos_node.html. [Zugriff am 1.4.2023].
39. Innenministerium Schleswig-Holstein, „Krisenübung "Blackout"," [Online]. Available: https://www.schleswig-holstein.de/DE/landesregierung/ministerien-behoerden/IV/_startseite/Artikel2023/II/230427_katschutz_uebung.html. [Zugriff am 23.5.2023].
40. Deutscher Bundestag, „Gesetz über den Zivilschutz und die Katastrophenhilfe des Bundes (Zivilschutz- und Katastrophenhilfegesetz)," Berlin, 2020.
41. Bundesamt für Bevölkerungsschutz und Katastrophenhilfe, „Zivil-Militärische Zusammenarbeit im nationalen Bereich," [Online]. Available: https://www.bbk.bund.de/DE/Themen/Krisenmanagement/Zivil-Militaerische-Zusammenarbeit/national/national_node.html. [Zugriff am 1.4.2023].
42. Bundeswehr, „Nationale Krisenvorsorge der Bundeswehr," [Online]. Available: https://www.bundeswehr.de/de/ueber-die-bundeswehr/auftrag-aufgaben-bundeswehr/krisenvorsorge-bundeswehr. [Zugriff am 1.4.2023].
43. J. Morelli, „Blackout 2023 – welche Maßnahmen können Feuerwehren ergreifen?," Forum Verlag Herkert, 3.2.2023. [Online]. Available: https://www.feuerwehr-ub.de/normen-recht-wissen/fachartikel/blackout-2023-welche-massnahmen-koennen-feuerwehren-ergreifen/. [Zugriff am 8.4.2023].
44. Bundesamt für Bevölkerungsschutz und Katastrophenhilfe, Kapazitäten der Bevölkerung bei einem Stromausfall, Bonn, 2019.
45. Ministerium des Innern und für Kommunales des Landes Brandenburg, Wenn der Strom ausfällt . . .Gut gewappnet für den Ernstfall, Potsdam, 2016.
46. D. Speck, Blackout - So verhalten Sie sich im Ernstfall, Bonn: Investor Verlag, 2023.
47. Bundesamt für Bevölkerungsschutz und Katastrophenhilfe (BBK), „Stromausfall - Vorsorge und Selbsthilfe," BONIFATIUS Verlag, Bonn, 2019.
48. Bundesamt für Bevölkerungsschutz und Katastrophenhilfe, „Für den Notfall vorgesorgt," BBK, Bonn, 2012.

6 Maßnahmen zur Vermeidung eines Blackouts

6.1 Systemsichernde Maßnahmen

Die Ereigniswahrscheinlichkeit eines großräumigen Blackouts bzw. die Ausweitung eines Stromausfalls kann durch geeignete vorbeugende Maßnahmen minimiert werden. Längerfristig kann dies beispielsweise durch einen entsprechenden Ausbau des Netzes und der IKT-Infrastruktur gewährleistet werden [1]. Zu den mittelfristigen Maßnahmen der Blackoutprävention gehören beispielsweise die Instandhaltung der Trassen, die regelmäßige Begutachtung der Freileitungsseile, die Instandhaltung der Anlagen, die Entwicklung von objektiven Bewertungskriterien, die Entwicklung eines Konzepts für das Krisenmanagement, die Aktualisierung der IT-Sicherheit sowie die Entwicklung von Wiederaufbaukonzepten. Während des aktuellen Betriebs muss die Systemführung situationsabhängig durch geeignete kurzfristige Notmaßnahmen mögliche Blackoutgefährdungen abwenden. Dazu gehören beispielsweise das Engpassmanagement und das Netzmonitoring, sowie der Datenaustauch innerhalb der Entso-E Regionalgruppe. Automatisch ablaufende spannungs- und frequenzabhängige Gegenmaßnahmen sowie das Netzschutzkonzept helfen ebenfalls, einen Blackout zu vermeiden. Auch bei den Notmaßnahmen sind durch die Systemführung zunächst netztechnische Maßnahmen, wie Sonderschaltzustände, z. B. Betrieb mit getrennten Sammelschienen und der Einsatz von Phasenschiebertransformatoren, den marktbezogenen Maßnahmen, wie z. B. die Änderung der Einspeisungsverteilung, vorzuziehen [2, 3].

Systemsichernd wirken auch im Vorfeld mit allen Beteiligten (Großkunden, aktuelle überlagerte bzw. unterlagerte Netzbetreiber, Behörden etc.) abgestimmte Notfallpläne. Diese enthalten beispielsweise Alarmierungspläne für die Mitarbeiter, die Zuständigkeiten des einzurichtenden Krisenstabes und die Verteilung von Teilaufgaben an untergeordnete Koordinatoren in der Fläche.

K. F. Schäfer, *Blackout*, https://doi.org/10.1007/978-3-658-43332-1_6

Zu den frequenzabhängigen Maßnahmen gehören bei Unterfrequenz die Aktivierung der Primärregelreserven (Leistungserhöhung), das Abstellen von Speicherpumpen und das Anfahren von Generatoren. Bei Überfrequenz werden die Primärregelreserven (Leistungsreduktion) aktiviert, Generatoren abgestellt sowie Speicherpumpen angefahren. Bei diesen Maßnahmen muss der automatische Wiederanlauf ausgefallener (dezentraler) Erzeuger möglichst verhindert werden. Geeignet eingestellte und richtig funktionierende Unterfrequenzrelais können dazu beitragen, einen vollständigen Systemzusammenbruch zu verhindern.

Bei Unterspannungsproblemen werden Kondensatorbatterien und/oder leerlaufende Leitungen zugeschaltet, Kompensationsdrosseln abgeschaltet, Generatoren angefahren (eventuell auch nur im Phasenschieberbetrieb), Generator-Spannungsregler von cos-φ-Regelung auf Spannungsregelung umgeschaltet.

Zu den Maßnahmen bei Überspannung gehören beispielsweise das Abschalten von Kondensatorbatterien und gering belasteten Leitungen, das Einschalten von Pumpen, Lasten oder induktiven Kompensationseinrichtungen, sowie die Umstellung von Generator- auf Pumpbetrieb in Pumpspeicherkraftwerken [2].

Die Wahrscheinlichkeit, dass durch stochastische Ereignisse ein Blackout entsteht, ist sehr gering, zumal die Analyse der in der Vergangenheit stattgefundenen Großstörungen gezeigt hat, dass in der Regel nur die Kombination von mehreren Ursachen (Technik, Wetter, Personal) letztendlich zum Blackout geführt hat. Diesen Ursachen kann durch eine grundsätzliche Stärkung der Resilienz der Systeme bis zu einem gewissen Grad entgegengewirkt werden. Anders ist die Situation zu bewerten, wenn durch gezielte Angriffe auf das Energiesystem insbesondere durch Cyberattacken ein Blackout absichtlich herbeigeführt werden soll. Von einem solchen Angriff geht nach Meinung vieler Experten die größte Gefahr für einen großräumigen und lang anhaltenden Stromausfall aus, besonders dann, wenn dessen Auswirkungen noch durch gezielte Aktionen (z. B. angezettelte Unruhen, weitere Anschläge auf andere kritische Infrastrukturen) negativ verstärkt werden. Daher gilt es, die IKT-Infrastruktur der Energiesysteme, die sich z. T. noch im Aufbau befindet (z. B. Smart Meter), entsprechend robust und angriffssicher auszugestalten.

6.2 Netzzustandskorrektur und -optimierung

Weisen die Ergebnisse der Netzsicherheitsrechnungen (siehe Abschn. 2.7) auf mögliche Verletzungen definierter Grenzwerte hin, die zu weiteren und dadurch den Systemzustand noch mehr verschlechternden Abschaltungen führen können, werden im Rahmen der Netzsicherheitsüberwachung präventive Korrekturmaßnahmen durch die Systemführer festgelegt und durch Schalt- und Steuerbefehle im System ausgeführt [4].

Die Aufgabe der Zustandskorrektur, vom Zustand des gefährdeten Netzbetriebes zum sicheren Normalzustand zurückzukehren, wird in Teilbereichen ebenfalls mit geeigneten

Maßnahmen und Anpassungen nach § 13 EnWG	§ 13 (1) netzbezogen	§ 13 (1) marktbezogen	§ 13 (2) Notfall
Topologiemaßnahmen	X		
Ausnutzung betrieblich zulässiger Toleranzbänder (Strom und Spannung)	X		
Einsatz Regelenergie		X	
Vertraglich vereinbarte zu- und abschaltbare Lasten		X	
Präventives Engpassmanagement		X	
Mobilisierung von zusätzlichen Reserven durch den ÜNB		X	
Countertrading		X	
Redispatch		X	
Kürzung eines bereits akzeptierten Fahrplans			X
Lastabschaltungen, Spannungsabsenkung im Verteilnetz			X
Direkte Anweisung von Erzeugern einschließlich EEG			X

Abb. 6.1 Maßnahmenkatalog nach § 13 des Energiewirtschaftsgesetzes

Software-Modulen unterstützt [4, 5]. Es wird bei den Korrekturmaßnahmen entsprechend den Vorgaben des Energiewirtschaftsgesetzes [6] zwischen netzbezogenen und marktbezogenen Maßnahmen sowie Notfallmaßnahmen unterschieden (Abb. 6.1).

Können die zuvor aufgeführten Bewertungskriterien nicht eingehalten werden, so müssen zunächst die verfügbaren netzbezogenen Potenziale des bestehenden Netzes (z. B. Änderung der Netztopologie durch Schaltmaßnahmen, Einsatz von leistungsflusssteuernden Betriebsmitteln) eingesetzt werden [7].

Kann allein mit den zur Verfügung stehenden netzbezogenen Maßnahmen kein engpassfreier Netzzustand hergestellt werden, setzt die Systemführung kurzfristig wirkende präventive bzw. kurative marktbezogene Maßnahmen ein. Hierzu gehören das Redispatch von Kraftwerken, das Einspeisemanagement von EE-Anlagen oder die Abschaltung von Lasten. Mit dem Einsatz dieser Maßnahmen wird die Netzsicherheit eingehalten bzw. wiederhergestellt. Die marktbezogenen Maßnahmen werden am Vortag für den Folgetag (Day Ahead) geplant bzw. innerhalb des Tages (Intraday) aktiviert [7].

6.2.1 Netzbezogene Maßnahmen

Nach § 13 Abs. 1 EnWG sind die Netzbetreiber zur Vermeidung von drohenden oder zur Verringerung bestehender Netzengpässe dazu verpflichtet, vorrangig solche Maßnahmen einzusetzen, die der Netzbetreiber selbst – gegebenenfalls in Abstimmung mit anderen Netzbetreibern – vornehmen kann und die den eigenen Netzbetrieb betreffen. Diese sogenannten netzbezogenen Maßnahmen haben in der Regel die für Dritte geringste Eingriffsintensität, da sie keine unmittelbar spürbaren Auswirkungen auf Strombezugs- oder Stromeinspeisebedingungen der Netzkunden haben. Mit den netzbezogenen Maßnahmen werden die betrieblich zulässigen Toleranzbänder der Betriebsmittel ausgenutzt oder geeignete Topologiemaßnahmen durchgeführt, um damit eine insgesamt bessere Auslastung der Betriebsmittel im Netz zu erreichen [5, 8, 9].

Netzbezogene Maßnahmen sind für die Systemführung effektvolle Maßnahmen, um die Leistungsflussverteilung im Netz zu beeinflussen. Sie können entsprechend ihrer Netzwirkung in die beiden Bereiche Schaltmaßnahmen und Einstellung der Arbeitspunkte von Betriebsmitteln unterteilt werden. Die netzbezogenen Maßnahmen werden näherungsweise als kostenfrei angesehen.

6.2.1.1 Schaltmaßnahmen

Schaltmaßnahmen werden im Wesentlichen durch die Änderung der Verschaltung der einzelnen Betriebsmittel in den Schaltanlagen vorgenommen. Wird die Verschaltung mit Zweigelementen durchgeführt, so wird damit die sogenannte Topologie des Netzes verändert. Aufgrund ihrer diskontinuierlichen Wirkung auf den Netzzustand müssen Schaltmaßnahmen vor ihrer Durchführung sorgfältig auf ihre Auswirkung hin überprüft werden. Dies kann mit entsprechenden Simulationsrechnungen im Netzleitsystem realisiert werden. Damit wird sichergestellt, dass durch die Schaltmaßnahmen die gewünschte Wirkung auf den Netzzustand erreicht wird und keine negativen Nebeneffekte unerkannt bleiben.

6.2.1.2 Arbeitspunkteinstellungen

Mit der Veränderung der Arbeitspunkteinstellung von Betriebsmitteln werden deren elektrische Eigenschaften und damit auch das Systemverhalten beeinflusst. Zu den optionalen Arbeitspunkteinstellungen gehören:

- Stufenstellung (Quer-/Längsregler) und Zusatzwinkeleinstellung von Transformatoren
- Sollspannung spannungsgeregelter Knoten
- Blindleistungsbezug/-erzeugung von Kompensationselementen und Kraftwerken
- Effektive Impedanz/Übertragene Leistung leistungselektronischer Leistungsflussregler

Die Veränderung der Arbeitspunkte von Betriebsmitteln wird in der Regel mit Schaltgeräten in diskreten Stufungen vorgenommen (z. B. Stufenstellern bei Transformatoren).

Die Wirkung auf den Netzzustand kann allerdings im Vergleich zu Topologieänderungen näherungsweise als quasikontinuierlich angenommen werden.

Bei Unterspannung werden die folgenden netzbezogenen Maßnahmen eingesetzt [2]:

- Zuschaltung von Kondensatorbatterien und/oder leerlaufenden Leitungen
- Abschalten von Kompensationsdrosseln
- Anfahren von Generatoren, eventuell auch nur zur Blindleistungserzeugung (sog. Phasenschieberbetrieb)
- Umschaltung der Generator-Spannungsregler von cos-φ-Regelung auf Spannungsregelung
- vorbeugende Blockierung von Transformator-Stufenreglern (z. B. von Hand durch einen Sammelbefehl im Netzleitsystem oder durch „intelligente" Spannungsregler)
- automatische spannungsabhängige Blockade der Transformator-Stufenregler
- Spannungsabhängige Lastanpassung im Mittelspannungsnetz, z. B. durch verzögerte Unterspannungsauslösung von Transformatoren oder von ausgewählten Kundenabzweigen

Bei Überspannung werden die folgenden netzbezogenen Maßnahmen eingesetzt [2]:

- Abschalten von Kondensatorbatterien und/oder leerlaufenden Leitungen
- Zuschalten von Kompensationsdrosseln
- Blockieren der cos-φ-Regler von Generatoren
- Zuschalten von Pumpen bzw. Übergang von Generatorbetrieb auf Pumpbetrieb
- Verhinderung des automatischen Wiederanlaufs ausgefallener (dezentraler) Erzeuger

6.2.1.3 Netzbasiertes Engpassmanagement

Nach der Detektion eines Engpasses hat die Systemführung die Aufgabe, diesen Engpass im Rahmen des Netzengpassmanagements zu beseitigen. Dazu werden zunächst netzbezogene Maßnahmen durchgeführt, um den Netzzustand zu verbessern. Sie stellen Steuerungsmöglichkeiten des Übertragungsnetzes dar, die nach Vorgaben des Gesetzgebers im Rahmen der Engpassbeseitigung von Übertragungsnetzbetreibern zu bevorzugen sind. Zu den netzbezogene Maßnahmen gehören Schaltmaßnahmen, mit denen die Netztopologie des bestehenden Übertragungsnetzes verändert werden können, Steuerungsmaßnahmen zur Änderung der Sollspannungen an spannungsgeregelten Knoten, die Änderung der Blindleistungseinspeisungen der Erzeuger sowie die Stufung von Kompensationselementen und Transformatoren. Dic netzbezogenen Maßnahmen stellen ein effektives Mittel zur Beseitigung von Zweigüberlastungen, Spannungsverletzungen an einzelnen Knoten oder zur Reduktion der Kurzschlussströme dar. Topologiemaßnahmen haben zusätzlich den Vorteil, dass sie quasi kostenfrei für den Übertragungsnetzbetreiber sind. Der Systemführung steht damit eine große Anzahl von netzbezogenen Maßnahmen zur Beseitigung von Netzengpässen zur Verfügung. Bei der Auswahl der Maßnahmen, die für einen bestimmten Engpassfall am besten geeignet sind, kann das betriebsführende Personal gut durch innovative Rechnerverfahren unterstützt werden [3, 5].

6.2.2 Marktbezogene Maßnahmen

Entsprechend den Bestimmungen des Energiewirtschaftsgesetzes [6] dürfen Netzbetreiber nur dann mit marktbezogenen Maßnahmen in die Erzeugung eingreifen, wenn ein Engpass oder die Gefährdung der Netzsicherheit auch mit allen zur Verfügung stehenden netzbezogenen Maßnahmen nicht möglich ist. Der Netzbetreiber ist verpflichtet, dies durch entsprechende Untersuchungen (z. B. mit geeigneten Simulationsrechnungen [4]) nachzuweisen. Aufgrund des Unbundlings [10] verfügen die Netzbetreiber über keine eigenen Erzeugungs- oder Verbrauchsanlagen. Sie sind daher berechtigt, in die Fahrweise externer Anlagen einzugreifen, und den Verbrauch bzw. die Erzeugung so zu beeinflussen, dass der Netzengpass bzw. die Sicherheitsgefährdung beseitigt wird. Die Übertragungsnetzbetreiber treffen daher im Voraus Vereinbarungen mit den Betreibern von Erzeugungs- oder Verbrauchsanlagen, die für einen korrektiven Einsatz im Rahmen der marktbezogenen Maßnahmen geeignet sind. Die Inanspruchnahme der externen Anlagen durch die Systemführung wird entsprechend § 13a EnWG vergütet [6, 9].

Im Energiewirtschaftsgesetz (§ 13 Abs. 1 EnWG) [6] ist festgelegt, welche marktbezogenen Maßnahmen die Übertragungsnetzbetreiber zur Beseitigung von Netzengpässen bzw. für die Wiederherstellung der Netzsicherheit einsetzen können.

- Beim Redispatch wird zwischen strombedingtem und spannungsbedingtem Redispatch unterschieden [11]. Mit dem strombedingten Redispatch werden kurzfristig auftretende Netzengpässe in Leitungen und Umspannwerken beseitigt und verhindert. Dabei wird die Erzeugungsleistung vor einem Netzengpass reduziert und gleichzeitig wird hinter dem Netzengpass die Leistungseinspeisung erhöht. Die betroffene Leitung wird mit dieser Maßnahme entsprechend entlastet und der Engpass beseitigt. Beim spannungsbedingten Redispatch wird durch die zusätzliche Bereitstellung von Blindleistung aus den Kraftwerken die Spannung im betroffenen Netzgebiet wieder in den zulässigen Bereich zurückgeführt [11]. Hierbei ist allerdings zu beachten, dass die spannungsstützende Wirkung von Blindleistung regional nur sehr begrenzt ist. Das Redispatch kann präventiv zur Gewährleistung der (N-1)-Sicherheit durch entsprechende Korrektur der Kraftwerksfahrpläne für den Folgetag oder im Rahmen des kurativen Engpassmanagements durchgeführt werden [3].
- Das sogenannte Countertrading ist ebenfalls eine marktbezogene Maßnahme zur Beseitigung von Netzengpässen. Dabei kaufen bzw. verkaufen die Übertragungsnetzbetreiber Strom am Intraday-Markt. Die kurzfristige Realisierung dieses Handelsgeschäfts verändert den aktuellen Leistungsfluss so, dass der bestehende Engpass beseitigt wird.

Die durch den Energiehandel beim Countertrading entstehenden Kosten werden über die Netzentgelte refinanziert.

- Neben den Erzeugungsanlagen können auch Lasten als marktbezogene Maßnahmen zur Beseitigung von Netzengpässen genutzt werden. Dabei können je nach Netzsituation zu- oder abschaltbare Lasten eingesetzt werden. Es erfolgt regelmäßig eine Ausschreibung, zur Beschaffung geeigneter Lasten am Energiemarkt. Die Übertragungsnetzbetreiber vereinbaren mit den Anlagenbetreibern, in welchem Umfang (Leistung, Dauer) die Systemführung die Reduzierung oder Erhöhung einer Last zur Beseitigung eines Netzengpasses aktivieren kann.
- Vereinbarungen über die Reduzierung der eingespeisten Leistung mit den Betreibern von EEG-Anlagen nach § 11 Abs. 3 EEG oder den KWK-Anlagenbetreibern nach § 13 Abs. 6a EnWG
- Mit dem marktbasierten Engpassmanagement wird die physikalische Übertragungskapazität des Übertragungsnetzes im Strommarktmodell berücksichtigt.
- Die Erzeugungsanlagen, die als systemrelevant in die Netzreserve überführt wurden, können ebenfalls als marktbezogene Maßnahme zur Beseitigung von Netzengpässen genutzt werden (siehe Abschn. 6.3.4).

Grundsätzlich ist gesetzlich zunächst keine Rangfolge unter den in Abb. 6.1 angegebenen Maßnahmen nach § 13 Abs. 1 Nr. 2 EnWG [6] geregelt. Für KWK- und EE-Anlagen gelten allerdings besondere Vorrangregelungen aus den entsprechenden gesetzlichen Vorgaben.

Die Übertragungsnetzbetreiber sind verpflichtet, im Rahmen des wirtschaftlich Zumutbaren zu verhindern, dass Engpässe in ihren Netzen und an den Kuppelstellen zu benachbarten Netzen entstehen. Lässt sich die Entstehung eines Engpasses weder mit netzbezogenen noch mit marktbezogenen Maßnahmen verhindern, so sind Betreiber von Übertragungsnetzen verpflichtet, die verfügbaren Leitungskapazitäten nach marktorientierten und transparenten Verfahren diskriminierungsfrei zu bewirtschaften [6, 12–14].

6.2.3 Notfallmaßnahmen

Sind die netzbezogenen und die marktbezogenen Maßnahmen nicht oder nicht rechtzeitig ausreichend, um einen gegebenen Netzengpass zu beseitigen, ist der Übertragungsnetzbetreiber entsprechend § 13 Abs. 2 EnWG [6] berechtigt und verpflichtet, geeignete Notfallmaßnahmen (Abb. 6.1) zur Wiederherstellung bzw. Aufrechterhaltung der Systemsicherheit zu ergreifen. Zu diesen Maßnahmen gehören Anpassungen von Stromeinspeisungen, Stromtransiten und Stromabnahmen in der Regelzone des verantwortlichen Übertragungsnetzbetreibers. Es ist nicht erforderlich, dass für diese Maßnahmen vorab vertragliche Vereinbarungen getroffen wurden. Allerdings gilt auch für die Notfallmaßnahmen, dass die EE-Anlagen entsprechend § 11 EEG vorrangig einspeisen. Eine

Reduzierung der Einspeisung aus diesen Anlagen mittels Einspeisemanagement (EisMan) ist erst dann zulässig, wenn zuvor alle konventionellen Erzeugungsanlagen abgeregelt wurden. Die betroffenen Betreiber von Verteilnetzen und Stromhändler sind nach Möglichkeit vorab zu informieren [6].

6.2.3.1 Maßnahmen bei Unterfrequenz

Für gravierende Systembeeinträchtigungen, die durch eine signifikante Abweichung der Betriebsfrequenz gegenüber der Sollfrequenz von 50 Hz gekennzeichnet ist, haben die Übertragungsnetzbetreiber den sogenannten Fünf-Stufen-Plan als konkreten Maßnahmenkatalog vereinbart. Danach müssen bei umfangreichen Störungen auch in Kundenanlagen Maßnahmen ergriffen werden, um den Umfang der Störungsauswirkungen zu beschränken. Hier ist insbesondere der frequenzabhängige Lastabwurf zu nennen [15]. In Abb. 6.2 ist der Fünf-Stufen-Plan zur Beherrschung von Großstörungen mit Frequenzeinbruch (Unterfrequenz) beschrieben [8].

Sofern es der zeitliche Ablauf des Störungsereignisses zulässt, alarmiert der ÜNB schnellstmöglich in Stufe 1 dieses Planes die direkt angeschlossenen VNB und die Betreiber der direkt an das Übertragungsnetz angeschlossenen Erzeugungsanlagen, sodass diese bereit sind, rasch und der Situation entsprechend zu reagieren. Dazu sind im Vorfeld zwischen den Beteiligten abgestimmte Maßnahmen einzuleiten [8].

Durch den begrenzten Abwurf sogenannter abschaltbarer Lasten [16] entsprechend der Stufen 2, 3 und 4 soll vermieden werden, dass die Stufe 5 erreicht und damit die Abtrennung der Erzeugungseinheiten vom Netz erforderlich wird und die Gefahr eines Blackouts entsteht. Mit diesem abgestuften Lastabwurf werden bis zu 50 % der angeschlossenen Verbraucherleistung automatisch abgeschaltet [8]. Die Stufen 2, 3 und 4 bedeuten für die betroffenen Versorgungsgebiete sogenannte Brownouts (siehe Abschn. 2.9.1).

Stufe	Frequenz in Hz	Aktion
0	50,0	Keine Aktion erforderlich
1	49,8	Alarmierung des Personals und Einsatz der noch nicht mobilisierten Erzeugungsleistung auf Anweisung des ÜNB, Abwurf von Pumpen
2	49,0	Unverzögerter Abwurf von 10 -15 % der Netzlast
3	48,7	Unverzögerter Abwurf von weiteren 10 – 15 % der Netzlast
4	48,4	Unverzögerter Abwurf von weiteren 15 – 20 % der Netzlast
5	47,5	Abtrennen aller Erzeugungsanlagen vom Netz

Abb. 6.2 Fünf-Stufen-Plan zur Beherrschung von Großstörungen mit Frequenzeinbruch

Das bedeutet, dass einzelne bei den Übertragungsnetzbetreibern (ÜNB) angeschlossene Kunden und von den Verteilnetzbetreibern versorgte Regionen für eine begrenzte Zeit „reihum“ abgeschaltet werden. Dabei findet bislang nur eine begrenzte Differenzierung nach angeschlossenen Kunden statt. Entscheidend ist die wirksame Reduktion des Stromverbrauchs innerhalb der begrenzten Reaktionszeit, die den ÜNB in einem solchen Falle zur Verfügung steht. Wenn sich die ÜNB dafür entscheiden, Verteilnetzbetreiber zur vorübergehenden Abschaltung einzelner Regionen aufzufordern, wird eine gezielte Weiterversorgung einzelner Kunden innerhalb dieser Regionen aus technischen Gründen schwierig. In den Verteilnetzen sind bisher nur wenige Netznutzer individuell durch Netzbetreiber steuerbar [17].

Sollte die Bundesregierung einen Notstandsfall nach dem Energiesicherungsgesetz feststellen und die Bundesnetzagentur als Bundeslastverteiler tätig werden müssen, würden die Fragen, welche Kunden mit Strom versorgt werden, in ähnlicher Weise geregelt. Grundsatz bei der Abwägungsentscheidung über die zu erfolgenden Abschaltungen ist, dass die Deckung des lebensnotwendigen Bedarfs so umfangreich wie möglich sichergestellt ist. Allerdings enthält die Elektrizitätssicherungsverordnung (EltSV) in § 1 Abs. 4 eine Regelung, nach der Gebietsabschaltungen möglichst zu vermeiden sind. Sie dürfen nicht über vier Stunden hinausgehen [17].

Eine Abschaltreihenfolge im Sinne einer Priorisierung einzelner Verbraucher oder einzelner Gebiete gibt es nicht. Die Fragen sind stets lageabhängig in der konkreten Situation zu beurteilen und zu entscheiden. Anders als bei der Gasversorgung wird nicht zwischen verschiedenen Verbrauchergruppen oder Netzebenen unterschieden. Bei einer kontrollierten Lastabschaltung aufgrund einer Stromunterdeckung werden die betroffenen Verbraucher nach wenigen Stunden wieder zugeschaltet und gegebenenfalls andere Verbraucher vom Netz genommen, sodass niemand mehr als ein paar Stunden auf Strom verzichten muss [17, 18].

Wenn es keine andere Möglichkeit mehr gibt, um das Netz stabil zu halten, weisen die Systemführungen der Übertragungsnetzbetreiber eine Lastabschaltung an. Bei einer kontrollierten Lastabschaltung aufgrund einer Stromunterdeckung teilen sie den unterlagerten Verteilnetzbetreibern mit, für welchen Zeitraum diese vorbereitet und wieviel eingespart werden soll. Die Verteilnetzbetreiber wiederum legen eigenständig fest, welche Teile ihres Netzes sie abschalten, um die angeforderten Einsparungen zu erreichen. Sobald die Lage sich entspannt, können die Abschaltungen teilweise oder vollständig aufgehoben werden. Bei einer kontrollierten Abschaltung aufgrund eines Netzengpasses findet die Abschaltung in der entsprechenden Region statt [18].

Eine solche kontrollierte Abschaltung ist das letzte Mittel, um einen großflächigen Stromausfall zu verhindern. Es wird nur eingesetzt, wenn alle anderen Maßnahmen zur Stabilisierung des Netzes nicht mehr greifen.

Die fünfte und letzte Aktionsstufe des Plans dient der Sicherung des Eigenbedarfs und der Aufrechterhaltung der Betriebsfähigkeit der Erzeugungseinheiten für eine schnelle Einsetzbarkeit zum Wiederaufbau der Versorgung [15]. Durch das vorsorgliche Trennen der Erzeugungsanlagen vom Netz sollen Schäden an den Kraftwerksanlagen vermieden werden [8]. Für das Gesamtsystem bedeutet dies allerdings zunächst, dass die Verbraucher nicht mehr versorgt werden können und je nach Umfang der Abschaltungen auch die noch am Netz verbliebenen Verbraucher nicht mehr versorgt werden und somit ein Blackout eingetreten ist.

6.2.3.2 Maßnahmen bei Überfrequenz

Beim Überschreiten der Nennfrequenz wird nach und nach die Einspeiseleistung der Kraftwerke reduziert. Die Regelfähigkeit der Kraftwerke ist allerdings nicht beliebig groß. Die maximale Leistungsänderungsgeschwindigkeit von Kohle- und Kernkraftwerken liegt bei 3 bis 5 % und von Gaskraftwerken bei bis zu 20 % der Maximalleistung pro Minute. Deutlich schneller können Windkraft- und Photovoltaikanlagen ihre Leistung anpassen. Ähnlich dem Fünf-Stufen-Plan zur Beherrschung von Großstörungen mit Frequenzeinbruch werden auch beim Überschreiten der Netznennfrequenz geeignete manuelle und automatisierte Maßnahmen aktiviert. Abb. 6.3 zeigt mögliche Eingriffe durch die Systemführung, um einem unzulässigen Frequenzanstieg entgegen zu wirken [19].

Ab einer Frequenz von 50,2 Hz erfolgen gezielte, manuell von den Systemführern durchgeführte Reduzierungen von Einspeiseleistungen bis auf das technisch mögliche Minimum sowie Zuschaltung von Pumpen und anderen verfügbaren Energieverbrauchern. Kann mit diesen Maßnahmen der Frequenzanstieg nicht gestoppt werden, erfolgen ab einer Frequenz von 50,5 bzw. 51,2 Hz automatisch vorher festgelegte Einspeiseabschaltungen. Ab einer Frequenz von 51,5 Hz werden alle noch verbliebenen Einspeisungen vom Netz getrennt. Damit sind die Verbraucher nicht mehr versorgt und es ist ein Blackout eingetreten [3].

Frequenz in Hz	Aktion
50,0	Keine Aktion erforderlich
50,2	Manuelle Reduzierung von Einspeiseleistung und Zuschaltung von Lasten
50,5	Anteilige automatische Reduzierung von Einspeiseleistung
51,2	Vollständige automatische Reduzierung von Einspeiseleistung
51,5	Abtrennen aller Erzeugungsanlagen vom Netz

Abb. 6.3 Maßnahmen zur Begrenzung unzulässiger Frequenzerhöhungen

6.3 Systemsicherheit im europäischen Verbundsystem

6.3.1 Koordinierung des europäischen Energieaustauschs

Neben den eigentlichen Systemführungsaufgaben innerhalb der eigenen Regelzone übernehmen die Übertragungsnetzbetreiber weitere nationale Aufgaben in ihrem Regelblock und internationale Aufgaben zur Gewährleistung der Systemsicherheit im kontinentaleuropäischen Übertragungsnetz (siehe Abschn. 2.3). So stimmen sie beispielsweise mit den ausländischen Regelblöcken und den Entso-E-Koordinationszentren die Programme zum Energieaustausch ab. Sie organisieren die Leistungs-Frequenzregelung und überwachen den nationalen Regelblock [3, 20, 21].

Die Netze der deutschen Übertragungsnetzbetreiber sind über Kuppelleitungen mit den anderen Übertragungsnetzen im deutschen Regelblock und den Netzen der Entso-E-Region Continental Europe (CE) (ehemals UCTE) verbunden und werden frequenzsynchron betrieben. Ähnliche Zusammenschlüsse existieren auch für die anderen Regional-Gruppen der Entso-E im europäischen Verbundsystem. Sie ermöglichen den internationalen, grenzüberschreitenden Austausch von Energie sowie die großräumige, gegenseitige Unterstützung bei Störungsereignissen [22, 23]. Für die beteiligten Übertragungsnetzbetreiber ergeben sich daraus zahlreiche technische und wirtschaftliche Vorteile. Im stark vermaschten europäischen Verbundsystem wird die Austauschleistung zwischen den einzelnen Regelzonen mit der Leistungs-Frequenz-Regelung auf dem eingestellten Sollwert gehalten und damit die Einhaltung des Leistungsgleichgewicht zwischen Erzeugung und Verbrauch in dem jeweiligen Regelblock gewährleistet (siehe Abschn. 2.6) [20, 21].

Die Kooperation innerhalb des kontinentaleuropäischen Verbundsystems ist hierarchisch gegliedert. Der gesamte Synchronverbund ist aus einzelnen Regelblöcken aufgebaut, die wiederum aus einer oder mehreren Regelzonen bestehen können (Abb. 6.4) [20, 21]. In den meisten europäischen Ländern bildet nur ein Übertragungsnetzbetreiber mit seiner Regelzone einen Regelblock. In Deutschland besteht der Regelblock aus den Regelzonen der vier deutschen Übertragungsnetzbetreiber sowie aus Teilen von Dänemark und Luxemburg [20, 22]. Innerhalb des deutschen Regelblocks wird die Aktivierung von Regelleistung durch einen Netzregelverbund optimiert [3].

Zur Koordinierung des Austausches elektrischer Energie zwischen den europäischen Regelblöcken sowie zur Validierung der Austauschprogramme wurden zwei Koordinationszentren für das nördliche (RG CE North) und für das südliche kontinentaleuropäische Übertragungsnetz (RG CE South) eingerichtet. Die hierarchische Struktur des kontinentaleuropäischen Übertragungsnetzes von Koordinationszentren, Regelblöcken und Regelzonen ist in Abb. 6.4 dargestellt. Das Koordinationszentrum RG CE North wird von der Systemführung der Amprion, das Koordinationszentrum RG CE South wird von der Systemführung der Swissgrid organisiert. Die Summe der von den Koordinationszentren validierten Austauschprogramme mit dem Ausland bildet den Sollwert für den

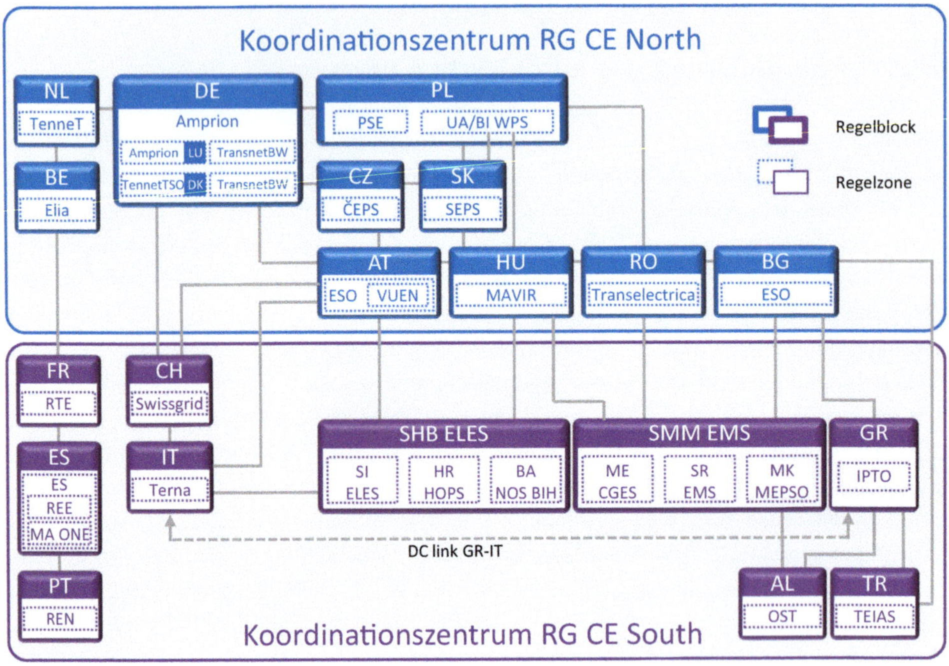

Abb. 6.4 Struktur des kontinentaleuropäischen Verbundsystems [20, 21, 24]

Leistungs-Frequenz-Regler des jeweiligen Regelblocks. Zur Aufrechterhaltung der Systemsicherheit muss diese Summe im gesamten kontinentaleuropäischen Übertragungsnetz jederzeit ausgeglichen sein [20, 22, 23].

6.3.2 Sicherheitszentren

Photovoltaik- und Windkraftanlagen speisen wetterabhängig mit u. U. extremen Leistungsschwankungen in das Netz ein. Im Zuge der Energiewende werden diese Energiequellen einen immer größeren Anteil an der Versorgung mit elektrischer Energie übernehmen. Die Anzahl der PV- und Windkraftanlagen wird also noch deutlich steigen. Konzeptgemäß wird die Energie aus diesen Anlagen über große Entfernungen beispielweise von Nord- nach Süddeutschland transportiert. Als weitere Folge der volatilen Energieerzeugung steigt der grenzüberschreitende Handel mit elektrischer Energie, der das europäische Verbundsystem zusätzlich belastet. So wird es für die Systemführer immer anspruchsvoller, die zunehmenden operativen Anforderungen des Systembetriebs im Sinne der Versorgungszuverlässigkeit effizient zu erfüllen und damit Erzeugung und Verbrauch elektrischer Energie im Gleichgewicht und damit das Übertragungsnetz stabil und sicher zu halten [25].

Um diesen Anforderungen auch weiterhin gerecht zu werden, arbeiten seit 2008 betroffene Übertragungsnetzbetreiber der Entso-E in verschiedenen internationalen Sicherheitszentren (Regional Security Coordinators, RSC) zusammen, die jeweils für eine bestimmte Anzahl von Übertragungsnetze zuständig sind. Dabei können einzelne Übertragungsnetzbetreiber durchaus Mitglied in verschiedenen Sicherheitszentren sein. Die Aufgabe der Sicherheitszentren ist es, die Stromflüsse im europäischen Übertragungsnetz im Zuge von gemeinsamen Netzsicherheitsberechnungen möglichst exakt zu prognostizieren und gemeinsame Maßnahmen zur Erhöhung der Systemsicherheit zu koordinieren. Dabei nutzen sie gemeinsame IT-Plattformen und Informationssysteme, die Daten zur Netzsituation für jeden Prognosezeitpunkt bereitstellen. Auf dieser Basis führen die Sicherheitszentren die Daten aus den einzelnen Netzen zusammen und erstellen daraus Kapazitätsvoraussagen und Netzsicherheitsberechnungen für ihren jeweiligen Zuständigkeitsbereich [3, 26, 27].

Die Sicherheitszentren erstellen für die Systemführungen der Übertragungsnetzbetreiber überregionale Prognosen, wie viel Strom aus erneuerbaren Energien und konventionellen Kraftwerken in jeder Stunde des nächsten Tages eingespeist wird. Zusätzlich bestimmen sie die verfügbaren Übertragungskapazitäten zu den benachbarten ÜNB und überprüfen die Übertragungsnetze auf sich evtl. ergebende Engpässe. Auf Basis dieser Analysen geben sie entsprechende Empfehlungen an die Systemführungen der in den jeweiligen Sicherheitszentren organisierten Übertragungsnetzbetreiber. Mit diesen netz- und regelzonenübergreifenden Analysen können die erneuerbaren Energien besser eingebunden und das europäische Verbundsystem stabil betrieben werden [26, 28].

Abb. 6.5 zeigt die Arbeitsbereiche einiger dieser Sicherheitszentren. Aus dieser Darstellung sind auch die Netzbereiche zu erkennen, die von verschiedenen Sicherheitszentren überlappend überwacht werden.

Die TSCNET ist eine Kooperation von 16 europäischen Übertragungsnetzbetreibern aus 13 europäischen Ländern mit Sitz in München. Mitglieder dieses Sicherheitszentrums sind 50Hertz Transmission (Deutschland), Amprion (Deutschland), APG (Österreich), ČEPS (Tschechien), Creos (Luxemburg), ELES (Slowenien), Energinet (Dänemark), HOPS (Kroatien), MAVIR (Ungarn), PSE (Polen), SEPS (Slowakei), Swissgrid (Schweiz), TenneT TSO (Deutschland), Tennet (Niederlande), Transelectrica (Rumänien), und TransnetBW (Deutschland). Abb. 6.6 zeigt den Operator Room von TSCNET in München.

Eine Kooperation zwischen Amprion (Deutschland) sowie der Tennet Niederlande und der TenneT TSO Deutschland ist das Security Service Centre (SSC) in Rommerskirchen bei Köln. Bereits seit 2009 ist das SSC als Europas erstes Sicherheitszentrum dieser Art in Betrieb. Das Team internationaler Experten analysiert rund um die Uhr die Systemsicherheit der Höchstspannungsnetze in Deutschland und den Niederlanden. Das SSC liefert den beteiligten Übertragungsnetzbetreibern für den Folgetag Prognosen über die Einspeisung aus erneuerbaren Energien und konventionellen Kraftwerken. Die Systemführungen von

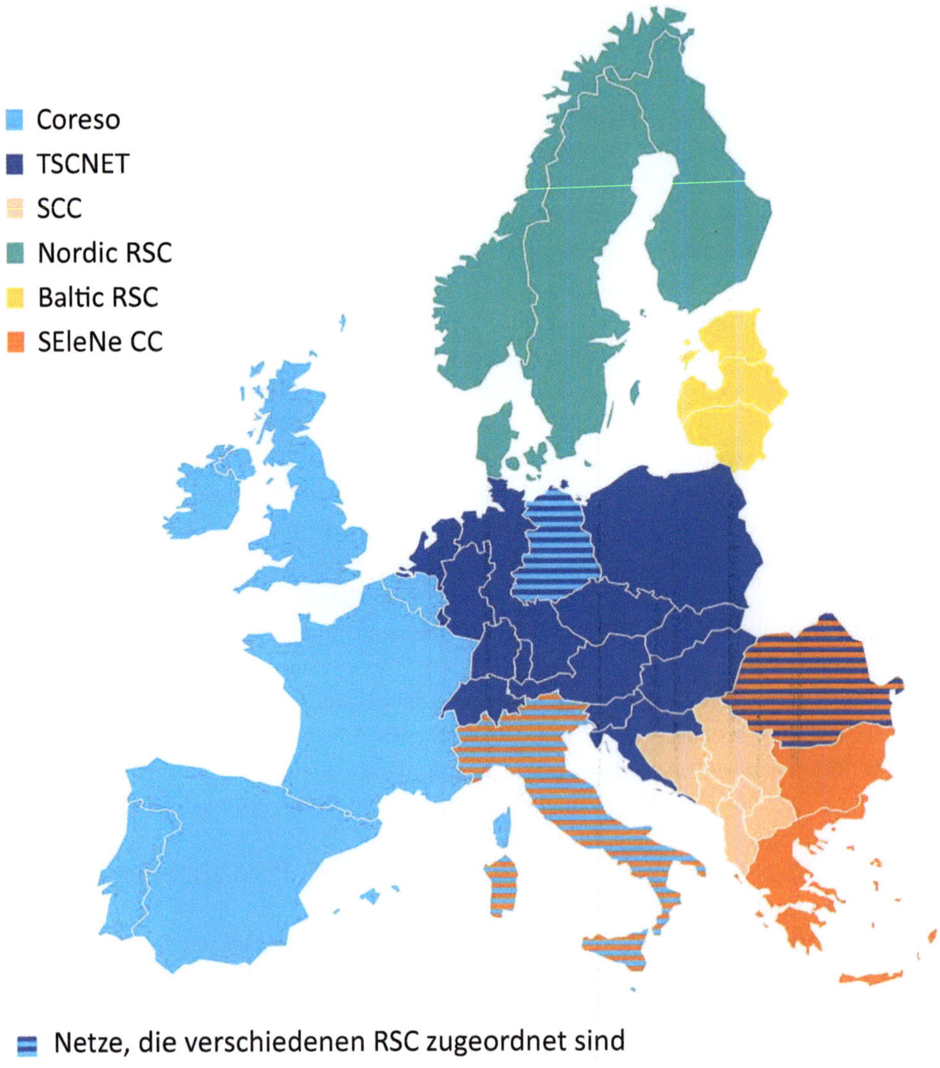

Abb. 6.5 Regional Security Coordinators der Entso-E. (Quelle: Entso-E)

Amprion und TenneT TSO erhalten damit zugleich eine Übersicht über die verfügbaren Übertragungskapazitäten und über evtl. bestehende Engpässe im Übertragungsnetz [26].

Coreso, das europäische Koordinations-Zentrum für Systemsicherheit ist ein Gemeinschaftsunternehmen der Übertragungsnetzbetreiber 50Hertz Transmission (Deutschland), Elia (Belgien), National Grid (UK), RTE (Frankreich) und Terna (Italien).

Das Baltic RSC mit Sitz in Tallinn ist das Sicherheitszentrum der drei baltischen Übertragungsnetzbetreiber AST, Elering und Litgrid.

Abb. 6.6 Operator Room von TSCNET. (Quelle: TSCNET Services/Q. Leppert)

Das Nordic Regional Security Coordinator (Nordic RSC) ist das Sicherheitszentrum der vier Übertragungsnetzbetreiber in der Entso-E Regionalgruppe Nordic mit Finnland, Norwegen, Schweden und Dänemark.

Das Security Coordination Centre (SCC) in Belgrad ist das erste Sicherheitszentrum im Südwesten des Entso-E-Gebietes (SEE). Mitglieder sind die Übertragungsnetzbetreiber EMS (Serbien), CGES (Montenegro) und NOSBiH (Bosnien und Herzegowina).

Das Southeast Electricity Network Coordination Center (SEleNe CC) in Thessaloniki ist für die Länder Bulgarien, Griechenland, Italien und Rumänien zuständig.

Mit der Installation des European Awareness System (EAS) haben die europäischen Übertragungsnetzbetreiber ein neues Sicherheitssystem für den sicheren Betrieb ihrer Stromnetze eingeführt. Das European Awareness System liefert jedem ÜNB in Echtzeit einen Überblick über die Lastflüsse und den Systemzustand aller europäischen Netze. Damit können sich die Netzbetreiber bei Störungen und Extremsituationen im stark verflochtenen europäischen Stromnetz koordinieren. Mit dem EAS ist das noch umfassender als bisher und vor allem schneller und effizienter möglich [30, 31]. In Abb. 6.7 ist die Situation mit einer Fehlbilanz in Südeuropa dargestellt. In diesem Beispiel sind Italien und Frankreich zusammen um ca. 2000 MW unterdeckt [29].

Die wesentlichen Parameter, die über das EAS zwischen den Übertragungsnetzbetreibern ausgetauscht werden, sind in Tab. 6.1 zusammengestellt [32].

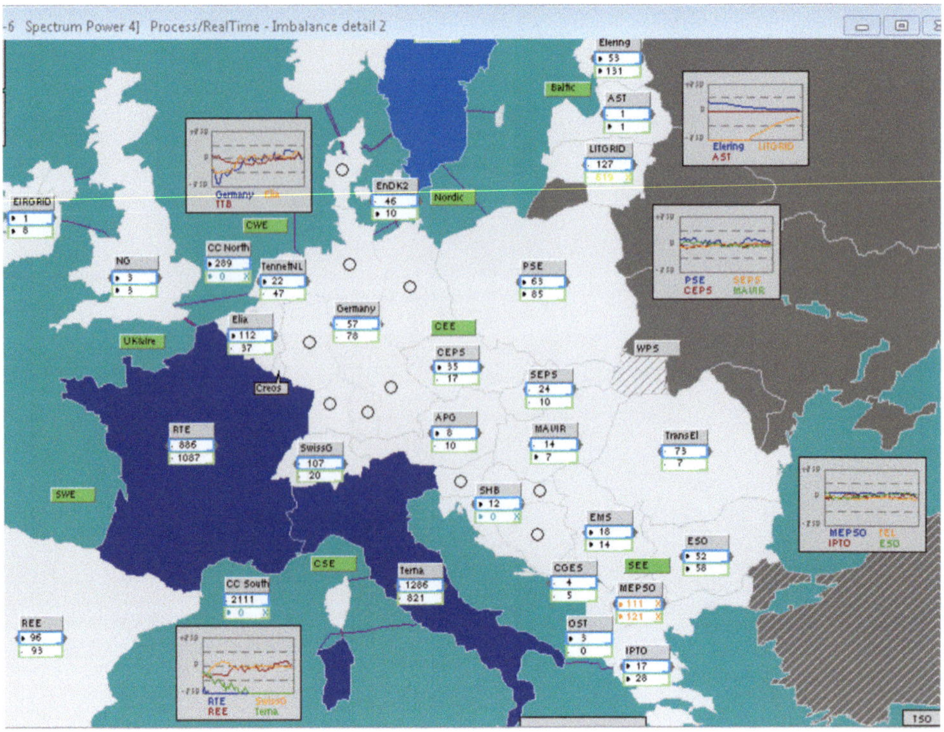

Abb. 6.7 Darstellung der Systembilanz im Entso-E-System mit dem EAS [29]

6.3.3 Systemschutzplan

Die vier deutschen Übertragungsnetzbetreiber haben einen Systemschutzplan entwickelt, um in kritischen Notsituationen (z. B. Großstörungen) geeignete Maßnahmen zur Aufrechterhaltung der Netz- und Systemsicherheit im Synchrongebiet zur Verfügung zu haben [33]. Der Systemschutzplan enthält geeignete Notfallmaßnahmen zur Aufrechterhaltung der Handlungsfähigkeit der Systemführungen im deutschen Übertragungsnetz. Die Notfallmaßnahmen sind sowohl zwischen den deutschen ÜNB als auch mit den europäischen Partnern im europäischen Synchronverbund abgestimmt und harmonisiert.

Im Systemschutzplan werden sowohl die Aktivierungskriterien als auch die gegebenenfalls automatisch ablaufenden oder manuell einzuleitenden Notfallmaßnahmen definiert. Die Aktivierung des Systemschutzplans erfolgt dann, wenn sich das Energieversorgungssystem entsprechend Art. 18 (3) der europäischen Verordnung 2017/1485 zur Festlegung einer Leitlinie für den Übertragungsnetzbetrieb [34] in einem Notzustand befindet oder auf Basis der Sicherheitsanalysen Maßnahmen aus dem Systemschutzplan erforderlich sind [33, 35].

Tab. 6.1 Ausgetauschte Parameter im EAS

Daten	Einheit bzw. Kennzahl	Auflösung	Intervall
Frequenz	Hz	< 20 MHz	Bei jedem SCADA-Durchlauf, Mindestens alle 10 s
ACE	MW		
Leistungsbilanz, geplant	MW	> 0 Export < 0 Import	Stündlich Stündlich Stündlich Stündlich
Austauschleistung, geplant	MW		
Leistungsbilanz, tatsächlich	MW		
Austauschleistung, tatsächlich	MW		
Erzeugungsleistung	MW		Alle fünf Minuten
Systemzustand	0 = normal 1 = gefährdet 2 = gestört 3 = Blackout 4 = Wiederaufbau		Auf Anforderung durch den Systemführer
Vordefinierte Mitteilung	Codenummer zwischen 0 und 20		Auf Anforderung durch den Systemführer

Der Systemzustand wird üblicherweise anhand verschiedener Kenngrößen wie beispielsweise Area Control Error (ACE), Frequenz, Spannung und Strom bewertet. Für diese Kenngrößen wurden zum Schutz zur Aufrechterhaltung eines sicheren Systembetriebs entsprechende Grenzwerte festgelegt (siehe Kap. 2). Die deutschen Übertragungsnetzbetreiber orientieren sich dabei an den Grenzwerten in der EU Verordnung 2017/1485 [33–35].

Eine erforderliche Abhilfe kann bei Notzuständen entsprechend § 13 Abs. 1 des Energiewirtschaftsgesetzes (EnWG) [6] mit netzbezogenen oder marktbezogenen Maßnahmen und zusätzlichen Reserven geschaffen werden. Die Einsatzreihenfolge der Maßnahmen wird ebenfalls durch das EnWG geregelt. Entsprechend § 13 Abs. 1 EnWG müssen zuerst die netzbezogenen Maßnahmen eingesetzt werden. Erst wenn der Notzustand damit nicht beseitigt werden kann, kommen die marktbasierten Maßnahmen und danach die zusätzlichen Reserven zum Einsatz. Kann auch damit kein sicherer Systemzustand hergestellt werden, müssen die ÜNB Letztmaßnahmen nach § 13 Abs. 2 EnWG durchzuführen [33, 35].

Zu den netzbezogenen Maßnahmen gehören topologische Eingriffe in das Netz sowie die Ausnutzung betrieblich zulässiger Toleranzbänder für Spannung und Strom.

Marktbezogene Maßnahmen sind das Redispatch, die Kapazitätsbegrenzung an Grenzkuppelleitungen in Abstimmung mit den Nachbar-ÜNB, das Countertrading, der Einsatz von zu- und abschaltbaren Lasten, die Aktivierung zusätzlicher Leistungsreserven (siehe Abschn. 6.2), die Wirkleistungsunterstützung durch benachbarte ÜNB (Notreserveverträge), der Einsatz von Regelenergie (Frequenzhaltungsreserven, automatische und manuelle Frequenzwiederherstellungsreserven) sowie Börsengeschäfte [33].

6.3.4 Reserveleistung

6.3.4.1 Vorhaltung von Reserveleistung

Die Umgestaltung des Energieversorgungssystems im Rahmen der Energiewende führt zu einem stetig wachsenden Anteil erneuerbarer Energien im deutschen Strommix (i.e. Stromerzeugung aufgeteilt nach Energieträgern). Insbesondere bei der installierten Leistung aus Windenergieanlagen an Land und zur See ist zu beobachten, dass nach wie vor ein deutliches geografisches Ungleichgewicht zwischen den Standorten der Erzeugungsanlagen im Norden Deutschlands und den Lastzentren im Süden besteht [36].

Neben dem Ausbau der erneuerbaren Energien schreitet auch der Ausstieg aus der Nutzung konventioneller Energieträger in Deutschland weiter voran. Ende 2022 stellte das letzte deutsche Kernkraftwerk seinen kommerziellen Leistungsbetrieb ein. Der vollständige Ausstieg aus der Verstromung von Kohle ist bis spätestens 2038 geplant. Zudem führen die Änderungen des europäischen Strommarktdesigns dazu, dass die grenzüberschreitenden Handelstätigkeiten stetig an Volumen zulegen und nationale Engpässe des Übertragungsnetzes ungeachtet ihres Auftretens eine immer geringere Rolle bei der Vergabe der Handelskapazitäten spielen. Eine besondere Belastung für das Übertragungsnetz entsteht dabei durch den Import elektrischer Energie aus nördlichen Nachbarländern und Skandinavien bei gleichzeitigem Export elektrischer Energie in das benachbarte südliche Ausland. Dies bewirkt ein deutliches Nord-Süd-Gefälle beim Stromtransport im Übertragungsnetz. Dieses überlagert sich mit der Anforderung, Strom aus den Erzeugungszentren im Norden Deutschlands in die Lastzentren Süddeutschlands zu transportieren [36].

Das Gesetz zur Weiterentwicklung des Strommarktes (Strommarktgesetz) [37] sieht die Einrichtung verschiedener Mechanismen zur Reserveleistungsvorhaltung vor. Damit soll sichergestellt werden, dass genügend zusätzliche Kraftwerkskapazitäten aktiviert werden können, falls einmal nicht genug Strom im Markt bereitstehen sollte, um die Stromnachfrage zu decken. Das Strommarktgesetz legt als Mantelgesetz Änderungen vieler strommarktbezogener Gesetze und Verordnungen fest, zum Beispiel des Erneuerbare-Energien-Gesetzes (EEG) [38], des Energiewirtschaftsgesetzes (EnWG) [6], der Reservekraftwerksverordnung (jetzt NetzResV) [39] und der Stromnetzentgeltverordnung (StromNEV) [40]. Damit wird insbesondere die Netzreserve, die Kapazitätsreserve und die Sicherheitsbereitschaft von Braunkohlekraftwerken organisiert [41].

6.3.4.2 Netzreserve

Die Netzreserve (umgangssprachlich auch „Winterreserve") entsprechend der Netzreserveverordnung (NetzResV) [39] sieht vor, dass die Übertragungsnetzbetreiber jährlich eine sogenannte Systemanalyse durchführen, um die zukünftig erforderliche Kraftwerksreservekapazität für netzstabilisierende Redispatch-Maßnahmen festzustellen [41]. Betrachtungshorizonte dieser Bedarfsfeststellung sind der kommende Winter (t + 1) sowie das Jahr (t + 5). Die Bundesnetzagentur überprüft die Systemanalyse der Übertragungsnetzbetreiber und veröffentlicht in einer jährlichen Feststellung den Bedarf an Erzeugungskapazität für die Netzreserve [36]. Auf der Grundlage der jeweils für den nächsten Winter betrachteten Bedarfsermittlung ist die demnach notwendige Netzreserve für den nächsten Winter zu beschaffen.

Um die Netzstabilität auch in kritischen Situationen zu gewährleisten, setzen die Übertragungsnetzbetreiber gezielt Kraftwerke (Redispatch) ein und wirken so Leitungsüberlastungen entgegen, falls dies allein mit netzbezogenen Maßnahmen entsprechend dem EnWG nicht möglich ist [42]. Die Systembilanz wird durch diese Eingriffe nicht beeinträchtigt, da stets abgeregelte Mengen durch das gleichzeitige Hochregeln bilanziell ausgeglichen werden. Erfahrungsgemäß ist der Redispatchbedarf während des Winterhalbjahres am höchsten, da in diesem Zeitraum oftmals gleichzeitig eine hohe Nachfrage nach elektrischer Energie besteht und eine große Leistung aus Windenergieanlagen im Norden und Nordosten Deutschlands eingespeist wird [36]. Diese Konstellation führt regelmäßig zu ausgeprägten überregionalen Leistungsflüssen in die Lastzentren Süddeutschlands und in das südliche Ausland. Treten dabei im Übertragungsnetz Engpässe auf, so müssen diese mittels Redispatch behoben werden [36].

Der Netzbetreiber beschafft aus den vorhandenen, aber inaktiven Kraftwerken die zur Sicherstellung der Sicherheit und Zuverlässigkeit des Elektrizitätsversorgungssystems erforderliche Erzeugungskapazität, falls nicht genügend gesicherte, marktbasierte Kraftwerkskapazitäten zur Durchführung von Redispatchmaßnahmen vorhanden sind. Die Kraftwerke in der Netzreserve werden nur zur Vermeidung von Engpässen im Übertragungsnetz und nicht wegen zu geringer Erzeugungskapazitäten benötigt. Die Netzreservekraftwerke werden ausschließlich außerhalb des Energiemarktes und exklusiv zum Redispatch eingesetzt [36].

Die Ermittlung des Reservekraftwerksbedarfs zur Beherrschung kritischer Netzsituationen gemäß § 3 NetzResV („Systemanalyse") [39] wird mit einem vierschrittigen Verfahren durchgeführt [36].

Im ersten Schritt des Verfahrens werden die Eingangsparameter der Systemanalyse mittels einer Prognose der energiewirtschaftlichen Situation für die Betrachtungsjahre bestimmt. Hierbei werden der Kraftwerkspark (installierte Leistungen, Nichtverfügbarkeiten, Brennstoffkosten, CO_2-Preise etc.) und die Höchstlasten prognostiziert. Außerdem werden die im jeweiligen Betrachtungszeitraum zu erwartende Netztopologie und Handelskapazität ermittelt [36].

Aufbauend auf den Eingangsparametern werden im zweiten Schritt als möglich eingestufte, ungünstige Kombinationen der relevanten Einflussfaktoren festgelegt, die auf entsprechende Erfahrungen mit kritischen Netzsituationen (z. B. hohe Windeinspeisung bei gleichzeitig hoher Stromnachfrage) basieren. Auf Basis dieser Informationen wird eine synthetische Woche konstruiert, aus der die für die Bestimmung des Redispatchbedarfs maßgebliche kritische Stunde (Grenzsituation, Worst Case) abgeleitet wird. Im Modell der synthetischen Woche werden auch die Höhe der geplanten und ungeplanten Nichtverfügbarkeiten von Kraftwerken (z. B. aufgrund von Revisionen oder Kraftwerksausfällen) berücksichtigt. Damit wird sichergestellt, dass ausgehend von historischen Erfahrungen erwartbare, netztechnisch kritische Situationen durch den ermittelten und dann zu kontrahierenden Reservebedarf abgedeckt werden können [36].

Im dritten Schritt wird mithilfe einer Simulation des europäischen Elektrizitätsmarkts die Einspeisung der konventionellen Erzeugungsanlagen in den einzelnen Stunden des Jahreslaufs und der synthetischen Woche zur Deckung der Last prognostiziert. In dieser Prognose werden die erwartete Einspeisung erneuerbarer Energien, die Kraftwerksnichtverfügbarkeiten und die Handelskapazitäten berücksichtigt. Das Modell bestimmt auch, welche Im- und Exporte aus dem und in das europäische Ausland sich in den jeweiligen Netznutzungsfällen einstellen [36].

Im vierten Schritt der Netzanalyse wird mit Leistungsflussberechnungen übergeprüft, ob das vorhandene Übertragungsnetz auch unter Einhaltung des (N-1)-Kriteriums den Strom engpassfrei vom Erzeuger zum Verbraucher transportieren kann. Verbleiben auch nach der Umsetzung ggf. erforderlicher netzbezogener Maßnahmen noch Engpässe im Netz bestehen, so müssen diese durch marktbezogene Maßnahmen (z. B. Redispatch) behoben werden. Die Gesamtmenge der notwendigen Anpassungen an Kraftwerksleistung zur Erlangung eines engpassfreien Netzes ist sodann der Redispatchbedarf [36].

Entsprechend der Systemanalyse der deutschen Übertragungsnetzbetreiber wird durch die Bundesnetzagentur für jeden Winter der Bedarf an Erzeugungskapazitäten aus Netzreservekraftwerken festgestellt. Der Netzreservebedarf wird in der Regel aus inländischen Netzreservekraftwerken gedeckt. Ist diese Leistung nicht ausreichend, wird zusätzliche Netzreserveleistung aus ausländischen Kraftwerken beschafft. In Abb. 6.8 sind für den Zeitraum 2011/2012 bis 2024/2025 die summierten Leistungswerte der kontrahierten Netzreservekraftwerke aufgeführt [36].

6.3.4.3 Kapazitätsreserve

Die Übertragungsnetzbetreiber müssen nach den Bestimmungen des EnWG (§ 13e) [6] eine Kapazitätsreserve vorhalten, um damit Leistungskapazitäten hochfahren zu können, falls Angebot und Nachfrage auf den deutschen Strommärkten nicht vollständig ausgeglichen werden können. In der zeitlichen Abfolge steht der Abruf der Kapazitätsreserve damit hinter der Strombörse und den Regelenergiemärkten. In der Kapazitätsreserve sind sowohl Kraftwerke (Einspeiser) als auch Lasten (Stromverbraucher) enthalten. Die in die Kapazitätsreserve überführten Kraftwerke dürfen nicht mehr aktiv auf den Strommärkten

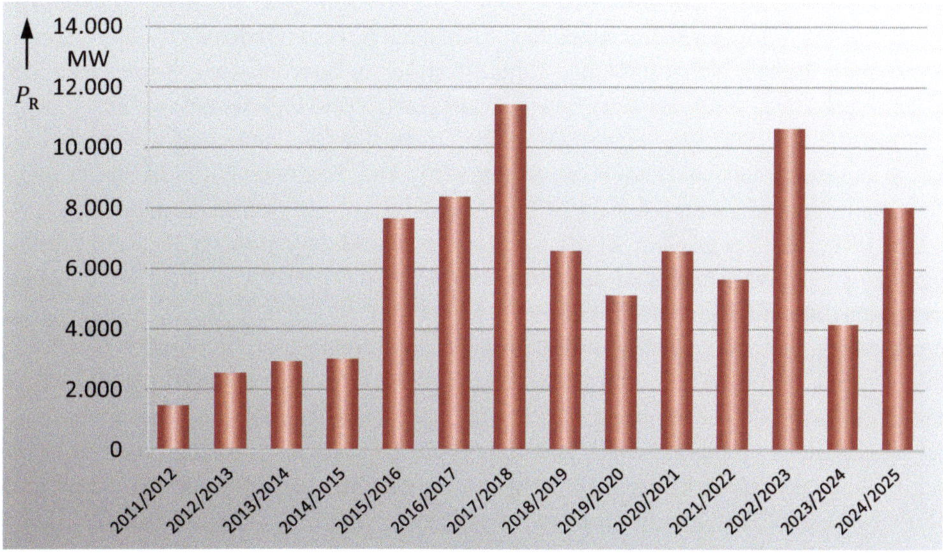

Abb. 6.8 Entwicklung der Netzreserveleistung. (Quelle: BNetzA)

agieren (Vermarktungsverbot) und sie dürfen ihre Leistung nur auf eine entsprechende Anforderung der ÜNB erhöhen. Diese Kraftwerke dienen ausschließlich dazu, den Strombedarf zu decken, falls über die vorhandenen Marktmechanismen nicht genug Leistung bereitgestellt werden kann. Dies tritt vor allem im Winter auf, wenn insbesondere Photovoltaik-Anlagen nur wenig Leistung einspeisen können [41].

Die Übertragungsnetzbetreiber führen regelmäßig ein wettbewerbliches Ausschreibungsverfahren durch, damit rechtzeitig eine ausreichende Kapazitätsreserve bereitsteht. Die in die Kapazitätsreserve aufgenommenen Anlagen erhalten für die Bereitstellung und Vorhaltung, für die Instandhaltung, für die Anfahrvorgänge, für den Eigenstromverbrauch, für Nachbesserungen sowie für den Werteverzehr eine jährliche Vergütung. Kosten, die von den Übertragungsnetzbetreiber zusätzlich angefordert werden, um beispielsweise die Schwarzstartfähigkeit herzustellen oder Blindleistung ohne Wirkleistung einzuspeisen, werden gesondert vergütet. Ebenfalls erfolgt eine zusätzliche Vergütung für Einspeisungen, die innerhalb der Kapazitätsreserve oder Netzreserve angefordert wurden, für die Sicherstellung der Brennstoffversorgung und für variable Instandhaltungskosten von Einspeisungen innerhalb der Netzreserve. Die für die Bereitstellung der Kapazitätsreserve entstehenden Kosten werden über die Netzentgelte refinanziert. Für Kraftwerke gilt, dass sie dauerhaft stillgelegt werden müssen, wenn sie aus der Kapazitätsreserve genommen werden (Rückkehrverbot). Diese Einschränkung gilt nicht für die in der Kapazitätsreservevorgehaltenen Lasten (Stromverbraucher) [41].

6.3.4.4 Sicherheitsbereitschaft

Damit die für die netzstabilisierenden Maßnahmen (wie Redispatch, Regelenergie, abschaltbare Lasten, Netzreserve und Kapazitätsreserve) erforderlichen Kapazitäten nicht zu gering werden, sieht das Energiewirtschaftsgesetz die Möglichkeit vor, Erzeugungsanlagen, die der Betreiber eigentlich stilllegen möchte, vorläufig zur Gewährleistung der Systemsicherheit in Betrieb zu halten [36]. Die Kraftwerke in der sogenannten Sicherheitsbereitschaft dürfen nicht mehr am Markt aktiv sein (Vermarktungsverbot) [41].

Die Sicherheitsbereitschaft wird zusätzlich zur Netzreserve und zur Kapazitätsreserve gebildet. Da sie ausschließlich aus Braunkohlekraftwerken besteht, wird sie umgangssprachlich „Braunkohlereserve" oder auch „Klimareserve" genannt. Die Bevorzugung von Braunkohlekraftwerken für die Sicherheitsbereitschaft ist dadurch begründet, dass Braunkohle zurzeit zwar 50 % der CO_2-Emissionen des Stromsektors verursacht, aber nur 24 % des deutschen Strombedarfs deckt. Die Braunkohle ist damit mit Abstand der klimaschädlichste Energieträger im deutschen Strommix (siehe Abb. 2.9). Die stufenweise Stilllegung der Braunkohlekraftwerke ist in § 13 g des EnWG geregelt [6]. Für die Sicherheitsbereitschaft sind aktuell acht Kraftwerksblöcke mit einer Gesamtleistung von 2,7 GW vorgesehen. Die Kraftwerke sollen vorläufig stillgelegt und nach jeweils vier Jahren in der Sicherheitsbereitschaft endgültig stillgelegt werden [41].

Die Anlagen in der Sicherheitsbereitschaft müssen bei einer Anforderung durch die Übertragungsnetzbetreiber innerhalb von 240 h betriebsbereit sein. Nach Herstellung der Betriebsbereitschaft müssen sie innerhalb von 11 h auf Mindestteilleistung und innerhalb von weiteren 13 h auf die maximale Nettoleistung angefahren werden können [41].

6.3.4.5 Besondere netztechnische Betriebsmittel

Für die Anforderung an das Übertragungsnetz der Zukunft werden sogenannte besondere netztechnische Betriebsmittel (bnBm) vorgesehen. Bei bnBm handelt es sich um Erzeugungsanlagen wie beispielsweise Gaskraftwerke, die als Instrument zur kurzfristigen Wiederherstellung der Netzstabilität nach einem tatsächlichen Ausfall eines oder mehrerer Betriebsmittel im Übertragungsnetz (sog. kurativer Redispatch) nach § 11 Abs. 3 EnWG idF v. 22.07.2017 (eingeführt durch Art. 1 G.v. 17.07.2017 (BGBl. I S. 2503) eingesetzt werden [43]. So wurde am Standort des Kernkraftwerks Biblis für Amprion ein Gaskraftwerk als erste bnBm-Anlage in Deutschland errichtet und in 2023 in Betrieb genommen (Abb. 6.9). Das modular aufgebaute Gaskraftwerk hat insgesamt elf Turbinen mit jeweils 33 MW Leistung. Die Systemführung von Amprion kann damit jederzeit eine Leistung von mindestens 300 MW abrufen, auch wenn eine der Gasturbinen nicht verfügbar ist. Gasturbinen bieten die Vorteile einer kurzen Startzeit, eines hohen Lastgradienten sowie kurzer Revisionszeiten. Eine bnBm-Anlage dient ausschließlich der Sicherheit und Zuverlässigkeit des Übertragungsnetzes und steht dem Markt nicht zur Verfügung [44]. Eine ähnliche Anlage wird für TransnetBW in Marbach gebaut.

Abb. 6.9 Gasturbinenkraftwerk in Biblis als bnBm-Anlage. (Quelle: RWE)

6.4 System- und Objektschutz

6.4.1 Schutz gegen Cyberattacken und Spionageangriffe

6.4.1.1 IKT-Sicherheit

Mit der Nutzung von intelligenten Betriebsführungsstrategien und -komponenten auch als Alternative zu konventionellen Netzausbaumaßnahmen werden zunehmend informationstechnische Anlagen im Energieversorgungsnetz installiert. Durch die damit immer stärker werdende informationstechnische Vernetzung wird die Energieversorgung in immer größerem Maß von diesen automatisierten System- und IT-Anbindungen abhängig [45]. Gleichzeitig werden auch bei den elektrischen Verbrauchern und den dezentralen Einspeisern immer mehr informationstechnische Geräte in die Infrastruktur der elektrischen Energieversorgungsnetze eingebunden. Man kann davon ausgehen, dass künftig nahezu alle an das Energiesystem angeschlossenen Geräte (wie Smart Meter in den Haushalten, Ladestationen für Elektrofahrzeuge, Wechselrichter von Photovoltaikanlagen etc. [46]) über einen Anschluss an das Internet verfügen. Immer mehr Geräte, Gegenstände und Sensoren, die über das öffentliche Netz mit Energie versorgt werden, sind damit auch gleichzeitig in das Internet eingebunden. Dieses allein in Europa aus vielen Milliarden Elementen bestehende „Internet of Things" wird von vielen Experten allerdings auch als mögliche Bedrohung für die Sicherheit der Energiesysteme angesehen [47, 48].

Auch wenn durch entsprechende Einrichtungen (z. B. Firewalls) ein gewisser Schutz vor unberechtigten Zugriffen besteht, steigt damit auch die Anzahl potentieller Angriffspunkte im elektrischen Energiesystem. Dadurch erhöht sich natürlich auch die Gefahr von Missbräuchen und vor allem Angriffen auf die informationstechnische Infrastruktur der Netzbetreiber. Diese Angriffe können im schlimmsten Fall das Betriebsverhalten von Netzkomponenten beeinflussen [3].

Eine sichere IT-Infrastruktur wird somit künftig zur wesentlichen Grundvoraussetzung einer funktionierenden Energieversorgung. Im IT-Sicherheitsgesetz [49] werden die Betreiber kritischer Infrastrukturen, also auch die Übertragungsnetzbetreiber, verpflichtet, strenge gesetzliche Anforderungen für ihre IT-Sicherheit zu erfüllen und einen vertrauensvollen Informationsaustausch zur aktuellen Lage ihrer IT-Sicherheit mit den zuständigen staatlichen Behörden zu pflegen. Entsprechend dieser gesetzlichen Grundlage hat die Bundesnetzagentur im Dezember 2018 einen neuen IT-Sicherheitskatalog [50] für Betreiber von Energieanlagen veröffentlicht, um eine sichere IT-Infrastruktur gewährleisten zu können [3].

Einerseits werden viele energietechnische Komponenten zur Zustandserfassung und Regelung zunehmend informationstechnisch vernetzt, andererseits muss zur Gewährleistung eines sicheren und zuverlässigen Netzbetriebs sichergestellt sein, dass durch die neuartigen Kommunikationsschnittstellen und -strukturen kein externer Eingriff in den Netzbetrieb möglich ist. Besonders gefährdete Systembereiche müssen, falls dies möglich ist, offline betrieben werden. Die steigende Anzahl dezentraler Endpunkte, die oft nur schlecht physikalisch gesichert sind, bedeutet für die Sicherheit der in der Regel zentral gesteuerten Stromnetze eine besondere Herausforderung [51].

Zunehmend werden die Prozesse zur Abwehr von Cyberattacken durch KI-gestützte Abwehrsysteme ergänzt [52, 53].

Zur Gewährleistung der IKT-Sicherheit in einem Energieversorgungssystem gelten gewissermaßen als Basisschutz die gleichen Regeln wie bei einem privaten PC. Dazu gehören [54]:

- Regelmäßige Aktualisierung von Betriebssystem, Browser und Anwendungssoftware
- Schutz durch Verwendung von Firewall und Anti-Viren Software
- Verwendung von starken Passwörtern, sowie deren regelmäßige Änderung
- Löschen von E-Mails mit unbekanntem Absender, Sorgfalt beim Öffnen angehängter Dateien
- Vorsicht bei der Verwendung von unbekannten Medien wie USB-Sticks oder CD-ROMs
- Regelmäßige Erstellung von Backups

6.4.1.2 Sustainable Cyber Resilience

Die Einrichtungen der Energieversorgungssysteme werden, wie auch andere technische Strukturen, immer häufiger zum Ziel von Cyberangriffen. Sind solche Angriffe erfolgreich, wird dadurch nicht nur die Bereitstellung elektrischer Energie unterbrochen, sondern es werden mittelbar damit auch grundlegende von elektrischer Energie abhängige Strukturen beeinträchtigt. Die Energieversorgungsunternehmen sind als Betreiber kritischer Infrastrukturen gesetzlich dazu verpflichtet, sich besonders gut gegen Cyberangriffe zu schützen. Der systematische Aufbau von präventiven informationstechnischen Sicherheitskonzepten wird als Sustainable Cyber Resilience bezeichnet [55, 56].

Zur Gewährleistung der IT-Sicherheit werden spezielle Prozesse eingeleitet [54].

- Penetration Tests: Simulation von Angriffen mit oder ohne Insider-Wissen
- Security Reviews: Überprüfung und Analyse von Systemen und Konfigurationen
- Incident Response: Unterstützung während und nach Angriffen
- Security Trainings: Ausbildung und Sensibilisierung
- Security Checks: regelmäßige Sicherheitsüberprüfung des Personals

Mit dem präventiven Sicherheitskonzept der Sustainable Cyber Resilience werden die folgenden organisatorischen und technischen Sicherheitsmaßnahmen verbunden [57, 58].

- **Bestandsaufnahme des vorhandenen IT-Systems**
  In einem ersten Schritt werden alle Applikationen, Geräte und Systeme erfasst, die im Unternehmensnetzwerk miteinander verbunden sind. Dazu gehören neben den eigentlichen Steuerungssystemen für die technischen Einrichtungen in den Kraftwerken und Netzen auch die administrativen IT-Systeme. Außer den unternehmenseigenen IT-Systemen müssen in diese Bestandsaufnahme auch noch die Geräte auf der Kundenseite aufgenommen werden. Hierzu gehören beispielsweise Smart Meter und intelligente Stromzähler, die über das Internet mit dem Energieversorger verbunden sind. Im Ergebnis wird eine solche Bestandsaufnahme zeigen, dass das vorhandene IT-System sowohl aus Legacy-Systemen (Altsysteme), die eigentlich erneuert werden müssten, als auch aus Geräten, die den neuesten IT-Standards entsprechen, aufgebaut ist. Der Umfang der Unzulänglichkeiten und Sicherheitslücken wird in einem solchen historisch gewachsenen System sehr unterschiedlich sein. Eine der wesentlichen Aufgaben wird es daher sein, zunächst die Schwachstellen in einem Vulnerability Scan zu identifizieren [57, 58].
- **Einrichtung eines Schwachstellen-Management-Systems**
  Mit einem Schwachstellen-Management-System (Vulnerability Management) werden die bei der Bestandsausnahme identifizierten Schwachstellen im Unternehmensnetzwerk beseitigt. In einem ersten Schritt definieren die Energieversorgungsunternehmen ihre kritischen Assets und legen ihre IT-Sicherheitsziele fest. Mit einem Schwachstellen-Management-Tool werden dann alle im Netzwerk angeschlossenen Geräte kontinuierlich auf Sicherheitslücken gescannt und entsprechend ihrem potenziellen Risiko priorisiert. Das Schwachstellen-Management-Tool schlägt Patches vor, mit denen die Schwachstellen dann geschlossen werden können [57, 58].
- **Physische Absicherung der Systeme**
  Ebenso wichtig wie die informationstechnische Sicherheit ist die physische Sicherheit der IT(Information Technology)- und OT(Operation Technology)-Systeme für die

Gewährleistung der Sicherheit der IKT-Infrastruktur. Zu den möglichen physischen Einwirkungen auf die IT-Systeme gehören beispielsweise Feuer, Wasser oder Sabotage. Zur Vermeidung dieser Gefährdungen müssen Betriebsgebäude mit entsprechenden Sicherungssystemen mit Feuer-, Rauch-, Gas- und Feuchtigkeitsmeldern und CO_2-Löschanlagen ausgestattet sein. Eine ausreichende Klimatisierung der Serverräume ist zum Schutz vor Überhitzung der IT-Systeme erforderlich [3].

Die Leitstellen, Umspannwerke und sonstigen infrastrukturellen Einrichtungen der elektrischen Energiesysteme müssen mit entsprechenden Zugangskontrollsystemen vor unberechtigtem Zutritt geschützt werden. Hierzu gehört auch der Schutz vor unbefugten Zugriffen auf Server und Netzwerkkomponenten durch unberechtigte Personen. Bestandteile der Zugangskontrollsysteme sind u. a. Personenschleusen mit elektronischen Zutrittscodes, Magnetkarten oder biometrischen Daten, Zaunanlagen, Alarmsysteme, Überwachungskameras etc. (siehe Abschn. 2.8) [57].

- **Festlegung der Security-Prozesse und Verantwortlichkeiten**
  Zur eindeutigen und sicheren Vergabe von Zugriffsrechten auf das IT-System ist die Einrichtung eines sogenannten Information Security Management System (ISMS) empfehlenswert. Damit kann das Energieversorgungsunternehmen genau die für die Systemkomponenten und Nutzer erforderlichen Rechte festlegen. Mit einem ISMS kann man aufgetretene Sicherheitsvorfälle nachsimulieren, analysieren und daraus konkrete Schritte zur Verbesserung des IT-Systems ableiten [57].

  Da ein Energieversorgungssystem in der Regel hochvernetzt ist, sind bei der Durchführung von IT-Sicherheitsmaßnahmen auch immer deren systemische Auswirkungen zu berücksichtigen.
- **Sensibilisierung des Betriebspersonals**
  Neben der technischen Absicherung des IT-Systems muss das Betriebspersonal durch entsprechende Schulungen für das IT-Gefährdungspotential sensibilisiert werden. Es ist immer wieder erstaunlich, wie gering das Risiko beispielsweise einer Phishing-E-Mail für die IT-Sicherheit des gesamten Unternehmens durch das Betriebspersonal eingeschätzt wird. Besonders groß ist die Gefahr, wenn der Angriff auf das IT-System mit einer professionellen Schadsoftware wie beispielsweise „Emotet", „WannaCry", „NotPetya" oder „Spectre/Meltdown" durchgeführt wird [57, 59].

  Auch Fehlbedienungen des IT-Systems, mangelnde Datenqualität oder Fehler bei der Softwareinstallation können im schlimmsten Fall zu einem Blackout führen.

  Die Energieversorgungsunternehmen haben spezielle Trainingszentren für Cyberabwehr zur Schulung ihres Personals eingerichtet (Abb. 6.10). Sie reagieren damit auf die wachsenden Gefahren durch Cyber-Kriminalität, um Bedrohungen für das Energieversorgungssystem rechtzeitig zu erkennen, die passenden Schutz- und Abwehrmaßnahmen einzuleiten und damit den Umgang mit einem Cyberangriff zu üben. In der Trainingsakademie „CyberRange-e" kommen dabei Live-Rollenspiele zum Einsatz („War Gaming"), bei denen zwei Gruppen gegeneinander antreten. Ein Team besteht aus Mitarbeitern des Energieversorgungsunternehmens und muss die Attacken

Abb. 6.10 Trainingszentrum gegen Cyberkriminalität. (Quelle: Innogy/A. Zelck)

des anderen Teams, das aus professionellen Hackern gebildet wird und in einem anderen Raum untergebracht ist, abwehren. Der Stresslevel wird für das Mitarbeiter-Team schrittweise erhöht. Es beginnt mit simplen Phishing-Mails, die das Mitarbeiter-Team erkennen und unschädlich machen muss, und kann bis zur vollständigen Übernahme der Systeme durch die Hacker führen. Um die Bedrohung auch körperlich spürbar zu machen und um den Stresslevel einer realen Situation anzupassen, können die Angreifer die Temperatur im Raum der Verteidiger erhöhen [60].

- **Resilienz der Energieversorgungssysteme herstellen**
  Da Angriffe auf die IT-Systeme von Energieversorgungsnetzen nicht (mehr) grundsätzlich zu vermeiden oder auszuschließen sind, müssen die IKT-Systeme fehlertolerant (resilient) werden. Auch IT-Systeme, auf die erfolgreich ein unberechtigter Zugriff erfolgte (gehackte Systeme), müssen zumindest teilweise weiter in Betrieb bleiben, um die Energieversorgung nicht wegen des IT-Angriffs unterbrechen zu müssen [61]. Dadurch werden allerdings die Analyse und Fehlerbeseitigung deutlich erschwert. Störungen und sogar Unterbrechungen der Energieversorgung können auch von manipulierten IT-Systemen hervorgerufen werden, die nicht in die eigentliche Infrastruktur des Energieversorgungsnetzes eingebunden sind. Hierzu gehören beispielsweise die Markt- und Handelssysteme [3].

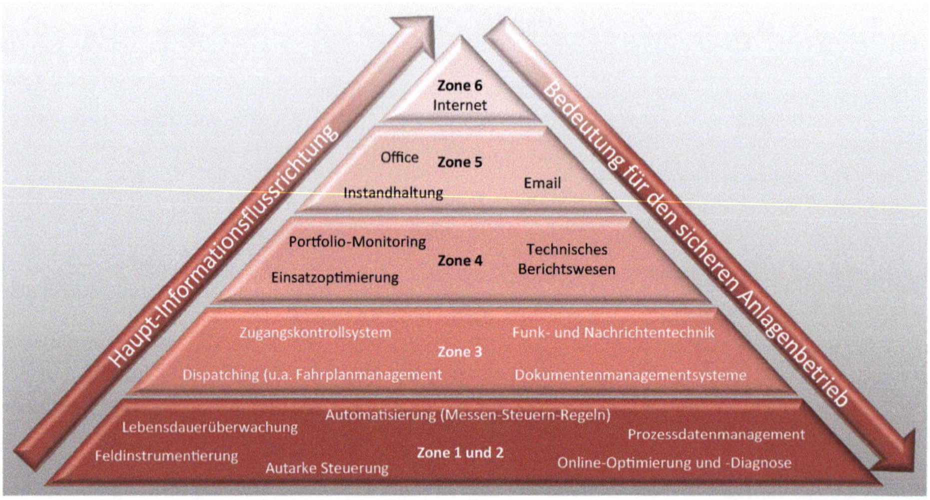

Abb. 6.11 Zonenmodell der Zuordnung von Anwendungen, Systemen und Komponenten aus dem Anlagen-Katalog [50]

Sollte trotz aller Vorsorgemaßnahmen die Stromversorgung der IT-Systeme ausfallen, dürfen Server, Systeme, Applikationen nicht unkoordiniert herunterfahren. Ein geordnetes Herunterfahren der IT, gesteuert nach bestimmten Prioritäten, die Wichtiges von Unwichtigem trennen, ist entscheidend. Auch im umgekehrten Fall, wenn der Strom wieder da ist, muss das System geordnet wieder hochfahren. So etwas lässt sich schwer „händisch" bewerkstelligen. Im Notfall, etwa bei einem längeren Stromausfall und womöglich kurzer USV-Überbrückungszeit, werden sich selbst die besten IT-Verantwortlichen schwertun, einen Shutdown für eine größere Anzahl von Server manuell zu steuern. Ganz abgesehen davon, dass das Personal auch verfügbar sein muss. Eine einfache Lösung ist ein zentrales Power-Management-System mit einer Software-Applikation, die physikalische Kontakte, Sensoren sowie USV-Geräte zusammenfasst und koordiniert. Ein logikbasierter Failover-Ablauf ist dabei zentraler Bestandteil für die Ausfallfallsicherheit, da bei einem Ausfall auf einen anderen Netzwerkdienst umgeleitet wird. Die Anwendung selbst ist entsprechend abgesichert: Sie ist die letzte, die herunter-, und die erste, die wieder hochfährt [62].

- **Schwarzfallfestigkeit**
  Um die möglichst schnelle Wiederherstellung der Versorgung mit elektrischer Energie nach einem Blackout wiederherzustellen, muss die IKT-Infrastruktur der Betreiber von Energieversorgungssystemen auch in der Fläche eine gewisse Zeit (ca. 72 h) ohne Energie aus dem öffentlichen Stromnetz betrieben werden können. Dies kann beispielsweise durch den Einsatz von ausreichend dimensionierten Batteriespeichern gewährleistet werden [3].

- **Redundante Technologie**
  Die IKT-Infrastruktur muss jederzeit in der Lage sein, den Ausfall einzelner Komponenten zu kompensieren. Dies kann beispielsweise durch überlappende Funkzellen oder vermaschte Netzarchitekturen erreicht werden.

Insgesamt sind die Betreiber kritischer Infrastrukturen in der Pflicht, aktiv Vulnerability Management zu betreiben [49]. Nur in einem zwischen erforderlicher Sicherheit und notwendiger Risikobereitschaft ausgewogenen Zusammenspiel von physischer Sicherheit, vordefinierten Security-Prozessen und Mitarbeitersensibilisierung können die Energieversorgungsunternehmen die vorhandenen Risiken beherrschen und ihre Anlagen und Systeme nachhaltig gegen Cyberangriffe widerstandsfähig (Sustainable Cyber Resilience) machen [58].

6.4.1.3 IT-Sicherheitskatalog für Energieanlagen

Auch die an das Energieversorgungssystem angeschlossenen Energieanlagen, die von besonderer Relevanz für die Netzstabilität und Versorgungssicherheit sind, müssen vor Gefahren für die IT-Sicherheit geschützt werden. Hierzu wurde von der BNetzA in Abstimmung mit dem Bundesamt für Sicherheit in der Informationstechnik (BSI) der IT-Sicherheitskatalog für Energieanlagen erstellt [50]. Dieser Katalog dient zum Schutz gegen Angriffe der für einen sicheren Betrieb von Energieanlagen notwendigen Telekommunikations- und elektronischen Datenverarbeitungssysteme. Danach müssen Energieanlagen jederzeit so betrieben werden, dass sie nicht den sicheren Netzbetrieb gefährden und die nachfolgenden Schutzziele erfüllen. Erzeugungsanlagen und Speicheranlagen müssen elektrische Leistung entsprechend den vereinbarten Fahrplänen und den Vorgaben aus § 13 EnWG auf Anforderung des Übertragungs- bzw. des Verteilnetzbetreibers bereitstellen. Diese Anlagen müssen schwarzstartfähig und den Netzbetreiber beim Netzwiederaufbau unterstützen, sofern dies technisch möglich ist und vertraglich mit dem Netzbetreiber vereinbart wurde [6, 50].

Die Betreiber von Energieanlagen, die entsprechend dem BSI-Gesetz [63] als kritische Infrastruktur eingestuft wurden und an ein Energieversorgungsnetz angeschlossen sind, müssen alle in der Energieanlage eingesetzten IKT-Systeme einer der sechs im IT-Sicherheitskatalog definierten Zonen (Abb. 6.11) zuordnen [6, 50].

Zur Zone 1 gehören alle IKT-Systeme, die zwingend für den sicheren Betrieb der Energieanlage notwendig sind. Der Fokus dieser IKT-Systeme liegt auf der Verfügbarkeit der Daten und Systeme bzw. der Funktionalität und auf der Integrität der Messungen und Signale zum Schutz von Menschen, Anlagen und Umwelt. Eine Manipulation von Daten oder Systemen führt unmittelbar zu Auswirkungen auf die angesteuerten Anlagenteile. Die IKT-Systeme dieser Zone besitzen keine Ausfalltoleranz, eine Anlage bzw. Anlagenteile schalten sich bei Fehlfunktionen dieser Systeme umgehend ab [50].

Zur Zone 2 gehören alle IKT-Systeme, die dauerhaft notwendig für den Betrieb der Energieanlage sind. Der Fokus dieser IKT-Systeme liegt auf der Integrität der Messungen,

Signale und Daten und der Verfügbarkeit der Daten und Systeme bzw. der Funktionalität. Eine Manipulation der Daten oder Systeme kann indirekt zu falschen Bedienhandlungen führen. Die Ausfalltoleranz der IKT-Systeme dieser Zone liegt bei wenigen Minuten bis zu einer Stunde. Eine Energieanlage kann kurzfristig mit erhöhtem personellem Einsatz zur manuellen Überprüfung von Funktionalitäten, zur manuellen Steuerung oder Hand-Nachrechnung von Werten ohne Beeinträchtigung von Menschen, Anlage und Umwelt weiter betrieben werden [50].

Zur Zone 3 gehören alle IKT-Systeme, die notwendig für den Betrieb der Energieanlage und zur Erfüllung gesetzlicher Anforderungen sind. Der Fokus dieser IKT-Systeme liegt auf der Integrität der Daten. Eine Manipulation der Daten oder Systeme kann indirekt Auswirkungen auf die Fahrweise der betriebenen Anlagen haben. Die Ausfalltoleranz der IKT-Systeme dieser Zone liegt bei wenigen Stunden. Die Energieanlage wird nicht planmäßig betrieben, Netzdienstleistungen entfallen, Daten der Energieanlage sind extern nicht verfügbar, Instandhaltung ist erschwert oder nicht mehr möglich [50].

Zur Zone 4 gehören alle IKT-Systeme, die bedingt notwendig für den kontinuierlichen Betrieb der Energieanlage sind. Der Schutzbedarf dieser Systeme muss spezifisch ermittelt werden. Die Ausfalltoleranz der IKT-Systeme dieser Zone liegt bei wenigen Tagen. Ein sicherer Betrieb der Energieanlage ist bei Ausfall der IKT-Systeme weiterhin möglich [50].

Zur Zone 5 gehören alle IKT-Systeme, die notwendig für die organisatorischen Prozesse (z. B. Office, Instandhaltung, Email) der Energieanlage sind. Der Schutzbedarf dieser Systeme muss spezifisch ermittelt werden. Die Ausfalltoleranz der IKT-Systeme dieser Zone liegt bei einer Woche. Ein sicherer Betrieb der Energieanlage ist bei Ausfall der IKT-Systeme weiterhin möglich [50].

Zur Zone 6 gehören alle IKT-Systeme, die nur bedingt notwendig für die Organisation (z. B. Internet) der Energieanlagenprozesse sind. Der Schutzbedarf dieser Systeme muss spezifisch ermittelt werden. Die Ausfalltoleranz der IKT-Systeme dieser Zone liegt bei einer Woche. Ein sicherer Betrieb der Energieanlage ist bei Ausfall der IKT-Systeme weiterhin möglich [50].

6.4.2 Schutz der Infrastruktur

Die Infrastruktur des elektrischen Energieversorgungssystems wird durch geeignete Maßnahmen vor unberechtigtem Zutritt und damit auch vor Manipulationen, die zu einem Blackout führen könnten, geschützt. Diese Maßnahmen sind entsprechend der unterschiedlichen Vulnerabilität und der Bedeutung der einzelnen Komponenten sehr unterschiedlich ausgeführt. So können beispielsweise die ca. 68.000 Freileitungsmaste im deutschen Höchstspannungsnetz zwar nicht leicht bestiegen werden, ein weiterer Schutz (z. B. durch Umzäunung) existiert allerdings nicht. Die Maststandorte sind in der Regel frei zugänglich. Wesentlich besser geschützt sind die Kraftwerke, Umspannwerke und Schaltanlagen. Entsprechend ihrer Bedeutung für das Gesamtsystem verfügen sie in der Regel über eine Umzäunung mit elektronischer Sicherung (z. B. Bewegungsmelder) und Kameraüberwachung. Die Steuerungs- und Überwachungseinrichtungen sind darüber hinaus noch zusätzlich in einem Gebäude gesichert.

Die sensibelsten Einrichtungen eines elektrischen Energieversorgungssystems sind die Schaltleitungen, da von hier aus zentral das gesamte Netz überwacht und gesteuert wird. Entsprechend gut gesichert sind die Gebäude und der Zugang zu den Schaltleitungen. Die Gebäude der Schaltleitungen müssen daher die entsprechenden organisatorischen und technischen Anforderungen erfüllen und darüber hinaus auch einen ausreichenden Schutz gegen äußere Bedrohungen und Angriffe sicherstellen. Häufig sind sie zusätzlich noch mit Anfahrsperren zur Vermeidung von Sprengstoffangriffen ausgerüstet. Neben der reinen baulichen Festigkeit und den üblichen Schutzeinrichtungen (z. B. gegen Feuer- oder Wasserschäden) sind für den Schutz der Schaltleitungen entsprechende Sicherheitseinrichtungen wie Zaunanlagen, Zufahrts- und Personenkontrolleinrichtungen, Zufahrtsperren, Personen- und Fahrzeugvereinzelungsanlagen und übliche Werkschutzfunktionen erforderlich.

Um auch in extremen Krisensituationen, in denen die reguläre Warte eventuell nicht zur Verfügung steht, wenigstens einen Notbetrieb der Systemführung aufrechterhalten zu können, und um Arbeitsmöglichkeiten für die Krisenstäbe vorzuhalten, haben einige Netzbetreiber Notwarten eingerichtet. Diese befinden sich in besonders gesicherten, autarken Einrichtungen auf dem Standort der regulären Netzwarte oder sind räumlich getrennt untergebracht (z. B. auf dem Gelände einer zum Netz gehörigen Umspannanlage). Diese Notwarten befinden sich üblicherweise im Stand-by-Betrieb und können jederzeit personell besetzt werden, um die Führung des Energieversorgungsnetzes zu übernehmen.

In Krisensituationen werden die besonders sensiblen Anlagen des elektrischen Energieversorgungssystems noch zusätzlich durch Sicherheitspersonal (Wachdienst, Polizei, Militär) geschützt. So führt das österreichische Bundesheer regelmäßig gemeinsam mit dem Übertragungsnetzbetreiber APG Katastrophenschutzübungen durch, bei denen auch Blackout-Szenarien durchgespielt werden (Abb. 6.12).

6.5 Training des Personals

Gerade wegen der geringen Eintrittswahrscheinlichkeit eines Blackouts ist es enorm wichtig, das Betriebspersonal durch entsprechende Schulungen und Übungen auf dieses betriebliche Extremszenario vorzubereiten. Es wird unter den Mitarbeitern auch kaum jemanden geben, der bereits über entsprechende praktische Erfahrungen verfügt.

Zu den Vorbereitungen auf den Ernstfall können die folgenden, regelmäßig durchzuführenden Übungen dienen [64, 65]:

- Funkübungen: Handhabung, Erreichbarkeit

Abb. 6.12 Blackout-Übung von Austrian Power Grid und Bundesheer. (Quelle: BMLV/H. Minich)

- Krisenübungen: Übung großflächiger Störungen
- Simulatortraining: Training Netzwiederaufbau
- Schwarzstartversuche: Training in den Kraftwerken
- Inselbetriebsversuche: Training des Netzwiederaufbaus
- Bezirksübungen: Übung mit Krisenstäben, Gemeinden und Einsatzorganisationen
- Combined Success: Übung mit Bundeswehr und Behörden (Polizei, THW etc.)

Auch anhand von Planspielen und Blackout-Simulationen können Krisenstäbe und andere Verantwortliche die Bewältigung eines Blackouts und dessen Folgen üben und trainieren [66].

Literatur

1. P. Wajant, „Der Blackout - Potentielle Auslöser und Gegenmaßnahmen,“ TransnetBW, Wendlingen, 9.12.2016.
2. M. Markovic, „Blackout-Vorsorge, Netzwiederaufbau, Frequenzplan,“ 5. November 2012. [Online]. Available: http://fachportal.ph-noe.ac.at/fileadmin/_migrated/content_uploads/5d_Blackout-Vorsorge__Markovic.pdf.
3. K. F. Schäfer, Systemführung, Wiesbaden: Springer Vieweg, 2022.
4. K. F. Schäfer, Netzberechnung, Wiesbaden: Springer Vieweg, 2023.
5. A. Kaptue Kamga, Regelzonenübergreifendes Netzengpassmanagement mit optimalen Topologiemaßnahmen, Dissertation, Bergische Universität Wuppertal, 2009.
6. Deutscher Bundestag, Gesetz über die Elektrizitäts- und Gasversorgung (Energiewirtschaftsgesetz - EnWG), Berlin: BGBl. I S. 1970, 3621, 2020.
7. Deutsche Übertragungsnetzbetreiber, „Grundsätze für die Ausbauplanung des deutschen Übertragungsnetzes,“ Juli 2020. [Online]. Available: https://www.50hertz.com/de/Netz/Netzentwicklung/LeitlinienderPlanung/NetzplanungsgrundsaetzedervierdeutschenUebertragungsnetzbetreiber.
8. Deutsche Übertragungsnetzbetreiber, TransmissionCode 2007 - Netz- und Systemregeln der deutschen Übertragungsnetzbetreiber, VDN, Hrsg., Berlin: Verband der Netzbetreiber – VDN, 2007.
9. Ecofys GmbH, „Entwicklung von Maßnahmen zur effizienten Gewährleistung der Systemsicherheit,“ Berlin, 2018.
10. Europäische Union, „Richtlinie 96/92/EG des Europäischen Parlaments und des Rates betreffend gemeinsame Vorschriften für den Elektrizitätsbinnenmarkt,“ 19. Dezember 1996. [Online]. Available: http://www.gesmat.bundesgerichtshof.de/gesetzesmaterialien/15_wp/ErnEnerg_KWK_14_Wp/RL_96-92-EG.pdf.
11. Bundesnetzagentur, „Monitoringbericht 2016,“ [Online]. Available: https://www.bundesnetzagentur.de/SharedDocs/Downloads/DE/Sachgebiete/Energie/Unternehmen_Institutionen/DatenaustauschUndMonitoring/Monitoring/Monitoringbericht2016.pdf?__blob=publicationFile&v=2.
12. Bundesnetzagentur, „Engpassmanagement,“ [Online]. Available: https://www.bundesnetzagentur.de/DE/Sachgebiete/ElektrizitaetundGas/Unternehmen_Institutionen/Versorgungssicherheit/Engpassmanagement/engpassmanagement-node.html.
13. Bundesamt für Bevölkerungsschutz und Katastrophenhilfe (BBK), Stromausfall - Grundlagen und Methoden zur Reduzierung des Ausfallrisikos der Stromversorgung, Bonn, 2014.
14. Deutsche Bundesregierung, Verordnung über den Zugang zu Elektrizitätsversorgungsnetzen (Stromnetzzugangsverordnung - StromNZV), Berlin, 2005.
15. Verband der Netzbetreiber - VDN, „DistributionCode,“ VDN, Berlin, 2007.
16. Deutsche Bundesregierung, Verordnung über Vereinbarungen zu abschaltbaren Lasten (Verordnung zu abschaltbaren Lasten - AbLaV), Berlin: BGBl. I S. 1984, 2016.
17. Bundesnetzagentur, „Stromnetz,“ [Online]. Available: https://www.bundesnetzagentur.de/DE/Fachthemen/ElektrizitaetundGas/Versorgungssicherheit/Stromnetz/start.html. [Zugriff am 8.4.2023].
18. Amprion, „Kontrolliert Strom abschalten - wie geht das?,“ 2022. [Online]. Available: https://www.amprion.net/Netzjournal/Winter-2022-2023/Kontrolliert-Strom-abschalten-wie-geht-das.html. [Zugriff am 8.4.2023].
19. V. Weinreich, „Sicherheit der Elektroenergieversorgung im Zeichen der Energiewende,“ Kassel, 2016.

20. C. Schneiders, Visualisierung des Systemzustandes und Situationserfassung in großräumigen elektrischen Übertragungsnetzen, Dissertation, Bergische Universität Wuppertal, 2014.
21. Entso-E, „Operation Handbook,“ Brüssel, 2009.
22. J. Vanzetta, „Der europäische Strommarkt,“ *BWK,* Bd. 11, pp. 6-8, 2006.
23. T. Horstmann und K. Kleinekorte, Strom für Europa, 75 Jahre RWE-Hauptschaltleitung Brauweiler 1928–2003, RWE, Hrsg., Essen: Klartext-Verlag, 2003.
24. J. Vanzetta, „Systemführung im (europäischen) Übertragungsnetz,“ in *Zukünftige Herausforderungen für die Übertragungsnetze - Offshore und Optimierung,* online Konferenz, 02.12.2020.
25. R. Baumann, K. Eggenberger, D. Klaar, O. Obert, R. Paprocki, T. Türkucar und J. Vanzetta, „TSC: Increase security of supply by an intensified regional cooperation based on a cooperation platform and common remedial actions,“ in *CIGRE Symposium "Assessing and Improving Power System Security, Reliability and Performance in Light of Changing Energy Sources",* Recife, Brasilien, 2011.
26. Amprion, „Sicherheitsinitiativen,“ [Online]. Available: https://www.amprion.net/%C3%9Cbertragungsnetz/Systemf%C3%BChrung/Sicherheitsinitiativen/. [Zugriff am 26. Juni 2021].
27. Entso-E, Continental Europe Synchronous Area Separation on 08. January 2021, Brüssel, 2021.
28. C. Schneiders, J. Vanzetta und J. Verstege, „Enhancement of Situation Awareness in Wide Area Transmission Systems for Electricity and Visualization of the Global System State,“ *IEEE PES Innovative Smart Grid Technologies (ISGT) Europe,* pp. Paper 2012ISGTEU-061, 2012.
29. C. Schneiders, „Eigenschaften moderner Leitsysteme,“ 2017. [Online]. Available: https://www.vde.com/resource/blob/1676996/7d2eec5f5570439b549a58a995a41695/7-schneiders-data.pdf. [Zugriff am 26. Juli 2019].
30. F. Janicek, M. Jedinak und I. Sulc, „Awareness System Implmented in the European Network,“ *Journal of Electrical Engineering,* Bd. 65, Nr. 5, pp. 320-324, 2014.
31. energate-messenger, „neues-sicherheitssystem-fuer-europas-stromnetz,“ [Online]. Available: https://www.energate-messenger.de/news/132237/neues-sicherheitssystem-fuer-europas-stromnetz. [Zugriff am 31. Juli 2019].
32. F. Janicek, M. Jedinak und I. Sulc, „Awareness System implemented in the European Network,“ *Jounal of Electrical Engineering,* Bd. 65, Nr. 5, pp. 320-324, 2014.
33. Deutsche Übertragungsnetzbetreiber, „Systemschutzplan der vier deutschen Übertragungsnetzbetreiber,“ 14.12.2018.
34. Europäische Kommission, Verordnung (EU) 2017/1485 Festlegung einer Leitlinie für den Übertragungsnetzbetrieb, Brüssel, 2017.
35. Deutsche Übertragungsnetzbetreiber, „Informationsplattform der vier deutschen Übertragungsnetzbetreiber,“ [Online]. Available: https://www.netztransparenz.de/. [Zugriff am 26. Juni 2021].
36. Bundesnetzagentur, Bericht Feststellung des Bedarfs an Netzreserve für den Winter 2020/2021 sowie das Jahr 2024/2025, Bonn, 2020.
37. Deutscher Bundestag, Gesetz zur Weiterentwicklung des Strommarktes (Strommarktgesetz), Berlin, 2016.
38. Deutscher Bundestag, Gesetz für den Ausbau erneuerbarer Energien (Erneuerbare-Energien-Gesetz - EEG), Berlin: BGBl. I S. 1066, 2017.
39. Deutsche Bundesregierung, Verordnung zur Regelung der Beschaffung und Vorhaltung von (Netzreserveverordnung, NetzResV) vom 13. Mai 2019, Berlin: BGBl. I S. 706, 2019.
40. Deutsche Bundesregierung, Verordnung über die Entgelte für den Zugang zu Elektrizitätsversorgungsnetzen (Stromnetzentgeltverordnung StromNEV) vom 23. Dezember 2019, Berlin: BGBl. I S. 2935, 2019.

41. Next-Kraftwerke, „Was sind Netzreserve, Kapazitätsreserve & Sicherheitsbereitschaft?," [Online]. Available: https://www.next-kraftwerke.de/wissen/netzreserve-kapazitatsreserve-sicherheitsbereitschaft. [Zugriff am 13. Juli 2020].
42. Bundesnetzagentur, „Monitoringbericht 2019," Bonn, 2020.
43. Bundesnetzagentur, „Kraftwerksthemen," [Online]. Available: https://www.bundesnetzagentur.de/DE/Beschlusskammern/BK08/BK8_07_Kraftwerksth/BK8_Kraftwerksth.html. [Zugriff am 8.4.2023].
44. Amprion, Netzimpuls Nr. 1, Dortmund, 2023.
45. D. Rösch, A. Kummerow, S. Ruhe, K. Schäfer, C. Monsalve und S. Nicolai, „IT-Sicherheit in digitalen Stationen: Cyber-physische Systemmodellierung, -bewertung und -analyse," *at – Automatisierungstechnik,* Bd. 68, Nr. 9, pp. 720–737, 2020.
46. Deutscher Bundestag, Gesetz zur Digitalisierung der Energiewende, Berlin: BGBl 2016 Teil I, Nr. 43, 2016.
47. BDEW, „Die Anforderungen an die IT-Sicherheit wachsen," [Online]. Available: https://www.bdew.de/energie/digitalisierung/die-anforderungen-an-die-it-sicherheit-wachsen/. [Zugriff am 24.5.2020].
48. VDE, „Informationssicherheit in Energienetzen," [Online]. Available: https://www.vde.com/de/fnn/arbeitsgebiete/sicherer-betrieb-ikt/it-sicherheit. [Zugriff am 24.05.2020].
49. Deutscher Bundestag, Gesetz zur Erhöhung der Sicherheit informationstechnischer Systeme (IT-Sicherheitsgesetz), Berlin, 2015.
50. Bundesnetzagentur, „IT-Sicherheitskatalog," Bonn, 2018.
51. Deutsche Energie-Agentur, „EnerCrypt - Cyberinnovationen für das sichere Energiesystem der Zukunft," dena, Berlin, 2021.
52. Fraunhofer, „Künstliche Intelligenz für das Stromnetz der Zukunft," 20.1.2023. [Online]. Available: https://www.iee.fraunhofer.de/de/presse-infothek/Presse-Medien/2023/kuenstliche-intelligenz-fuer-das-stromnetz-der-zukunft.html. [Zugriff am 21.3.2023].
53. A. Kummerow, „Sensoren und Künstliche Intelligenz überwachen das Stromnetz," *Elektronik Praxis,* pp. 28–30, Juni 2019.
54. C. Brunschwiller, „Blackout: Wenn Hacker den Strom abschalten," 2.1.2017. [Online]. Available: https://blog.compass-security.com/2017/01/blackout-wenn-hacker-den-strom-abschalten/. [Zugriff am 20.3.2023].
55. Cigre WG D2.50, „Electric Power Utilities' Cybersecurity for Contingency Operations," Cigre, Paris, 2021.
56. B. Hirschl, A. Aretz, M. Bost, M. Tapia und S. Gößling-Reisemann, „Vulnerabilität und Resilienz des digitalen Stromsystems," Institut für ökologische Wirtschaftsforschung, Berlin, 2018.
57. D. Schrader, „Cyber Resilience im Energiesektor: In fünf Schritten zur widerstandsfähigen IT-Infrastruktur," ap-verlag, [Online]. Available: https://ap-verlag.de/cyber-resilience-im-energiesektor-in-fuenf-schritten-zur-widerstandsfaehigen-it-infrastruktur/51715/. [Zugriff am 24.05.2020].
58. Greenbone, Sustainable Cyber Resilience im Energiesektor - Whitepaper, Osnabrück: Greenbone Networks GmbH, 2018.
59. J. Geiger, „Achtung bei vermeintlichen Office-Updates: Gefährlicher Trojaner tarnt sich mit fiesem Trick," CHIP, 27.10.2020. [Online]. Available: https://www.chip.de/news/Getarnt-als-Office-Update-Trojaner-Emotet_180839140.html. [Zugriff am 11. November 2020].
60. innogy, „CyberRange-e: Digitale Angriffe abwehren," 7.6.2019. [Online]. Available: https://iam.innogy.com/cyberrange-e. [Zugriff am 5.1.2023].
61. Cigre WG C2.25, Operating strategies and preparedness for system operational resilience, Technical Brochure 833, Paris, 2021.
62. A. Graf und J. Kolb, Blackout: Stromausfälle und ihre Folgen, Oed: iQSol, 2016.

63. Bundesministerium des Innern, Verordnung zur Bestimmung Kritischer Infrastrukturen nach dem BSI-Gesetz (BSI-Kritisverordnung - BSI-KritisV), Berlin, 2016.
64. R. Schmaranz, „Es wird immer stürmischer um unsere Netze," 14.11.2018. [Online]. Available: https://www.kelag.at/files/Publikationen/KEE/Es-wird-immer-stuermischer-um-unsere-Netze_Schmaranz.pdf.
65. R. Schmaranz, Zuverlässigkeits- und sicherheitsorientierte Auslegung und Betriebsführung elektrischer Netze, Graz: Verlag der Technischen Universität Graz, 2015.
66. Gesellschaft für Krisenvorsorge, „Neustart," [Online]. Available: https://gfkv.at/neustart/. [Zugriff am 13.5.2023].

7 Systemwiederherstellung

7.1 Voraussetzungen für den Wiederaufbau

Trotz aller Vorkehrungen und systemsichernden Maßnahmen, wie z. B. das automatische Abschalten von Lasten als Letztmaßnahme bei Unter- oder Überfrequenz entsprechend dem Fünf-Stufen-Plan (siehe Abschn. 6.2.3) [1], kann es dennoch zu Netzzusammenbrüchen kommen. In diesem Fall wird versucht, systematisch und unabhängig von der Ursache den Normalzustand wiederherzustellen. Der Netzwiederaufbau wird in den betroffenen Regelzonen vom jeweiligen Übertragungsnetzbetreiber (ÜNB) organisiert. Er koordiniert den Netzwiederaufbau mit benachbarten, ebenfalls vom Netzzusammenbruch betroffenen ÜNB, mit den unterlagerten Verteilnetzbetreibern (VNB) und mit den Betreibern von Erzeugungsanlagen innerhalb seiner Regelzone [2–4].

Zum Wiederaufbau der elektrischen Energieversorgung sind bestimmte Maßnahmen erforderlich und es müssen eine Reihe von Voraussetzungen erfüllt sein. Die Netzbetreiber haben daher entsprechende Notfallpläne vorbereitet. Gemeinsame Priorität dieser Pläne ist immer die möglichst schnelle Wiederherstellung der Versorgung des Stromnetzes [5, 6].

Auch wenn die Wiederversorgung vergleichsweise schnell erfolgen kann, wird die Beseitigung der durch den Blackout aufgetretenen Folgeschäden bei den anderen kritischen Infrastrukturen sehr viel länger dauern (Phase 2, siehe Abschn. 7.7).

Für den Fall des Auftretens einer Großstörung müssen die ÜNB entsprechend vorbereitet sein. Die Pflichten der ÜNB für den Fall einer Großstörung sind in der EU-Verordnung zur Festlegung eines Netzkodex über den Notzustand und den Netzwiederaufbau des Übertragungsnetzes beschrieben [2]. Zur Erbringung der Systemdienstleistung „Versorgungswiederaufbau" müssen von den ÜNB entsprechende Konzepte für präventive und operative Maßnahmen erarbeitet werden. Dazu gehören [7–10]:

K. F. Schäfer, *Blackout*, https://doi.org/10.1007/978-3-658-43332-1_7

- Störungssichere Kommunikationssysteme auch bei lang andauernden und großflächigen Versorgungsunterbrechungen
- Vertragliche Absicherung von Systemdienstleistungen, die im Falle einer Großstörung in Anspruch genommen werden müssen, wie
  - Schwarzstartfähigkeit von Kraftwerken der Kraftwerksbetreiber (Wasserkraftwerke, Gasturbinenkraftwerke)
  - Inselbetriebsfähigkeit von Kraftwerken der Kraftwerksbetreiber (thermische Kraftwerke)
  - Bereiche für den Bezug von Wirk- und Blindleistung von benachbarten ÜNB zum Netzwiederaufbau
- Strategien für den Netzwiederaufbau bei verschiedenen Großstörungen
- Sicherstellung einer Übersicht an zentraler Stelle (z. B. Systemführung) über die gesamte Versorgungssituation
- Hilfsmittel für die diensthabenden Mitarbeiter der Netzleitstellen

Üblicherweise werden bei einer Großstörung im Übertragungsnetz die nachfolgenden vier Fälle (Störungstypen) unterschieden, an denen sich die Netzwiederaufbaustrategien orientieren. Es wird dabei bewusst in Kauf genommen, dass jeder dieser Störungstypen in der Realität von unterschiedlicher Ausprägung sein kann. Jeder Störungstyp kann in einer Vielzahl von Varianten auftreten, die Übergänge sind fließend, wodurch eine spezifische Beschreibung nahezu unmöglich ist [11].

- **Regionale Spannungslosigkeit**
  - Das Ausmaß des Ausfalls ist deutlich kleiner als eine Regelzone
  - Das Übertragungsnetz ist im Wesentlichen nicht betroffen
  - Rund um das betroffene Gebiet steht Spannung an
  - Ausgefallene Leistung kann aus dem restlichen stabilen Netz ersetzt werden
  - Es besteht ein annäherndes Leistungsgleichgewicht im Übertragungsnetz (Frequenz zwischen 49,8 und 50,2 Hz)
- **Teilnetzbildung**
  - Das Übertragungsnetz ist in Netzinseln zerfallen
  - Stabilisierter Betrieb z. B. nach automatischem Unterfrequenz-Lastabwurf
  - Leistungsungleichgewicht im kontinentaleuropäischen Entso-E-Netz
  - Zwischen den Netzinseln existieren evtl. offene Leitungsverbindungen, die dann geschlossen werden können
- **Blackout mit aus dem Entso-E-Verbundsystem anstehender Spannung**
  - Es besteht eine überregionale Spannungslosigkeit
  - Intakte Nachbarnetze im europäischen Verbundsystem sind vorhanden. Dadurch ist eine Spannungs- und Leistungsvorgabe von außen möglich
  - Der Netzwiederaufbau erfolgt dabei von oben nach unten entsprechend der Entso-E Definition: „top down“ (siehe Abschn. 7.2.5.1)

- **Blackout mit Wiederaufbau aus eigener Kraft**
  - Es besteht eine überregionale Spannungslosigkeit
  - Es sind keine leistungsfähigen Nachbarnetze vorhanden. Der Netzwiederaufbau ist nur mit eigenen Ressourcen möglich
  - Der Netzwiederaufbau erfolgt dabei von unten nach oben entsprechend der Entso-E Definition: „bottom up“ (siehe Abschn. 7.2.5.2)

7.2 Ablauf des Wiederaufbaus

Aufgrund der Komplexität des elektrischen Energieversorgungssystems muss die Systemführung über ein geeignetes Konzept für die Wiederherstellung des Normalzustandes nach einer Störung verfügen. Da sowohl Art und Umfang als auch die Auswirkungen von Großstörungen im Detail nicht vorhersehbar sind, beschreibt dieses Konzept möglichst allgemein die Rahmenbedingungen, Voraussetzungen und Maßnahmen für das gemeinsame Handeln der beteiligten Stellen, damit sich die Störungen nicht weiter ausweiten und ihre Auswirkungen begrenzt bleiben.

7.2.1 Deklaration der Großstörung

Nach dem Eintreten einer Großstörung ist die oberste Prämisse, sich zunächst Klarheit über das Ausmaß der Störung zu verschaffen und die vorliegende Situation zu bewerten. Unmittelbar danach sind alle relevanten Akteure über die Lage zu informieren.

Für die Einteilung der Störung in einen der Störungstypen und die damit verbundene Festlegung der Herangehensweise für den Netzwiederaufbau muss der Zustand des Netzes folgendermaßen erfasst werden [11]:

- Identifikation der spannungslosen Netzgebiete
- Identifikation der intakten Netzgebiete
- Identifikation der Netzgebiete mit unterschiedlichen Frequenzen
- Erfassung des aktuellen Betriebszustands der Kraftwerke
- Erfassung der aktuellen Lage der Nachbarnetze

Danach erfolgt durch den Regelzonenführer (RZF) die formale Feststellung sowie die Ausrufung der Großstörung. Er alarmiert die betroffenen Netzpartner und informiert diese über das Ausmaß des Blackouts, die gewählte Strategie für den Wiederaufbau sowie über die voraussichtliche Dauer bis zur Wiederversorgung. Der RZF übernimmt mit der Ausrufung der Großstörung die Verfügungsgewalt über den gesamten Kraftwerkseinsatz in seiner Regelzone. Die bisher gültigen Fahrpläne werden außer Kraft gesetzt. Der Einsatz der Kraftwerke wird ausschließlich an den Anforderungen des Wiederaufbaus orientiert. Dadurch entstehende Tarif- und Kostenprobleme werden nach Wiederherstellung der Versorgung verhandelt und geregelt. Bei einem Störungsfall, der über den Bereich einer Regelzone hinausreicht bzw. bei einem Notstandsfall nach dem Energiesicherungsgesetz, würde die Bundesnetzagentur die Rolle des sogenannten „Bundeslastverteilers" einnehmen [12].

7.2.2 Telekommunikation

Nach einem Blackout muss als erstes die Telekommunikationsversorgung (Handy, Festnetz, Internet) aufgebaut werden, falls keine schwarzfallfeste Kommunikationsinfrastruktur vorhanden ist. Erst dann kann die Versorgung mit lebenswichtigen Gütern eingeleitet werden. Jedoch ist dieser Prozess gerade am Anfang störanfällig, denn viele Menschen werden versuchen, Kontakt mit anderen Personen aufzunehmen sobald das Telekommunikationsnetz wieder verfügbar ist. Dieses Verhalten kann dann zu einer Überlastung der Netze führen [13].

Während der Systemwiederherstellungsprozesse ist zunächst die durchgehende Kommunikationsfähigkeit zwischen Netzbetreiber und wiederherstellungsrelevanten Systemen von besonderer Bedeutung. Schalt- und Steuerbefehle, Anforderungen und Notfalleinsatzpläne müssen sicher und verlässlich übermittelt werden können. Nur wenn die erforderlichen Informationen störungsfrei übermittelt werden, können beispielsweise Wirk- und Blindleistung zum Wiederaufbau der Stromversorgung aus benachbarten Netzen bezogen werden [6].

7.2.3 Ausgangsschaltzustand

Der allgemeine Ausgangszustand nach einem Blackout ist dadurch gekennzeichnet, dass das komplette Netz mit allen unterlagerten Ebenen spannungslos ist. Die thermischen Kraftwerke haben sich soweit möglich im Eigenbedarf gefangen. Bevor mit der Wiederversorgung von Verbrauchern begonnen werden kann, muss für das Netz ein definierter Ausgangsschaltzustand hergestellt werden [10, 12, 14]. Dies erfolgt in zwei Schritten:

- **horizontale Trennung**
  Dazu werden die Verbindungen des betroffenen Übertragungsnetzes zu den benachbarten Übertragungsnetzbetreibern abgetrennt, die 380-kV- und 220-kV-Ebenen entkoppelt und das Übertragungsnetz in mehrere Teilnetze aufgeteilt.
- **vertikale Trennung**

Dazu werden als erste Maßnahme die Verbindungen (Transformatoren) zwischen dem Übertragungs- und dem 110-kV-Verteilnetz ausgeschaltet. Anschließend werden die Verteilnetzabgänge in verschiedene Lastgrößen segmentiert. Diese Segmente müssen gebildet werden, damit beim Netzwiederaufbau die vom Übertragungsnetzbetreiber vorgegebenen Lastgrößen durch die Zuschaltung der entsprechenden Segmente erreicht werden können. In den 110-kV-Schaltanlagen bleiben die Leitungsabgänge mit ihren Lasten eingeschaltet. Damit ist sichergestellt, dass die angeschlossenen Kunden unmittelbar wiederversorgt werden, sobald die entsprechenden Segmente zugeschaltet werden. Da zum Netzwiederaufbau keine Schalthandlungen in der Mittel- und Niederspannungsebene vorgesehen sind, kann die Wiederversorgung sehr schnell sichergestellt werden [5].

7.2.4 Autonomiezeiten

Bei einem Blackout wird in einer Schaltanlage der Eigenbedarf mittels Batterieanlage versorgt. Damit ist sichergestellt, dass Leittechnik, Kommunikation, Schutztechnik und Steuerung der Schaltanlage auch ohne externe Spannungsversorgung verfügbar sind. Die Kapazität solcher Batterieanlagen ist allerdings zeitlich begrenzt und reicht nur zur Versorgung der wichtigsten Verbraucher in der Schaltanlage.

Gemäß den neuesten Anforderungen des Entso-E-Network-Codes Emergency and Restoration [15] müssen bei einem Verlust der Primärstromversorgung die für den Netzwiederaufbau benötigten IT-Systeme, Anlagen und Einrichtungen für mindestens 24 h weiterbetrieben werden können (Autonomiezeit). Bei einer Großstörung im europäischen Verbundnetz könnte der Netzwiederaufbau aber bis zu 48 h oder noch länger dauern. Damit besteht zwischen der geforderten Autonomiezeit einer üblichen Batterieanlage und der möglichen Ausfalldauer eine erhebliche Lücke, die durch geeignete organisatorische und technische Maßnahmen geschlossen werden muss [5].

Als organisatorische Maßnahme wird vor Ende der Autonomiezeit ein vordefinierter Schaltzustand in der Schaltanlage hergestellt. Als technische Maßnahme wird entweder vorsorglich eine größere Batterieanlage eingebaut oder eine mobile Netzersatzanlage zur Verlängerung der Autonomiezeit eingesetzt, mit dem die Autonomiezeit fast beliebig verlängert werden. Die Schaltanlage bleibt damit steuerbar, solange Kraftstoff zur Verfügung steht [5].

7.2.5 Systemwiederaufbau

Beim Systemwiederaufbau erfolgt eine laufende Lagebeurteilung, um das Vorgehen bezüglich der Spannungsvorgaben zu bestimmen. Nach einem Blackout bauen die Übertragungsnetzbetreiber die Versorgung in mehreren Schritten wieder auf. Dazu nutzen sie vorkonzipierte Netze, sogenannte Hochfahrnetze. Hierbei werden einzelne Abschnitte des Netzes, ausgehend von schwarzstartfähigen Kraftwerken, schrittweise zusammengeschaltet und stabilisiert, bis das gesamte Verbundnetz wieder in Betrieb ist.

In Abhängigkeit der jeweiligen Situation nach einem Blackout (Spannungsvorgabe von außen möglich oder nicht) sind für den Netzwiederaufbau zwei unterschiedliche Strategien möglich. Falls eine gesicherte und gesunde Spannung aus angrenzenden Netzen vorhanden ist, kann der Aufbau basierend auf dieser Spannung top down erfolgen. Ist keine gesunde Spannung vorhanden, erfolgt der Aufbau mittels Inselbetrieb (Bildung von Aufbauzellen) bottom up. Dafür werden schwarzstart- und inselbetriebsfähige Kraftwerke benötigt [5].

Ein Netzwiederaufbau infolge eines Blackouts kommt glücklicherweise nur sehr selten vor. Deshalb verfügt das Systemführungspersonal in der Regel allerdings auch nicht über eigene Erfahrungen zu solchen Situationen. Daher kann zur Unterstützung bei den komplexen Abläufen beim Wiederaufbau sehr gut ein Expertensystem eingesetzt werden (siehe Abschn. 7.6.3) [1].

7.2.5.1 Top-down-Strategie

Für die Top-down-Strategie muss an mindestens einem der Kuppelknoten zu den benachbarten Übertragungsnetzbetreibern Spannung anliegen, die zum Netzwiederaufbau genutzt werden kann. Die in einem Netzbereich verfügbare, stabile Spannung wird weitergeschaltet. Beispielsweise kann ein vom Blackout nicht betroffenes, gesundes Nachbarnetz eine entsprechende Spannung über eine Kuppelleitung dem geschädigten Netzgebiet zur Verfügung stellen. Die Verfahrensweise bei der Top-down-Strategie ist wie folgt [10]:

- Die Leitungen werden ausgehend von den spannungsführenden Kuppelknoten in Richtung thermische Kraftwerke schrittweise zugeschaltet. Vor einer Zuschaltung sind die Leistungsgrenzen für die Kuppelleitungen zu vereinbaren und einzuhalten. Bei dieser Vorgehensweise kann es durch die Zuschaltung längerer 380-kV-Leitungen allerdings zu Überspannungen kommen. Durch den Einsatz von Kompensationsdrosseln und/oder größeren Generatoren kann die Spannung stabilisiert werden.
- Ausgehend von diesem Netzpunkt kann das eigene Netz sukzessiv weiter zugeschaltet und unter Spannung gesetzt werden.
- Zuschalten von Teillasten und Kompensationsinduktivitäten unter Beachtung der zulässigen Grenzen für Wirk- und Blindleistung an den Kuppelknoten.
- Zuschalten schwarzstartfähiger Kraftwerke an die spannungsführenden Leitungen und ggf. Übernahme von Wirk- und Blindleistung.

- Synchronisation mit den im Eigenbedarf laufenden thermischen Kraftwerken.
- Übernahme der Wirkleistung durch die thermischen Kraftwerke und Zuschalten weiterer Lasten.
- Synchronisation der entstandenen Teilnetze an geeigneten Netzknoten.
- Schrittweise werden Kraftwerke und Verbraucher alternierend zugeschaltet. Ziel dieses Vorgehens ist es, den Ausgangsschaltzustand des Netzes wiederherzustellen [16]. Das Zuschalten der dezentralen Wind- und Solaranlagen muss in einem ausbalancierten Verhältnis erfolgen, damit das Stromnetz wieder stabil wird [17].

7.2.5.2 Bottom-up-Strategie

Die Bottom-up-Strategie geht davon aus, dass an den Kuppelknoten zu den benachbarten Übertragungsnetzbetreibern keine Spannung verfügbar ist und das gesamte Netz spannungslos ist. Es ist ein Schwarzstart in einem Inselnetz erforderlich. Die Verfahrensweise bei der Bottom-up-Strategie ist hier wie folgt [10]:

- Zunächst werden bei diesem Vorgehen die Verteilnetze in Lastblöcke aufgetrennt.
- Starten der schwarzstartfähigen Kraftwerke, wie Pumpspeicherkraftwerke oder Gasturbinenkraftwerke, die auch für die Frequenzregelung verantwortlich sind [6].
- Schrittweises Zuschalten der Leitungen ausgehend von den schwarzstartfähigen Kraftwerken in Richtung thermische Kraftwerke.
- Zuschalten von Teillasten und Kompensationsinduktivitäten unter Beachtung der Leistungsdiagramme der einspeisenden Generatoren.
- Synchronisation mit den im Eigenbedarf laufenden thermischen Kraftwerken.
- Durch das Weiterschalten der Spannung werden andere Kraftwerke und Lastblöcke in Betrieb genommen.

Bei der Bottom-up-Strategie kann es bei der Zuschaltung von zu großen Netzlasten oder Einspeiseleistungen zu Unter- bzw. Überfrequenzauslösungen kommen und damit zu einem erneuten Netzzusammenbruch. Daher muss die Auswirkung der Kraftwerk- und Lastzuschaltung hinsichtlich ihrer Auswirkung auf die Frequenz beobachtet werden und die Zuschaltungen müssen ggf. zurückgenommen werden.

Auf diese Weise kann der Netzwiederaufbau an mehreren Stellen im Netz begonnen werden. Die dabei entstandenen Inselsysteme müssen dann in einem nächsten Schritt miteinander verbunden und synchronisiert werden. Vor dem Zusammenschalten der Inselnetze ist festzulegen, mit welchem Leistungsschalter synchronisiert wird, wer die Spannungs- und Frequenzdifferenz regelt, um die Synchronisationsbedingungen zu erfüllen und wer das Gesamtnetz nach der Zusammenschaltung führt. Größere und damit leistungsstarke Inselnetze dürfen nur bei sehr geringer Differenz zwischen den zu verbindenden Netzen (i. e. Schlupf) synchronisiert werden, da es sonst zur Schutzauslösung der Kuppelleitung kommen kann. Ist eine Synchronisierung von Inselsystemen auch nach mehreren Versuchen nicht erfolgreich, so muss das kleinere Inselnetz wieder spannungslos geschaltet werden und vom größeren Inselnetz aus wiederaufgebaut werden. Dies entspricht dann dem Vorgehen der Top-down-Strategie [12].

7.2.6 Abschluss des Wiederaufbaus

Das Ende einer Großstörung wird dadurch definiert, dass das Übertragungsnetz und die Verteilungsnetze weitgehend wiederhergestellt sind und die Endkunden praktisch vollständig wiederversorgt sind. Sind diese Bedingungen erfüllt, erklärt der Regelzonenführer, der die Großstörung ausgerufen hat, diese für beendet und informiert die betroffenen Marktteilnehmer über das formale Ende der Großstörung.

Anschließend können die durch die Großstörung ausgesetzten Energiehandelsgeschäfte wieder aufgenommen werden. Um dabei evtl. auftretende sprunghafte Leistungsflussänderungen zu vermeiden, muss in einer zeitlich begrenzten Übergangsphase vorsorglich mit provisorischen Fahrplänen gearbeitet werden.

Die durch die Wiederherstellungsmaßnahmen aufgetretenen außerplanmäßigen Energiemengen werden im Anschluss in einem Clearingverfahren durch den Übertragungsnetzbetreiber zugeordnet und verrechnet.

7.3 Technische Probleme beim Wiederaufbau

Beim Netzwiederaufbau können eine Reihe von technischen Problemen auftreten, deren Lösung häufig die vorherige Untersuchung mittels Simulationsmodellen erfordert. Die Probleme lassen sich allgemein in die folgenden Bereiche einteilen [10].

7.3.1 Problembereich Blindleistung

Während der Schwachlastzeiten benötigen Leitungen relativ große kapazitive Ladeleistungen. Abb. 7.1 zeigt vergleichend den Blindleistungsbedarf Q für jeweils einen Kilometer Länge einer 380-kV-Freileitung, eines Erdkabels und einer gasisolierten Leitung (GIL) in Abhängigkeit von der Übertragungsleistung S. Bei induktiver Blindleistung ist $Q > 0$, bei kapazitiver Blindleistung ist $Q < 0$. Die einspeisenden Generatoren bzw. Kuppelknoten müssen diese Blindleistung bereitstellen können. Abhilfe kann geschaffen werden durch Kompensationsdrosseln. Phasenschiebermaschinen oder das Betreiben der Leitungen mit abgesenkter Spannung. Nicht benötigte Leitungen sollten abgeschaltet werden. Wenn möglich sollte der Netzaufbau auf einer möglichst niedrigen Spannungsebene erfolgen, da dort die Ladeleistung weniger hoch ist [18]. Beim Netzwiederaufbau ohne Spannungsvorgabe von außen müssen die Spannungsregler der einspeisenden Generatoren mit einer

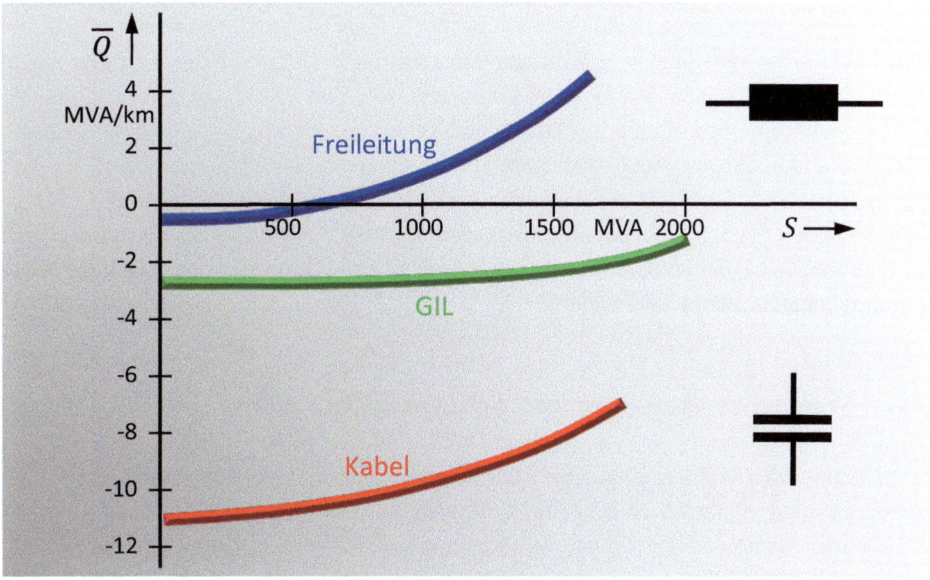

Abb. 7.1 Blindleistungsverhalten einer Freileitung, einer GIL und eines Kabels

Blindleistungsstatik arbeiten, damit sich die Blindleistung definiert auf die beteiligten Generatoren aufteilen kann [10].

Bei einem Netzwiederaufbau verschärft sich diese Problematik, da schwach belastete Verteilnetzleitungen mit dem ebenfalls schwach belasteten Übertragungsnetz verbunden werden. Dieses Problem kann durch die Verlängerung der Autonomiezeit entschärft werden, denn dann sind die gesuchten Lasten schneller zuschaltbar. Daher wird auf die (N-1)-Sicherheit und die Einschaltung reiner Kabelleitungen möglichst verzichtet, solange die Last in einer Netzregion nur gering ist, damit die oberen Spannungsgrenzwerte nicht verletzt werden [5].

7.3.2 Problembereich Wirkleistung

Die im Eigenbedarf arbeitenden thermischen Kraftwerke können diesen für sie ungünstigen Betriebszustand nur wenige Stunden beibehalten, d. h. der Netzwiederaufbau muss zügig und möglichst komplikationslos ablaufen. Die Höhe der zuzuschaltenden Lasten muss abhängig von der rotierenden Leistung so gewählt werden, dass es nicht zu einem unzulässigen Absinken der Frequenz kommt. Das Bereitstellen von definierten Lasten nach einem Versorgungsunterbruch ist nicht so einfach. So werden zum Beispiel motorische Lasten, die in einen Fabrikationsprozess eingebunden sind, nach der Rückkehr der

Spannung nicht automatisch wieder zugeschaltet. Stattdessen muss der gesamte Prozess manuell hochgefahren werden [5, 10].

Nachholeffekte bei Kälte- und Wärmeanlagen führen u. U. zu einem so großen Strombedarf („Stromgier“) nach der Wiederversorgung, dass das System bereits während des Wiederaufbaus wieder kollabiert. Zudem sind sehr viele Erzeugungsanlagen (inklusive PV usw.) nicht mehr am Netz, was ebenfalls zu einem größeren Strombedarf aus dem vorgelagerten Netz führt, als dies vor der Großstörung der Fall war. Speziell kleinere Anlagen werden nach der Wiederversorgung unkontrolliert zugeschaltet. Darum ist es für den Verteilnetzbetreiber schwierig, eine zuverlässige Prognose über den Leistungsbedarf der zugeschalteten Segmente zu machen [5].

7.3.3 Transiente Vorgänge und Schutzauslösungen

Die im Verlauf des Wiederaufbaus erforderlichen Schaltvorgänge können zu sehr schnellen, impulshaften, elektrischen Einschwingvorgängen (Transienten) führen. Meistens sind dies höherfrequente, steile Signale in Form instationärer Schwingungen (Abb. 7.2). Diese transienten Spannungsvorgänge können Schutzauslösungen bewirken und damit den Netzwiederaufbau unterbrechen. Problematisch ist vor Allem das Zuschalten von leerlaufenden Transformatoren. Hierbei kann bei einer ungünstigen Phasenlage der Spannung durch die Sättigung des Eisenkerns ein erhöhter Einschaltstromstoß (Inrush Current) auftreten [18]. Um diesen Effekt zu verringern, muss dies in den Schutzeinstellungen entsprechend berücksichtigt oder die Generatorspannung vor dem Zuschalten des Transformators abgesenkt werden. Der sogenannte Ferranti-Effekt auf schwach belasteten oder leerlaufenden Leitungen kann zu Überspannungsauslösungen führen. Der Generatorschutz kann u. U. durch Untererregung auslösen. Das Zu- oder Abschalten zu großer Wirk- bzw. Blindleistungslasten kann den Über-, Unterfrequenzschutz bzw. den Über-, Unterspannungsschutz auslösen [10].

7.3.4 Einhaltung der Synchronisierungsbedingungen

Beim Zusammenschalten von verschiedenen, jeweils wieder teilversorgten Netzgebieten müssen bestimmte Systemparameter in den betroffenen Netzen übereinstimmen (Synchronisierungsbedingungen). Sollten diese Werte nicht synchron sein, so kann es zu erheblichen Schäden durch enorme Stromstöße an den Betriebsmitteln kommen (Fundamente, Generatoren etc.).

Zu den Grundvoraussetzungen für das Zusammenschalten von zwei Netzen gehören die Phasenfolge und die Spannungsform, die in beiden Netzen gleich sein müssen. Da die Netze bereits vor dem Blackout miteinander verbunden waren, sind diese Bedingungen in der Regel immer erfüllt.

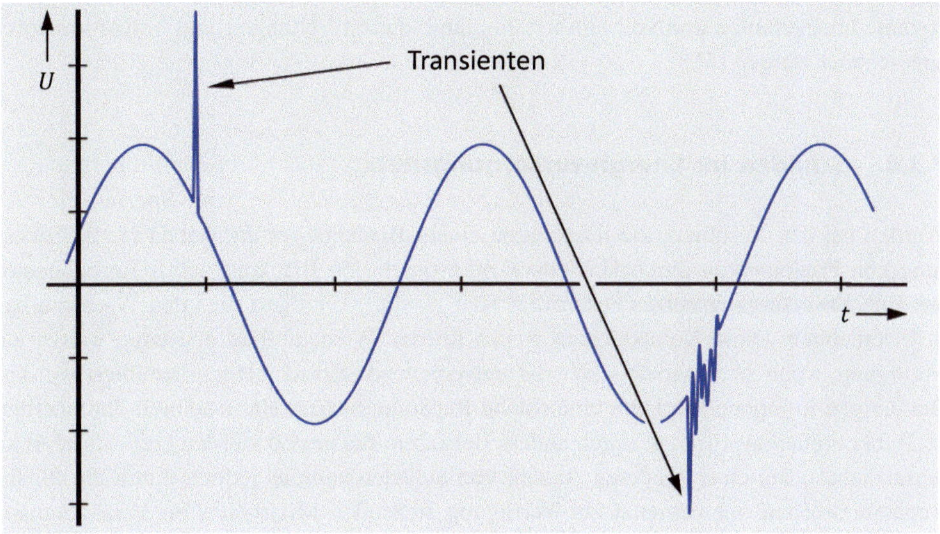

Abb. 7.2 Beispiele für Transienten im Stromnetz. (Quelle: Wikipedia, Biezl)

Für den eigentlichen Synchronisiervorgang müssen die Parameter Frequenz, Spannung und Phasenlage (Winkeldifferenz) in den betroffenen Netzteilen aufeinander abgestimmt werden, bevor die Schalter geschlossen werden können. Das Zuschalten wird durch sogenannte Synchronisiereinrichtungen, die in der Leittechnik softwaremäßig integriert sind, überwacht und gesteuert, um ein Zuschalten zu verhindern, falls die Werte in beiden Netzteilen zu weit auseinander liegen.

7.3.5 Schwarzstart einer Schaltanlage

Die Notversorgung der Sekundärtechnik in den Schaltanlagen wird üblicherweise über unabhängige, batteriegestützte Spannungsversorgungen (USV) sichergestellt. Hält die Spannungslosigkeit bei einem Blackout länger an, entladen sich die Batterien der USV entsprechend. Bei der Tiefentladung werden Zellen der Batterien so weit entladen, dass die Spannung unter die Entladungsspannung absinkt. Je nach Batterietyp können dabei verschiedene Schäden auftreten. Um das zu vermeiden, muss die Energieversorgung entweder mit einem Notstromaggregat erfolgen oder organisatorisch sichergestellt werden, dass vor Ende der Autonomiezeit die Batterien abgetrennt werden [5].

Damit sind in der Schaltanlage alle Komponenten der Sekundärtechnik (Steuerung, Schutz oder Kommunikation) spannungslos und können ihre Aufgabe nicht mehr erfüllen. Daher muss, bevor man die eigentlichen Schaltmaßnahmen durchführen kann, die lokale

Versorgung der Sekundärtechnik wiederhergestellt werden. Erst wenn Schutz- und Steuergeräte hochgefahren und voll einsatzfähig sind, dürfen Leitungen und Transformatoren zugeschaltet werden [5].

7.3.6 Schäden im Energieversorgungsnetz

Wurden bei den Vorfällen, die letztlich zu einem Blackout geführt haben (z. B. Zerstörung von Freileitungen durch Unwetter), oder durch den Blackout selbst Komponenten des Energieversorgungsnetzes beschädigt oder zerstört, verzögert dies den Wiederaufbau u. U. erheblich. Diese Komponenten stehen für den Wiederaufbau erst dann wieder zur Verfügung, wenn sie repariert sind oder entsprechende Ersatzanlagen installiert wurden. Bei einigen Komponenten kann eine solche Reparatur sicher relativ schnell durchgeführt (z. B. bei Freileitungen) bzw. durch andere Betriebsmittel ersetzt werden (z. B. durch Baueinsatzkabel). Bei einer größeren Anzahl von Schäden kann es jedoch durch die für die Reparaturarbeiten nur begrenzt zur Verfügung stehenden Mitarbeiter zu Verzögerungen kommen. Hier muss eine entsprechende Priorisierung der Instandsetzungsarbeiten erfolgen. Bei einigen Komponenten ist ggfs. keine Reparatur möglich und die entsprechenden Betriebsmittel (z. B. größere Transformatoren) müssen erst neu hergestellt werden, da diese üblicherweise aus Kostengründen nicht als Reserve vorgehalten werden. Bis das Netz wieder in seiner vollen Leistungsfähigkeit hergestellt werden kann, können daher Wochen oder sogar Monate vergehen.

7.4 Schwarzstart

Im Fall eines Blackouts (Schwarzfall) sind die Kraftwerke vom Netz getrennt. Falls sie sich nicht im sogenannten Eigenbedarf halten können, werden sie bis zum Stillstand der gesamten Kraftwerksanlage heruntergefahren. Für Kernkraftwerke kann diese Situation zu einer Reaktorschnellabschaltung führen, bei der die Steuerstäbe mithilfe von Gasdrucktanks innerhalb von zwei Sekunden zwischen die Brennelemente eingeschossen werden und dadurch die Kernspaltung unterbrechen. Der Reaktor muss aber weiter gekühlt werden, um die Nachzerfallswärme in den Brennelementen abzuführen. Die hierfür notwendige Energie wird durch Notstromgeneratoren erzeugt (Abb. 7.3).

Für das Wiederanfahren benötigen die Kraftwerke Anfahrenergie, die üblicherweise aus dem Netz bezogen wird. Bei einem Blackout steht diese Energie allerdings in der Regel nicht zur Verfügung und es können nur Kraftwerke wieder in Betrieb gehen, die unabhängig vom Stromnetz aus dem Stillstand (Zustand „schwarz“) angefahren werden können. Diese Eigenschaft bestimmter Kraftwerke wird daher auch Schwarzstartfähigkeit genannt. Um nach einem Netzzusammenbruch über ausreichend Leistung für einen

Abb. 7.3 Notstromdiesel im Kraftwerk. (Quelle: KKL Kernkraftwerk Leibstadt)

Netzwiederaufbau zu verfügen, muss in jedem Netz eine ausreichende Anzahl von schwarzstartfähigen Kraftwerken vorhanden sein.

Neben der Unabhängigkeit von externen Energiequellen muss ein schwarzstartfähiges Kraftwerk ein schnelles und flexibles Startverhalten aufweisen sowie einem heftigen Anlaufstrom standhalten können. Ein schwarzstartfähiges Kraftwerk muss auch im Inselbetrieb [19] lauffähig sein [20].

Merkmale von schwarzstartfähigen Kraftwerken [6]:

- **Kurzfristigkeit**
  Es sollte schnell und flexibel starten können. Wenn der Schwarzstart zu lange dauert, dann kann das Kraftwerk nicht oder nur sehr zeitverzögert beim Wiederhochfahren eines zusammengebrochenen Netzes mithelfen.
- **Eigenbedarf**
  Es muss unabhängig von externen Stromquellen arbeiten können. Nicht nur der reine Stromerzeugungsprozess (z. B. Erregung des Generators), sondern auch andere Nebenbedarfe müssen unabhängig vom Netz funktionieren (Kontrollzentrale, Telefon- und Kommunikationssysteme mit Netzbetreiber und -verwaltung, Umspannwerk etc.). Gegebenenfalls ist ein Inselbetrieb mit einem Teilnetz möglich (Versorgung wichtiger Verbraucher wie Polizei, Krankenhaus, Feuerwehr, THW).

- **Robustheit**
  Zudem sollte ein schwarzstartfähiges Kraftwerk einen hohen Anlaufstrom bewältigen können.
- **Stagnationsverhalten**
  Ein schwarzstartfähiges Kraftwerk sollte über einen längeren Zeitraum im Eigenbedarfszustand betrieben werden können, um für den Prozess des Netzwiederaufbaus bereit zu stehen (Hot-Stand-By).

Schwarzstartfähige Kraftwerke sind insbesondere bei einem flächendeckenden Stromausfall (Blackout) von Bedeutung, um das Energienetz wieder in Betrieb zu nehmen. Nachdem die schwarzstartfähigen Erzeugungseinheiten wieder in Betrieb genommen wurden, kann mit deren Energie das Anfahren nicht-schwarzstartfähiger Erzeugungseinheiten durchgeführt werden. Die wichtigste Aufgabe der schwarzstartfähigen Anlagen besteht darin, die übrigen Kraftwerke mit dem nötigen Startstrom zu versorgen, damit diese den Netzbetrieb wieder aufnehmen können [6].

Beispiele für schwarzstartfähige Kraftwerke, die ohne äußere Energiezuführung gestartet werden können, sind Wasserkraftwerke (z. B. Laufwasser-, Speicher- oder Pumpspeicherkraftwerke), Druckluftspeicherkraftwerke sowie speziell mit einem Batteriespeicher zum Anfahren ausgerüstete Gasturbinenkraftwerke. Klassischerweise erfolgt der Schwarzstart eines Netzes mit einem Synchrongenerator, der ohne externen Erregerstrom starten kann. Bei kleineren Wasserkraftwerken kann die Stromproduktion leicht mit einer Batterie für die Stellmotoren oder gar mit einer Handkurbel zum Öffnen des Schiebers, um Wasser auf die Turbine zu leiten, gestartet werden. Im Idealfall befinden sich schwarzstartfähige Anlagen in unmittelbarer Nähe zu thermischen Kraftwerken. Viele Großkraftwerke halten daher auch schwarzstartfähige Gasturbinen auf dem eigenen Gelände vor [6].

Gemäß Monitoring nach § 35 EnWG gibt es (Stand 2020) in Deutschland 174 schwarzstartfähige Anlagen (Kraftwerksblöcke bzw. Turbinen), die über eine Netto-Leistung von jeweils mindestens 10 MW verfügen [21]. Dazu gehören beispielsweise die Pumpspeicherkraftwerke Goldisthal und Koepchenwerk (Abb. 7.4) mit einer Leistung von 1053 bzw. 162 MW.

In Österreich gibt es insgesamt 32 bestätigte schwarzstartfähige Kraftwerke und eine unbekannte Anzahl nicht bestätigter schwarzstartfähiger Kraftwerke [22]. Die bekanntesten und größten davon sind die Pumpspeicherkraftwerke Malta und Kaprun mit Leistungen von 850 bzw. 813 MW.

Auch die Schweiz verfügt wegen des hohen Anteils an Wasserkraft über eine große Anzahl schwarzstartfähiger Kraftwerke. Die beiden leistungsstärksten Pumpspeicherkraftwerke sind die Kraftwerke Limmern und Nante de Dance mit Leistungen von 1000 bzw. 900 MW.

Im Gegensatz zu Wasserkraftwerken benötigen Wärmekraftwerke, wie etwa Atom-, Braunkohle oder Blockheizkraftwerke, elektrische Energie als Eigenbedarf für den Betrieb zahlreicher Pumpen, Turbinen und Brennstoffförderanlagen, bevor sie selbst elektrische

Abb. 7.4 Pumpspeicherkraftwerk Koepchenwerk. (Quelle: RWE)

oder thermische Leistung bereitstellen können. Im Falle eines Stromausfalls steht diese Energie natürlich zunächst nicht zur Verfügung und die thermische Anlage kann ohne Bereitstellung externer Energie nicht anfahren. Diesen Strom liefern schwarzstartfähige Stromerzeuger oder Stromspeicher. Mithilfe dieser sogenannten Impulsproduktion fahren die thermischen Kraftwerke hoch und nehmen ihre reguläre Stromproduktion wieder auf [6].

Ein wesentlicher Hinderungsgrund, warum Wärmekraftwerke selten schwarzstartfähig sind, ist das Zusammenziehen und Verkürzen der Turbinenwelle, wenn sie von ihrer Betriebstemperatur auf Umgebungstemperatur abkühlt. Sie verklemmt dann im Gehäuse und kann sich weder drehen noch kann sie ausgebaut werden. Für das Wiederanfahren des Kraftwerks muss die Turbine erst vorgeheizt werden, um wieder freigängig drehen zu können, bevor sie vom heißen Dampf durchströmt werden kann. Da dieser Prozess mehrere Stunden beansprucht, dauert es entsprechend lange, bis ein thermisches Kraftwerk wieder elektrische Energie ins Netz einspeisen kann [23].

Wärmekraftwerke können mit zusätzlichen Einrichtungen schwarzstartfähig gemacht werden. Dies sind meistens Gasturbinen, die im Schwarzstartfall mit Energie aus Akkumulatoren oder Dieselaggregaten in Betrieb genommen werden [23].

Da praktisch alle PV-Anlagen netzgeführt betrieben werden, können sie nur dann Strom liefern, wenn ihrem Wechselrichter eine Netzfrequenz vorgegeben wird. Diese Voraussetzung ist bei einem Blackout natürlich nicht gegeben, so dass PV-Anlagen häufig nicht schwarzstartfähig sind.

Windkraftanlagen sind nur eingeschränkt schwarzstartfähig, da sie für die Inbetriebnahme Energie für die Steuerungs- und Regelungstechnik benötigen. Die Anlagen müssen beispielsweise in den Wind gedreht werden und die Pitch-Regelung muss auf die aktuelle Windgeschwindigkeit eingestellt werden. Außerdem sind diese Anlagen zumeist ferngesteuert und die Kommunikationsverbindungen stehen bei einem Blackout nicht mehr zur Verfügung.

Die bisher eingesetzten schwarzstartfähigen Kraftwerke werden künftig ergänzt durch im Netz installierte Batteriespeicher. Diese haben gegenüber den bisher genutzten schwarzstartfähigen Kraftwerken einige Vorteile. Sie sind von geographischen Gegebenheiten unabhängig einsetzbar, brauchen also beispielsweise kein Gefälle wie ein Pumpspeicherkraftwerk. Sie verfügen über eine hohe Leistungsänderungsgeschwindigkeit und sind direkt einsetzbar, d. h. sie benötigen keine Anfahrzeit wie beispielsweise eine Gasturbine [6]. Allerdings kann die Leistung der Batteriespeicher aufgrund der begrenzten Speicherkapazität nur für eine kurze Zeit abgerufen werden [1].

7.5 Inselnetze und zellulare Netze

Eine mögliche Strategie beim Netzwiederaufbau nach Großstörungen ist es, ausgehend von verfügbaren und u. U. schwarzstartfähigen Einspeisungen einzelne Versorgungsinseln aufzubauen. Diese können dann schrittweise erweitert werden oder mit anderen Inselnetzen zusammengeschaltet werden, bis das gesamte Netz wieder vollständig hergestellt ist.

Im Falle von Großstörungen ist es vorteilhaft, wenn sich bestimmte Netzteile der öffentlichen Versorgung mit sensiblen Verbrauchern durch Eigenversorgungsanlagen (Notstromaggregate) oder andere Erzeugungsanlagen (z. B. KWK-Anlagen, PV-Anlagen, Windkraftanlagen) im Inselbetrieb fangen können, und somit die Versorgung von wichtigen Infrastrukturanlagen (z. B. Krankenhäuser, Anlagen zur Wasserversorgung etc.) zumindest über einen begrenzten Zeitraum aufrecht erhalten können. Dies ist beispielsweise bei Krankenhäusern oder Pflegeeinrichtungen erforderlich, um eine geordnete Evakuierung der Patienten zu ermöglichen.

Bei Inselnetzen, die sich bei vorhandener Erzeugungsleistung mehr oder weniger zufällig bei Netzstörungen bilden, existiert in der Regel keine für diesen Netzbereich zuständige Systemführung. Damit kann für solche Netzbereiche auf Dauer kein stabiler Netzbetrieb aufrechterhalten werden. Dennoch können solche Netzzellen zur Überbrückung von Versorgungsstörungen für einzelne Netzbereiche wichtig sein, bis das Gesamtsystem wiederhergestellt ist.

In begrenztem Umfang können Einrichtungen der kritischen Infrastruktur (z. B. Krankenhäuser) oder kleinere Wohnbezirke bei einem Blackout durch den Einsatz von Netzersatzanlagen (mobile Notstromgeneratoren) mit elektrischer Energie versorgt werden. Wie lange die Versorgung mit solchen Anlagen aufrechterhalten werden kann,

Abb. 7.5 Mobile Netzersatzanlage des THW in Slowenien. (Quelle: THW/M. Hoffmann)

hängt im Wesentlichen von der Bevorratung bzw. der Verfügbarkeit des notwendigen Betriebsstoffs ab.

Beim Eisregenereignis in Slowenien 2014 stellte das THW Netzersatzanlagen bereit, die den Strom über Wochen direkt in die Ortsnetzstationen eines regionalen slowenischen Niederspannungsnetzbetreibers einspeisten und so die Energieversorgung in einem gewissen Rahmen aufrechterhalten konnten (Abb. 7.5).

unehmende Bedeutung könnte die Versorgung von Privathäusern durch Elektroautos gewinnen. Der durchschnittliche Bedarf an elektrischer Energie eines Haushaltes beträgt ca. 10 kWh/Tag. Bei einer Ladekapazität eines Elektroautos von 60 kWh könnte das Haus ca. sechs Tage aus der vorausgesetzt vollgeladenen Batterie des Autos versorgt werden. Dies ist allerdings nur möglich, wenn das Elektroauto über einen bidirektionalen Wechselrichter verfügt und der Hausanschluss entsprechend ausgerüstet ist.

In diesem Zusammenhang bieten sogenannte zellulare Netze hinsichtlich der Netzsicherheit und beim Neustarten eines ausgefallenen Netzes durchaus Vorteile. In solchen vergleichsweise kleinen Netzstrukturen (z. B. Stadtquartiere) wird versucht, den lokalen Energiebedarf auf die in diesem zellularen Netz vorhandene Erzeugungsleistung abzustimmen, und so die Abhängigkeit von einem Energiezufluss von außen zu minimieren. Jede Zelle trägt auf diese Weise zu einem stabilen Ganzen bei und könnte sich, zumindest theoretisch, bei einem Blackout weitgehend selbst versorgen, falls es gelingt, diesen Bereich schnell genug vom übrigen Netz zu trennen und in einen stabilen Inselbetrieb zu überführen. Dann könnten diese Zellen, da leistungsneutral, beim Systemwiederaufbau sehr früh zugeschaltet werden und zu einem stabilen Gesamtsystem beitragen.

Bisher sind Dieselaggregate die Standardlösung für Notstromanlagen als Backup der öffentlichen Energieversorgung. Diese Geräte müssen jedoch regelmäßig gewartet werden, benötigen Kraftstoff und erhöhen damit die CO_2-Bilanz. Sie werden ausschließlich für den Netzersatzbetrieb konzipiert und eingesetzt. Sie können wirtschaftlich nicht für andere betriebliche Zwecke (z. B. Optimierung des Eigenverbrauchs, Kappung von Lastspitzen, Verbesserung der Netzstabilität) eingesetzt werden. Hierfür werden zunehmend Batteriespeichersysteme in den Energieversorgungsnetzen installiert. Beispielsweise werden im Übertragungsnetz sogenannte Netzboosteranlagen mit Leistungen von bis zu 250 MW für die kurative Systemführung errichtet [1]. Bei entsprechender Ausrüstung könnten diese Batteriespeicher als Netzersatzanlagen eingesetzt werden und im Falle eines Blackouts Inseln für den weiteren Netzaufbau bilden.

Dafür muss eine solche batteriegestützte Netzersatzanlage allerdings zusätzlich die folgenden Anforderungen erfüllen [24]:

- Schwarzstartfähigkeit
- Aufbau eines temporären Inselnetzes möglich
- Führung eines Inselnetzes mit mehreren Erzeugungsanlagen
  - Verändern der Statik möglich
  - Vorgabe der Sollfrequenz
  - Anpassung der Nennspannung
- Lokale Leistungsflusssteuerung möglich
- Synchronisiermöglichkeit
- Dynamische Leistungsregelung

Die Netzersatzanlage muss außerdem über einen netzbildenden Betriebsmodus verfügen, der unabhängig von einem vorhandenen Netzanknüpfungspunkt arbeitet. Die Spannung und die Frequenz werden vom Speichersystem gebildet und geführt. Die Wirk- und Blindleistung stellt sich durch die angeschlossenen Lasten und Erzeuger ein [24].

7.6 Unterstützung des Personals beim Netzwiederaufbau

7.6.1 Training

Durch das seltene Auftreten von Großstörungen verfügt das Betriebspersonal in der Regel über keine praktische Erfahrung im Umgang mit solchen Situationen. Hier können ein regelmäßiges Training und eine entsprechende Weiterbildung in geeigneten Simulationsumgebungen das Betriebspersonal in der Beherrschung von extremen Betriebssituationen qualifizieren [1].

7.6.2 Handlungsempfehlungen

Die Anforderungen beim Wiederaufbau von elektrischen Energieversorgungsnetzen nach Großstörungen sind charakterisiert durch die sehr komplexe betriebliche Ausgangsituation und aufgrund ihres seltenen Auftretens durch die fehlende Erfahrung des Betriebspersonals im Umgang mit solchen extremen Störungssituationen. Da zur Überwindung einer Großstörung auch stets der Faktor Zeit eine bedeutende Rolle spielt, um etwaige Versorgungsunterbrechungen möglichst schnell zu beheben, steht das Betriebspersonal noch unter zusätzlichem Stress. Hier kann eine vorab erstellte und evtl. auf die konkret vorliegende Betriebssituation noch zu adaptierende Handlungsempfehlung eine große Hilfe für das Betriebspersonal sein.

In einer solchen Handlungsempfehlung wird in aufeinander folgenden Schritten vorgegeben, welche Informationen vom Betriebspersonal einzuholen sind, welche Maßnahmen ergriffen und welche Informationen weitergegeben werden müssen. Durch die Vorgabe einer strukturierten Abfolge wird dem Betriebspersonal Handlungssicherheit gegeben. Verstärkt werden kann die Wirkung von Handlungsempfehlungen durch das regelmäßige Simulieren von Störungsfällen und das Einüben von entsprechenden Prozessabläufen.

Ein wichtiger Punkt, der leicht vergessen werden kann, ist die Verfügbarkeit der Handlungsempfehlungen. Ein Exemplar dieser Unterlagen als Hardcopy zur Verfügung zu haben, erscheint zwar in der heutigen Zeit etwas anachronistisch, kann aber im Fall der Fälle entscheidend weiterhelfen.

7.6.3 Expertensysteme

Eine weitere Möglichkeit zur Unterstützung der Systemführung bei Großstörungen sind sogenannte Expertensysteme. Ein Expertensystem ist ein Computerprogramm, das mit künstlicher Intelligenz (KI) eine Problemlösungskompetenz auf einem bestimmten, meist eng abgegrenzten Fachgebiet zur Verfügung stellt. Es enthält das akkumulierte Wissen von menschlichen Experten, situationsspezifischen Regeln, Handlungsempfehlungen usw. als Menge von formalisierten, maschinenverarbeitbaren Operationen [25, 26], die entsprechend angepasst in der aktuellen Betriebssituation verarbeitet wird [27, 28]. Ein Expertensystem kann damit auch als computergestützte dynamische Handlungsanweisung bzw. Handlungsempfehlung interpretiert werden [29].

7.7 Wenn der Strom wieder aus der Steckdose kommt

Der Blackout ist zwar das Primärereignis, jedoch sind dessen Folgen meist noch gravierender als der Stromausfall selbst, denn ein großflächiger Stromausfall lässt alle stromabhängigen Infrastrukturen zusammenbrechen. Auch wenn der Netzwiederaufbau abgeschlossen ist und der Strom bereits wieder aus der Steckdose kommt, wird es je nach Dauer des Blackouts (Abb. 7.6, Phase 1) und in Abhängigkeit der eventuellen Schäden des elektrischen Energieversorgungssystems mehr oder weniger lange dauern, bis die gewohnten Versorgungsketten wieder vollständig hergestellt sein werden und sich die Lebensumstände wieder normalisieren. Das liegt u. a. daran, dass all diese Prozesse derart feingliedrig miteinander verbunden sind, dass beim Wegfallen nur eines Gliedes die gesamte Kette gesprengt wird. Im Umkehrschluss ist es eben nicht mehr nur mit einer Notfallmaßnahme getan, die entstandenen Versorgungsengpässe zu beheben.

Entscheidend für das Funktionieren der kritischen Infrastrukturen wird neben der wieder intakten und stabilen Stromversorgung ein funktionsfähiges Telekommunikationssystem (Handy, Festnetz und Internet) sein (Abb. 7.6, Phase 2) [30]. Auch diese Systeme fallen bei einem Blackout in der Regel binnen weniger Minuten großflächig aus. Noch schlimmer wird es, wenn durch die Länge des Stromausfalls wichtige und grundsätzlich mit einer Notstromversorgung abgesicherte Knoten ausfallen. Aus lokalen Stromausfällen ist bekannt, dass dabei gravierende Hardwareschäden bei Komponenten des Telekommunikationssystem auftreten können, die dann erst aufwendig repariert werden müssen. Hinzu kommt, dass nach einem solchen Ereignis wohl viele Menschen zeitgleich telefonieren wollen, womit massive Überlastungen zu erwarten sind [31].

Ohne Telekommunikationsversorgung funktioniert jedoch weder die Produktion noch die Verteilung von Waren. In den meisten Fällen ist auch noch keine Kraftstoffversorgung möglich. Daher ist zu erwarten, dass es, auch wenn die Stromversorgung relativ kurzfristig wiederhergestellt werden kann, noch einige Zeit dauern wird, bis die Versorgung mit lebenswichtigen Gütern wieder anlaufen kann. Hier kommen dann auch die Lieferkettenabhängigkeiten wieder ins Spiel. Wenn wie zu erwarten in anderen Ländern Europas der Stromausfall wesentlich länger dauern wird, dann sind massive Auswirkungen auf die Logistikketten zu erwarten. Die Versorgung wird daher kaum vor der zweiten Woche nach Wiederherstellung der Energieversorgung wieder breiter anlaufen können. Auch wenn der Strom bereits wieder aus der Steckdose kommt, ist die Beseitigung der weitreichenden Folgen des Blackouts noch nicht abgeschlossen. In der Überwindung dieser Phase liegt die größte gesellschaftliche Herausforderung. Entscheidend für eine erfolgreiche Bewältigung dieser kritischen Situation ist die Bereitschaft und die Fähigkeit der Bevölkerung sich gegenseitig zu unterstützen [32]. Der Staat wird nämlich nicht in der Lage sein, beispielsweise in Deutschland mehr als 80 Mio. Menschen für einen so langen Zeitraum zu versorgen (Abb. 7.6, Phase 3) [31, 33].

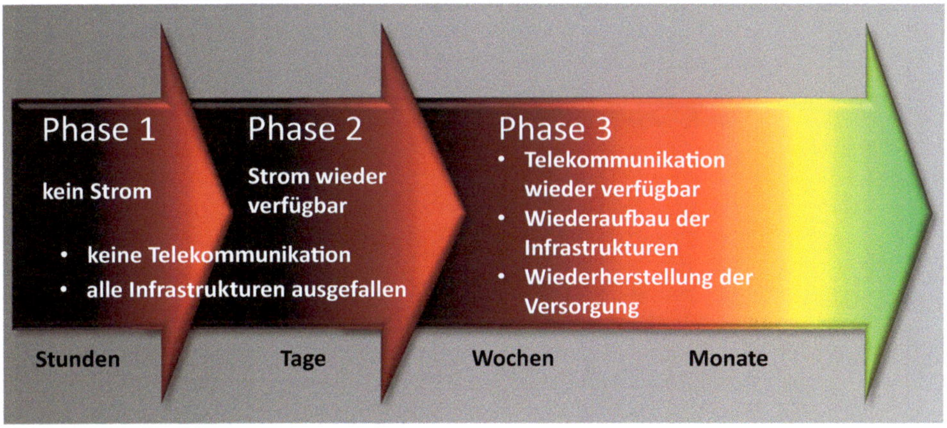

Abb. 7.6 Phasen eines Strom-, Infrastruktur und Versorgungsausfalls (Blackout). (Quelle: H. Saurugg)

Literatur

1. K. F. Schäfer, Systemführung, Wiesbaden: Springer Vieweg, 2022.
2. Europäische Kommission, „Festlegung eines Netzkodex über den Notzustand und den Netzwiederaufbau des Übertragungsnetzes, Verordnung (EU) 2017/2196," 24. November 2017.
3. Deutsche Übertragungsnetzbetreiber, „Modalitäten für Anbieter von Systemdienstleistungen zum Netzwiederaufbau," 2018. [Online]. Available: https://www.netztransparenz.de/portals/1/Content/EU-Network-Codes/ER-VErordnung/20181015_Vorschlagsdokument_Dienstleister_NWA.PDF.
4. Deutsche Übertragungsnetzbetreiber, „Modalitäten für Anbieter von Systemdienstleistungen zum Netzwiederaufbau - Begleitdokument," 2018. [Online]. Available: https://www.netztransparenz.de/portals/1/Content/EU-Network-Codes/ER-VErordnung/20181015_Begleitdokument_Dienstleister_NWA.PDF.
5. R. Lietzow, „Netzwiederaufbau nach einer Grossstörung," *bulletin.ch,* Bd. 5, pp. 26–30, 2018.
6. Next-Kraftwerke, „Was ist ein Schwarzstart?," [Online]. Available: https://www.next-kraftwerke.de/wissen/schwarzstart. [Zugriff am 19.3.2023].
7. P. Rasch, „Netzwiederaufbaukonzept und -training bei E.ON Netz," in *VDE Kongress*, Berlin, 2004.
8. S. Polster, „Regionaler Netzwiederaufbau - Voraussetzungen und Herausforderungen," in *15. Symposium Energieinnovation*, 14. bis 16. Februar 2018, Technische Universität Graz, Graz, 2018.
9. Consentec, „Netzwiederaufbaukonzepte vor dem Hintergrund der Energiewende," Consentec, Aachen, 2020.
10. F. Prillwitz und M. Krüger, „Netzwiederaufbau nach Großstörungen," Universität Rostock, Institut für Elektrische Energietechnik, 2007.
11. Deutsche Übertragungsnetzbetreiber, „NETZ:KRAFT – Grundlagen der Netzwiederaufbaukonzepte der deutschen ÜNB," Dortmund, 2015.

12. M. Markovic, „Blackout-Vorsorge, Netzwiederaufbau, Frequenzplan," 5. November 2012. [Online]. Available: http://fachportal.ph-noe.ac.at/fileadmin/_migrated/content_uploads/5d_Blackout-Vorsorge__Markovic.pdf.
13. D. Schlicht, „Blackout in ganz Europa: Wenn die Stromversorgung zu lange wegbleibt," 21.11.2022. [Online]. Available: https://www.costanachrichten.com/service/residenten-ratgeber/experte-saurugg-blackout-europa-strom-gefahr-folgen-vorsorge-90195505.html. [Zugriff am 8.4.2023].
14. W. Sattinger, „Blackout - Grossstörung im Verbundnetz," 20. Juni 2016. [Online]. Available: http://www.usz.ch/news/veranstaltungen/Documents/20160620_D_GrossstoerungVerbundnetz_WalterSattinger.pdf.
15. Entso-E, „Emergency and Restoration," [Online]. Available: https://www.entsoe.eu/network_codes/er/. [Zugriff am 1.4.2023].
16. C. Jehle, „Netzwiederaufbau nach einem Netzzusammenbruch," 10.5.2022. [Online]. Available: https://www.telepolis.de/features/Netzwiederaufbau-nach-einem-Netzzusammenbruch-7080238.html. [Zugriff am 8.4.2023].
17. Fraunhofer IEE, „Systemdienliche Anforderungen an Dezentrale Erzeugungsanlagen zur Unterstützung in kritischen Netzsituationen und des Netzwiederaufbaus," Kassel, 2023.
18. R. Gudat, „Handlungsvorgaben zum Teilnetzwiederaufbau ohne Spannungsvorgabe von außen," 6. GMA/ETG-Fachtagung, München, 2003.
19. Wikipedia, „Inselanlage," [Online]. Available: https://de.wikipedia.org/wiki/Inselanlage.
20. Wikipedia, „Schwarzstart," [Online]. Available: https://de.wikipedia.org/wiki/Schwarzstart#cite_note-1.
21. Deutscher Bundestag, Kraftwerke mit Schwarzstartfähigkeit, Drucksache 19/16714, Berlin, 22.01.2020.
22. K. Kohlweiß, Überregionaler Inselaufbau im Elektro-Netzbetrieb nach einem Blackout, Masterarbeit, Universität Klagenfurt, 2022.
23. Bundesverband Geothermie, „Schwarzstartfähig," [Online]. Available: https://www.geothermie.de/bibliothek/lexikon-der-geothermie/s/schwarzstartfaehig.html#:~:text=Hinderungsgr%C3%BCnde%20bei%20W%C3%A4rmekraftwerken,ihrer%20Betriebstemperatur%20auf%20Umgebungstemperatur%20abk%C3%BChlt. [Zugriff am 9.4.2023].
24. P. Lefahrt, „Stromnetze stabilisieren," *BWK*, Bd. 5–6, pp. 23–25, 2023.
25. S. Russel und P. Norvig, Künstliche Intelligenz, Pearson, 2012.
26. G. Görz, Einführung in die künstliche Intelligenz, Bonn, Paris, Reading: Addison-Wesley, 1995.
27. D. Rumpel und J. Sun, Netzleittechnik, Berlin: Springer, 1989.
28. G. Krost, Expertensysteme im Betrieb elektrischer Energieversorgungsnetze - realisiert mit einem Trainingssystem für den Netzwiederaufbau nach Groß-Störungen, Dissertation, Universität Duisburg, 1992.
29. K. F. Schäfer, Netzberechnung, Wiesbaden: Springer Vieweg, 2023.
30. J. Morelli, „Blackout 2023 – welche Maßnahmen können Feuerwehren ergreifen?," Forum Verlag Herkert, 3.2.2023. [Online]. Available: https://www.feuerwehr-ub.de/normen-recht-wissen/fachartikel/blackout-2023-welche-massnahmen-koennen-feuerwehren-ergreifen/. [Zugriff am 8.4.2023].
31. H. Saurugg, „Lernen aus der Corona-Krise," Kommunal, Nr. 7/8, pp. 42–48, 2020.
32. Bundesamt für Bevölkerungsschutz und Katastrophenhilfe, „Stromausfall," [Online]. Available: https://www.bbk.bund.de/DE/Warnung-Vorsorge/Fuer-alle-Faelle-vorbereitet/Kampagne-Stromausfall/kampagne-stromausfall_node.html. [Zugriff am 21.5.2023].
33. H. Saurugg, „Was wir aus der Corona-Krise für die Blackout-Vorsorge lernen können," 9.7.2020. [Online]. Available: https://www.addendum.org/debatte-corona/blackout-saurugg/. [Zugriff am 8.4.2023].

Stichwortverzeichnis

K. F. Schäfer, *Blackout*, https://doi.org/10.1007/978-3-658-43332-1

MIX
Papier aus verantwortungsvollen Quellen
Paper from responsible sources
FSC® C105338

If you have any concerns about our products,
you can contact us on
ProductSafety@springernature.com

In case Publisher is established outside the EU,
the EU authorized representative is:
Springer Nature Customer Service Center GmbH
Europaplatz 3, 69115 Heidelberg, Germany

Printed by Libri Plureos GmbH
in Hamburg, Germany